北京水问题研究与实践

（2018年）

北京市水科学技术研究院 编

中国水利水电出版社
www.waterpub.com.cn
·北京·

内 容 提 要

本书集中展现和总结了近年来北京市水科学技术研究院在践行新时期治水方针，支撑经济社会发展过程中形成的创新理论、技术和方法，主要成果包括农业综合节水、污水处理与资源化利用、生态环境保护与修复、海绵城市建设与防洪减灾、水务精细化管理、工程规划与安全监测等几个方面，旨在实现公益性科研引领水务科技发展、公共服务支撑政府决策、技术咨询促进水科技推广，为广大水务工作者提供最新的科研信息与技术交流平台。

本书可供水资源、水生态环境、城市水利、农业水利、水土保持、水利水电等专业的科研、规划、设计、管理人员使用，也可作为高校相关专业的参考用书。

图书在版编目（CIP）数据

北京水问题研究与实践：2018 / 北京市水科学技术
研究院编. -- 北京：中国水利水电出版社，2019.6
ISBN 978-7-5170-7718-3

Ⅰ. ①北… Ⅱ. ①北… Ⅲ. ①水资源管理－研究－北
京－2018 Ⅳ. ①TV213.4

中国版本图书馆CIP数据核字（2019）第103561号

书　　名	**北京水问题研究与实践（2018 年）** BEIJING SHUIWENTI YANJIU YU SHIJIAN（2018 年）
作　　者	北京市水科学技术研究院　编
出版发行	中国水利水电出版社 （北京市海淀区玉渊潭南路 1 号 D 座　100038） 网址：www. waterpub. com. cn E - mail：sales@waterpub. com. cn 电话：（010）68367658（营销中心）
经　　售	北京科水图书销售中心（零售） 电话：（010）88383994、63202643、68545874 全国各地新华书店和相关出版物销售网点
排　　版	中国水利水电出版社微机排版中心
印　　刷	北京瑞斯通印务发展有限公司
规　　格	184mm×260mm　16 开本　22.25 印张　528 千字
版　　次	2019 年 6 月第 1 版　2019 年 6 月第 1 次印刷
印　　数	0001—1500 册
定　　价	**88.00 元**

前 言

水是事关国计民生的基础性自然资源和战略性经济资源，是生态环境的控制性要素。党的十九大以来，中央进一步就深入推进生态文明建设、全面实行河长制湖长制、打好"三大攻坚战"、推动高质量发展、实施乡村振兴战略、整治农村人居环境、转变政府职能深化机构改革等作出新部署、提出新要求，为新时期首都水务工作提供了基本遵循。

北京市水科学技术研究院作为北京市涉水领域的综合性、公益性科研机构，秉承"严谨、求实、高效、创新"的科研和治学作风，坚持以问题为导向，立足水务发展的国情、市情和水情，围绕水务中心任务，坚持科技工作的引领性、创新性、支撑性发展定位，突出水务"智库"支撑作用，在流域生态修复、河湖水环境治理、雨洪控制与利用、再生水安全利用、节水型社会建设、农业高效节水、防洪减灾、地下水污染防治、水务政策研究、水利工程安全监测等方面，研发形成了大量新产品、新模式等"硬技术"，以及新方法、新建议等"软成果"，在资源环境约束条件下，充分发挥了科技的第一生产力作用，为支撑首都经济社会的可持续发展发挥了重要的作用。

21世纪以来，围绕水源安全、供水安全、水环境安全、水生态安全、防洪排涝安全等水务重大科技需求，先后承担了国家水专项、"863"计划、国家科技支撑计划、国家重点研发计划、市科委重大科技专项、国际科技合作项目等重大科研项目70余项。研究成果累计获国家级奖励6项、省部级奖励56项，出版专著33部，发表论文600余篇，获专利91项。

为更好发挥科学技术在水务行业"转观念、抓统筹、补短板、强监管"中的支撑作用，助力北京践行新时期治水方针、落实城市总体规划、推进京津冀协同发展、建设国际一流和谐宜居之都等重大战略实施，北京市水科学技术研究院从承担的公益科研、公共服务和技术咨询项目中选择有代表性的技术成果，编辑成集为《北京水问题研究与实践》（2018 年），旨在宣传成果，提供借鉴，促进自身进步的同时，与水务同仁交流前沿的科研技术。限于学识水平，本书难免存在疏漏和不足，恳请读者批评指正。

编者

2018 年 12 月

目录

CONTENTS

生态环境保护与修复

海绵城市建设与防洪减灾

水务精细化管理

工程规划与安全监测

农业综合节水

有色地膜覆盖对土壤水热环境及作物生长影响的研究

张　航[1]　李　超[1,2]　黄俊雄[1]　杨胜利[1]　胡浩云[2]

(1. 北京市水科学技术研究院　北京　100048；2. 河北工程大学　邯郸　056038)

【摘　要】　随着覆膜技术的不断发展应用，地膜覆盖作为一项有效提高粮食产量的手段被广泛应用于农业生产。本文通过研究得出以下结论：土壤含水量与地膜透光率成反比，但不同颜色地膜覆盖土壤含水量无显著差异；土壤温度与地膜透光率的关系随着气温的变化而变化，气温较高时，透光率越高的地膜覆盖土壤温度越高；相反，气温较低时，透光率越低的地膜覆盖土壤保温性越好，综合考虑时，有色地膜覆盖土壤墒情优于白色和透明地膜，有利于作物生长。

【关键词】　地膜覆盖　地膜透光率　土壤含水量　土壤温度　作物生长

膜覆盖技术历史悠久，20世纪中叶，日本最先开始农作物覆膜应用，随后世界范围内开始普及[1,2]。最开始应用的白色或透明地膜，白天增温较高，夜间保温性较差，且膜下杂草"丛生"，不利于作物生长[3]，随着科学技术的不断进步，不同颜色地膜、除草地膜、反光地膜、可降解地膜等不同材质和不同功能的地膜得到开发应用[4-6]。不同颜色地膜因其对光谱的透射、吸收和反射规律不同，对土壤环境、病虫害防治以及作物生长的影响也不一样[7,8]。目前，国内外对有色地膜的研究日益增多，相关研究表明，与白色或透明地膜相比，有色地膜不仅改善土壤环境，抑制杂草的生长[9]，且通过膜反射不同光线，影响作物对光敏色素的吸收，有利于作物生长和产量输出[10]，即不同颜色地膜对作物生长的土壤水热环境及光环境影响不同，在不同生长环境下也会有所差别。本文拟研究彩色地膜覆盖对土壤水热环境及作物生长的影响，期望得到彩色地膜覆盖下土壤水热变化以及对作物生长的规律，为彩色地膜的应用发展提供参考。

1　不同颜色地膜透光率、反射率及吸光性比较

不同颜色地膜对辐射光的吸收和反射波段不同，表现为透光率的差异性，导致植株蒸腾和土壤蒸发强度也不同，因此对土壤含水量表现出差异性影响。辐射光谱变化范围在400～800nm波段时，膜透光率由大到小为：白膜＞红膜＞黄膜＞绿膜＞蓝膜＞银灰膜＞

资助项目：

国家重点研发项目：城郊高效安全节水灌溉技术典型示范（2016YFC0403105）；国家重点研发项目：京津冀耗水管理与资源节水技术研发示范（2016YFC0401403）；北京市百千万人才工程资助项目（KY-2016-01）。

黑膜。在 200～400nm 波段时，膜透光率由大到小为：白膜＞红膜＞绿膜＞银灰膜＞蓝膜＞黄膜＞黑膜。200nm～25μm 时，膜透光率由大到小为：白膜＞红膜＞绿膜＞蓝膜＞黄膜＞银灰膜＞黑膜[11]。热辐射率与透光率成正相关，地膜透射光线越多，热辐射量也越高，地温提升效果也越明显，正如 Ngouajio M. 等[12]的研究结果：地膜的颜色很大程度上决定其获取光能和热量的多少，从而直接影响土壤温度。反射率比较：银灰膜与银黑双面膜（黑色为底）对光线的反射率随波长的降低而增强，其中在波长小于 390nm 时（主要为紫外光），对光谱的反射率达到最高。不同颜色地膜对光谱的吸收基本与膜色的透光率呈反比[7,8]：黑膜对光谱的吸收率最高，因此膜本身温度较高，而绿膜、紫膜与蓝膜次之，白膜和透明膜对光谱的吸收率最低。

2 不同颜色地膜覆盖对土壤水热环境的影响

黑膜基本不透光，不利于膜下杂草的生长，因此具有很好的除草性，广泛应用于农业生产；因膜下土壤吸收的热量相对较少，土壤水分蒸散量小于白色或透明地膜，含水量相对增大[13]。研究表明，在内蒙古河套灌区，黑膜覆盖下 0～100cm 玉米土壤含水量高于白膜覆盖，但差异不大；各生育期 0～15cm 土壤温度显著低于白膜而高于裸地，从而避免因高温而造成的玉米根系损伤，相比白膜，黑膜更有利于玉米生长发育[14]。路海东等[15]在陕西长武县玉米试验也发现，黑膜覆盖下 0～140cm 土壤含水量与白膜无显著差异，土壤日最低温度与白膜无显著差异，但随着气温升高，黑膜增温效果显著低于白膜。很多学者在不同区域的花生[16]、冬季油菜[17]、番茄[18]、草莓[19]等试验中得到相同结论。相对白膜或透明膜，黑膜的保墒保温性能还体现在温差较大的气象环境中，曹寒等[20]在越冬季小麦试验中发现，黑膜覆盖下冬小麦整个生育期 0～100cm 土壤含水量较白膜提高 5.3%，而黑膜处理越冬季土壤有效积温显著高于白膜 60.7℃，这是因为冬季日短夜长，昼夜温差大，日光环境下白膜增温幅度高于黑膜，但在无太阳光辐射的夜间，黑膜相对而言具有明显的保温性能，因此在温差较大的冬季，黑膜覆盖土壤有效积温显著高于白膜。同样，Hatt[21]和 W J Lament[22]近 30 年覆膜试验表明，春季黑膜覆盖土壤温度高于白膜，促进作物根系生长。众多研究表明，相较白膜或透明膜，黑膜覆盖土壤含水量高于白膜，但无显著差异；而在温差较大的环境，如冬春季，黑膜覆盖土壤平均温度高于白膜，且不随种植区域以及作物类型而改变。

绿膜能有效阻止绿色植物特定需求的可见光通过，具有除草和抑制土壤增温的效果，与白膜、黑膜相比，绿膜既具有一定透光性，又具备一定遮光性。研究表明[23]，干旱、半干旱地区绿膜覆盖土壤含水量高于白膜而低于黑膜，不同颜色间无显著差异；0～25cm 土层温度大小排序为：白膜＞绿膜＞黑膜，即绿膜的增温幅度小于白膜而高于黑膜，随着辐射光减弱，绿膜覆盖土壤温度降幅最小，而马铃薯生长需要一个稳定适宜的土壤温度环境，因此绿膜覆盖相较最优。王丽娜[24]在塔山地区（辽宁）的马铃薯试验得出相同的结论。张国平等[23]的试验还发现，生育期 0～25cm 土层有效积温排序为白膜＞绿膜＞黑膜，与前述黑、白膜有效积温不同，这是因为试验马铃薯种植时间为 4—9 月，土壤昼夜温差相对冬春季较小，膜透光率越大，白天有效积温足以抵消夜间土壤温度降低而产生的差异。张明贤等[25]对多种露地蔬菜试验发现，低温季节 0～20cm 土层在透明膜、

4

绿膜与黑膜下增温差异显著，相较无膜处理平均增温 4.89℃、4.09℃、2.96℃；0～20cm 土层昼夜间温度变化幅度为：透明膜＞绿膜＞黑膜。综上所述，绿膜覆盖土壤含水量高于白膜而低于黑膜，但无显著差异；绿膜增温幅度小于白膜而显著高于黑膜。环境温差较大时（如冬春季），绿膜保温性不如黑膜；而在温差较小的环境中，绿膜白天有效积温抵消夜间的损失，保温性优于黑膜。

银灰膜透光率高于黑膜而低于其他色膜，具有很好的除草性，且地膜表面对紫外线反射性较强（与银黑双面膜一样），增强植株底部光照强度，因此能有效驱避蚜虫、防治白粉虱等病虫害的发生。研究发现相对裸膜，在茄子、西红柿蹲苗期间，银灰膜覆盖 0～20cm 土层保水性能最好，乳白膜、绿膜次之，透明膜最差，且各色膜间土壤含水量差异并未达到显著水平；通过对春季叶菜类、夏季果菜类试验发现，黑膜覆盖土壤增温幅度最小，银灰膜、乳白膜相近，且均小于其他透光率较大的地膜；不同颜色地膜覆盖下的土壤温度受气温影响，清晨气温较低，透明膜、银灰膜、乳白膜、绿膜、黑膜覆盖下 0～10cm 土壤温度相比露地分别提高 2℃、3℃、3℃、3℃、1℃，这是因为银灰膜、乳白膜和绿膜透光率小于透明膜而高于黑膜，增温适中，而夜间保温性也居中，故综合增温高于透明膜[26]。王玉光[27]洋葱试验表明，银灰膜覆盖土壤保墒性能低于黑膜但高于透明膜，但各膜色间差异不显著；不同季节上午 10 时观测数据显示，各颜色地膜覆盖土壤增温效果显著，其大小为透明膜＞银灰膜＞黑膜，而在光照强烈的环境中，银灰膜的反光功能相对其他膜色较好，土壤增温较小，对于越冬季洋葱生长，银灰膜既能适宜增温，又能避免高温造成根系损伤，综合效果更优，孟桂荣等[28]在青椒试验中也得出此结论。上述研究表明，银灰膜覆盖土壤含水量高于透明膜而低于黑膜，但无显著差异；在强光环境中，银灰膜相对黑膜及其他色膜表现出更好的"降温"效果。

蓝膜覆盖能在弱光环境中，增强地膜透光率，高于白膜；在强光环境中，又能降低膜对光的透光率，因此具有保护根部不受高温伤害的优点。研究发现[29]，在强光环境中，表层 5cm 土壤温度蓝膜与白膜差异未达到显著水平，但随着土层加深（10cm、15cm、20cm）显著低于白膜，且蓝膜覆盖土壤含水量高于白膜，但无显著差异，这与秦永华[30]、张瑞华[31]等的结论一致。在弱光环境中，蓝膜覆盖增强地膜对辐射光的透光率，此时蓝膜透光率高于白膜或透明膜[32-33]，因此膜下土壤接受的热量大于白膜和透明膜，土壤增温幅度高于白膜和透明膜，也因此造成土壤含水量的下降，但与白膜或透明膜覆盖土壤含水量差异并不显著。

由以上研究结果可知，膜色间透光率越大，相应土壤含水量越低，但各膜色间土壤含水量差异并未达到显著水平；地膜透光率越大，土壤增温效果越显著；各膜色间的增温差异随外界气温的升高而增大，而在气温较低的环境，透光率越低的地膜保温性越好。

3 不同颜色地膜覆盖对作物生长的影响

3.1 不同颜色地膜覆盖下土壤水热环境对作物生长的影响

地膜覆盖会改变土壤含水量和温度的时空分布，因此影响作物生长发育。作为农业生产中应用较广的黑色地膜，在气温较低环境下，表现出明显的保温性，能提高低温环境下的土壤相对温度，而适宜的土壤温度促进作物生长，同时黑膜覆盖土壤增温幅度较小，避免后期高温环境对作物根系的损伤，相对白膜或透明膜，黑膜具有较好的保墒保温性能，且能避免高温环境带来的土壤大幅度增温，一定程度上减少作物生长后期对土壤水分、养分的过度消耗，从而有利于产量的提高[40-42]。不同种植区域、种植作物类型的黑膜覆盖试验均表明[43-45]，相较于白膜或透明膜，黑膜覆盖能为作物根系生长提供适宜稳定的根区温度，促进植株生长，从而提高产量。

作物对土壤含水量、温度的需求都有一个适宜的范围，在适宜范围内，相应提升土壤含水量和土壤温度，作物增产效果越好。李伟绮等[46]的研究表明，在干旱少雨的张掖地区，白膜覆盖土壤增温幅度显著高于黑膜，可提高玉米出苗率，因此产量相对黑膜提高9.22%；红膜透光率仅次于白膜，土壤增温幅度相对较小，但产量却比白膜提高2.29%；蓝膜透光率又小于红膜，但产量却比红膜提高6.78%。钟霈霖等[11]的研究表明，3月前红膜覆盖草莓产量较高，蓝膜次之，银灰膜最低，此阶段红膜覆盖土壤温度较高，其次为蓝膜，且均高于银灰膜。

上述研究表明，相比黑膜、白膜或透明膜，银灰膜增温、保墒、保温综合性能较好，且能防止蚜虫等病虫害的发生，有利于作物增产；绿膜覆盖可为作物生长提供适宜稳定的土壤根系水热环境，促进作物生长，相对产量较高；蓝膜因为能在弱光环境中增强透光率，且能在强光环境中降低透光率，相比黑膜、白膜或透明膜，可促进作物增产。综上，彩色地膜的透光性小于白膜或透明膜而高于黑膜，土壤综合增温、保墒、保温性较好，可以创造良好的土壤水热环境促进作物生长。

3.2 不同颜色地膜覆盖下光环境对作物生长的影响

地膜本身可以通过反射辐射光改变植株的光环境，而不同作物对光谱的需求存在差异，使用适合颜色的地膜覆盖，满足植株光合所需的特定光线，可以最大化地促进植株光合作用，从而获得更高的产量[47]。

吴月燕[48]通过黑膜、白膜与绿膜的对比试验表明，绿膜反射绿光，促进草莓叶片的光合作用，草莓株高、叶面积明显高于其他覆膜处理，产量也得到显著增加。Kasperbauer M J[49]的研究表明，红膜反射的红光中具有较高的FR/R（红远光与红光比），有利于调节光合作用的有关色素分配，相比黑膜对草莓单果重和产量的增产效果更好。钟霈霖等[11]则认为红膜与蓝膜覆盖草莓叶片的净光合速率较高，能促进植株生长。与黑膜、白膜或透明膜相比，蓝膜反射的蓝光可促进马铃薯[50]、玉米[46]、烟草[29]等叶片光合作用，有利于干物质的积累。张瑞华等[31]通过绿膜与红膜、蓝膜对比试验表明，生育期内绿膜覆盖姜叶片光合速率最高，红膜次之，蓝膜最低。银灰膜具有良好的反光性，增强了植株下部叶片的光照强度，提高叶片光合速率，因此有利于作物增产提质[51,52]。

不同作物对光谱的需求不尽相同，唯有适宜的地膜覆盖才能最大化提高作物的光合速率，满足作物生长对光的需求。

4 结语

不同颜色地膜改变了土壤水热环境及植株生长的光环境，因此对作物的生长表现出差异性。相比白膜或透明膜，有色膜均表现出较好的土壤保墒保温性能，不同颜色地膜间土壤含水量无显著差异，而温度差异较大。除黑膜外，其他有色地膜反射膜本身色光，既增强了植株生长的光环境，又满足作物对特定光谱的吸收。上述研究虽然表明不同颜色地膜对作物都有一定的促进作用，但试验在一开始未能对同一作物进行多种颜色地膜覆盖相互之间的比较，同时也没有进行不同种植区域间的空间对比分析，因此很难进行规律性研究。针对不同地区不同作物，选择适合的地膜覆盖可以提供良好的土壤水热环境，有效促进作物生长发育，因此为寻求作物生长的最佳覆膜方式，研究建议必须根据作物对土壤水热及光环境的需求，并考虑当地气象条件对作物的影响，进行多种颜色地膜试验，选择最适宜覆膜方式，充分发挥地膜覆盖的增产提质作用。

参 考 文 献

[1] Li Fengmin, Guo Anhong, Wei Hong. Effects of clear plastic film mulch on yield of spring wheat [J]. Field Crop Research, 1999, 63 (1): 79 - 86.

[2] 蒋锐, 郭升, 马德帝. 旱地雨养农业覆膜体系及其土壤生态环境效应 [J]. 中国生态农业学报, 2018, 26 (3): 317 - 328.

[3] 桑芝萍, 孙建东, 姜海平. 地膜马铃薯田的杂草发生与防除 [J]. 植物保护, 2000, 26 (2): 30 - 32.

[4] Wang J, Li F M, Song Q H, Li S Q. Effects of plastic film mulching on soil temperature and moisture and on yield formation of spring wheat [J]. Chinese Journal of Applied Ecology Journal, 2003, 14 (2): 205.

[5] 潘东英, 杨友军, 谢东, 等. 一种除草地膜及其制备方法和应用: 中国, CN103497412A [P]. 2013 - 10 - 8.

[6] 俞文灿. 可降解塑料的应用、研究现状及其发展方向 [J]. 中山大学研究生学刊, 2007, 28 (1): 22 - 32.

[7] 汪兴汉, 章志强. 不同颜色地膜对光谱的透射反射与吸收性能 [J]. 江苏农业科学, 1986 (4): 31 - 33.

[8] 李巨. 同质异色地膜对太阳连续光谱的透射反射与吸收性能 [J]. 信阳农业高等专科学校学报, 2001, 24 (1): 6 - 8.

[9] Bond W, Grundy A C. Non - chemical weed management in organic farming systems [J]. Weed Research, 2001, 41: 383 - 405.

[10] Kasperbauer M J. Phytochrome regulation of morphogenesis in green plants: From the Beltsnille spectrograph to colored mulch in the field [J]. Photochemistry and Photobiology, 1992, 56: 823 - 832.

[11] 钟需霖, 杨仕品, 乔荣. 彩色地膜在草莓大棚生产上的应用研究 [J]. 贵州农业科学, 2012, 40 (6): 77 - 80.

[12] Ngouajio M, Ernest J. Changes in the physical, optical and thermal properties of polyethylene mulches during double cropping [J]. Hort Science, 2005, 40: 94 - 97.

[13] Miles C, Wallace R, Wszelaki A, et al. Deterioration of potentially biodegradable alternatives to black plastic mulch in three tomato production regions [J]. Hort Science, 2012, 47 (9): 1270 - 1277.

[14] 张琴. 不同颜色地膜覆盖对玉米土壤水热状况及产量的影响 [J]. 节水灌溉, 2017, 4: 57 - 61.

[15] 路海东, 薛吉全, 郝引川, 等. 黑色地膜覆盖对旱地玉米土壤环境和植株生长的影响 [J]. 生态学报, 2016, 36 (07): 1997 - 2004.

[16] 郝四平. 覆盖黑色地膜对花生生长发育及产量的效应研究 [D]. 郑州: 河南农业大学, 2004.

[17] Subrahmaniyan K, Zhou W J. Soil temperature associated with degradable, non - degradable plastic and organic mulches and their effect on biomass production, enzyme activities and seed yield of win-

ter rapeseed (Brassica napus L.) [J]. Journal of Sustainable Agriculture, 2008, 32 (4): 611 – 627.

[18]　Moreno M M, Moreno A. Effect of different biodegradable and polyethylene mulches on soil proper-
ties and production in a tomato crop [J]. Scientia Horticulturae, 2008, 116 (3): 256 – 263.

[19]　Pandey S, Singh J, Maurya I B. Effect of black polythene mulch on growth and yield of Winter
Dawn strawberry (Fragaria x ananassa) by improving root zone temperature [J]. Indian Journal of
Agricultural Sciences, 2015, 85 (9): 1219 – 1222.

[20]　曹寒, 吴淑芳, 冯浩, 等. 不同颜色地膜对土壤水热和冬小麦生长的影响 [J]. 灌溉排水学报,
2015, 34 (4): 5 – 9.

[21]　Hatt H A, D Decoteau, D E Linvill. Development of a polyelence mulch system that change color in
the field [J]. Hortscience, 1998, 30: 265 – 269.

[22]　W J Lament. Plastic mulches for production of vegetable crop [J]. Horttechnology, 1993, 3: 35 – 39.

[23]　张国平, 程万莉, 吕军峰, 等. 不同膜色对旱地土壤水热效应及马铃薯产量的影响 [J]. 灌溉排
水学报, 2016, 35 (7): 66 – 71.

[24]　王丽娜. 不同颜色的地膜覆盖对马铃薯生长发育的影响 [J]. 杂粮作物, 2004, 24 (3): 162 – 163.

[25]　张明贤, 王金春, 李霞, 等. 蔬菜不同颜色地膜覆盖效应的研究 [J]. 河北农业大学学报, 1983,
6 (1): 21 – 35.

[26]　阎郭敏, 严济生. 有色地膜覆盖栽培蔬菜试验研究 [J]. 内蒙古农业科技, 1987, 4: 14 – 18.

[27]　王玉光. 有色地膜覆盖对洋葱生长发育及根际土壤环境的影响 [D]. 泰安: 山东农业大学, 2009.

[28]　孟桂荣, 王永瑞. 银灰膜覆盖青椒效应初试 [J]. 蔬菜, 1986 (2): 18 – 20.

[29]　薛超群, 王建伟, 杨立均, 等. 蓝色地膜覆盖对土壤水分、温度和烟叶光合特性的影响 [J]. 中
国烟草科学, 2014, 35 (5): 6 – 9.

[30]　秦永华, 张上隆, 秦巧平, 等. 不同有色膜对丰香草莓再生的影响及机理研究 [J]. 中国农业科
学, 2005, 38 (4): 777 – 783.

[31]　张瑞华, 战琨友, 徐坤. 有色膜覆盖对姜叶片色素含量及光合作用的影响 [J]. 园艺学报, 2007,
34 (6): 1465 – 1470.

[32]　王友贞, 袁先江, 许浒, 等. 水稻旱作覆盖的增温保墒效果及其对生育性状影响研究 [J]. 农业
工程学报, 2002, 18 (2): 29 – 31.

[33]　张德奇, 廖允成, 贾志宽. 旱区地膜覆盖技术的研究进展及发展前景 [J]. 干旱地区农业研究,
2005, 23 (1): 208 – 213.

[34]　艾希珍, 张振贤, 米庆华, 等. 有色地膜覆盖对生姜生长及产量的影响 [J]. 中国蔬菜, 2001
(4): 4 – 6.

[35]　孙涛. 有色和生物降解地膜覆盖对花生产量形成与土壤微环境的影响 [D]. 泰安: 山东农业大
学, 2015.

[36]　徐康乐, 米庆华, 徐坤, 等. 不同地膜覆盖对春季马铃薯生长及产量的影响 [J]. 中国蔬菜,
2004, (4): 17 – 19.

[37]　T Sun, Z Zhang, T Ning, et al. Colored polyethylene film mulches on weed control, soil conditions and
peanut yield [J]. Plant Soil Environ, 2015, 2: 79 – 85.

[38]　元欣, 唐国磊, 陈建国, 等. 不同颜色地膜覆盖对土壤水分、温度及甘蔗出苗的影响 [J]. 中国
糖料, 2018, 40 (02): 11 – 12, 15.

[39]　J B Kring, D J Schuster, A A Csizinszky. Color mulches influence yield and insect pest populations
in tomatoes [J]. Journal of the American Society for Horticultural Science, 1995, 120 (5): 778 – 784.

[40]　Zaongo C G L, Wendt C W, Lascaono R J, et al. Interactions of water, mulch and nitrogen in Ni-
ger [J]. Plant and Soil, 1997, 197 (1): 119 – 126.

[41]　李世清, 李东方, 李凤民, 等. 半干旱农田生态系统地膜覆盖的土壤生态效应 [J]. 西北农林科

技大学：自然科学版，2003，31（5）：21－29.

［42］ Zhou X，Xing D，Tang Y，et al. PCR－Free detection of genetically modified organisms using magnetic capture technology and fluorescence cross－correlation spectroscopy［J］. PLoS One，2009，4 （11）：e8074.

［43］ 刘红霞，王宏伟. 黑色地膜对棉花生长的影响试验［J］. 新疆农业科学，2000（1）：32－33.

［44］ 辛国胜，林祖军，韩俊杰，等. 黑色地膜对甘薯生理特性及产量的影响［J］. 中国农学通报，2010，26（15）：233－237.

［45］ Ocharo N Edgar，Joseph P Gweyi－Onyango，et al. Black and Organic Mulches Effect on Weed Suppression in Green Pepper（Capsicum annuum）in Western Kenya［J］. Journal of Agricultural Studies，2017，5（1）：67－76.

［46］ 李伟绮，孙建好，赵建华. 有色地膜栽培玉米的主要性状及相关性分析［J］. 水土保持研究，2016，23（01）：309－312.

［47］ 刘兴弟. 彩色地膜在国内外农作物上的应用［J］. 中国农学通报，1991，7（5）：44－45.

［48］ 吴月燕. 不同颜色地膜覆盖对草莓生长结果的影响［J］. 浙江农村技术师专学报，1993，3－4：63－64，71.

［49］ Kasperbauer M J. Strawberry yield over red versus black plastic mulch［J］. Crop Science，2000，40 （1）：171－174.

［50］ 孟玉东，赵经华. 不同颜色薄膜对滴灌马铃薯生长指标的影响［J］. 中国农业文摘，2018，3：78－79.

［51］ 李日旺，黄国弟，周俊岸，等. 不同颜色地膜覆盖对桂热芒71号产量和品质的影响初报［J］. 农业研究应用，2013，3：5－7.

［52］ 吕桂菊，刘伟. 有色地膜对青椒生育、产量及土壤状况影响研究［J］. 北方园艺，2001，4：9－10.

北京市"两田一园"农业高效节水灌溉设施建设技术模式探讨

张 娟 张 航 杨胜利 郝仲勇 黄俊雄

(北京市水科学技术研究院 北京 100048)

【摘 要】 高效节水灌溉基础设施建设,是北京市推进农村经济增长、促进农民增收、提升农业节水水平的重要手段之一,也是促进都市型现代农业发展、缓解水资源短缺的必要措施。近年来,北京市积极推进农业节水工程建设,但仍然存在节水灌溉设施建设标准不统一、已建设施技术标准低、工程搁置废而不用等问题,距离农业现代化的要求还有一定差距。因此,进一步量化农业高效节水设施建设标准,构建科学的、适用性强的高效节水灌溉设施建设技术模式,对指导"两田一园"农业高效节水灌溉设施的标准化建设、提升高效节水灌溉工程利用效率具有一定的指导意义。

【关键词】 农业 节水 设施 模式

1 引言

北京是资源型缺水的特大城市,1999 年以来北京遭遇持续干旱,年均可利用水资源量仅 26 亿 m³,人均水资源量仅为 100m³ 左右,是全国平均的 1/20,世界平均的 1/80。水资源作为支撑首都功能定位实现的基础性自然资源和重要战略保障,已经成为制约经济社会可持续发展的第一瓶颈。针对新形势下的北京城市发展趋势,习近平提出了"节水优先、空间均衡、系统治理、两手发力"的新时期治水方针,节水优先成为本市首要治水战略。北京市农业定位为都市型现代农业,2016 年农业用水量 6.03 亿 m³,占全市总用水量的 16%,在水资源短缺的大背景下,节约用水是首都农业存在和发展的前提。

习近平总书记 2014 年、2017 年两次来京视察,对北京高效节水农业发展提出新要求:要转变农业发展方式,不要大水漫灌;要统筹生产、生活、生态,压缩农业生产空间规模,大幅度扩大绿色生态空间。2017 年中央 1 号文件明确提出把农业节水作为方向性、战略性大事来抓,大力实施规模化高效节水灌溉行动。近年来,北京市高度重视农业节水工作,2014 年,北京市委、市政府出台了《关于调结构转方式发展高效节水农业的意见》,按照农业用水总量控制的原则,划定"两田一园"农业生产空间。2017 年,北京市人民政府办公厅印发了《北京市推进"两田一园"高效节水工作方案》,提出用 3 年时间

资助项目:

国家重点研发项目:城郊高效安全节水灌溉技术典型示范 (2016YFC0403105);北京市科技项目:北京城市副中心节水型社会建设关键技术研究与示范 (Z171100004417005)。

在"两田一园"范围内实现高效节水全覆盖的总体目标。在上述背景下，推动农业高效节水灌溉设施标准化建设、确保设施可持续良性运行，才能真正支撑农业高效节水灌溉事业健康可持续发展，进一步提升都市农业现代化水平。

2 北京市高效节水灌溉发展现状及存在问题

2.1 发展现状

2011 年以后，北京市灌溉面积大幅度减少，根据《北京市水务统计年鉴》，2016 年北京市共有灌溉面积 333.3 万亩❶，其中耕地灌溉面积 192.6 万亩，林地灌溉面积 81.2 万亩，园地灌溉面积 58.2 万亩，牧草地灌溉面积 1.3 万亩。2011 年及以后灌溉面积变化情况如图 1 所示。

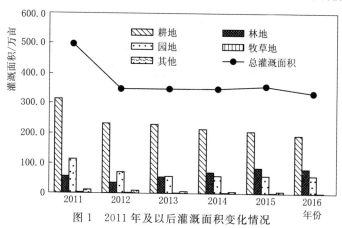

图 1　2011 年及以后灌溉面积变化情况

2016 年，北京市节水灌溉面积 292.4 万亩，占全市灌溉面积的 87.7%，其中喷灌、微灌高效节水灌溉面积 74.1 万亩，占全市灌溉面积的 22.2%，占全市节水灌溉面积的 25.4%；低压管灌溉面积 202.9 万亩，占全市灌溉面积的 60.9%，占全市节水灌溉面积的 69.4%；渠道防渗及其他工程节水面积 15.4 万亩，占全市灌溉面积的 4.6%，占全市节水灌溉面积的 5.3%。目前，低压管道输水灌溉仍然是北京市最主要的节水灌溉形式，采用此种灌溉形式虽然在一定程度上降低了灌溉输水损失，但仍存在田间漫灌现象。2011 年及以后节水灌溉面积变化情况如图 2 所示。

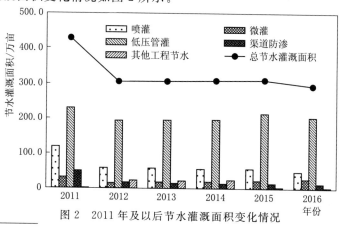

图 2　2011 年及以后节水灌溉面积变化情况

❶　1 亩＝(10000/15)m²。

2011 年以后，全市灌溉面积大幅减少，农业用水也逐年下降。2011—2016 年，农业用水量由 10.90 亿 m³ 降至 6.05 亿 m³，农业用新水量由 8.10 亿 m³ 降至 6.05 亿 m³（2015 年起，农业严格控制再生水使用），灌溉用水量由 9.74 亿 m³ 降至 5.13 亿 m³，灌溉用新水量由 6.90 亿 m³ 降至 5.13 亿 m³，如图 3 所示。

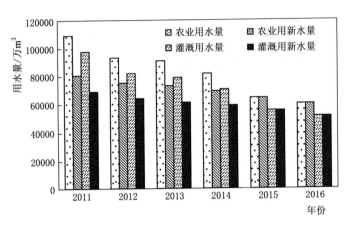

图 3　2011 年及以后农业用水情况

2.2　存在问题

近年来，北京市积极推进各项农业节水措施的落实，不断推广节水新技术，推进农业节水工程建设，取得了一定成效，但离中央的要求和农业现代化的要求还有差距。一是"两田一园"现有高效节水灌溉设施占比较低，喷灌、微灌高效节水灌溉面积占比仅 20% 左右，低压管道输水灌溉仍然是最主要的节水灌溉形式；二是高效节水灌溉设施建设标准不统一，部分已建设施中存在设施不配套、技术标准低的问题，导致设施运转不正常甚至废而不用，工程技术参数达不到现行标准要求。基于北京市农业高效节水现状和当前形势，量化农业高效节水设施建设标准，构建科学的高效节水灌溉设施建设技术模式，对指导"两田一园"农业高效节水灌溉设施的标准化建设具有重要意义。

3　北京市高效节水灌溉设施建设技术模式

立足农业灌溉用水过程中骨干基础设施、田间节水设施两大类实现高效节水的考虑，针对高效灌溉设施不配套、工程技术标准偏低、灌溉技术适用性不强等典型问题，综合土地规模、地形条件、水源条件、作物种植类型、用户特点等，提出骨干基础设施、田间节水设施建设技术模式。

3.1　骨干基础设施建设技术模式

骨干基础设施主要包括机井、水泵、变频设备、计量设备、施肥装置、过滤装置、井房、主干输水管网等，从水源条件、节水、节能、省时、省工、水肥一体化等方面考虑，提出重点骨干基础设施建设的设计要求、技术参数等。

3.1.1　机井

按照"优先开采浅层地下水，严格控制开采深层地下水"的原则，机井取水层应为第四系含水层，根据需水量、水质要求和水文地质条件等，要求井深在150m以内，井管采用钢管，不大于100m的井段井管偏斜度不得超过1°，大于100m的井段井管偏斜度不得超过1.5°，中、细砂含水层出水泥沙含量不得超过1/20000，粗砂砾石、卵石含水层出水泥沙含量不得超过1/50000，水质符合《农田灌溉水质标准》（GB 5084—2005）。

3.1.2　首部系统

水源首部系统包括变频设备、计量设备、施肥装置、过滤装置等。考虑节水、节能、管网压力、自动化管理等因素，水源首部不需要调节压力和流量时，选择软启控制装置；系统工作压力或流量变幅较大时，选择变频控制设备。

根据"农业用水全监控"的目标，所有灌溉机井均安装允许误差不超过±5%的计量设备，落实"两田一园"灌溉用水"5-2-1"限额标准，实现农业用水总量和强度的双控管理。

为了省时、省工，提高水肥利用效率，对于统一灌溉管理的机井，在井房首部安装施肥装置，推荐使用水肥精准灌溉一体机；对设施农业，在设施首部安装施肥装置，施肥装置下游设置过滤装置，宜采用网式过滤器。

考虑北京部分地区机井含沙量较大，灌溉系统均是喷灌或微灌系统，为减少管材的磨损、腐蚀及灌水器的堵塞，水源首部配套过滤装置，对喷灌系统，设置一级过滤系统，采用网式（叠片式）自动反冲洗过滤装置，过滤装置不低于80目；对微灌系统，设置二级过滤系统，采用离心式＋网式（叠片式）自动反冲洗过滤装置，过滤装置不低于120目，过滤装置按照输水流向安装。

3.2　田间节水设施建设技术模式

综合考虑土地规模、地形条件、经营主体、用户特点和需求等，并结合北京地区多年的喷灌试验成果，提出粮田、菜田、果园等不同作物喷灌、微灌两大类田间节水设施建设技术模式的适用条件、灌水均匀系数、灌溉水有效利用系数、作物耗水强度、喷灌强度、地面坡降等主要技术参数的取值范围和管网布置形式。

3.2.1　粮田喷灌技术模式

北京地区粮食作物主要种植小麦和玉米，适宜喷灌和微喷带灌溉。面积在30～50亩的地块，可选择微喷带；面积在50～70亩的地块，可选择固定伸缩式或半固定式喷灌；面积在75～150亩的地块，可选择绞盘式喷灌机灌溉；面积在150～200亩的地块，可选择平移式喷灌机灌溉；面积在200亩以上的地块，可选择中心支轴式喷灌机灌溉。

喷灌机灌溉模式对地形条件要求较高，但灌溉季节风速长期大于5.4m/s时不宜选用该灌溉方式。采用绞盘式喷灌机，地块横向地面坡降不宜大于5%；纵向地面坡降不宜大于20%。采用单喷头式喷头车或桁架式喷头车。采用平移式喷灌机，地块的地面坡降不宜大于5%，而采用中心支轴式喷灌机，地块的地面坡降不宜大于20%。对于这两种大型喷灌机，配套低压喷头建议采用倒挂安装方式，安装地隙不宜低于作物冠层，低压喷头应优先选用旋转式阻尼喷头，当灌溉区域土壤为砂土或砂壤土，低压喷头可选用非旋转散射喷头。喷灌机灌溉模式下，喷洒均匀系数应不低于 0.85；当风速低于 3.4m/s 时灌溉水有效利用系数不应低于 0.76，风速在 3.4～5.4m/s 时不应低于 0.71。

固定伸缩式喷灌、半固定喷灌模式适用于各种地形条件，但灌溉季节风速长期大于 5.4m/s 时也不宜选用此灌溉方式。固定伸缩式地埋式喷灌设备主要为地埋式伸缩管和地埋式喷头，整体安装在耕作层以下，且与地面垂直，地埋式喷头间距 15m，喷头流量一般在 1～2m³/h 范围内。半固定喷灌喷头射程 12～21m，流量 0.98～5m³/h。固定伸缩式喷灌、半固定喷灌灌溉模式下，喷洒均匀系数应不低于 0.85；当风速低于 3.4m/s 时灌溉水有效利用系数不应低于 0.76，风速在 3.4～5.4m/s 时不应低于 0.71。

微喷带模式适用于平地及缓坡山地。风力较小时，喷洒均匀系数可达 0.7，在工作压力范围内，压力越大，均匀度越高，因此为了保证较高的灌水均匀度，微喷带布置间距以 3m 为宜。喷灌带规格不同，射程和流量也不相同，可根据种植作物和用户要求进行选择。对于内径为 32mm，出水孔径为 0.35～0.5mm，出水孔间距为 70～80mm，承压为 0.1～0.2MPa，喷幅为 7～11m，最大铺设长度为 100m，每卷长度为 100m 的微喷带，当工作压力为 0.1～0.2MPa 时，铺设长度 100m 的流量为 7～9m³/h。

3.2.2 蔬菜（花卉）微灌技术模式

对于设施蔬菜（花卉）规模经营或集中连片 30 亩以上的露地蔬菜（花卉），适宜滴灌和微喷灌。对于行栽培及条播的果菜、叶菜和花卉类作物选择滴灌；对于撒播或喜阴的叶菜、花菜和花卉类作物选择微喷灌。

滴灌模式适用于各种地形。根据土壤的物理性质和栽培蔬菜、花卉的根系分布特点，毛管上灌水器间距不高于 30cm，灌水器流量一般为 1～3L/h。毛管间距应考虑倒茬行距变化的要求，根据密植蔬菜或花卉栽培情况，一般选择 30～40cm，支管上连接毛管的旁通按照滴灌带最小的情况安装，每个旁通上安装塑料小球阀，以便倒茬滴灌带间距发生变化时封闭不安装滴灌带的旁通。滴灌模式下，灌水器流量偏差率不应高于 0.2，灌溉水有效利用系数不应低于 0.90。

微喷灌模式同样适用于各种地形。宜选用折射式微喷头，微喷头的组合方式有正方形、矩形、正三角形和等腰三角形，设计流量宜选用 40～120L/h，喷灌强度宜控制在 4mm 左右。干支管根据机井与地块位置可以布置为"工""土""一""梳子"等形式，支管与毛管布置型式可分为支管对称毛管单侧布置、支管单侧毛管单侧布置、支管双侧毛管对称布置、支管与毛管双侧对称布置。微喷灌模式，灌水器流量偏差率不应高于 0.2，灌溉水有效利用系数不应低于 0.85。

对于设施农业或地块面积较大的微灌工程，应增加设施（或田间）小首部枢纽，包括施肥系统、过滤系统、分户（区）计量、分户控制系统、调压电磁阀等，实现统一灌溉施肥、自动化控制。注肥系统可选择带有多吸肥组件文丘里注肥器或配套转子流量计的压差式施肥罐。过滤器在注肥系统下游，过滤单独施肥时肥料内的不溶解大颗粒杂质，以及干管和分干管内长期沉积的泥沙及藻类等杂质，保证滴灌系统不堵塞。在小首部枢纽的入口处安装普通水表或 IC 卡水表。电磁阀应选择自动调压电磁阀，或者在电磁阀后面配置压力调节器，保证随机打开时其操作压力都为设计操作压力。

3.2.3 露地蔬菜（花卉）喷灌技术模式

对于统一规划种植、统一灌溉管理，同时地块开阔、集中连片，面积在 50 亩以上，需要频繁灌水的露地蔬菜、花卉、经济作物等，也可选择固定伸缩式喷灌。选择的地埋式喷头射程 12～18m，流量 1～3m³/h，埋设深度 0.4～0.45m，不影响农机耕作。考虑喷头组合间距、喷洒水量分布、喷头工作压力，喷洒均匀系数应达 0.75～0.85。

3.2.4 果树微灌技术模式

微灌模式主要应用于苹果、梨、桃、樱桃、葡萄、柿子等果类。对于统一种植、统一灌溉或分散种植、统一灌溉管理，集中连片、面积在 30 亩以上的果园，适宜滴灌、小管出流、微喷灌。根据土壤类型、地形条件、气候条件、果树行间距等因素选择不同的灌溉方式，对于密植或行间距较小的果园宜采用滴灌、微喷灌等灌溉方式；对于行间距较大的果园宜采用小管出流灌溉方式。

果树滴灌推荐采用滴灌带（管）双行布置和环形布置模式。滴灌带（管）双行布置条件下，在树干两侧分别布置一条滴灌带（管），两条滴灌带（管）间距 1.5～2m；滴灌带（管）环形布置条件下，沿树干进行，环形半径为 0.5～1m。根据土壤的物理性质和果树根系分布特点，灌水器流量一般为 1～3L/h，灌水器间距根据果树种植密度确定。滴灌模式下，灌水器流量偏差率不应高于 0.2，灌溉水有效利用系数不应低于 0.90。

果树小管出流的毛管沿果树种植方向布置，一条毛管控制一行果树，每棵果树由两个稳流器连接 PE 小管进行灌水。灌水器流量一般为 4～30L/h。这种模式下，灌水器流量偏差率不应高于 0.2，灌溉水有效利用系数不应低于 0.85。当地面坡度大于 2% 时，滴灌、小管出流灌溉均需选用压力补偿式灌水器。

果树微喷灌模式宜选用折射式微喷头，设计流量一般为 40～220L/h。在自下而上灌溉的山区、半山区果园，地形高差大于 5m 时，需设置减压阀。这种模式下，灌水器流量偏差率不应高于 0.2，灌溉水有效利用系数不应低于 0.85。

4 结语

节水灌溉设施作为农业生产的水利保障基础，需要与作物种植类型、地形条件、经营主体、耕作农艺措施等多种因素相协调，建设过程中必须因地制宜、保证质量、加强管理。现阶段随着北京市"细定地、严管井、上设施、增农艺、统收费、节有奖"农业节水建管模式的推进落实，"两田一园"正逐步实施规模化高效节水灌溉，应进一步推广应用微灌、喷灌等高效节水灌溉技术。工程建设应在科学规划、系统设计的基础上，推广先进的用水控制、用水计量、信息采集等设备，进一步实施精准灌溉。同时，应综合统筹管理措施和工程措施，坚持先建机制后建工程，工程建设前建立用水收费、节水奖励、用水户参与、设备材料质量控制等机制，明确节水设施的管护主体、管护职责和管护标准等，提升工程建设施工、维护管理水平。

参 考 文 献

[1] 北京市水务局 . 2016 北京市水务统计年鉴 ［R］. 2016.

［2］ 张满富.新时期北京市农业高效节水建设思路探讨［J］.中国水利，2015（11）：49-50，53.

［3］ 蒋和平，张成龙，刘学瑜.北京都市型现代农业发展水平的评价研究［J］.农业现代化研究，2016，36（3）：328-332.

［4］ 徐忠辉，潘卫国，苏利茂.北京郊区节水灌溉工程的技术模式［J］.北京水务，2008（2）：9-11.

［5］ 刘洪禄，丁跃元，郝仲勇，等.现代化农业高效用水技术研究［M］.北京：中国水利水电出版社，2005.

［6］ 刘洪禄，吴文勇，等.都市农业高效用水原理与技术［M］.北京：中国水利水电出版社，2012.

［7］ 郑耀泉，刘婴谷，严海军，等.喷灌与微灌技术应用［M］.北京：中国水利水电出版社，2015.

［8］ 秦丽娜，裴永刚.基于"节水优先"的北京市农村节水策略［J］.北京水务，2017（15）：1-4.

北京市农业灌溉用水总量控制阈值研究

范海燕　郝仲勇　杨胜利　黄俊雄

（北京市水科学技术研究院，北京市非常规水资源开发利用与
节水工程技术研究中心　北京　100048）

【摘　要】 本研究在北京市农业节水分区划定的基础上，针对区域农业节水分区特点，提出分区的节水对策及建议；同时，结合北京市"两田一园"分布及灌溉用水限额，计算区域农业灌溉用水总量控制阈值，提出北京市农业灌溉用水总量应控制在 5 亿 m^3，研究成果对支撑北京市农业种植结构调整及区域农业高效节水灌溉工程推进具有一定的指导意义。

【关键词】 农业节水分区　农业灌溉用水　用水总量控制　阈值

1　引言

北京市作为极度缺水地区，水资源短缺问题已然成为可持续发展瓶颈，为支持保障首都经济建设发展，解决北京市水资源问题，中央不断强调北京市应向"节水型社会"发展，先后提出"以供定需""节水优先"等战略思想，同时还提出"三条红线""最严格水资源管理制度"等实质要求。目前，北京市农业用水约占全市用水的 1/5，位居用水量第二位，然而灌溉水利用系数约为 0.732[1]，距发达国家 0.8～0.9 的灌溉水利用系数还有一定差距。因此，为达到节水型社会总体目标，农业节水尤为重要。其中，农业节水区域划分为水资源高效利用，区域水资源优化管理，制定分区节水对策以及水资源可持续利用控制指标和阈值建立提供了基础保障。

现阶段，国内外众多学者在农业节水分区以及用水总量控制等方面做了系统研究。早在 1969 年，美国农业部[2]就制定并推荐了农业节水分区的几种办法，并完成对农业灌区的分析评估。Jerry R 等[3]为提高农业灌溉评价系统评估能力，参与并设计了灌溉成本和系统评估微观数学评价模型，从效益和成本的角度（ICEASE）出发评价区域灌溉系统能力。Charles Burt[4]在灌溉系统评价中，设计了根据实测数据进行灌区效益评估的软件程序，其综合考虑了土壤、作物、水文等影响因素，并在资料不足的情况下提出相对有效的合理评价。程献国等[5]从宁夏青铜峡灌区生态地下水水位分析入手，以灌区地下水数值模拟为工具，以生态地下水水位为约束条件，对不同节水方案引起的地下水水位变化进行对比分析，得出青铜峡灌区的适宜节水阈值，保证灌区农业生产安全和生态环境健康发展；胡成彦[6]、

资助项目：

国家重点研发项目：京津冀耗水管理与资源节水技术研发示范（2016YFC0401403）；北京市科技项目：北京城市副中心节水型社会建设关键技术研究与示范（Z171100004417005）。

欧建锋[7]、张艳妮[8]、傅国斌[9]、费远航[10]、姚治君[11]、雷波[12]等系统分析了吉林省、江苏省、山东省、内蒙古河套灌区、河网区、华北平原等不同尺度的农业节水技术及其潜力分析。范海燕等[13]在《基于 AHP 和 ArcGIS 的北京市农业节水区划研究》中将北京市划分为农业节水优先发展区、农业节水适宜发展区和农业节水鼓励发展区 3 个分区，本研究以此研究成果为基础，对农业节水分区进行了重新划定，结合北京市实际种植结构，开展区域农业灌溉用水总量控制及其阈值研究，为区域开展最严格水资源管理制度提供参考。

2 北京市农业节水分区划定

2.1 北京市农业节水分区技术方法

本研究以北京市农业生态节水发展实际为基础，构建涵盖干燥度指数、地下水超采程度、土壤类型、节水灌溉率、农民人均收入、土地利用类型 6 个指标的北京市农业节水分区指标体系，提出各指标的空间分布规律，界定各指标的分级标准，并划定相应分区；采用层次分析法对各指标进行权重分配及分级赋值；利用 ArcGIS 中 ArcMap 的叠加分析功能将图层按算出的权重叠加，对分区重分类并相应赋值，将图层栅格化，并按计算出的权重分配进行加权总和叠加图层，得到最终带有相应分值的图层，各个单元内分别将各影响因素的分值和权重相乘并求和，得到最终的评分结果，根据评分结果划定北京市农业节水分区，分区技术路线图如图 1 所示。

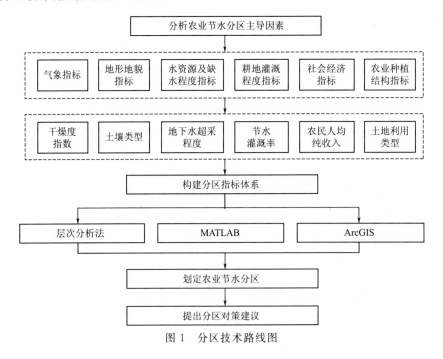

图 1　分区技术路线图

2.2 分区划定

2.2.1 分区初步划分

经计算，综合评分值在 12.4～35.7 之间，按照综合评分值进行三级分区，将北京市初步划分为农业高效节水灌溉发展Ⅰ区（$ConV<20$）、农业高效节水灌溉发展Ⅱ区（$20≤$

$ConV<28$）和农业高效节水灌溉发展Ⅲ区（$ConV \geqslant 28$）。

2.2.2 二次分区

结合北京市粮田、菜田、果园实际种植情况，对初步划定的农业节水分区进行了二次分区。

3 分区特点与节水对策

3.1 农业高效节水灌溉发展Ⅰ区

农业高效节水灌溉发展Ⅰ区主要分布在通州东部、房山东部、昌平东南部、顺义东部等地。该区农业种植面积41.45万亩，其中粮田种植面积为14.92万亩，菜田种植面积为12.30万亩，鲜果果园面积为14.23万亩，在各行政区中"两田一园"的分布面积详见表1。该区大部分位于地下水严重超采区范围，种植结构主要为粮田、菜田，农民人均纯收入较高，节水灌溉率相对较低。

表1　　　　　　　　　农业高效节水灌溉发展Ⅰ区各行政区分布　　　　单位：万亩

序　号	行政区	粮田面积	菜田面积	鲜果果园面积	总面积
1	昌平	0.68	1.57	3.07	5.32
2	朝阳	0	0.12	0.11	0.23
3	大兴	1.64	3.43	1.64	6.71
4	房山	3.93	1.22	1.33	6.48
5	丰台	0	0.12	0.20	0.32
6	海淀	0.13	0.13	0.20	0.46
7	怀柔	1.39	0.34	1.58	3.31
8	门头沟	0.03	0	0.69	0.72
9	密云	1.73	1.03	0.49	3.25
10	平谷	0.87	0.48	2.42	3.77
11	顺义	2.48	1.65	1.08	5.21
12	通州	1.83	1.85	1.22	4.90
13	延庆	0.21	0.36	0.20	0.77
总计		14.92	12.30	14.23	41.45

节水的主要对策有：因该区域内"两田一园"约有50％的面积位于地下水严重超采区，在严重超采范围内，保留设施农业，逐步有序退出小麦等高耗水作物种植，发展雨养农业和生态景观田；严重超采区范围外的区域，可以重点推广农艺节水措施，以农田覆盖技术、抗旱作物品种为重点技术在区内进行推广，以便达到农业节水目的；工程节水方面，该区属于农业高效节水灌溉工程优先要发展的区域，对于保留的设施农业优先配套高效节水灌溉工程。

3.2 农业高效节水灌溉发展Ⅱ区

农业高效节水灌溉发展Ⅱ区主要分布在顺义、通州、大兴、平谷、密云、昌平、延庆中部、房山南部、海淀北部、朝阳北部等地，该区农业种植面积 160.82 万亩，其中粮田种植面积为 56.29 万亩，菜田种植面积为 42.68 万亩，鲜果果园面积为 61.85 万亩，在各行政区"两田一园"中的分布面积详见表 2。该区大部分位于地下水一般超采区范围，种植结构主要为粮田、菜田、鲜果果园，农民人均纯收入相对较高，节水灌溉率相对较低。

表 2　　　　　　　　　农业高效节水灌溉发展 II 区各行政区分布　　　　　　　　单位：万亩

序　号	行政区	粮田面积	菜田面积	鲜果果园面积	总面积
1	昌平	0.44	0.86	6.22	7.52
2	朝阳	0	0.17	0.09	0.26
3	大兴	5.84	17.25	7.00	30.09
4	房山	6.26	3.02	8.61	17.89
5	丰台	0	0	0.03	0.03
6	海淀	0.28	0.46	2.65	3.39
7	怀柔	1.69	0.48	3.11	5.28
8	门头沟	0.32	0.04	3.73	4.09
9	密云	13.04	2.37	6.14	21.55
10	平谷	3.83	2.39	11.93	18.15
11	顺义	11.84	7.82	4.88	24.54
12	通州	5.53	5.46	2.90	13.89
13	延庆	7.22	2.36	4.56	14.14
总计		56.29	42.68	61.85	160.82

节水的主要对策有：该区地下水开采程度基本饱和，区域内缺水程度相对较高，从农艺节水方面考虑，该地区适宜推广秸秆还田、免耕覆盖、蓄水保墒技术，将粮田秸秆、果树枝条等有机质粉碎还田，改良土壤结构，提高蓄水保墒能力，减少灌溉用水；实施土地平整，适当培高田埂，推进沟路林渠综合治理，增加农田集雨保墒能力，充分利用雨洪水资源；推广抗旱节水新品种，因地制宜应用化控节水技术，减少作物耗水量；工程节水方面，区域内节水灌溉率及人均收入均处于中间水平，该区应加大政府投资力度，推动高效节水灌溉工程建设，同时应健全完善高效节水灌溉工程管护制度，确保已建灌溉设施的良性运行，正常发挥工程效益。

3.3 农业高效节水灌溉发展 III 区

农业高效节水灌溉发展 III 区主要分布在延庆、怀柔、密云、平谷等区。该区农业种植面积 48.13 万亩，其中粮田种植面积为 17.35 万亩，菜田种植面积为 6.87 万亩，鲜果果园面积为 23.93 万亩，在各行政区"两田一园"中的分布面积详见表 3。该区位于地下水基本平衡区及补给区范围内，属于生态涵养区，种植结构以粮田、鲜果果园为主，农民人均纯收入相对较低。

表3		农业高效节水灌溉发展Ⅲ区各行政区分布			单位：万亩
序号	行政区	粮田面积	菜田面积	鲜果果园面积	总面积
1	昌平	0.18	0.17	0.65	1.00
2	朝阳	0	0	0	0
3	大兴	0.03	0	0.01	0.04
4	房山	0.02	0.09	0.21	0.32
5	丰台	0	0	0	0
6	海淀	0.05	0.08	0.33	0.46
7	怀柔	3.87	1.00	2.75	7.62
8	门头沟	0	0	0	0
9	密云	2.59	0.81	1.85	5.25
10	平谷	2.89	1.62	16.04	20.55
11	顺义	1.27	0.49	0.05	1.81
12	通州	0.02	0.19	0.02	0.23
13	延庆	6.43	2.42	2.02	10.87
	总计	17.35	6.87	23.93	48.15

节水的主要对策有：该区域大部分地区位于生态涵养区，缺水程度相对较低，该区可推广抗旱节水新品种、覆盖保墒、水肥一体化、化控节水等农艺节水措施，同时鼓励发展高效节水灌溉工程，加大政府投资建设，实现工程节水。

4 区域农业用水总量控制阈值

4.1 农业节水分区用水总量控制阈值

北京市粮田、菜田、鲜果果园的面积共 250.40 万亩，其中粮田 88.56 万亩、菜田 61.84 万亩、鲜果果园 100 万亩。

根据北京市农业节水分区结果统计，农业高效节水灌溉发展Ⅰ区面积 41.47 万亩，其中粮田面积 14.93 万亩、菜田面积 12.31 万亩、鲜果果园面积 14.23 万亩；农业高效节水灌溉发展Ⅱ区面积 160.80 万亩，其中粮田面积 56.28 万亩、菜田面积 42.67 万亩、鲜果果园面积 61.85 万亩；农业高效节水灌溉发展Ⅲ区面积 48.13 万亩，其中粮田面积 17.35 万亩、菜田面积 6.86 万亩、鲜果果园面积 23.92 万亩。

根据粮田、露地菜 200m³/亩，设施 500m³/亩，鲜果果园 100m³/亩的用水限额[14]，核定农业节水各分区的农业用水总量，经计算，北京市农业用水总量控制在 5.00 亿 m³。其中：农业高效节水灌溉发展Ⅰ区农业用水总量控制在 0.91 亿 m³，其中粮田用水量控制在 0.30 亿 m³、菜田用水量控制在 0.47 亿 m³、鲜果果园用水量控制在 0.14 亿 m³；农业高效节水灌溉发展Ⅱ区农业用水总量控制在 3.29 亿 m³，其中粮田用水量控制在 1.13 亿 m³、菜田用水量控制在 1.54 亿 m³、鲜果果园用水量控制在 0.62 亿 m³；农业高效节水灌溉发展Ⅲ区农业用水总量控制在 0.80 亿 m³，其中粮田用水量控制在 0.35 亿 m³、菜田用水量控制在 0.21 亿 m³、鲜果果园用水量控制在 0.24 亿 m³。分区农业用水总量控制阈值见表4。

表 4

<table>
<tr><td rowspan="2">农业节水分区</td><td colspan="2">粮　田</td><td colspan="2">菜　田</td><td colspan="2">鲜 果 果 园</td><td colspan="2">合　计</td></tr>
<tr><td>面积
/万亩</td><td>用水量
/亿 m³</td><td>面积
/万亩</td><td>用水量
/亿 m³</td><td>面积
/万亩</td><td>用水量
/亿 m³</td><td>面积
/万亩</td><td>用水量
/亿 m³</td></tr>
<tr><td>农业高效节水灌溉发展Ⅰ区</td><td>14.93</td><td>0.30</td><td>12.31</td><td>0.47</td><td>14.23</td><td>0.14</td><td>41.47</td><td>0.91</td></tr>
<tr><td>农业高效节水灌溉发展Ⅱ区</td><td>56.28</td><td>1.13</td><td>42.67</td><td>1.54</td><td>61.85</td><td>0.62</td><td>160.80</td><td>3.29</td></tr>
<tr><td>农业高效节水灌溉发展Ⅲ区</td><td>17.35</td><td>0.35</td><td>6.86</td><td>0.21</td><td>23.92</td><td>0.24</td><td>48.13</td><td>0.80</td></tr>
<tr><td>合计</td><td>88.56</td><td>1.78</td><td>61.84</td><td>2.22</td><td>100.00</td><td>1.00</td><td>250.40</td><td>5.00</td></tr>
</table>

分区农业用水总量控制阈值

4.2 行政区用水总量控制阈值

根据农业节水分区的情况，提出了各行政区内节水分区的控制面积及分布，按照粮田、露地菜 $200m^3$/亩，设施 $500m^3$/亩，鲜果果园 $100m^3$/亩的用水限额，核定各行政区用水总量控制阈值，详见表5。

表 5　　　　行政区用水总量控制阈值

<table>
<tr><td rowspan="2">序号</td><td rowspan="2">行政区</td><td colspan="2">农业高效节水灌溉
发展Ⅰ区</td><td colspan="2">农业高效节水灌溉
发展Ⅱ区</td><td colspan="2">农业高效节水灌溉
发展Ⅲ区</td><td colspan="2">合　计</td></tr>
<tr><td>面积
/万亩</td><td>用水总量
/亿 m³</td><td>面积
/万亩</td><td>用水总量
/亿 m³</td><td>面积
/万亩</td><td>用水总量
/亿 m³</td><td>面积
/万亩</td><td>用水总量
/亿 m³</td></tr>
<tr><td>1</td><td>昌平</td><td>5.33</td><td>0.11</td><td>7.51</td><td>0.11</td><td>1.01</td><td>0.02</td><td>13.85</td><td>0.24</td></tr>
<tr><td>2</td><td>朝阳</td><td>0.23</td><td>0.01</td><td>0.26</td><td>0.01</td><td>0</td><td>0</td><td>0.49</td><td>0.02</td></tr>
<tr><td>3</td><td>大兴</td><td>6.72</td><td>0.18</td><td>30.09</td><td>0.80</td><td>0.04</td><td>0</td><td>36.85</td><td>0.98</td></tr>
<tr><td>4</td><td>房山</td><td>6.48</td><td>0.14</td><td>17.89</td><td>0.32</td><td>0.32</td><td>0.01</td><td>24.69</td><td>0.47</td></tr>
<tr><td>5</td><td>丰台</td><td>0.32</td><td>0.01</td><td>0.03</td><td>0</td><td>0</td><td>0</td><td>0.35</td><td>0.01</td></tr>
<tr><td>6</td><td>海淀</td><td>0.46</td><td>0.01</td><td>3.39</td><td>0.05</td><td>0.46</td><td>0.01</td><td>4.31</td><td>0.07</td></tr>
<tr><td>7</td><td>怀柔</td><td>3.30</td><td>0.05</td><td>5.28</td><td>0.08</td><td>7.61</td><td>0.14</td><td>16.19</td><td>0.27</td></tr>
<tr><td>8</td><td>门头沟</td><td>0.72</td><td>0.01</td><td>4.09</td><td>0.04</td><td>0</td><td>0</td><td>4.81</td><td>0.05</td></tr>
<tr><td>9</td><td>密云</td><td>3.25</td><td>0.08</td><td>21.55</td><td>0.40</td><td>5.25</td><td>0.10</td><td>30.05</td><td>0.58</td></tr>
<tr><td>10</td><td>平谷</td><td>3.78</td><td>0.05</td><td>18.15</td><td>0.27</td><td>20.54</td><td>0.26</td><td>42.47</td><td>0.58</td></tr>
<tr><td>11</td><td>顺义</td><td>5.21</td><td>0.13</td><td>24.54</td><td>0.61</td><td>1.81</td><td>0.05</td><td>31.56</td><td>0.79</td></tr>
<tr><td>12</td><td>通州</td><td>4.90</td><td>0.12</td><td>13.88</td><td>0.36</td><td>0.22</td><td>0.01</td><td>19.00</td><td>0.49</td></tr>
<tr><td>13</td><td>延庆</td><td>0.77</td><td>0.01</td><td>14.14</td><td>0.24</td><td>10.87</td><td>0.20</td><td>25.78</td><td>0.45</td></tr>
<tr><td>14</td><td>总计</td><td>41.47</td><td>0.91</td><td>160.80</td><td>3.29</td><td>48.13</td><td>0.80</td><td>250.40</td><td>5.00</td></tr>
</table>

5　结语

本研究在北京市农业节水分区划定的基础上，针对区域农业节水分区特点，提出了农业高效节水灌溉发展Ⅰ区、农业高效节水灌溉发展Ⅱ区和农业高效节水灌溉发展Ⅲ区的节水对策及其相应建议；结合北京市"两田一园"分布及灌溉用水限额，计算出各农业高效节水灌溉发展分区内的区域农业灌溉用水总量控制阈值及其各行政区内农业灌溉用水总量控制阈值，提出北京市农业灌溉用水总量控制在 5 亿 m^3。研究成果对支撑北京市农业种植结构调整以及推进区域农业高效节水灌溉工程具有一定的指导意义。

参 考 文 献

［1］ 北京市水务局.北京市水务统计年鉴［A］.北京：北京市水务局规划设计处，2017.

［2］ U S Dept of Agriculture. Methods for Evaluation Irrigation System［M］. U S Government Printing Office，1969.

［3］ Jerry R Williams，Orlan H Buller，Gary J Dvorak. A Microcomputer Model for Irrigation System Evaluation［J］. Sothern Journal of Agricultural Economics，1988，7.

［4］ Charles M Burt，Robert E Walker，Stuart W Styles. 1998 Irrigation System Evaluation Manual［M］. California Dept of Water Resource and Dept of Agriculture，1999.

［5］ 程献国，张霞，姜丙洲.宁夏青铜峡灌区适宜节水阈值研究［J］.水资源与水工程学报，2010，21（5）：83－86，89.

［6］ 胡成彦，刘列涛.吉林省农业用水节水潜力分析［J］.吉林水利，2007（11）：37－38.

［7］ 欧建锋，杨树滩，仇锦先.江苏省灌溉农业节水潜力研究［J］.灌溉排水学报，2005，24（6）：22－25.

［8］ 张艳妮，白清俊，马金宝，等.山东省灌溉农业节水潜力计算分析——以 02－04 年为例［J］.山东农业大学学报（自然科学版），2007，38（3）：427－431.

［9］ 傅国斌，李丽娟，于静洁，等.内蒙古河套灌区节水潜力的估算［J］.农业工程学报，2003，19（1）：54－58.

［10］ 费远航，佘冬立，孟佳佳，等.河网区不同尺度灌区节水潜力分析［J］.排灌机械学报，2015，33（11）：971－975.

［11］ 姚治君，林耀明，高迎春，等.华北平原分区适宜性农业节水技术与潜力［J］.自然资源学报，2000，15（3）：259－264.

［12］ 雷波，刘钰，许迪.灌区农业灌溉节水潜力估算理论与方法［J］.农业工程学报，2011，27（1）：10－14.

［13］ 范海燕，朱丹阳，郝仲勇.基于 AHP 和 ArcGIS 的北京市农业节水区划研究［J］.农业机械学报，2017，48（3）：288－293.

不同生育期灌水下限对日光温室迷你黄瓜产量、品质及水分利用效率的影响

齐艳冰

（北京市水科学技术研究院　北京　100048）

【摘　要】　为指导日光温室迷你黄瓜高效节水生产，开展了日光温室膜滴灌条件下不同生育期灌溉下限对迷你黄瓜生长动态、产量及品质的影响研究，在开花坐果期和盛果期按照控制灌水下限为田间持水量 θ_{FC} 的不同百分比分别设计 2 个灌水下限（65%θ_{FC}、75%θ_{FC}；75%θ_{FC}、85%θ_{FC}），共计 4 个处理和 1 个对照处理。试验结果表明：开花坐果期灌水下限的降低未对迷你黄瓜的生长、产量、品质及水分效率产生显著影响。盛果期灌水下限的降低显著影响了迷你黄瓜的株高，但却未对产量造成显著影响。全生育耗水量在 263.66mm 至 343.41mm 之间，耗水量随着灌水下限的下降而降低，盛果期灌水下限为 75%θ_{FC} 的处理耗水量较 85%θ_{FC} 处理分别降低了 17.8%、22.3%，*WUE* 分别提高了 12.3%、18.2%，并显著提升了迷你黄瓜的品质。因此，本研究表明迷你黄瓜开花坐果期和盛果期适宜的灌水下限分别为 65%θ_{FC}、75%θ_{FC}。

【关键词】　迷你黄瓜　灌水下限　产量　品质　水分利用效率

1　引言

近年来，随着人们对农业生产的要求不断提高，以日光温室为主的设施农业得到快速发展，设施蔬菜发展尤为迅速，同时以滴灌为主的高效节水灌溉技术在日光温室蔬菜种植上被广泛应用。但由于缺少对日光温室蔬菜相应的理论及技术指导，设施蔬菜生产过度依靠大量的水分、肥料投入，大多数日光温室仍靠经验进行灌水管理，滴灌的高效节水效果不能充分发挥，过量灌水造成水资源浪费、蔬菜品质和经济效益下降等问题[1-3]。迷你黄瓜是需水量较大的作物，适宜的灌水下限是确保黄瓜优质高效的关键，对指导温室蔬菜灌溉，提高水分利用效率，增加作物产量，改善果实品质和土壤环境具有重要作用[4-6]。因此，本试验研究日光温室膜滴灌条件下不同生育期灌溉下限对迷你黄瓜生长动态、产量及品质的影响，探求较为适宜迷你黄瓜优质高产的水分利用模式，为农业生产提供参考依据。

2　材料与方法

2.1　试验区概况

试验地点在北京市灌溉试验中心站（位于北京市通州区永乐店镇），该站地处北纬

资助项目：

北京市科技项目：北京城市副中心节水型社会建设关键技术研究与示范（Z171100004417005）；北京市科技项目：服务业公共建筑节水关键技术集成与示范（Z171100000717011）。

39°42′，东经116°47′，多年平均降雨量565mm，多年平均水面蒸发量1140mm，多年平均气温11.5℃。

试验在北京市灌溉试验中心站4号温室内进行，温室为东西走向，全长50m，净宽8.5m。整个温室共为9个小区，尺寸为6.8m×5.2m。温室内于两端各设置宽为1.5m的保护区。土壤质地为粉壤土，田间持水率为30%。

2.2 试验设计

迷你黄瓜试验品种为迷你二号，于2016年2月26日移栽，每小区辖4垄，每垄种植2行，株距40cm，行距40cm。每行布置一条滴灌带，滴头间距为30cm。为确保幼苗成活率，定植后各处理均进行两次灌水。根据迷你黄瓜的生长特性，整个生育期分为：苗期（2月26日—3月16日）、开花坐果期（3月17—29日）、盛果期（3月30日—5月25日）、尾果期（5月26日—6月16日），共113天。

试验按照控制灌水下限为田间持水量θ_{FC}的不同百分比在开花坐果期和盛果期分别设计2个灌水下限，共计4个处理，每个处理2个重复，包含2个小区，并设置1个对照处理，包含1个小区，各小区随机区组布置，具体处理详见表1。

表1　　　　　　　　　　不同处理迷你黄瓜灌水下限控制水平　　　　　　　　　　　%

处　理	控水期间各处理灌水上下限（占θ_{FC}的百分比）			
	苗　期	开花坐果期	盛果期	尾果期
T1	—	65～90	75～100	75～90
T2	—	65～90	85～100	75～90
T3	—	75～90	75～100	75～90
T4	—	75～90	85～100	75～90
T5	对照处理（按照当地灌溉习惯灌水）			

计划湿润层控制为苗期20cm，开花坐果期、盛果期为40cm，土壤湿润比为90%，即当20cm或40cm深土层的平均土壤含水量达到控制的灌水下限时，开始灌水，苗期不做处理，统一灌水。

2.3 测定指标与方法

2.3.1 株高及叶面积

在每个处理中选择6棵植株，每周同一时间用卷尺测量黄瓜活体高度、叶长和叶宽，株高为根基部到龙头顶端的距离，叶长为叶柄基部到叶尖的长度，叶宽为叶片横向最宽处间距。试验期间选择不同生育期的黄瓜叶片，利用叶面积仪测量叶面积，同时用钢尺测量其长和宽，通过相关分析推求叶面积公式，由此计算叶面积。

2.3.2 产量

进入采摘期后，每两天采摘一次果实，用精度为1g的台秤，记录每小区每次采摘的果实产量，各次采摘产量累加作为小区总产量。

2.3.3 品质

在各处理盛果期，每个处理随机选取大小基本相同的迷你黄瓜，进行还原性维生素C、粗蛋白、可溶性总糖、可溶性固形物、硝态氮、水分等品质指标的测定。

2.3.4 耗水量

耗水量由水量平衡方程计算，水量平衡方程表示为

$$ET_c = P + I + \Delta W - R - D \tag{1}$$

式中　ET_c——耗水量，mm；

　　　P——降雨量，mm，温室内为0mm；

　　　I——灌水量，mm；

　　ΔW——计划湿润层深度范围内土壤储水量的变化量，mm；

　　　R——地表径流量，mm，试验期间无地表径流，$R=0$；

　　　D——深层渗漏量，mm，忽略不计。

ΔW 可由 TRIME - IPH 土壤含水量测量仪测定的时段初与时段末土壤体积含水率计算，即

$$\Delta W = \frac{(W_1 - W_2)Z}{100} \tag{2}$$

式中　W_1——时段初土壤体积含水率，%；

　　　W_2——时段末土壤体积含水率，%；

　　　Z——计划湿润层深度，mm。

2.3.5 水分利用效率

水分利用效率计算方法为

$$WUE = \frac{Y}{ET_c} \tag{3}$$

式中　WUE——水分利用效率，kg/m³；

　　　Y——各处理迷你黄瓜产量，kg/m²；

　　　ET_c——各处理耗水量，mm。

3　结果与分析

3.1　不同灌水下限对迷你黄瓜株高的影响

不同处理迷你黄瓜各生育期株高的变化情况如图1、表2所示。不同处理迷你黄瓜随

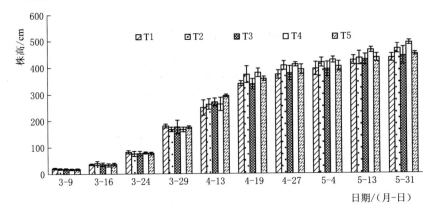

图1　各处理迷你黄瓜株高动态变化

生育期延长而增加，增加趋势基本相似，苗期株高增长缓慢，开花坐果期和盛果期迅速增加，尾果期维持稳定。

表2　　　　　　　　　　各处理迷你黄瓜株高变化表　　　　　　　　　　单位：cm

日期/（月-日）	T1	T2	T3	T4	T5
3-9	21.5	19.4	19.0	17.4	18.7
3-16	36.7	39.8	35.8	33.0	35.9
3-24	81.6	74.9	76.3	78.8	76.1
3-29	179.3	166.0	175.0	165.6	173.7
4-13	248.4b	261ab	268.8ab	261.2ab	293.3a
4-19	338.8b	372.5a	336.6b	379.4a	356.7ab
4-27	372.3b	406.0a	377.1b	409.7a	391.3ab
5-4	394.0ab	417.5ab	391.8b	426.7a	403.3ab
5-13	425.7b	453.3a	428.2b	463.8a	435.3b
5-31	434.7c	479.3a	441.7bc	491.5a	449.3bc

　　苗期未做控水处理，各处理株高基本无差异；开花坐果期各处理的株高无显著差异，这主要是由于苗期移栽保苗灌水量较大，并且开花坐果期较短，尚未对迷你黄瓜造成较大影响；盛果期灌水下限高的T2、T4处理（$85\%\theta_{FC}$）的株高显著高于灌水下限低的T1、T3处理（$75\%\theta_{FC}$）和对照处理（$P<0.05$）；到尾果期，T1、T2、T3、T4、T5处理的株高分别达到434.7cm、479.3cm、441.7cm、491.5cm、449.3cm，T2、T4处理均显著高于T1、T3处理，全生育期T2、T4处理与T1、T3处理之间均无显著差异。总体而言，开花坐果期的水分处理并未对迷你黄瓜的株高产生显著影响，盛果期灌水下限较高显著影响迷你黄瓜的株高；对照处理的株高与T1、T3处理无显著差异，与T2、T4处理差异显著，株高显著低于T2、T4。因此，在盛果期灌水下限的提高能显著增加迷你黄瓜的株高。

3.2　不同灌水下限对迷你黄瓜叶面积指数的影响

　　各处理迷你黄瓜叶面积指数动态变化如图2所示，迷你黄瓜叶面积指数在苗期很小，开花坐果期逐渐增大，在进入盛果期以后，每隔一段时间，进行一次"放蔓、落秧"处理，保证植株的叶面积保持在一定范围之内，便于田间管理。在苗期和开花坐果期，各处理之间的差异较小，开花结果期和盛果期灌水下限高的T4处理的叶面积指数高于T1、T2、T3处理。

3.3　不同灌水下限对迷你黄瓜耗水规律的影响

　　各处理迷你黄瓜耗水对比分析见表3。T1、T2、T3、T4、T5处理全生育期日均耗水强度分别为2.33mm/d、2.75mm/d、2.35mm/d、2.88mm/d、3.04mm/d，耗水量分别达到263.66mm、310.70mm、266.07mm、325.31mm、343.41mm，T4处理分别是T1、T2、T3处理的1.23倍、1.05倍、1.24倍，即随着盛果期灌水下限的升高作物耗水也呈升高趋势，但是开花坐果期灌水下限的降低对全生育期的耗水影响不大。这主要是由

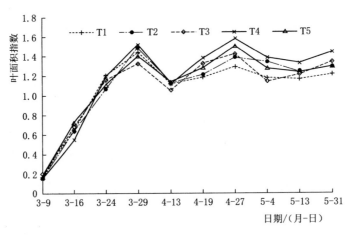

图 2　各处理迷你黄瓜叶面积指数动态变化

于盛果期较高的水分下限可以促进植株生长，叶面积增加，耗水强度增加，并且棵间蒸发强度与土壤含水率呈正比例关系。

表 3　　　　　　　　　各处理迷你黄瓜耗水对比分析

处理	项　　目	苗期	开花坐果期	盛果期	尾果期	全生育期
T1	阶段耗水量/mm	51.02	15.75	162.66	34.24	263.66
	日均耗水强度/(mm·d⁻¹)	2.43	1.21	2.85	1.56	2.33
	阶段所占比例/%	19.3	6.0	61.7	13.0	100.0
	全生育期日均值/(mm·d⁻¹)			2.33		
T2	阶段耗水量/mm	58.81	9.19	190.61	52.09	310.70
	日均耗水强度/(mm·d⁻¹)	2.80	0.71	3.34	2.37	2.75
	阶段所占比例/%	18.9	3.0	61.3	16.8	100.0
	全生育期日均值/(mm·d⁻¹)			2.75		
T3	阶段耗水量/mm	49.75	13.77	154.88	47.66	266.07
	日均耗水强度/(mm·d⁻¹)	2.37	1.06	2.72	2.17	2.35
	阶段所占比例/%	18.7	5.2	58.2	17.9	100.0
	全生育期日均值/(mm·d⁻¹)			2.35		
T4	阶段耗水量/mm	53.29	15.95	205.71	50.37	325.31
	日均耗水强度/(mm·d⁻¹)	2.54	1.23	3.61	2.29	2.88
	阶段所占比例/%	16.4	4.9	63.2	15.5	100.0
	全生育期日均值/(mm·d⁻¹)			2.88		
T5	阶段耗水量/mm	62.75	21.74	196.66	62.26	343.41
	日均耗水强度/(mm·d⁻¹)	2.99	1.67	3.45	2.83	3.04
	阶段所占比例/%	18.3	6.3	57.3	18.1	100.0
	全生育期日均值/(mm·d⁻¹)			3.04		

各处理的耗水总量在各生育期的比例表现为盛果期＞苗期＞尾果期＞开花坐果期，苗期耗水量大主要是由于移栽保苗灌水量较大。T1、T2、T3、T4、T5 处理盛果期耗水量占全生育期总耗水量的 61.7％、61.3％、58.2％、63.2％、57.3％，均在一半以上，盛果期和尾果期的耗水量总体呈现为 T4＞T2＞T3＞T1。这说明较高的灌水下限可以促进盛果期植株发育和产量形成，而在尾果期虽然各处理的灌水下限相同，但由于盛果期 T2、T4 处理的植株生长更旺盛，尾果期依然表现为灌水下限高的 T2、T4 处理的耗水量高于灌水下限低的 T1、T3 处理。

3.4 不同灌水下限对迷你黄瓜产量及水分利用效率的影响

各处理迷你黄瓜产量、水分利用效率见表 4。由表 4 可以看出，各处理的产量总体表现为 T4＞T2＞T5＞T3＞T1，T4 处理产量最高，为 123404kg/hm²，产量随着开花坐果期和盛果期灌水下限的提高而增加，但是各处理之间的产量未有显著差异，这可能是由于开花坐果期较短，水分处理并未对植株产生显著影响，而盛果期 T1、T3 的灌水下限处理为田间持水量的 75％，含水率相对较高，并未造成显著的水分胁迫，而 T2、T4 的灌水下限较高，促进了植株生长与产量的形成，但没有与 T1、T3 形成显著差异。

表 4 各处理迷你黄瓜产量、水分利用效率对比分析

处 理	耗水量/mm	产量/(kg·hm⁻²)	WUE/(kg·m⁻³)
T1	263.66	113044a	43.7ab
T2	310.70	122407a	38.9bc
T3	266.07	120497a	44.9a
T4	325.31	123404a	38.0c
T5	343.41	120129a	35.0c

盛果期灌水下限低的 T1、T3 处理的 WUE 显著高于灌水下限高的 T2、T4 处理和对照处理（$P < 0.05$），当盛果期灌水下限相同时，开花坐果期灌水下限的降低会导致产量的降低，但并未形成显著差异。因此，盛果期灌水下限降低到 $75\%\theta_{FC}$ 可显著提高迷你黄瓜的 WUE，但开花坐果期灌水下限下降有可能降低 WUE。因此，盛果期灌水下限为 $75\%\theta_{FC}$ 未使产量显著降低，但却显著提升了 WUE。

3.5 不同灌水下限对迷你黄瓜果实品质的影响

各处理迷你黄瓜品质指标对比分析见表 5。由表 5 可以看出，对不同处理迷你黄瓜的品质指标的分析结果表明，盛果期下限相同时，开花坐果期灌水下限的降低并未造成迷你黄瓜品质的显著性差异。开花坐果期下限相同时，盛果期灌水下限的降低可显著提升迷你黄瓜的可溶性总糖、可溶性固形物、还原性维生素 C、硝态氮及水分，对粗蛋白无显著影响。

各处理迷你黄瓜粗蛋白含量表现为 T3＞T1＞T2＝T4＞T5，但差异均未达显著水平；可溶性总糖含量表现为 T3＞T1＞T4＞T5＞T2，T1、T3 处理的可溶性总糖含量显著高于 T2、T4、T5 处理（$P < 0.05$），可溶性固形物含量表现为 T3＞T1＞T2＞T4＞T5，但 T1 与 T3 处理及 T2 与 T4 处理之间的可溶性总糖及可溶性固形物含量没有显著差异；还原性

表 5 各处理迷你黄瓜品质指标对比分析

处理	粗蛋白/%	可溶性总糖/%	可溶性固形物/%	还原性维生素 C/(mg·kg^{-1})	硝态氮/(mg·kg^{-1})	水分/%
T1	0.99	2.94a	3.09a	152.5a	106.32b	95.3bc
T2	0.98	2.49b	2.67b	128.67b	118.73ab	95.5ab
T3	1.092	2.98a	3.18a	145.33ab	138.51a	95.2c
T4	0.98	2.56b	2.62b	138.83ab	110.52ab	95.6ab
T5	0.92	2.55b	2.60b	131.01b	105.47b	95.7a

维生素 C 含量表现为 T1＞T3＞T4＞T5＞T2，T1 处理显著高于 T2、T5 处理（$P<0.05$）；硝态氮含量表现为 T3＞T2＞T4＞T1＞T5，T1 处理显著高于 T2、T5 处理（$P<0.05$）；水分含量表现为 T5＞T4＞T2＞T1＞T3，T2、T4、T5 处理显著高于 T1、T3 处理（$P<0.05$）。

总体看来，在盛果期灌水下限越高，除粗蛋白外可溶性总糖、可溶性固形物、还原性维生素 C、硝态氮及水分等在迷你黄瓜内的含量越少，因此为提高果实品质，可以适当降低灌水下限。

4 结语

（1）盛果期灌水下限相同时，开花坐果期灌水下限的降低未对迷你黄瓜的生长、产量、品质及水分效率产生显著影响，主要是由于苗期移栽保苗时灌水量较大，同时开花坐果期较短，灌溉下限的降低尚未对迷你黄瓜的生长产生较大影响。开花坐果期灌水下限相同时，盛果期灌水下限的降低显著影响了迷你黄瓜的株高和叶面积指数，但却未对产量造成显著影响。

（2）水分利用效率 WUE 是评价作物生长适宜程度的综合指标，它反映了作物耗水和产量之间的关系，提高 WUE 是实现迷你黄瓜高效用水的关键。盛果期灌水下限为 75% θ_{FC} 的处理，全生育期耗水量为 263.66mm、266.07mm，较灌水下限为 85% θ_{FC} 的处理，分别降低了 17.8%、22.3%，WUE 分别提高了 12.3%、18.2%。

（3）品质是决定果蔬产品经济价值的要素，对产品的经济效益有直接影响。本研究结果表明，盛果期灌水下限为 75% θ_{FC} 处理与灌水下限为 85% θ_{FC} 相比，显著提升了迷你黄瓜的可溶性总糖、可溶性固形物、还原性维生素 C、硝态氮及水分，对粗蛋白无显著影响。

综合考虑不同生育期、不同灌水下限对迷你黄瓜生长、产量、品质及水分利用效率的影响，以节水、高产、优质为目标的迷你黄瓜开花坐果期和盛果期适宜的灌水下限分别为 65% θ_{FC}、75% θ_{FC}。

参 考 文 献

[1] 韩万海. 西北旱区膜下滴灌洋葱需水规律及优化灌溉制度试验研究 [J]. 节水灌溉，2010（6）：30-33.

［2］ 李英能．关于我国节水农业技术研究的探讨［J］．灌溉排水学报，2003，22（1）：11-15.

［3］ 康绍忠，杜太生，孙景生，等．基于生命需水信息的作物高效节水调控理论与技术［J］．水利学报，2007，38（6）：661-666.

［4］ 李晶晶，王铁良，李波，等．日光温室滴灌条件下不同灌水下限对青椒生长的影响［J］．节水灌溉，2010（2）：22-29.

［5］ 王洪源，李光永．滴灌模式和灌水下限对甜瓜耗水量和产量的影响［J］．农业机械学报，2010，41（5）：41-45.

［6］ 张西平，赵胜利，杜光乾，等．日光温室黄瓜滴灌灌溉制度研究［J］．中国农村水利水电，2007（12）：25-31.

灌溉水质对土壤和蔬菜多氯联苯和内源性雌激素含量影响的试验研究

李　艳[1,2]　张　蕾[1]　黄俊雄[1,2]　杨胜利[1,2]　楼春华[1]　刘洪禄[1,2]

（1. 北京市水科学技术研究院　北京　100048；2. 北京市非常规水资源开发利用与节水工程技术研究中心　北京　100048）

【摘　要】　为明确再生水灌溉对土壤和蔬菜多氯联苯（PCBs）和内源性雌激素含量的影响，2015—2016 年在北京市灌溉试验中心站布置了灌溉试验，设置了再生水、清水和交替灌溉 3 种处理方式。采用气相色谱/质谱联用仪和高效液相色谱—三重四极杆串联质谱仪分析了土壤和蔬菜可食用部位中 7 大类 PCBs 和内源性雌激素的含量。研究结果表明，2015 年和 2016 年蔬菜收获时温室大棚土壤 PCBs 和内源性雌激素含量分别为 ND（未检出）～2.72μg/kg 和 2.55～150.38μg/kg。显著性分析显示不同灌溉水质没有显著影响土壤 PCBs 和内源性雌激素含量。本研究表层土壤未受到 PCBs 污染且其生态风险概率均小于 10%。蔬菜 PCBs 和内源性雌激素含量分别为 ND（未检出）～5.72μg/kg 和 0.94～424.02μg/kg。不同灌溉水质并未显著影响蔬菜 PCBs 和内源性雌激素含量。本次研究中蔬菜 PCBs 含量低于美国卫生及公共服务部建议指标。本研究中蔬菜对 PCBs 和内源性雌激素的迁移系数分别为 0～36.77 和 0.08～32.82。本研究条件下，再生水灌溉未引起表层土壤和各蔬菜 PCBs 及内源性雌激素污染风险。

【关键词】　再生水灌溉　多氯联苯　雌激素　土壤　蔬菜

　　近年来，有机污染物如多氯联苯和内源性雌激素等带来的环境问题越来越受到人们的关注。多氯联苯（Polychlorinated biphenyls，PCBs）有较好的绝缘性、导热性和惰性，通常被用在电力、塑料和化工等领域[1]。由于 PCBs 具有抗生物的降解性、低的水溶性，使其容易在生物体内累积。环境中 PCBs 的主要来源为含 PCBs 的工业液体渗漏、废弃物焚烧时 PCBs 蒸发和增塑剂中的 PCBs 挥发[2]。内源性雌激素主要指天然存在的雌激素，又称为类固醇雌激素，它来源于人类和动物的新陈代谢，对人体的危害主要是致癌性和对发育、免疫以及神经系统的影响等[3]。环境中内源性雌激素主要来源为污水处理厂和集约化养殖场[4]。

　　土壤是 PCBs 和内源性雌激素存在的主要场所之一，土壤中含有的 PCBs 和内源性雌激素能够被植物吸收和利用，然后通过食物链最终进入人体，对人体健康产生影响，因而

资助项目：

　　国家重点研发计划：城郊高效安全节水灌溉技术典型示范（2016YFC0403105）；北京市博士后工作经费资助项目（2017－ZZ－093）；北京市科技项目：北京城市副中心节水型社会建设关键技术研究与示范（Z171100004417005）。

国内和国外较多学者对土壤和作物 PCBs 和内源性雌激素进行了大量调查与试验研究。张志[5]（2010）和李海玲[6]（2013）调查得出我国表层土壤中 PCBs 含量为 0.05~8.69μg/kg，整体污染水平处于较低状态；表层土壤 PCBs 分布总体上为城市点最高、农村点次之、偏远地区最低；土壤中主要以低氯联苯同系物为主，主要为三氯联苯和四氯联苯。其他研究者得出工业区（石油制造、汽车生产、电子垃圾拆解区）表层土壤 PCBs 含量显著高于普通农田土壤[7-9]；与地下水灌溉相比，污水灌溉在一定程度上提高了土壤的 PCBs 含量[10,11]。某些电子垃圾拆解区和近电子拆解区作物 PCBs 含量均值为 5.98~432.60μg/kg[12,13]。宋晓明[14]（2018）调查得出沈阳市前进农场土壤 0~15m 剖面雌酮含量为 15.15~44.17μg/kg，不同地层中含量差异较小；雌二醇含量为 9.03~74.19μg/kg，下层粉土雌二醇含量高于上层亚黏土雌二醇含量。张涛等[15]（2016）调查得出长沙市部分市售粮食作物及蔬菜水果炔雌醇和雌二醇含量分别为 0~116.4μg/kg 和 0~35.04μg/kg。

干旱、半干旱地区推动了污水/再生水等非常规水资源的利用，这些水资源的利用在一定程度上缓解了水资源供需矛盾，但这些水中可能含有一定的污染物，如 PCBs 和内源性雌激素等，其灌溉可能带来不良影响[10-11]。目前关于再生水灌溉对土壤和作物 PCBs 和内源性雌激素含量影响的研究还不够，因而需要开展再生水灌溉条件下土壤和作物 PCBs 和内源性雌激素含量水平的试验研究，为今后再生水的安全灌溉和推广提供一定的理论依据。

1 材料与方法

1.1 研究区概况与试验设计

2015 年 3 月—2016 年 4 月在北京市灌溉试验中心站（北纬 39°42′，东经 116°47′，海拔约 12m）布置了不同水质灌溉蔬菜试验，蔬菜种植在 6~8 号日光温室测坑中，测坑土壤质地均匀，为轻壤土。6 号温室有 12 个测坑，7 号和 8 号温室各有 9 个测坑，每个测坑大小为 6m×5m。试验期间观测井中地下水埋深约 8m。

供试蔬菜包括茄子、塔菜花、豆角、甘蓝、黄瓜、胡萝卜，具体种植情况见表 1。每个蔬菜品种均设置清水、再生水和等量交替灌溉 3 个处理，6 号温室每个处理 4 个重复，7 号和 8 号温室每个处理 3 个重复，每个日光温室内小区随机排列。试验中灌溉的再生水来自高碑店污水处理厂的二级处理出水，再生水内源性雌激素和 PCBs 含量分别为 8.8~19.0ng/L 和 0.24~0.9ng/L；试验灌溉的清水取自试验站地下水井，其中内源性雌激素和 PCBs 含量分别为 0.0~0.1ng/L 和 0.12~0.2ng/L；试验所用的灌溉水水质都满足《城市污水再生利用 农田灌溉用水水质》（GB 20922—2007）和《农田灌溉水质标准》（GB 5084—2005）。整个试验过程中各个处理之间仅灌溉水水质不同，其他田间管理措施都一样。

表 1　　　　　　　　　　　2015—2016 年供试蔬菜种植情况

序号	温室编号	蔬菜种类	播种时间	收获时间	灌水量/mm
1	6	茄子	2015 年 3 月 6 日	2015 年 7 月 11 日	449
2	7	塔菜花	2015 年 8 月 21 日	2015 年 12 月 23 日	267

序号	温室编号	蔬菜种类	播种时间	收获时间	灌水量/mm
3	8	豆角	2015 年 4 月 10 日	2015 年 7 月 12 日	300
4	6	甘蓝	2015 年 9 月 18 日	2016 年 1 月 4 日	300
5	7	黄瓜	2016 年 4 月 26 日	2016 年 7 月 4 日	198
6	8	胡萝卜	2015 年 9 月 4 日	2016 年 1 月 23 日	284

1.2　取样和检测

1.2.1　土样和蔬菜可食用部位样品采集

蔬菜收获时在各小区取 0～20cm 表层土样，各小区取 3～5 棵蔬菜可食用部位作为样品。需要检测内源性雌激素和 PCBs 的土壤和作物样品利用铝箔纸包裹以避免再次污染，存放于 4℃冰箱中保存。

1.2.2　土壤和蔬菜样品中 PCBs 和内源性雌激素含量测定

取 10g 干燥后的土壤样品或 2g 干燥后的蔬菜样品，向其加入一定量的相应替代物（0.1mg/kg），搅拌样品和替代物使其均匀混合后密闭过夜，再用滤纸包好混合物而后放入索氏提取器进行处理，各加入 220mL 提取液［土壤样品加入的提取液为 1∶1（体积比例）丙酮和甲醇的混合液，蔬菜样品加入的提取液为正己烷］。待样品索氏提取 12h 后，用 50 g 的无水硫酸钠过滤脱水提取液，然后再用约 15mL 各样品相应的提取液进行润洗。经过硫酸钠脱水后的提取液通过旋转蒸发仪（50℃）和氮吹仪（50℃）浓缩至 0.8～1.5mL，而后再利用 0.22μm 滤膜过滤并转移到 1.5mL 的样品瓶（最后液体体积为 0.5～1.0mL），放在冰箱保存至待测。

使用气相色谱/质谱联用仪分析土壤和蔬菜样品中的 PCBs 含量，包括一氯联苯～七氯联苯 7 类化合物（合计 58 种 PCB）。使用高效液相色谱—三重四极杆串联质谱仪测定样品内源性雌激素，包括雌酮（E1）、乙炔基雌二醇（EE2）、雌二醇（E2）和雌三醇（E3）。实验使用的毛细管柱为美国安捷伦公司生产，其大小为 30m×0.25mm×0.25μm。试验采用无分流的进样方式进样，进样口的温度是 280℃，GC 炉温的升温采用程序进行控制：首先在 40℃保持 2min，而后以 5℃/min 的升温速度将温度升到 290℃，保持 4min。样品分析时采用 SIM 扫描模式，根据样品的特征峰和保留时间进行样品的定性分析，而后根据其基峰面积进行样品的定量分析。

质量的控制与质量的保证：每一批次的试剂都需要分析试剂空白，每一批次的样品至少做 2 个空白样，空白的测试结果都低于试验的检出限。为检查仪器是否受污染，每 12h 做 1 次溶剂空白。空白加标回收率为 70％～120％，替代物的回收率为 80％～120％。本研究中土壤和蔬菜样品 PCBs 的检出限为 0.014～0.033μg/kg，内源性雌激素的检出限为 0.021～0.250μg/kg；水样 PCBs 的检出限为 0.059～0.114ng/L，内源性雌激素的检出限为 0.035～0.203ng/L。

1.3　数据处理

用迁移系数表征植物对某种元素或化合物的积累能力，其计算公式为

$$\text{迁移系数(BCF)} = C_\text{plant}/C_\text{soil} \tag{1}$$

式中　　C_plant——植物体内某种元素的含量;

　　　　C_soil——土壤(0~20cm)中相应元素的含量。

利用 Microsoft Excel 2010 软件处理试验数据和画图。利用 SPSS 20.0 软件对 3 种灌溉水质条件下土壤和蔬菜中的 PCBs 含量及内源性雌激素含量进行分析,利用方差分析中的 LSD 法分析 3 个灌溉处理间差异的显著性,显著性水平选取 0.05。

2　结果与分析

2.1　各灌溉水质灌溉条件下土壤 PCBs 和内源性雌激素的含量

图 1 显示了蔬菜收获时表层土壤 PCBs 和内源性雌激素含量。图 1(a)显示 2015 年蔬菜收获时 3 个阳光温室大棚土壤 PCBs 含量为 0.20~2.72μg/kg;2016 年蔬菜收获时 3 个温室大棚土壤 PCBs 含量低于试验检出限,未检测出。图 1(b)显示 2015 年和 2016 年蔬菜收获时 3 个阳光温室大棚土壤内源性雌激素含量为 2.55~150.38μg/kg,7 号大棚黄瓜土壤内源性雌激素含量远高于其他土壤内源性雌激素含量。显著性分析显示同一蔬菜土壤 PCBs 或内源性雌激素含量 3 种灌溉水质灌溉条件下没有显著差异($P>0.05$)。

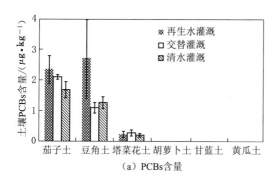
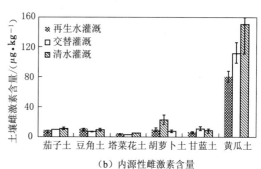

（a）PCBs含量　　　　　　　　　　　（b）内源性雌激素含量

图 1　蔬菜收获时表层土壤的 PCBs 和内源性雌激素含量

本研究中表层土壤的 PCBs 含量与德国农田(0.95~3.84μg/kg)、上海农村土壤 PCBs 含量相近[16-17],远低于法国垃圾焚烧厂、长春和吉林工业基地附近的土壤 PCBs 含量[8,18]。本研究土壤中内源性雌激素含量(黄瓜土壤除外)与宋晓明[14](2018)调查得出的沈阳市前进农场土壤雌激素含量相近。

参考加拿大农业土壤质量中关于 PCBs 的指导值(500μg/kg)[19],本研究中各温室表层土壤 PCBs 含量未超标;参考美国的研究者 Long 等(1995)[20]建议的土壤 PCBs 生态风险概率评价标准,本研究中各处理表层土壤 PCBs 生态风险概率都小于 10%。

2.2　不同灌溉水质对蔬菜 PCBs 和内源性雌激素含量的影响

图 2 显示了各类蔬菜的 PCBs 和内源性雌激素含量。图 2(a)显示本研究中茄子、豆角、胡萝卜、甘蓝、黄瓜的 PCBs 含量均低于试验检出限,未检测出;塔菜花的 PCBs 含量为 4.96~5.72μg/kg。图 2(b)显示本研究中茄子、豆角、塔菜花、胡萝卜、甘蓝、黄瓜的内源性雌激素含量分别为 26.34~61.88μg/kg、3.34~7.67μg/kg、12.15~

72.04μg/kg、0.94～2.40μg/kg、1.65～17.15μg/kg 和 108.16～424.02μg/kg。本次研究中黄瓜内源性雌激素含量显著高于其他蔬菜内源性雌激素含量。显著性分析显示，同一蔬菜品种条件下不同灌溉水质灌溉蔬菜 PCBs 和内源性雌激素含量无显著差异（$P >$ 0.05），这表明不同灌溉水质并没有对蔬菜 PCBs 和内源性雌激素含量产生显著的影响。本研究中内源性雌激素含量与魏瑞成等[21]（2013）和张涛等[15]（2016）得出的蔬菜内源性雌激素含量相近。

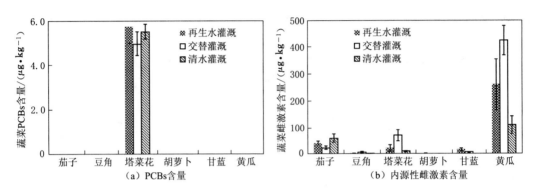

图 2 蔬菜 PCBs 和内源性雌激素含量

美国卫生及公共服务部提出的人体每天最高 PCBs 摄入量为 0.02μg/kg 体质量[22]。按成年人 70kg 体重，每天吃 34.5g 蔬菜（干质量）计算，则蔬菜中 PCBs 含量应低于 40.58μg/kg；本研究中的蔬菜 PCBs 含量为 ND（未检出）～5.72μg/kg，均低于推算的建议指标（40.58μg/kg）。

2.3 不同灌溉水质对蔬菜 PCBs 和内源性雌激素迁移系数的影响

图 3 显示 2015 年和 2016 年各温室蔬菜—土壤系统不同灌溉水质灌溉条件下 PCBs 和内源性雌激素的迁移系数。图 3（a）显示本研究中茄子、豆角、胡萝卜、甘蓝、黄瓜对于 PCBs 的迁移能力几乎为零；塔菜花 PCBs 的迁移系数为 16.47～36.77。图 3（b）显示本研究中茄子、豆角、塔菜花、胡萝卜、甘蓝、黄瓜内源性雌激素迁移系数分别为 4.41～9.37、1.59～4.00、4.17～32.82、0.08～0.30、1.57～5.52 和 1.72～9.85。总体上胡萝卜对内源性雌激素的迁移能力低于其他 5 种蔬菜，塔菜花对 PCBs 和内源性雌激素

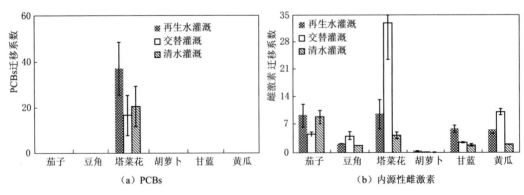

图 3 土壤—蔬菜系统中 PCBs 和内源性雌激素迁移系数

的迁移能力高于其他 5 种蔬菜。这表明不同蔬菜对不同有机污染物的迁移能力不同，主要是受各蔬菜和有机污染物的特征影响。

3 结语

本文研究了日光温室内再生水、清水和等量交替灌溉条件下土壤和蔬菜 PCBs 以及内源性雌激素的含量特征，主要结论如下：

（1）2015 年和 2016 年蔬菜收获时 3 个阳光温室大棚土壤 PCBs 和内源性雌激素含量分别为 ND（未检出）～2.72μg/kg 和 2.55～150.38μg/kg。显著性分析显示不同灌溉水质没有显著影响土壤 PCBs 和内源性雌激素含量。本研究表层土壤 PCBs 含量处于较低水平，土壤未受到 PCBs 污染且其生态风险概率均小于 10%。

（2）阳光温室蔬菜 PCBs 和内源性雌激素含量分别为 ND（未检出）～5.72μg/kg 和 0.94～424.02μg/kg。不同灌溉水质并未显著影响蔬菜 PCBs 和内源性雌激素含量。本次研究中蔬菜 PCBs 含量低于美国卫生及公共服务部建议指标。

（3）本研究中蔬菜对于 PCBs 和内源性雌激素的迁移系数分别为 0.0～36.77 和 0.08～32.82，不同蔬菜对不同有机污染物的迁移能力不同。

参 考 文 献

［1］ Breivik K，Sweetman A，Pacyna J M，et al. Towards a global historical emission inventory for selected PCB congeners – a mass balance approach：1. global production and consumption ［J］. The Science of the Total Environment，2002，290：181 – 198.

［2］ 联合国环境规划署，世界卫生组织. 环境卫生基准-2-多氯联苯和多氯三联苯 ［M］. 北京：中国环境科学出版社，1987：23 – 30.

［3］ 邱东茹，吴振斌，贺锋. 内分泌扰乱化学品对动物的影响和作用机制 ［J］. 环境科学研究，2000，13（6）：52 – 55.

［4］ Kolodziej E P，Harter T，Sedlak D L. Dairy wastewater，aquaculture，and spawning fish as sources of steroid hormones in the aquatic environment ［J］. Environmental Science & Technology，2004，38（23）：6377 – 6384.

［5］ 张志. 中国大气和土壤中多氯联苯空间分布特征及规律研究 ［D］. 哈尔滨：哈尔滨工业大学，2010.

［6］ 李海玲. 中国表层土壤中多氯联苯、多溴联苯醚的污染现状研究 ［D］. 哈尔滨：哈尔滨工程大学，2013.

［7］ 迭庆杞，聂志强，何洁，等. 珠江三角洲地区大气和土壤中多氯联苯分布特征研究 ［J］. 环境工程技术学部，2014，4（6）：520 – 524.

［8］ 陈晓荣，王洋，刘强，等. 不同工业城市郊区菜地土壤中多氯联苯的残留现况与健康风险评价 ［J］. 土壤与作物，2016，5（1）：14 – 23.

［9］ 郭莉，汪亚林，李成，等. 电子电器废弃物拆解区蔬菜多氯联苯污染及其健康风险 ［J］. 科学通报，2017，62（7）：674 – 684.

［10］ WANG T，WANG Y W，FU J J，et al. Characteristic accumulation and soil penetration of polychlorinated biphenyls and polybrominated diphenyl ethers in wastewater irrigated farmlands ［J］. Chemosphere，2010，81：1045 – 1051.

［11］ 韩善龙，王宝盛，阮挺，等 . 不同水源灌溉的农田表层土壤中多氯联苯和多溴联苯醚的浓度分布特征 ［J］. 环境化学，2012，31（7）：958 - 965.

［12］ 张建英，李丹峰，王慧芬，等 . 近电器拆解区土壤-蔬菜多氯联苯污染及其健康风险 ［J］. 土壤学报，2009，46（3）：434 - 441.

［13］ 邓绍坡，骆永明，宋静，等 . 典型地区多介质环境中多氯联苯、镉致癌风险评估 ［J］. 土壤学报，2011，48（4）：731 - 742.

［14］ 宋晓明 . 农业土壤中类固醇雌激素的潜在风险与归趋机理研究 ［D］. 沈阳：沈阳大学，2018.

［15］ 张涛，让蔚清，周筱艳，等 . 长沙市部分市售生鲜食品中类雌激素的含量与分布 ［J］. 中国食品卫生杂质，2016，28（5）：653 - 657.

［16］ Manz M，Wenzel K D，Dietzr U，et al. Persistent organic pollutants in agricultural soils of central Germany ［J］. Science of the Total Environment，2001，277（1 - 3）：187 - 198.

［17］ 蒋煜峰，王学彤，吴明红，等 . 上海农村及郊区土壤中 PCBs 污染特征及来源研究 ［J］. 农业环境科学学报，2010，29（5）：899 - 903.

［18］ Pirard C，Eppe G，Massart A C，et al. Environmental and human impact of an old - timer incinerator in terms of dioxin and PCB level：a case study ［J］. Environmental Science & Technology，2005，39（13）：4721 - 4728.

［19］ Canadian Council of Ministers of the Environment. Canadian soil quality guidelines for the protection of environmental and human health：Polychlorinated biphenyls（total）［S］//Canadian environmental quality guidelines，Winnipeg，1999：1 - 11.

［20］ Long E R，Macdonald D D，Smith S L，et al. Incidence of adverse biological effects with ranges of chemical concentrations in marine and estuarine sediments ［J］. Environmental Management，1995，19（1）：81 - 97.

［21］ 魏瑞成，葛峰，郑勤，等 . 高效液相色谱-串联质谱法测定青菜中雌酮、雌二醇和雌三醇残留 ［J］. 江苏农业学报，2013，29（4）：880 - 884.

［22］ US Centers for Disease Control（ATSDR）. Toxicological Profile for Polychlorinated Biphenyls（PCBs），［EB/OL］.［2012 - 12 - 02］. http：//www. atsdr. cdc. gov/toxprofiles/tp17. pdf.

北京市农业灌溉水分生产效率测算及分析（2013—2017 年）

范秀娟　马东春

（北京市水科学技术研究院　北京　100048）

【摘　要】　本文主要采用问卷调查、数理统计、比较分析等研究方法，分析北京市农业生产用水情况，客观评价 2014 年北京市委、北京市人民政府印发《关于调结构转方式发展高效节水农业的意见》前后北京市及各行政区域农业灌溉水分生产效率水平及节水潜力，分析农业灌溉水分生产效率影响因素，探讨提高北京市农业灌溉水分生产效率的措施。

【关键词】　农业　灌溉水分生产效率　节水潜力　影响因素

北京市是水资源极度短缺的特大型城市，人多水少的矛盾日益突出。强化农业用水管理，提升农业节水水平，提高农业生产用水效率，是缓解北京市水资源供需矛盾的重要突破口之一，已经受到北京市委、市政府高度重视。2014 年，北京市委、北京市人民政府印发《关于调结构转方式发展高效节水农业的意见》（京发〔2014〕16 号）（以下简称《意见》），明确要调整农业结构，转变农业发展方式，加快推进农业节水，到 2020 年农业用新水从 2013 年的 7 亿 m³ 下降到 5 亿 m³。本文以《意见》为指导，创新使用《北京统计年鉴》《北京区域统计年鉴》《北京市水务统计年鉴》中的农业生产及农业生产用水相关数据，采用问卷调查、数理统计、比较分析等研究方法客观评价《意见》印发前后北京市及各行政区域农业灌溉水分生产效率水平及节水潜力，研究分析农业灌溉水分生产效率影响因素，探讨提高北京市农业灌溉水分生产效率的措施，对合理评价《意见》实施效果，明确农业用水管理方向具有重要意义。

1　北京市农业生产用水情况

1.1　农业生产用水量逐年减少

2013—2017 年，北京市农业生产用水量从 9.1 亿 m³ 下降到 5.1 亿 m³，下降了 44.2%；占全市用水量比相应地从 25.0% 下降到 12.9%。尤其是 2014 年北京市委、北京市人民政府印发《意见》以后，农业生产用水量及占比下降趋势明显加快，农业节水成效提升显著。其中，种植业用水量下降幅度最大，2017 年较 2013 年减少了 3.1 亿 m³。北京市农业生产用水量及占比见表 1。

年份	全市用水总量 /亿 m³	生产用水 /亿 m³	农 业 生 产		
			用水量/亿 m³	占全市用水量比例/%	占生产用水量比例/%
2013	36.4	14.6	9.1	25.0	62.3
2014	37.5	13.6	8.2	21.8	60.1
2015	35.1	10.5	6.5	18.4	61.3
2016	35.5	10.0	6.1	17.0	60.3
2017	39.5	8.8	5.1	12.9	57.8

表 1　　　　　　　　　　　　　　　北京市农业生产用水量及占比

1.2　农业用水结构不断优化

2013—2017 年，农业用水结构不断优化，特别是种植业中的水田、水浇地生产用水量占比持续下降，水田生产用水量占比从 2013 年的 6.8% 下降到 2017 年的 0.4%，水浇地生产用水量占比从 2013 年的 44.1% 下降到 2017 年的 35.1%；设施农业生产用水量占比逐年上升，从 2013 年的 23.0% 上升到 2017 年的 42.1%。调整粮食种植结构，全面提升菜篮子保障措施成效显著。2013—2017 年种植业用水占比如图 1 所示。

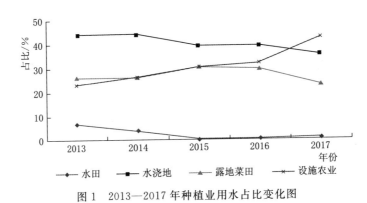

图 1　2013—2017 年种植业用水占比变化图

1.3　节水灌溉技术含量不断提高

2017 年末全市灌溉面积 314.1 万亩，节水灌溉面积 301.0 万亩，节水灌溉面积占灌溉面积的比例为 95.8%。2013—2017 年，采用低压管灌措施灌溉的农田面积占比从 56.0% 增长至 65.0%；采用微灌措施灌溉的农田面积占比从 5.1% 增长至 9.5%，农业节水措施逐渐向更高效的节水技术方向发展。

2　北京市农业灌溉水分生产效率测算

2.1　农业灌溉水分生产效率的含义及度量

本文依据管理学中的效率概念定义农业灌溉水分生产效率，即单位灌溉用水量的农产品总产量，计算公式为

$$农业灌溉水分生产效率 = \frac{总产量}{灌溉用水总量} \tag{1}$$

农业灌溉水分生产效率直接度量灌区投入的单位灌溉水量的农作物产出效果，值越大表示单位灌溉用水量产出量越大，效益越高，反之亦然。它不仅与技术因素相关，而且与经济因素和社会因素相关，综合反映灌溉区域农业生产水平、灌溉工程状况和灌溉管理水平。它有效地把节约灌溉用水与农业产量结合起来，既避免了片面追求节约灌溉用水量而忽视农业产量的倾向，又防止了片面追求农业增产而大量增加灌溉用水量的倾向。

2.2 数据来源及处理说明

北京市主要种植粮食作物、蔬菜、食用菌、瓜类及草莓、园林水果等。以 2016 年为例，2016 年北京市粮食作物、蔬菜、食用菌、瓜类及草莓种植面积占农作物播种面积的93.3%，产量占农作物总产量的 99.7%。因此，在分析农业灌溉水分生产效率时，主要分析粮食作物❶、蔬菜、食用菌、瓜类及草莓、园林水果的农业灌溉水分生产效率，并基于设施作物的生产特殊性，也重点分析设施作物的灌溉水分生产效率。

研究中，农业生产用水量数据来源于 2013—2017 年北京市水务局编撰的《北京市水务统计年鉴》；农作物种植面积及产量数据来源于 2014—2018 年北京市统计局发布的《北京统计年鉴》《北京区域统计年鉴》。不同数据来源的统计口径数据对应关系见表 2。

表 2　　　　　　　　不同数据来源的统计口径数据对应关系表

序号	分　类	主要品种	用　水　量
1	粮食作物	小麦、玉米、薯类、大豆	水浇地用水量
2	蔬菜、食用菌、瓜类及草莓	蔬菜及食用菌，瓜类及草莓	露地菜田用水量与设施农业用水量之和
3	设施作物	蔬菜及食用菌，瓜类及草莓	设施农业用水量
4	园林水果	干鲜果品	林果用水量

其中，根据《北京市水务统计年鉴》主要指标解释，水浇地用水指耕地范围内的除水田和菜田以外的灌溉农田的灌溉用水量，其主要种植作物包括小麦、玉米、薯类、大豆、棉花、油料作物、饲料、花卉等，由于小麦、玉米、薯类、大豆种植面积占水浇地种植农作物播种面积的 89.5%，产量占水浇地种植农作物总产量的 98.4%，故以水浇地用水量作为粮食作物用水量。

蔬菜、食用菌、瓜类及草莓种植方式主要包括露地菜田种植、设施农业种植两种，其种植方式是蔬菜、食用菌、瓜类及草莓种植用水量的主要影响因素之一。而《北京统计年鉴》中未按露地菜田种植、设施农业种植统计其产量，因此，将蔬菜、食用菌、瓜类及草莓合并在一起，综合分析其灌溉水分生产效率，其对应的农业用水量为露地菜田和设施农业用水量之和。并基于设施作物的生产特殊性和数据可行性，重点分析设施作物的灌溉水分生产效率。

2.3 农业灌溉水分生产效率测算

在北京市种植农作物的 13 个行政区中，朝阳区、海淀区、丰台区农作物种植面积小，产量小，不足全市产量的 2%，同时农业用水量小，测算的农作物灌溉水分生产效率稳定性较差，故在分析各区农作物灌溉水分生产效率时，主要分析房山区、通州区、顺义区、

---

❶　水稻种植基本退出北京市农业生产，粮食作物中不包括水稻。

昌平区、大兴区、门头沟区、怀柔区、平谷区、密云区、延庆区的农作物灌溉水分生产效率。并根据北京市城市功能区划分，对城市发展新区和生态涵养新区的农作物灌溉水分生产效率进行比较分析。2013—2017 年，北京市粮食作物，蔬菜、食用菌、瓜类及草莓，设施作物，园林水果的灌溉水分生产效率均值为 $3.3kg/m^3$、$8.7kg/m^3$、$9.6kg/m^3$、$5.2kg/m^3$，见表 3。

表 3　　　　2013—2017 年北京市主要农业对象灌溉水分生产效率　　　　单位：kg/m^3

分　类	2013 年	2014 年	2015 年	2016 年	2017 年
粮食作物	3.4	2.6	3.5	3.3	3.7
蔬菜、食用菌、瓜类及草莓	9.5	9.2	8.3	8.0	8.5
设施作物	9.4	9.0	10.3	10.3	9.3
园林水果	4.8	4.6	6.7	6.1	4.0

2.3.1　生态涵养新区农业灌溉水分生产效率高于城市发展新区

2013—2017 年，生态涵养新区粮食作物，蔬菜、食用菌、瓜类及草莓，园林水果农业灌溉水分生产效率分别为 $9.8kg/m^3$、$10.3kg/m^3$ 和 $6.6kg/m^3$，分别是城市发展新区粮食作物，蔬菜、食用菌、瓜类及草莓，园林水果农业灌溉水分生产效率的 3.5 倍、1.4 倍和 1.7 倍，生态涵养新区农业灌溉水分生产效率高于城市发展新区。

2.3.2　粮食作物灌溉水分生产效率提高 15.5%

2013—2017 年，北京市粮食作物灌溉水分生产效率均值为 $3.3kg/m^3$，灌溉水分生产效率较高的前 5 个区依次是延庆区、密云区、平谷区、怀柔区和昌平区，最低的是通州区。2015—2017 年灌溉水分生产效率均值比 2013—2014 年均值提高了 15.5%，其中密云区提高了 140%，其次昌平区提高了 76%；大兴区、房山区分别下降了 18% 和 20%，见表 4。

表 4　　　　2013—2017 年粮食作物灌溉水分生产效率　　　　单位：kg/m^3

区　域		2013 年	2014 年	2015 年	2016 年	2017 年	均值
城市发展新区	房山区	3.5	2.1	2.3	1.7	2.9	2.5
	通州区	1.7	1.4	1.8	3.3	1.4	1.9
	顺义区	2.8	1.8	2.0	1.9	3.2	2.3
	昌平区	3.7	2.8	5.4	5.6	6.4	4.8
	大兴区	2.6	2.6	2.9	1.7	1.8	2.3
生态涵养新区	门头沟区	5.3	1.9	6.3	—	1.9	3.8
	怀柔区	4.6	3.2	5.9	6.7	4.0	4.9
	平谷区	5.9	5.5	5.4	6.0	7.6	6.1
	密云区	6.6	6.5	9.6	15.7	22.6	12.2
	延庆区	25.1	29.2	—		11.8	22.0

2.3.3　蔬菜、食用菌、瓜类及草莓灌溉水分生产效率降低 12.0%

2013—2017 年，北京市蔬菜、食用菌、瓜类及草莓灌溉水分生产效率均值为 $8.7kg/m^3$，灌溉水分生产效率较高的前 5 个区依次是平谷区、密云区、通州区、大兴区和顺义区，最低的是门头沟区。2015—2017 年灌溉水分生产效率均值比 2013—2014 年均值下降了 12％，除大兴区、房山区、延庆区外，其他 7 个区均下降，降幅为 10％～40％，降幅最大的是怀柔区。

另外，蔬菜、食用菌、瓜类及草莓主要有采用设施农业种植和露地菜田种植两种方式，若以扣除设施农业产量及用水量方式计算露地菜田种植蔬菜、食用菌、瓜类及草莓的灌溉水分生产效率，则 2015—2017 年灌溉水分生产效率均值比 2013—2014 年均值分别降低了 34.7％，见表 5。

表 5　　　　　　　2013—2017 年蔬菜、食用菌、瓜类及草莓灌溉水分生产效率　　　　　单位：kg/m³

区　域		2013 年	2014 年	2015 年	2016 年	2017 年	均值
城市发展新区	房山区	4.1	5.5	4.1	4.9	7.1	5.1
	通州区	15.8	11.3	9.9	8.0	10.3	11.0
	顺义区	8.6	8.3	7.8	6.6	7.5	7.8
	昌平区	4.5	4.9	3.9	4.8	5.5	4.7
	大兴区	8.8	9.0	9.7	10.2	9.0	9.4
生态涵养新区	门头沟区	4.9	3.2	3.7	3.7	3.5	3.8
	怀柔区	9.8	8.6	6.0	5.4	5.1	7.0
	平谷区	25.5	26.8	22.1	18.4	9.71	20.5
	密云区	24.0	17.4	12.5	13.8	12.0	15.9
	延庆区	4.6	3.6	3.5	3.8	5.1	4.1

2.3.4　设施作物灌溉水分生产效率提高 8％

2013—2017 年，北京市设施作物灌溉水分生产效率均值为 9.6kg/m³，2015—2017 年灌溉水分生产效率均值比 2013—2014 年均值提高了 8.0％。

2.3.5　园林水果灌溉水分生产效率提高 18.6％

2013—2017 年，北京市园林水果的灌溉水分生产效率均值为 5.2kg/m³，灌溉水分生产效率较高的前 3 个区依次是平谷区、密云区和大兴区，其灌溉水分生产效率分别为 12.7kg/m³、8.0kg/m³、8.0kg/m³。2015—2017 年灌溉水分生产效率均值比 2013—2014 年均值提高了 18.6％，其中通州区、延庆区、昌平区 2015—2017 年园林水果灌溉水分生产效率均值比 2013—2014 年均值有较大增长，门头沟区和怀柔区分别下降 14％和 43％，其他区变化不大，见表 6。

表 6　　　　　　　　　　2013—2017 年园林水果灌溉水分生产效率　　　　　　　单位：kg/m³

区　域		2013 年	2014 年	2015 年	2016 年	2017 年	均值
城市发展新区	房山区	4.1	2.8	6.1	4.4	1.6	3.8
	通州区	1.8	1.3	10.4	3.2	2.3	3.8
	顺义区	2.9	2.6	3.1	3.7	2.3	2.9
	昌平区	1.5	1.5	1.9	1.7	1.9	1.7
	大兴区	7.3	9.4	10.9	10.0	2.3	8.0

区　　域		2013 年	2014 年	2015 年	2016 年	2017 年	均值
生态涵养新区	门头沟区	1.1	1.3	1.0	1.1	0.9	1.1
	怀柔区	6.4	5.7	5.2	2.9	2.3	4.5
	平谷区	11.3	12.7	12.6	14.2	12.8	12.7
	密云区	8.0	7.2	7.4	8.1	9.5	8.0
	延庆区	5.6	4.6	5.8	9.6	7.5	6.6

2.4 农业灌溉节水潜力测算

2.4.1 农业灌溉节水潜力测算方法

首先，根据 2016 年各区作物种类、灌溉面积及其相应节水灌溉方式下的灌溉用水定额计算北京市及各区的理论灌溉用水量，将此作为农业灌溉用水量的技术标准值。

其次，用农业灌溉用水量的技术标准值衡量 2016 年农业灌溉用水量的合理性，当 2016 年各区农业灌溉用水大于技术标准值时，则存在节水潜力；当 2016 年各区农业灌溉用水量小于技术标准值时，则当前农业节水水平较高。

最后，根据农业灌溉用水量的技术标准值、2016 年农业灌溉用水量与"两田一园"灌溉用新水总量 4.5 亿 m³❶相比，判断 2020 年北京农业用水总量控制红线实现的可能性。

其中，各作物农业灌溉用水定额采取 2018 年北京市水务局组织起草的北京市地方标准《农业灌溉用水定额》中水文年型 $P=50\%$（平水年）的相应指标值。另外，分析朝阳区、丰台区、海淀区、通州区、顺义区、昌平区、大兴区、平谷区灌溉水分生产效率时采用平原区农业灌溉用水定额标准，分析房山区、怀柔区、延庆区、门头沟区、密云区灌溉水分生产效率时采用山丘区农业灌溉用水定额标准。北京市农业灌溉节水潜力测算见表 7。

表 7　　　　　　　　　　北京市农业灌溉节水潜力测算表　　　　　　　　单位：m³

地区	按农业灌溉用水定额计算的用水量	2016 年实际用水量	2016 年实际用水量与按农业灌溉用定额计算的用水量差值
朝阳区	181.6	52.7	−128.9
丰台区	182.3	438.6	256.3
海淀区	696.8	500.1	−196.7
门头沟区	302.3	377.7	75.4
房山区	4811.3	7148.8	2337.5
通州区	7285.2	7903.8	618.6
顺义区	7189.6	10669.6	3480.0

---

❶ 根据《北京市人民政府办公厅关于印发〈北京市推进"两田一园"高效节水工作方案〉的通知》（京政办发〔2017〕32 号），到 2020 年，"两田一园"（粮田、菜田、鲜果园）除鼓励发展雨养农业和生态景观农业的地块外，实现高效节水灌溉工程全覆盖，"两田一园"灌溉用新水总量降低至 4.5 亿 m³ 左右。

地区	按农业灌溉用水定额计算的用水量	2016 年实际用水量	2016 年实际用水量与按农业灌溉用定额计算的用水量差值
昌平区	1817.0	2881.9	1064.9
大兴区	13211.5	11704.6	−1506.9
怀柔区	1421.1	1478.0	56.9
平谷区	5549.0	3721.8	−1827.2
密云区	3968.0	2237.9	−1730.1
延庆区	2329.5	1888.9	−440.7
合计	48945.2	51004.4	2059.2

2.4.2 农业灌溉节水潜力测算结果分析

（1）部分地区具有一定技术节水潜力。根据 2016 年各区作物种类、灌溉面积及其相应节水灌溉方式下的灌溉用水定额计算的农业灌溉用水量技术标准值总计为 4.9 亿 m^3。2016 年北京市灌溉用水总量为 5.1 亿 m^3，接近于技术标准值，因此北京市现状农业灌溉用水技术水平较高，已经接近理论水平值，总体技术节水潜力较小。其中，昌平区、房山区、顺义区、通州区具有一定技术节水空间，其 2016 年灌溉用水量是技术标准值的 1.6 倍、1.5 倍、1.5 倍和 1.1 倍，总计可实现技术节水 0.8 亿 m^3。顺义区和房山区技术节水空间最大，分别为 0.3 亿 m^3 和 0.2 亿 m^3。

（2）农业灌溉用水总量控制目标实现有保障。2016 年灌溉用水量为 5.1 亿 m^3，较 2020 年灌溉用水总量控制目标 4.5 亿 m^3 高 0.6 亿 m^3。若提高昌平区、房山区、顺义区、通州区技术节水水平实现节水 0.8 亿 m^3，则北京农业灌溉用水总量控制目标可实现。若进一步调减种植面积实现农业生产空间控制目标 250 万亩，可减少 0.3 亿 m^3 灌溉用水量，则能基本实现农业灌溉用水总量控制目标。因此，不论是通过提高昌平区、房山区、顺义区、通州区节水水平还是通过调减种植面积，均可基本实现农业灌溉用水总量控制目标，双管齐下可提高目标实现的保障程度。

3 北京市农业灌溉水分生产效率影响因素分析

3.1 灌溉水有效利用系数位列全国前列

2016 年北京市平均灌溉水有效利用系数为 0.723，其中中型灌区灌溉水有效利用系数为 0.596，纯井灌区灌溉水有效利用系数为 0.724。与其他省市相比，北京市的灌溉水有效利用系数较高，但不能完全达到《节水灌溉工程技术规范》（GB/T 50363—2006）对各类型灌区及节水灌溉方式灌溉水有效利用系数的要求，还存在节水潜力，例如 2016 年北京市喷灌区灌溉水有效利用系数较 GB/T 50363—2006 标准低 0.05。

3.2 农作物种植结构差异是区域间灌溉水分生产效率差异的主要影响因素

玉米种植面积占比大于小麦种植面积占比的区域，粮食作物灌溉水分生产效率较高。生态涵养新区玉米种植面积占比较城市发展新区高 19.3 个百分点，小麦种植面积占比较城市发展新区低 25.2 个百分点，是生态涵养新区粮食作物灌溉水分生产效率高于城市发展新区粮食作物灌溉水分生产效率的主要原因。其中通州区、顺义区、大兴区依次是粮食作物灌溉水分生产效率最低的 3 个区，其小麦种植面积占比均值分别为 32.8%、40.1% 和 26.9%，是小麦种植面积占比最高的前 3 个区。延庆区、密云区、平谷区依次是粮食作物灌溉水分生产效率最高的 3 个区，其玉米种植面积占比均值分别为 94.2%、84.8%、78.3%，是玉米种植面积占比最高的前 3 个区，这 3 个区基本已不再种植小麦。

桃和梨种植面积较大的区园林水果灌溉水分生产效率较高，例如平谷区桃种植面积占 63.6%，其园林水果灌溉水分生产效率最高；大兴区桃和梨种植面积占 81.3%，其园林水果灌溉水分生产效率位列第二位。昌平和顺义苹果种植面积较大，分别为 29.1% 和 24.4%，其灌溉水分生产效率较低，仅高于门头沟区，位列倒数第二位和倒数第三位。

3.3 农业节水水平提高是区域内农业灌溉水分生产效率提高的主要影响因素

随着粮食作物、园林水果种植面积的减少，各区内主要品种种植结构并没有明显变化，种植结构变化对粮食作物或园林水果灌溉水分生产效率提高的影响较小。因此，灌溉用水量降低速度高于粮食作物或园林水果种植面积减少速度，即农业节水水平提高，是密云区、昌平区、怀柔区、通州区粮食作物灌溉水分生产效率提高的主要原因，是通州区、昌平区、房山区、顺义区园林水果栽培灌溉水分生产效率提高的主要原因。

3.4 农业灌溉用水制度体系不断完善，推进进程仍需加快

为促进农业节水，北京市先后出台了《意见》《关于全面推进节水型社会建设的意见》《北京市推进"两田一园"高效节水工作方案》《北京市农业水价综合改革实施方案》《关于农业水价制定有关工作的通知》等系列政策文件，推进用水总量控制、全面计量、定额管理、以量计征的管理机制建设，不断完善农业用水管理制度体系。但调查[1]结果显示，84.41% 的受访农户表示不了解北京市的农业灌溉用水总量控制制度；80.74% 的农户表示不了解农业灌溉用水限额，88.04% 的农户表示不了解节水考核奖励相关政策；59.73% 的农户表示不了解农业灌溉用水收费的情况。农业节水政策实施以政府推动为主，各区相关政策实施方案制定速度较慢，政策宣传不到位，农业灌溉用水制度落地进程仍需加快。

3.5 工程节水措施普及程度高，农艺节水措施使用不足

调查显示，受访农户使用喷灌、防渗渠道地面灌、滴灌、管道输水地面灌的农户占比分别为 27.00%、17.00%、13.00%、12.33%，即采取工程节水措施的受访农户占比总计为 69.33%，工程节水措施普及程度较高。但是使用减少高耗水农作物种植、发展旱作生产模式等农艺节水技术占比为 41.1%，较工程节水措施普及程度低，且灌溉制度、灌水技术等科研成果推广应用不足。

3.6 农户主动采取节水措施的自觉行为亟待加强

农户对北京市水资源短缺、水环境形势严峻、农业生产用水主要以地下水为主等水资

---

[1] 2018 年，北京市水科学技术研究院以海淀区、房山区、昌平区、大兴区、平谷区和密云区的农业经营户为调查对象，采用问卷调查方式，围绕农业经营户对北京市水资源的认知、农业生产节水意识、农业生产节水行为、农业生产用水效率开展实地调查，共采集样本 324 个，采纳的合格样本 300 个。

源形势认知客观，使用农业高效节水设施意愿较强，但主动采取节水措施的自觉行为亟待加强。调查显示，77.67%的农户未估算过自家农业灌溉用水水量；72.67%的农户表示未安装用水计量设施；90.33%的农户没有参加过农民用水户协会；88.33%的农户表示从未接受过节水技术培训。

4 提高北京市农业灌溉水分生产效率的相关建议

4.1 调整种植结构，转变农业发展方式

（1）加强蔬菜、食用菌、瓜类及草莓农业用水管理，尤其是露地菜田种植用水管理，确保在提升菜篮子保障过程中蔬菜、食用菌、瓜类及草莓灌溉水分生产效率的提升。

（2）提高昌平区、房山区、顺义区、通州区节水水平，使其达到其他区的节水水平，助力北京农业灌溉用水总量控制目标实现。

（3）进一步调减农作物种植面积，尤其是应促进通州区、顺义区、大兴区小麦种植向玉米等水分利用效率较高的粮食作物转变，在实现农业生产空间控制目标的同时，保障灌溉用水总量控制目标实现。

4.2 加快田间高效节水设施建设，提高工程节水效率

（1）落实田间高效节水设施建设相关主体责任，推进各区政府按照《北京市推进"两田一园"高效节水工作方案》（京政办发〔2017〕32号）要求加快各区田间高效节水设施建设进度，在完善高效节水工程体系的同时，为推进农业水价综合改革、农业用水水权交易、政府购买服务等改革措施落实提供基础。

（2）完善田间高效节水设施管护机制，落实节水设施的管护主体、管护职责，建立管护标准，为田间高效节水设施高效运行提供保障。

（3）通过政府购买服务等形式，探索社会化和专业化的田间高效节水设施管理模式，提高田间高效节水设施效益。

4.3 提升农业科技创新服务能力，提高技术节水效率

（1）建立多层次农业技术推广服务体系，提高节水技术推广机构服务能力，将科技服务延伸到田间地头，提供与企业和农户面对面的技术指导和服务。

（2）加强节水灌溉技术的实用性培训，加快新型职业农民培育，重点开展节水知识和节水技术方面的教育培训，不断提高农民的综合素质，提高农业经营户、农业经营企业节水参与度，使节水成为生活方式。

（3）加大地面灌溉制度、灌水技术、农艺节水技术等科研成果推广力度，提高农艺节水效率。

4.4 推进农业用水管理制度落地，提升管理节水效率

（1）加快推进《北京市农业水价综合改革实施方案》《关于农业水价制定有关工作的通知》实施，总结房山区农业水价综合改革试点经验，实现农业灌溉用水计量收费，发挥价格杠杆作用促进农业节水。

（2）开展北京市农业用水水权交易试点，建立灌溉用水水权交易制度，保障农民在水权转让中的合法权益，从而推动农户或企业增强节水的主动性。

（3）建立节水奖励机制，对主动采取节水措施、调整种植结构、节水效果显著的农户或企业给予节水奖励，发挥节水奖励的激励作用，促进节水。

参 考 文 献

［1］ 北京市委，北京市政府．关于调结构转方式发展高效节水农业的意见（京发〔2014〕16 号）［Z］．2014.

［2］ 北京市政府办公厅．北京市推进"两田一园"高效节水工作方案（京政办发〔2017〕32 号）［Z］．2017.

［3］ 北京市第三次全国农业普查领导小组办公室．北京市第三次全国农业普查主要数据公报［R］．2017.

［4］ 闫华，赵春江，郑文刚．北京市农业用水问题及对策研究［J］．节水灌溉，2008（12）：20－23.

污水处理与资源化利用

未来城市污水处理厂关键技术进展与发展趋势展望

马　宁[1,3]　廖日红[2]　王培京[1,3]　孟庆义[1,3]　李其军[1,3]

（1. 北京市水科学技术研究院　北京　100048；2. 北京市排水管理事务中心
北京　100195；3. 流域水环境与生态技术北京市重点实验室　北京　100048）

【摘　要】　城市污水处理厂实现高效低耗可持续发展之路依然面临严峻挑战。为此，国内学者们提出了面向未来的新概念污水处理厂的建设理念与设想。总体来说，目前我国在水资源可持续回用、物质循环利用、提高能源自给和实现生态环境友好等方面已经基本具备了一定的人力、经验及技术条件。污水处理排放标准日趋严格，以膜技术为典型的创新技术进一步推动了水资源可持续高效利用；厌氧膜生物反应器技术、污泥高浓度厌氧消化、磷酸盐回收、侧流与主流工艺厌氧氨氧化等方面目前已取得部分技术突破；花园式厂区和全封闭的"室内"、地下污水处理厂等解决方案已基本得到社会认可。与此同时，北京市在全国率先提出了"十三五"生态再生水厂实施计划，将引导全市污水处理设施向生态再生水厂的目标迈进。当政府、企业与社会凝聚共识形成合力时，通往"新概念污水处理厂"之路已在脚下。

【关键词】　新概念污水处理厂　生态再生水厂　节能降耗　能源回收　生态友好

1　引言

城市污水处理厂是现代城市关乎民生的重要基础设施之一，伴随着城市的诞生而产生，也伴随着城市的发展而发展。自1984年我国第一座大型城市污水处理厂（纪庄子污水处理厂，规模26万 m^3/d）在天津建成并投入运行开始[1]，我国城市污水处理事业经历了30多年的高速发展并取得了巨大成就。据住建部通报，截至2015年6月底，我国污水处理厂已有3802座，污水处理能力已达1.61亿 m^3/d，与美国已基本相当[2]。

如今，我国水污染治理行业已成为从业人数最多、技术门类最齐全、各类业态最成熟的环保产业。污水处理工艺从最初的一级处理、后来的二级处理发展到现在的三级处理，从简单的消毒沉淀到有机物去除、脱氮除磷再到深度处理再生回用。与此同时，随着我国多数城市水资源日益紧缺和水环境污染加剧，污水处理事业也逐渐从达到污水达标排放要求的污水处理厂向满足各类再生回用标准的再生水厂转变[3]。

城市污水处理是能源密集的行业之一。尽管大多数现有污水处理厂普遍采用活性污泥好氧处理工艺实现了污染物削减，但是能源消耗（例如污水提升、预处理、二级生物处理、消毒、污泥处置等电能消耗）不容忽视。在污水全处理过程中，污水提升、二级生物处理（曝气、回流）、污泥处置等的能耗约占全部能耗的90%以上。为了满足工艺能耗最小化的需求，虽然我国城市污水处理事业在发展的同时向来注重节能减排建设，然而污水处理能耗高、温室气体排放量大、资源回收低与周边环境不和谐等现状问题仍然突出。

2 新概念污水处理厂及其关键技术进展

2014 年初，中国工程院院士曲久辉等 6 名专家率先提出面向未来的中国污水处理概念厂的建设理念与设想[4]——城市"新概念污水处理厂"将不再是以减少污染物为目标，而是要转变为城市的能源、水源、肥料工厂，并发展为与社区全方位融合、互利共生的城市基础设施[5]。他们希望用五年左右的时间，建设一批这样的城市污水处理厂，实现水质可持续、能源自给、资源回收和环境友好等目标。

2.1 概念及实施路径比较

早在 20 世纪 60 年代，美国率先提出了具有超前思维的"21 世纪水厂"概念，在加州橙县泉水谷地区采用双膜法将当地污水处理标准提升至饮用水标准，并于 2002 年确立"能源零消耗"的目标，对行业发展产生深远影响[6]。21 世纪初，新加坡开发了"NEWater"工艺，通过 MBR＋RO 法，实现了污水直接或间接回用于饮用水源的深度回用，带动新加坡水业跨越式发展，目前正在研发侧流 ANAMMOX 工艺实现能源的可持续性[7,8]。荷兰则在 2008 年提出了 NEWs 概念，即污水处理厂要成为肥料（Nutrient）、能源（Energy）和水源工厂（Water），并成功建立了基于主流 AB 法、侧流 SHARON＋ANAMMOX 工艺的 Dokhaven 污水处理厂[9]世界各国代表性的先进污水处理概念厂对比见表 1。

表 1　　　　　　　　世界各国代表性的先进污水处理概念厂对比

项目	美　国	新　加　坡	荷　兰	中　国
时间	20 世纪 60 年代	2002 年	2008 年	2014 年
概念	21 世纪水厂	NEWater	NEWs	新概念污水处理厂
内涵	污水处理标准提升至饮用水标准，能源零消耗	出水水质、能源可持续性、环境可持续性	肥料（Nutrient）、能源（Energy）和水源工厂（Water）	水、有机质及营养物能源完全自给、资源彻底循环
典型工艺	微滤＋反渗透＋紫外＋双氧水组合工艺	主流 MBR＋RO＋消毒工艺，侧流 ANA-MMOX 工艺	主流 AB 法，侧流 SHARON＋ANAMMOX 工艺	碳氮分离、厌氧氨氧化等核心技术组合应用（研发中）

虽然中国的"新概念污水处理厂"提出较晚，但其内涵与国外的先进理念殊途同归。总体来说，就是水、有机质及营养物能源完全自给、资源彻底循环、碳氮分离、厌氧氨氧化等可持续核心技术及其组合应用。针对中国"新概念污水处理厂"，概念厂专家组王洪臣教授提出了"三步走"的具体实施路径[10]：①第一步目标是技术最佳污水处理厂，以集成现有的最佳技术为主，提高处理标准、提高能效物效、开发污水中的潜能；②第二步目标是能源完全自给的污水处理厂，参考欧洲污水处理厂，将节能降耗通过能源完全自给实现；③第三步目标是能源自给资源循环污水处理厂，同时实现能源自给和资源循环，实现从"工厂"到"龙头"。

2.2 技术研发进展

在关键技术研发上，"新概念污水处理厂"从一开始提出便把满足水环境变化和水资源可持续循环利用的需要、大幅提高污水处理厂能源自给率、减少对外部化学品的依赖与消耗等作为首要解决目标。专家们认为，我国目前在水资源可持续回用、物质循环利用、提高能源自给和实现生态环境友好等方面已经基本具备了相应的人力、经验及技术条件。

2.2.1 水资源可持续回用

水资源可持续回用主要表现在发布的污水排放标准日益严格。2002 年以前，我国城市污水处理厂排放标准主要包括《污水综合排放标准》（GB 8978—96）和《城镇污水处理厂污染物排放标准》（GB 18918—2002）。2005 年起，当城镇生活污水处理厂出水回用或排入重点流域及湖泊、水库等封闭式、半封闭水域时，规定执行一级 A 标准[11]。近几年，随着北方地区水资源日益匮乏和水污染态势加剧，部分缺水型城市以污水资源化景观环境利用为主要目的，已将地方污水排放标准提高到接近《地表水水质环境标准》Ⅳ类水平。

以北京市为例，污水处理排放标准日趋严格并完成了三个阶段的标准提升[12]。第一阶段是 1985 年制定并发布以削减常规污染物为目标的《北京市水污染物排放标准》（试行）；第二阶段是 2005 年制定并发布以节水减排、污水再生利用为目标的《北京市水污染物排放标准》（DB11/307—2005），该标准对污染指标控制的总体水平严于《污水综合排放标准》（GB 8978—1996）；第三阶段是 2012 年制定并发布以扩大再生利用为目标的《城镇污水处理厂水污染物排放标准》（DB11/890—2012），要求所有新（改、扩）建再生水厂主要出水指标一次性达到河道Ⅳ类水质标准要求。

在污水处理厂和再生水厂提标改造的大背景下，传统污水处理工艺面临着在保持最优技术经济性的同时进一步提高出水水质以满足资源化回用的挑战。与传统的污水处理技术相比，膜法污水处理技术的投资产出更高，以色列、日本、新加坡和澳大利亚等国在此领域已经取得了较大规模的实际应用，主要体现在：①占地少；②减排效果更好；③出水水质高。尤其是可通过以膜技术为代表的深度处理来实现再生水利用。因此，研发大通量、低能耗、耐污染的膜及膜组件成为膜法污水处理技术进一步推广的主要目标之一[13]。例如，碧水源公司近年来首创了新型膜产品 DF 膜，并进一步把膜技术和传统技术结合开发了双膜法（MBR＋DF）新工艺，实现了高品质再生水高效生产[14]。另外，以美国耶鲁大学和新加坡南洋理工大学等为代表的国外研究报道已充分表明，将反渗透与正渗透工艺组合用于膜技术再生系统，在降低现有膜法能耗的同时，可达到特定用水功能要求，供区域水系统循环使用或下游界外用户取用，实现水资源的高效回用[15]。

2.2.2 物质合理循环和提高能源自给率

从当前的国际趋势和国内需求来看，城市污水处理工艺技术的主要发展方向是稳定达标前提下的能源化、资源化和低能耗的精细化管理控制。针对物质合理循环和提高能源自给率，目前的基本思路是：①物质合理循环，从污水或污泥中回收有价值的有机物、P、N、S 等有使用价值的矿物组分转化为产品；②能源自给率，通过污水与污泥有机物的沼气化和污水源热能利用，回收热能和电能[16]。我国在厌氧膜生物反应器技术、污泥高浓度厌氧消化、磷酸盐回收、侧流与主流工艺厌氧氨氧化等方面目前已取得了一定规模的技术突破，并有望成为未来城市污水处理系统的核心组成部分。

1. 可持续碳源回收利用技术

针对可持续碳源回收利用难题，目前主要仍然以厌氧消化产甲烷的方式为主，厌氧发酵制氢和微生物燃料电池技术在现阶段尚难以大规模工业应用。在技术应用环节上，可直接从污水处理工艺上分别对碳源进行回收再利用和对剩余污泥进行厌氧消化。相对于污水好氧处理，厌氧处理技术被公认为未来最有前景并合乎可持续碳源回收的重要技术方向之一[17]。然而，对冬天和寒冷地区的生活污水进行厌氧处理时，低温和低基质浓度是影响污水厌氧处理效果最关键的两个因素。开发新型厌氧反应器能够有效提升厌氧反应器在低温低浓度污水处理过程中的稳定性并保障出水水质[18]。美国斯坦福大学 Perry L. McCarty 课题组提出的厌氧膜生物反应器技术（SAF‑MBR）解决了生活污水中 COD 浓度较低，难以通过厌氧技术处理的问题，并在实现较高污染物去除率的前提下实现了连续稳定规模化运行[19]。

早在 20 世纪 80 年代，欧美等发达国家的城镇污水处理厂已积累了相对较多的污泥厌氧消化应用案例和工程经验，其高浓度污泥消化产生沼气转化的电能可满足污水处理厂处理时所需电力的 $33\% \sim 100\%$[20]。然而，由于预处理技术、运行成本和安全性等诸多因素，在国外已经成熟的污泥厌氧消化工艺相当长一段时间内在国内并没有得到大面积应用推广。随着污水及污泥资源化理念不断深入，国内部分城市通过对厌氧消化池的稳定运行和沼气利用等问题的深入研究，已初步实现了国产化长期稳定运行[21]。

2. 可持续脱氮技术

基于氮源低能耗处理的短程硝化反硝化、厌氧氨氧化和同步硝化反硝技术是未来具有较高应用推广价值的可持续脱氮代表性技术。实现短程硝化反硝化的关键在于实现短程硝化，即在好氧硝化阶段实现 NO_2^- 的积累。其具有代表性的工艺是由荷兰 Delft 科技大学开发出的 SHARON 工艺，能使硝化系统中亚硝酸盐的积累接近 100%[22,23]。在短程硝化反硝化的基础上，进一步与亚硝酸盐型的厌氧氨氧化反应耦合生物脱氮是应用厌氧氨氧化性能的典型工艺之一。耦合后，$NH_3\text{‑}N$ 能够被直接自养转换到 N_2，传统上需以有机电子供体（COD）支持反硝化的问题便被完全避免。其中 Sharon‑Anammox 串联工艺目前主要用于低碳氮比废水的处理，不仅缩短了 $NH_3\text{‑}N$ 的去除过程、有效节约了能耗，而且节省了投资费用，实现了可持续脱氮理念[24,25]。近年来，以厌氧氨氧化为主体的工艺逐渐从实验室规模走向中试或者实际应用，目前已经在欧洲和亚洲的 10 多个国家得到应用，部分已经实现了产业化应用[26]。

同步硝化反硝化脱氮技术的出现为在同一个反应器内同时实现除碳、硝化和反硝化提供了可能[27]。自 1985 年 Rittmaun 和 Langelaud 在工业规模的氧化沟成功实现同时硝化和反硝化起，逐渐有了近年来硝化反硝化用于 Orbal 氧化沟和生物转盘（RBC）工艺的报道。国内外对硝化反硝化的研究已处于逐渐从实验室走向污水处理厂的实践阶段，目前研究重点主要集中于其在不同工艺下的影响因素及实现快速启动条件等[28]。

3. 可持续磷源回收利用技术

污水中 P 的含量很高，每立方米大约含有 5g P，如果按回收一半计算，回收的磷量也相当可观，同时也是阻止 P 大量流失和引发水体富营养化的最佳途径[29]。P 回收工艺多种多样，不仅包括化学沉淀法、强化生物除磷（EBPR）工艺与化学沉淀结合工艺、结晶法、吸附/解吸附法等传统方法，而且包括源分离技术、MBR 工艺、革新生物技术、动物粪尿回收磷技术、生物质磷回收技术、污泥及肉骨焚烧灰回收磷技术以及纳米技术等新型技术[30]。目前，许多从污水或污水处理过程中回收磷的技术已经相继得到了一定规模的示范及工业应用，但由于磷源的稀有和珍贵性，如能推广以分散式污水处理为代表的源分离技术，不仅能将尿液中的磷元素从源头有效回收，而且还能降低后续污水处理难度。当磷元素通过污水排放收集进入污水处理厂后，高效稳定的化学凝聚沉淀法和低成本的生物法在除磷工艺中仍然具有自身的局限性。另外，如能将结晶法与生物法相结合应用于生活污水除磷领域，并尝试利用微生物的代谢活动来促进结晶过程，有望实现同步生化结晶除磷以降低当前结晶除磷工艺的复杂性、工艺成本及提高磷的去除及回收效率[31]。

2.2.3 生态环境友好

随着城市化的发展，污水处理厂周边居住环境对工厂的噪声控制、气味提出了更高的要求。在环境友好方面，未来污水处理厂重点目标是解决包括臭味和噪声控制等在内的引起群众感官不悦和危及身体健康的潜在风险。

臭味主要是指污水处理厂在污水的输送和处理过程中，以及污泥的处理过程中，产生的大量恶臭气体，如 H_2S、NH_3、CH_3SH 等。国外早在 20 世纪 50 年代末便开始了恶臭气体污染治理的研究，并积累了丰富的理论知识和实践经验；我国 20 世纪 80 年代才开展恶臭气体污染的调查、测试和标准方面的研究，而对脱臭技术的研究则是从 20 世纪 90 年代才开始进行。臭味处理方法主要包括物理法、化学法和生物法等。综合考虑运行费用、操作可行性、环境友好程度和设备空间等多方面因素，生物法是现阶段更适用工程应用的方法。生物吸收法是把气相中臭味气体传输至液相或固相生物膜，由微生物吸收氧化分解；其缺点是设置专门的吸收系统会增加基本建设费用，腐蚀性气体对系统具有腐蚀作用，超过一定浓度可燃臭气会引起爆炸和火灾的风险等。与生物吸收法相比，生物选择培养法通过模拟天然土壤的生物环境特性，在常规活性污泥工艺中设置选择培养池，并在其内设置土壤微生物培养器，培养器内部装填了由腐殖土、泥炭、浮石或脉斑石等矿物材料制成的复合活性催化土填料，能够彻底消除污水处理系统的臭味且适用性好，可以附加到任何一个活性污泥法处理工艺上[32]。

相比于臭味处理，噪声污染治理是更为复杂的系统工程。城市污水处理厂各构筑物内的机械设施（如风机、提升泵等）和水力冲击等均是噪声污染的主要来源[33]。针对恶臭和噪声污染，如能在设计之初就坚持"以人为本"的设计和建设理念，采取建设花园式厂区和全封闭的"室内"、地下污水处理厂等解决方案，就能够从源头控制噪声污染问题，提高再生水厂的生态环境友好性[34]，已成为当前的行业共识。

3 北京市生态再生水厂实施进展

长久以来，北京市污水处理与再生回用设施建设与管理一直在国内处于领先水平。自"十二五"开始，北京市政府通过制定发布了两个"污水三年行动方案"[35]，大力推动了污水处理与再生回用设施建设。至"十二五"末，北京市完成了污水处理厂升级改造、新建再生水厂 48 座、在建 12 座，污水处理能力由 398 万 m³/d 提高到 672 万 m³/d，建设截污水管线 1400km、再生水管线 476km，在全国率先将再生水主要出水指标提升到地表水Ⅳ类标准，极大地改善了首都水生态环境质量。但由于首都城市人口的不断增加和社会经济的逐渐发展，多数已有的污水处理基础设施仍然存在工艺超负荷运转、整体处理能耗高、污泥得不到充分处置利用及周边生态环境难以令人满意等诸多现实问题。

基于"新概念污水处理厂"的理念与思路，北京市在进一步扩大再生水厂建设的基础上，率先提出了建设"生态再生水厂"的要求，于 2016 年 9 月发布了《北京市生态再生水厂评价办法（试行）》和《生态再生水厂评价细则（试行）》。如果说"新概念污水处理厂"是基于污水处理、污泥处置利用、节能降耗、能源自给回收等多项技术创新的集成应用和综合示范，那么"生态再生水厂"不仅是北京市基于政策管理手段对现有再生水厂的定位升级，而且为未来污水处理厂的建设与发展指明了正确道路。

北京市"生态再生水厂"具体是指"环境和谐、社会友好、功能齐全、绿色高效"的再生水厂。在"生态再生水厂"评价细则上，北京市综合考虑了经济社会发展阶段、技术装备实现能力以及产业发展方向，包含了 4 大类，33 项，共 39 个指标。与目前的再生水厂相比，"生态再生水厂"在内涵上强调了以下四点：

（1）环境和谐。整体建筑风格与周边环境和谐统一，优美宜人。出水水质、污泥处理、臭气和大气污染控制、噪声控制等均为国内最高标准，达到感官舒适的效果。

（2）社会友好。及时准确公开信息，与政府、公众、客户保持良好沟通。

（3）功能齐全。具备污水处理、污泥处理、除臭、雨水回收处理等设施。

（4）绿色高效。处理工艺高效先进，机电设备、生产控制实现全系统节能降耗，沼气收集利用，通过水源热泵、风能和太阳能设施等进行能量回收。

近年来，北京市通过实施和执行"生态再生水厂"计划，将引导全市污水处理设施向着"生态再生水厂"目标迈进，并有望引领我国再生水厂的未来发展。

4 展望

"新概念污水处理厂"为行业企业提出了污水处理技术产业的发展前景，其中的污泥回收、降低能耗、应用高效的厌氧氨氧化等创新技术是我国"新概念污水处理厂"的目标，也是国内污水处理厂未来努力的方向。但是，"新概念污水处理厂"要求尽善尽美，须同时满足前述所有目标，目前的污水处理厂只能满足其中的部分目标。而对企业来讲，现阶段污水处理厂须在完成污泥减量化后，才会考虑能源化的问题；如何减少投资和运行成本，才是最客观、实际的问题。当创新技术从概念走向实际应用时，企业更多考虑的是解决众多现实问题，使政府和老百姓充分认可。由此可见，推动"新概念污水处理厂"的完全落地和产业化还有很长的一段道路要走。

无论是专家们"自上而下"式实施"创新驱动发展"理念，还是政府部门"自下而上"式坚持"以人为本"的政策引导作用，"新概念污水处理厂"和"生态再生水厂"本质上都是围绕着如何进一步提高我国污水处理事业和生态文明建设水平而服务。当政府通过政策标准和经济激励等发挥积极作用时，当广大居民群众通过社会评价和广泛建议发挥监督作用时，当企业在社会经济中真正发挥创新主体地位和主导作用时，材料创新技术、生物创新技术和信息创新技术等将逐渐取得工程突破，并通过材料—生物—信息耦合，获取水处理颠覆性技术突破，污水处理事业诸多现实问题也将迎刃而解。眼下，北京市正通过打造一系列"生态再生水厂"带领我们一步步走向通往"新概念污水处理厂"之路。我们相信，当政府、企业与社会形成合力时，通过市场积累可实现从量变到质变的转变，届时的"生态再生水厂"就是我国的"新概念污水处理厂"。

参 考 文 献

[1] 张志斌，张晓全，陶俊杰，等．我国城市污水处理中存在的问题及对策 [J]．山东建筑大学学报，2007 (2)：174－176.

[2] 住房城乡建设部．关于 2015 年第二季度全国城镇污水处理设施建设和运行情况的通报 [OL]．http：//www. mohurd. gov. cn/wjfb/201508/t20150817＿223298. html.

[3] 六专家设污水处理概念厂委员会　欲建污水处理厂 [N/OL]．中国环境报，http：//finance. sina. com. cn/chanjing/cyxw/20140107/174417872875. shtml.

[4] 曲久辉．建设面向未来的中国污水处理概念厂 [N]．中国环境报，2014－01－07 (010).

[5] 六专家欲建"新概念"污水处理厂 [N/OL]．第一财经日报，http：//www. h2o－china. com/news/125327. html.

[6] 美国"概念厂"：21 世纪水厂 Water Factory 21 采用处理工艺为"微滤＋反渗透＋紫外＋双氧水" [OL]．中国水业网，http：//www. water8848. com/news/201401/07/12840. html.

[7] 曲久辉．污水处理概念厂模样渐清晰 [N/OL]．中国环境报，http：//www. h2o－china. com/news/126913. html.

[8] 王凯军．新加坡水行业跨越发展的启示 [OL]．中国水业网，http：//www. h2o－china. com/news/236788. html.

[9] 郝晓地，金铭，胡沅胜．荷兰未来污水处理新框架——NEWs 及其实践 [J]．中国给水排水，2014 (20)：7－15.

[10] 中国概念污水厂的"WOMEN"理念 PK 荷兰"NEWs"框架 [OL]．中国水业网，http：//www. water8848. com/news/201412/24/22951. html.

[11] 国家环境保护总局．关于严格执行《城镇污水处理厂污染物排放标准》的通知 [Z]. 2005.

[12] 马宁，汪浩，刘操，等．污水处理厂提标改造中 A^2/O 工艺研究进展与应用趋势 [J]．中国给水排水，2016 (9) (已接收).

[13] 马宁，刘操，李其军，等．膜工艺在水处理行业中的应用及性能分析 [J]．给水排水动态，2013 (5)：8－13.

[14] 李昆，王健行，魏源送．纳滤在水处理与回用中的应用现状与展望 [J]．环境科学学报，2016 (8)：2714－2729.

[15] 胡群辉，邹昊，姜莹，等．正渗透膜分离关键技术及其应用进展 [J]．膜科学与技术，2014 (5)：109－115.

[16] 徐恒，汪翠萍，王凯军．废水厌氧处理反应器功能拓展研究进展 [J]．农业工程学报，2014 (18)：238－248.

[17] 赵庆良，高畅，魏亮亮，等．城镇生活污水的低温厌氧生物处理技术研究与应用进展 [J]．环境保护科学，2014 (5)：12－18.

[18] Perry L. McCarty, Jaeho Bae, et al. Domestic Wastewater Treatment as a Net Energy Producer—Can This be Achieved? [J]. Environ. Sci. Technol. , 2011, 45 (17)：7100－7106.

[19] 曹秀芹，陈爱宁，甘一萍，等．污泥厌氧消化技术的研究与进展 [J]．环境工程，2008 (S1)：215－219.

[20] 蒋奇海，葛勇涛，陈靖轩，等. 高碑店污水处理厂污泥厌氧消化系统恢复运行的经验 [J]. 中国给水排水，2014 (2)：98 - 101.

[21] 祝贵兵，彭永臻，郭建华. 短程硝化反硝化生物脱氮技术 [J]. 哈尔滨工业大学学报，2008 (10)：1552 - 1557.

[22] 李泽兵，李军，李妍，等. 短程硝化反硝化技术研究进展 [J]. 给水排水，2011 (9)：163 - 168.

[23] 郝晓地，汪慧贞，钱易，等. 欧洲城市污水处理技术新概念——可持续生物除磷脱氮工艺（上）[J]. 给水排水，2002 (6)：6 - 11.

[24] 郝晓地，汪慧贞，钱易，等. 欧洲城市污水处理技术新概念——可持续生物除磷脱氮工艺（下）[J]. 给水排水，2002 (7)：5 - 8.

[25] 陈重军，王建芳，张海芹，等. 厌氧氨氧化污水处理工艺及其实际应用研究进展 [J]. 生态环境学报，2014 (3)：521 - 527.

[26] 郭冬艳，李多松，孙开蓓，等. 同步硝化反硝化生物脱氮技术 [J]. 安全与环境工程，2009 (3)：41 - 44.

[27] 赵凯，周远涛，吴晓婷. 同步硝化反硝化在污水处理系统中的生产性应用 [J]. 中国给水排水，2013 (3)：90 - 92.

[28] 冯玉杰，张照韩，于艳玲，等. 基于资源和能源回收的城市污水可持续处理技术研究进展 [J]. 化学工业与工程，2015 (5)：20 - 28.

[29] 郝晓地，衣兰凯，王崇臣，等. 磷回收技术的研发现状及发展趋势 [J]. 环境科学学报，2010 (5)：897 - 907.

[30] 王广伟，邱立平，张守彬. 废水除磷及磷回收研究进展 [J]. 水处理技术，2010 (3)：17 - 22.

[31] 李平，辛长福，李季. 生物除臭技术在城市污水处理厂的应用技术探讨 [J]. 科技资讯，2011 (7)：136 - 137.

[32] 周兆驹，孙良，姜向东. 污水处理厂罗茨风机噪声的综合治理 [J]. 中国给水排水，2000 (11)：37 - 39.

[33] 郝薇. 城市污水处理厂对周边环境的污染及治理 [J]. 给水排水，2004 (4)：15 - 18.

[34] 北京市进一步加快推进污水治理和再生水利用工作三年行动方案（2016 年 7 月—2019 年 6 月）[Z]. 2016 - 05 - 05.

[35] 北京市水务局关于印发《北京市生态再生水厂评价办法（试行）》的通知 [Z]. 2016 - 09 - 01.

MBR 工艺和 UF 工艺对微污染水的净化效果评估

郭敏丽　楼春华

（北京市水科学技术研究院　北京　100048）

【摘　要】　本文分别选择 AO＋MBR 工艺和 BAF＋UF 工艺，在现场开展中试试验，对微污染水的水质净化效果进行对比评估，结果显示：A/O＋MBR 工艺和 BAF＋UF（压力式超滤系统）工艺对微污染水中 TP、NH₃－N 和 TN 的去除效果均很好，BOD₅ 去除效果一般，COD_Cr 去除效果较差。提高进水水质浓度后，AO＋MBR 工艺和 BAF＋UF 工艺出水中的 TN 和 COD_Cr 超标严重；在增加臭氧催化氧化工艺后，NH₃－N 和 COD_Cr 超标率明显降低，但 TN 仍然超标严重。

【关键词】　MBR 工艺　UF 工艺　微污染水　净化效果评估

北京地表水大多为微污染水，其水质远好于生活污水或工业废水，但又达不到河水水体功能标准，因此，开展不同污水处理工艺对微污染水的净化效果评估，筛选适合微污染水的水质净化工艺，对于北京地表水水环境的改善具有重要意义。

MBR 工艺（膜生物反应器）和 UF 工艺（超滤膜工艺）是目前常用的两种水质净化工艺[1-2]。MBR 工艺[3-4]是一种将膜分离技术与传统污水生物处理工艺有机结合的高效污水处理与深度处理回用工艺，其主要是利用膜分离设备将生化反应池中的活性污泥和大分子有机物截留，减少剩余污泥产生量，强化生物反应器功能，提高活性污泥浓度，从而使污水中一些难降解的物质得以降解。UF 工艺[5-6]则是介于微滤工艺与纳滤工艺之间，能够将溶液净化和分离的一种膜分离技术，它能够有效地将悬浮颗粒以及胶体物质进行分离，还能有效去除污水中的悬浮物、细菌、病毒、水生生物等污染物，从而实现污水水质净化目的。

本文分别选择了应用较多的 A/O＋MBR＋臭氧工艺和 BAF＋UF＋臭氧工艺，在现场开展微污染水水质净化效果中试试验。通过对两种工艺运行期间的出水水质对比，评估两种工艺对微污染水的水质净化效果。

1　试验设计

中试场地选择在凉水河和北运河交汇处，水源为北运河河水。分别采用了 A/O＋MBR＋臭氧工艺和 BAF＋UF＋臭氧工艺，每种净化工艺的中试处理规模为 100m³/d。BAF＋UF＋臭氧工艺中的 UF 工艺分别采用了浸没式超滤系统和压力式超滤系统两种不同工艺，每种工艺设计处理规模为 $50m^3/d$，总处理规模 $100m^3/d$。

试验从 7 月 15 日开始，到 12 月 22 日结束，共持续 160 天，经历了夏、秋、冬 3 个季节。7 月 15 日—10 月 25 日为常规进水试验阶段，该阶段进水水质为正常的北运河河水，水质较为稳定；10 月 26 日—12 月 22 日为工艺抗冲击性评估阶段，该阶段在进水中增加了外部污染源，提高了进水水质浓度，同时伴随着试验气温的逐步降低。分别在 MBR 工艺出水口、UF（压力式超滤系统）工艺出水口、UF（浸没式超滤系统）工艺出水口，以及两种工艺的臭氧出水口布设了取样口。试验期间每周取样 3 次，监测指标包括 pH 值、BOD_5、COD_{Cr}、TN、NH_3-N、TP 等。

2 进水水质分析

整个试验期间，在对各出水口取样的同时，对进水水质也进行了取样监测，监测指标包括 pH 值、BOD_5、COD_{Cr}、TN、NH_3-N、TP 等，监测频率为每周 3 次，共取样 64 次。表 1 为整个试验期间进水水质的统计情况，其中标准限值为《城镇污水处理厂水污染物排放标准》（DB11/890—2012）中表 1 的 A 标准，最大超标倍数以该标准限值计算所得。

表 1 进水水质表

序号	监测项目	平均值	最大值	最小值	最大超标倍数	标准限值
1	pH 值/无量纲	7.83	7.30	8.50	—	6～9
2	COD_{Cr}	46.78mg/L	83.10mg/L	16.55mg/L	4.2	20mg/L
3	BOD_5	9.76mg/L	28.80mg/L	1.8mg/L	7.2	4mg/L
4	TN(以 N 计)	14.07mg/L	23.15mg/L	2.44mg/L	2.3	10mg/L
5	NH_3-N(以 N 计)	6.64mg/L	17.0mg/L	0.18mg/L	17.0	1.0mg/L
6	TP(以 P 计)	0.83mg/L	7.0mg/L	0.225mg/L	35.0	0.2mg/L

整个试验运行期间，进水中的 pH 值、TP 和 BOD_5 没有发生明显变化。抗冲击试验阶段，进水中的 COD_{Cr}、TN 和 NH_3-N 明显上升，与常规进水试验阶段相比，COD_{Cr} 平均浓度上升了 28.7%，TN 平均浓度上升了 24.8%，NH_3-N 平均浓度上升了 43.5%，进水中主要污染物浓度变化曲线如图 1 所示。

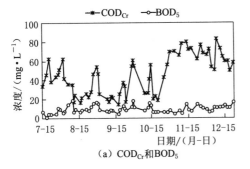

(a) COD_{Cr} 和 BOD_5

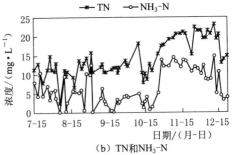

(b) TN 和 NH_3-N

图 1 进水水质浓度变化曲线图

3 常规进水试验阶段的出水水质分析

整个水质净化试验共运行 160 天,其中常规进水试验运行 102 天,该阶段 A/O+MBR+臭氧累计处理量 10261m³,日均处理量 100.6m³/d,BAF+UF+臭氧工艺累计处理量 11668m³,日均处理量 114.4m³/d。

3.1 出水水质合格性分析

采用《城镇污水处理厂水污染物排放标准》(DB11/890—2012)中表 1 的 A 标准限值,分别对各水质净化工艺 7 月 15 日—10 月 25 日常规进水试验阶段的出水水质数据进行评价,确定各水质净化工艺出水水质的达标情况,评价结果详见表 2。

表 2　常规进水试验阶段出水水质的超标情况统计与分析表

序号	监测项目	超 标 次 数					超 标 率/%				
		A/O+MBR+O		BAF+UF+O			A/O+MBR+O		BAF+UF+O		
		MBR	MBR+O	压力	浸没	UF+O	MBR	MBR+O	压力	浸没	UF+O
1	BOD$_5$	4	0	6	13	0	9.5	0	14.6	31	0
2	COD$_{Cr}$	7	1	9	12	0	16.7	9.1	22	28.6	0
3	TN	1	0	1	1	0	2.4	0	2.4	2.4	0
4	NH$_3$-N	2	0	1	1	0	4.8	0	2.4	2.4	0
5	TP	0	0	0	1	1	0	0	0	2.4	7.7

从表 2 的统计计算结果可以看出,无论是 A/O+MBR 工艺,还是 BAF+UF 工艺,增加臭氧催化氧化工艺后的出水水质效果明显较好。在常规进水试验运行期间,BAF+UF+臭氧工艺和 A/O+MBR+臭氧工艺出水均只出现过 1 次超标现象。

A/O+MBR 工艺和 BAF+UF(压力式超滤系统)工艺出水中污染物的超标次数及超标率相近,说明这两种工艺对微污染水的水质净化效果相当。BAF+UF(浸没式超滤系统)工艺出水水质较差,超标次数累计达到了 28 次,说明 BAF+UF(浸没式超滤系统)工艺不适用于对微污染水的净化。

各工艺出水中的主要超标因子为 BOD$_5$ 和 COD$_{Cr}$,A/O+MBR 工艺和 BAF+UF(压力式超滤系统)工艺出水中的 COD$_{Cr}$ 的超标率大于 BOD$_5$。BAF+UF(浸没式超滤系统)工艺中的 BOD$_5$ 和 COD$_{Cr}$ 的超标率相当,但均大于 A/O+MBR 工艺和 BAF+UF(压力式超滤系统)工艺。出水中的 TN、TP 和 NH$_3$-N 均为偶尔超标。

3.2 主要污染物的去除率分析

利用 IBM SPSS Statistics 22 软件,采用 5% 修正的平均值,分别对各水质净化工艺出水中的 TP、NH$_3$-N、TN、BOD$_5$ 和 COD$_{Cr}$ 的去除率进行对比分析,常规进水试验阶段各水质净化工艺对主要污染物的去除率对比图如图 2 所示。

从图 2 可以明显看出,无论是 A/O+MBR 工艺,还是 BAF+UF 工艺,对 NH$_3$-N 和 TP 的去除效果均很好,去除率均超过了 90%;BOD$_5$ 的去除效果也较好,去除率也均

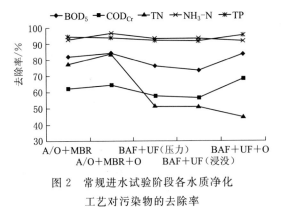

图2 常规进水试验阶段各水质净化
工艺对污染物的去除率

在70%以上,其中A/O+MBR+臭氧工艺的去除效果好于BAF+UF+臭氧工艺。A/O+MBR工艺对TN的去除效果也较好,即使没有臭氧催化氧化工艺,去除率也超过了77%;BAF+UF工艺对TN的去除效果则较差,无论是压力式超滤系统,还是浸没式超滤系统,去除率只有51%。两种工艺对COD_{Cr}的去除效果均很一般,去除率均小于70%,其中A/O+MBR工艺的去除效果略好于BAF+UF工艺,但A/O+MBR+臭氧工艺的去除效果劣于BAF+UF+臭氧工艺。

4 工艺抗冲击性评估

为进一步比选各水质净化工艺的抗冲击性,从10月26日开始,试验在进水中增加了外部污染源,提高了进水中TN、COD_{Cr}和NH_3-N的浓度,同时伴随着气温的降低。

工艺抗冲击性试验共运行58天,其中AO+MBR工艺处理水量5870m^3,日均处理量101.2m^3/d;BAF+UF工艺处理水量6473m^3,日均处理量111.6m^3/d。

4.1 出水水质合格性对比

该研究分别统计了抗冲击试验阶段各水质净化工艺出水中污染物的超标次数,并计算了超标率,计算结果详见表3。

表3　　　　　　　　抗冲击试验阶段出水水质的超标情况统计与分析表

序号	监测项目	超标次数/次					超标率/%				
		A/O+MBR+O		BAF+UF+O			A/O+MBR+O		BAF+UF+O		
		MBR	MBR+O	压力	浸没	UF+O	MBR	MBR+O	压力	浸没	UF+O
1	BOD_5	3	2	1	2	2	14.3	13.3	4.5	9.1	15.4
2	COD_{Cr}	18	1	20	20	1	85.7	6.7	90.9	90.9	7.7
3	TN	12	11	22	22	13	57.1	73.3	100	100	100
4	NH_3-N	9	2	5	6	1	42.9	13.3	22.7	27.3	7.7
5	TP	2	0	0	0	0	9.5	0	0	0	0

从各工艺的出水水质合格性来看,除TN外,各工艺在增加臭氧催化氧化工艺后的处理效果仍然较好,其中MBR+臭氧工艺出水水质略好于UF+臭氧工艺,可见进水中污染物浓度的提升对具有臭氧催化氧化工艺的水质净化工程影响较小。不含臭氧催化氧化工艺的处理工艺出水,超标率则明显上升。A/O+MBR工艺出水中的COD_{Cr}和TN超标率小于BAF+UF工艺,但BOD_5、NH_3-N和TP的超标率大于BAF+UF工艺。

从抗冲击试验和常规进水试验的超标率对比来看,在抗冲击试验阶段,各水质净化工艺出水中的污染因子,除TP和BOD_5指标外,TN、COD_{Cr}和NH_3-N超标率均表现出了明显的上升现象，其中 BAF＋UF 工艺出水中的 TN 全部超标，COD_{Cr} 的超标率也超过了 90％；A/O＋MBR 工艺出水水质略好，但 COD_{Cr} 超标率也超过了 85％，TN 超标率 57％。两种工艺出水中的 NH_3-N 超标次数增长相对较少，但超标率也均在 20％以上。

4.2 主要污染物的去除率对比

对比各水质净化工艺常规进水试验阶段和抗冲击试验阶段对各污染物的去除率（图 3），可以看到：在抗冲击试验阶段，配有臭氧催化氧化工艺的水质净化工艺，对 NH_3-N 和 TP 的去除率均与常规进水试验阶段相差不大，但对 TN 的去除率明显低于常规试验阶段。A/O＋MBR＋臭氧工艺对 COD_{Cr} 的去除率（82.1％）远低于常规试验阶段（65.2％），BAF＋UF＋臭氧工艺对 COD_{Cr} 的去除率（75.5％），与常规进水试验阶段相差不大（68.9％），但抗冲击试验阶段，A/O＋MBR＋臭氧工艺和 BAF＋UF＋臭氧工艺对 COD_{Cr} 的去除率相差不大。

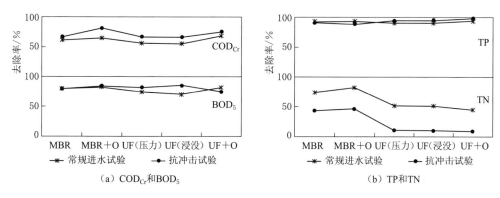

（a）COD_{Cr} 和 BOD_5　　　　（b）TP 和 TN

图 3　常规进水试验与抗冲击试验的去除率对比

抗冲击试验阶段各工艺对 BOD_5 和 COD_{Cr} 的去除率大于常规进水试验阶段，但虽然去除率增加，BOD_5 和 COD_{Cr} 的超标率仍然大于常规进水试验阶段。

抗冲击试验阶段，各工艺对 TN 的去除效果均大大降低，去除率出现明显降低，与常规进水试验阶段相比，出水中的 TN 浓度都有了明显上升，去除率出现不同程度的下降。5 个出水口的水样检测中，BAF＋UF＋臭氧工艺的 3 个出水口监测浓度全部超标；A/O＋MBR＋臭氧工艺略好，但 A/O＋MBR＋臭氧工艺出水的超标率也达到了 73.3％，A/O＋MBR 工艺出水超标率 57.1％。尤其 BAF＋UF＋臭氧工艺，对 TN 的去除率仅 8.5％。

5　结语

（1）常规试验阶段，A/O＋MBR 工艺和 BAF＋UF（压力式超滤系统）工艺出水的水质净化效果相差不大，对 NH_3-N 和 TP 的去除率均超过了 90％，BOD_5 的去除率也均在 70％以上，COD_{Cr} 的去除效果均很一般。BAF＋UF（浸没式超滤系统）工艺出水水质较差，出水中的主要不达标因子为 BOD_5 和 COD_{Cr}。在增加臭氧催化氧化工艺以后，A/O＋MBR 工艺和 BAF＋UF 工艺出水水质迅速提高。

（2）抗冲击试验阶段，各工艺对 TP 和 BOD_5 的净化效果仍然较好，但 TN、COD_{Cr} 和 NH_3-N 超标率表现出了明显的上升现象，其中 TN 和 COD_{Cr} 超标现象尤为突出。A/O＋MBR 工艺对 TN 的抗冲击性优于 BAF＋UF 工艺；BAF＋UF 工艺对 NH_3-N 的抗冲击性优于 A/O＋MBR 工艺；两种工艺对 TP 和 BOD_5 的抗冲击性均较好，对 COD_{Cr} 的抗冲击性均较差。

（3）进水中污染物浓度的提升对具有臭氧催化氧化工艺的水质净化工程影响较小。

参 考 文 献

[1] 李安峰. 生物反应器技术与应用 [M]. 北京：化学工业出版社，2013.

[2] 彭浩轩. 超滤工艺净水研究进展 [J]. 化工管理，2018，9：66-67.

[3] 黄振浩，钟捷，李锦标，等. MBR 工艺在污水处理中的应用和发展 [J]. 环境保护与循环经济，2018，34-36.

[4] 鲍波. MBR 工艺在中水回用中的应用 [J]. 中国资源综合利用，2017，35（7）：30-32.

[5] 陈福亮. 超滤膜工艺在污水回用中的应用中试 [J]. 资源节约与环保，2018，7：94-95.

[6] 李红剑. 超滤膜技术在环境工程水处理中的应用 [J]. 中国资源综合利用，2018，36（6）：43-44.

农村地区人工湿地生活污水净化
实践与效果分析

战　楠　黄炳彬　赵立新

（北京市水科学技术研究院　北京　100048）

【摘　要】　结合北京市房山区农村生活污水工程，建成以改进型潜流湿地＋强化生态塘为主体的污水湿地净化工程1处。本文从湿地结构特征、净化效果等多角度进行分析，经湿地系统净化后，COD_{Cr}、BOD_5、TN、NH_3-N 和 TP 的平均浓度分别降低至 14.5mg/L、6.8mg/L、5.38mg/L、3.23mg/L 和 0.08mg/L；对 TP 和 NH_3-N 的平均去除率达到88.33％和65.42％。工程运行费用约为 0.065 元/($m^3·d$)，明显低于其他类型处理工艺。

【关键词】　生活污水　人工湿地　改进型潜流湿地　强化生态塘

自《提升农村人居环境推进美丽乡村建设的实施意见（2014—2020 年）》（京政办发〔2014〕36 号）发布以来，"美丽乡村"建设已成为北京市着力推进的重点工作之一，其中加大农村污水处理力度，是创建"宜居、宜业、宜游的'美丽乡村'"[1]的重要措施之一。探索推广造价低、耗能小、维护便利、处理水质好的处理工艺和湿地处理等新技术，也是文件中明确的建设要点。

人工湿地主要由基质填料、水生植物、微生物构成，通过基质过滤、吸附、沉淀、离子交换植物吸收和微生物分解等物理、化学、生物的三重协同作用[2]，实现对污水的高效净化。作为一种较新的污水处理技术，与传统的污水生化处理工艺比较，具有净化效果好、氮磷去除能力强、工艺结构简单、能耗低、可塑性强、建设和运行费用低等[3]显著优势，此外，人工湿地生态效益显著，兼具美化环境、景观提升等多重优点，逐渐得到人们的青睐，逐渐被广泛应用于生活污水、工业废水、污水处理厂退水、河湖水体、农田排水、降雨径流、垃圾渗滤液及冰雪融水等的污染净化等[4]多领域。

以水利部科技推广计划项目"农村生活排水土地处理技术示范推广"为契机，结合北京市房山区污水治理工程的开展，建设了人工湿地生活污水净化示范工程1处。结合农村地区实际条件，基于传统人工湿地工艺特点，通过工艺结构改进、运行模式优化调整等多角度、多技术综合集成与优化改进，形成一套适应农村实际特点、经济高效、生态美观实用的农村生活排水土地处理工艺模式。

本文从工程示范中的人工湿地结构特征、污水净化效果、影响因素等进行综合分析评估，旨在为农村生活污水治理提供借鉴和参考，为促进北京农村地区的水环境改善，加速"美丽乡村"建设提供相应的技术支撑。

1 工程建设概况

本工程属于"2012年房山区新农村污水治理工程"其中之一，位于北京市房山区琉璃河镇某村庄内，村庄辖区面积2.03km²，其中村庄占地0.27km²，农业用地1.67km²。全村350余户，村内常住人口约1089人。工程于2016年2月开工建设，2016年10月建设完成并投入运行。人工湿地植物生长茂盛、湿地出水清亮、水质良好，湿地现场照片如图1所示。

（a）潜流湿地单元　　　　　　　　（b）强化生态塘单元

图1　人工湿地系统现场照片

1.1　工艺流程与布置

该生活污水湿地净化工程工艺流程为预处理＋潜流湿地＋强化生态塘。潜流湿地采用两级湿地处理，进水经格栅池和预处理池后，进入一级湿地、二级湿地，湿地出水进入强化生态塘，塘内布置立体生物浮床等净化措施，最终出水外排。工艺流程和平面布置分别如图2和图3所示。

进水 → 格栅池 → 预处理池 → 一级湿地 → 二级湿地 → 强化生态塘 → 出水

图2　工艺流程

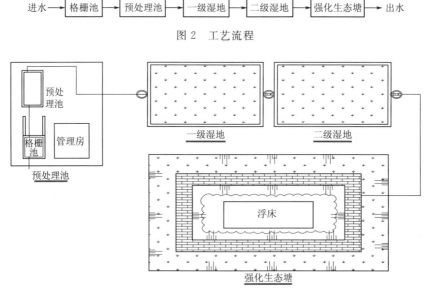

图3　生活污水湿地平面布置图

1.2 结构特点

本湿地净化系统基于传统人工潜流湿地结构特点，借鉴 A/O 工艺污水净化原理，通过结构优化和运行调控，形成改进型潜流湿地净化系统，旨在有效提升其对 COD_{Cr}、N、P 等主要污染物的强化净化效果，该系统具有如下特征：

（1）预处理单元兼具来水水量调蓄和冬季增氧曝气功能。

（2）一级湿地和二级湿地在传统垂直流湿地基础上通过填料、结构型式和运行方式改进，增加具有吸附氮磷功能的沸石、焦炭、除磷基质以及具有保温效果的火山岩、陶粒等填料；同时采用间歇流进水及水位变动提升自然复氧效率。

（3）生态塘内通过沉水植物、挺水植物、螺、蚌、鱼等水生动植物的投配和培育，形成良好的水生态系统，进一步改善净化效果，并提升湿地景观功能。

2 应用效果分析

2.1 系统运行参数

该生活污水湿地净化系统采用间歇进水方式运行，日处理水量 $30\sim57m^3/d$，系统总水力负荷 $0.15m^3/(m^2 \cdot d)$，其中两级潜流湿地水力负荷 $0.25m^3/(m^2 \cdot d)$；生态塘 $0.38m^3/(m^2 \cdot d)$；系统水力停留时间 5.68 天，两级潜流湿地总水力停留时间 2.35 天；生态塘水力停留时间 3.33 天。湿地净化系统有机物负荷变化范围为 $10.2\sim19.4kg\ BOD_5/(hm^2 \cdot d)$，平均有机负荷 $12.9kg\ BOD_5/(hm^2 \cdot d)$。

2.2 运行监测方案

生物污水湿地净化工程共设置 5 个监测点，其中监测点 1 设置在格栅池的前端，为污水处理示范工程的进水控制点；监测点 2 设置在一级湿地出口处，为一级湿地的出水控制点；监测点 3 设置在二级湿地出口处；监测点 4 设置在强化生态塘末端，为生态塘出水控制点，同时也是湿地系统总出水控制点；此外，为强化湿地净化系统除 P 效果，于生态塘出水末端增设除 P 填料，并在此处设置监测点 5，重点考察对 P 的强化去除效果。

2.3 运行效果分析

2.3.1 有机物净化效果

湿地净化系统运行期间对 COD_{Cr}、BOD_5 等有机污染物净化效果如图 4 所示。

由图 4（a）可以看出，工程运行期间，系统进水 COD_{Cr} 浓度变化幅度较大，除 11 月至次年 1 月期间浓度小于 10mg/L 外，其他时间进水浓度在 $20\sim60mg/L$ 区间变化。受进水水质变化影响，系统出水 COD_{Cr} 浓度为 $5\sim16mg/L$，平均值为 14.5mg/L，系统总去除率为 $10\%\sim70\%$，平均可达到 29.11%；其中，经两级潜流湿地单元处理后，对 COD_{Cr} 平均去除率分别为 16.67% 和 26.24%，经强化生物塘单元继续处理后，出水浓度进一步降低，但对 COD_{Cr} 的去除效果较前段有所降低。

系统运行期间对 BOD_5 的净化效果与 COD_{Cr} 表现出较强的一致性，中后期进水水质中 BOD_5 变化波动性较大，浓度范围为 $5\sim20mg/L$。但由图 4（b）可以看出，系统对

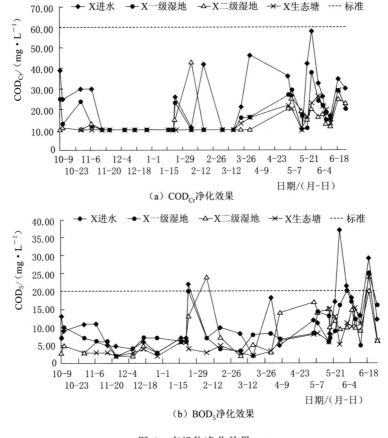

（a）COD_{Cr}净化效果

（b）BOD_5净化效果

图 4　有机物净化效果

BOD_5 的去除效果明显，进水经一级湿地和二级湿地处理后，BOD_5 平均去除率约为 30.93%；经强化生态塘后出水平均浓度可减低至 6.8mg/L，平均去除率达到 35.24%。

2.3.2　氮类污染物净化效果

湿地净化系统对 NH_3-N、TN 等有机污染物的净化效果如图 5 所示。

进水中 NH_3-N 浓度范围在 4~13mg/L 范围内变化，运行后期进水 NH_3-N 浓度相对较高，但系统对 NH_3-N 的去除效果较好，出水浓度基本稳定在 1.5~6mg/L。系统对 NH_3-N 的去除率为 34%~90%，其中稳定运行期间平均去除率可达到 65.42%。前两级湿地单元对 NH_3-N 的平均去除率分别为 21.86% 和 16.01%；强化生态塘对二级湿地出水中 NH_3-N 也有明显的净化作用，平均去除率约为 40%。强化生态塘单元中设置的立体生物浮床及所种植水生植物的吸附、过滤和吸收转化等作用，对 NH_3-N 的去除作用显著；同时由强化生态塘所构建的好氧条件，有助于对 NH_3-N 的去除。

湿地净化系统进水 TN 平均浓度为 10.4mg/L，经两级湿地单元及强化生态塘出水后的 TN 平均浓度降低至 5.38mg/L，平均去除率达到 47.36%，可见污水在流经由人工湿地＋生态塘为主体工艺的净化系统的过程中，通过基质层、植物和微生物中发生的物理、化学及生物反应，使 TN 得到了有效去除；特别是进水 TN 浓度偏低时，净化效果明显。

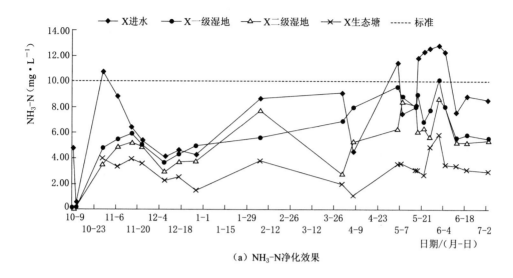

（a）NH₃-N净化效果

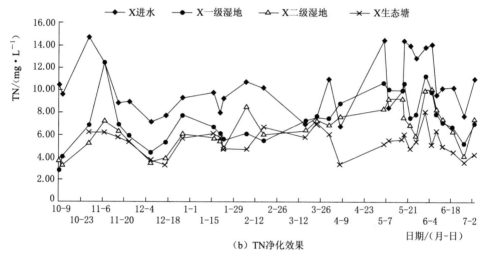

（b）TN净化效果

图 5 有机物净化效果

一级湿地、二级湿地和强化生态塘对 TN 的平均去除率分别为 26.7%、9.2% 和 17.73%，后两级单元的去除作用低于一级湿地单元，可能与后端好氧环境有关。

2.3.3 TP 净化效果

湿地净化系统对 TP 的净化效果如图 6 所示，总体看来，系统进水 TP 浓度不稳定，尤其是运行后期进水 TP 浓度偏高，由初期的 0.2～0.6mg/L 升高至 0.6～1.1mg/L；系统对 TP 的去除率及出水 TP 浓度也随之波动。

湿地系统对 TP 的总体去除率在 15%～84% 范围内变化，其中运行初期，受运行调试及低温等因素影响，出水 TP 平均浓度为 0.21mg/L，平均去除率仅为 56.7%。后期虽进水中 TP 浓度明显升高，但经系统稳定运行及末端强化除 P 后，对 TP 的去除效果也逐渐显著；运行后期温度的升高对 TP 的去除也起到促进作用，后期稳定运行期间，TP 的平均去除率升高至 88.3%，出水平均浓度可降低至 0.08mg/L。

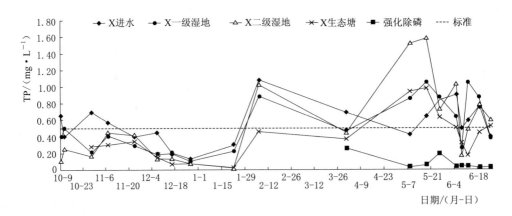

图 6　TP 净化效果

3　净化效果影响因素分析

（1）在对主要污染物净化效果的分析中，发现各项污染物浓度的变化具有一定的相似性，基本表现为运行初期出水水质浓度波动性较大，运行后期逐渐趋于平稳并进一步降低。分析其原因，除与进水水质变化有一定关系外，还体现在湿地净化系统运行初期处于试运行阶段，对污染物的净化主要为潜流湿地单元内基质填料的吸附及过滤等作用效果，此阶段生态塘中水生植物刚刚植入，水生生态系统尚未稳定建立，因此湿地系统对污染物的生物净化效果并不明显；系统进入稳定运行阶段后，对污染物的去除表现为物理、化学和生物的协同作用，净化效果更加明显，且趋于稳定。

（2）潜流湿地填料层设计以石灰石为主，部分增设沸石、焦炭等基质填料以加强净化效果。上述基质材料物理吸附效率有限，多表现为运行初期吸附效果明显，但随运行周期延长，吸附效果逐渐趋于平衡；此时需考虑在系统内增加强化除 P 措施，进一步提升对 P 的去除效果。

（3）根据潜流人工湿地相关研究成果[1]，湿地系统在设计表面水力负荷为 $0.1 m^3/(m^2 \cdot d)$，COD_{Cr}、$NH_3 - N$、TN 和 TP 污染负荷分别为 $13.9 g/(m^2 \cdot d)$、$2.48 g/(m^2 \cdot d)$、$3.74 g/(m^2 \cdot d)$ 和 $0.28 g/(m^2 \cdot d)$ 条件下，对 COD_{Cr}、$NH_3 - N$、TN 和 TP 的平均去除率可达到 72.76%、76.29%、59.34% 和 89.39%。而在湿地净水工程建设与实际运行过程中，湿地净化系统实际水力负荷达到 $0.15 m^3/(m^2 \cdot d)$，平均有机负荷 $12.9 kgBOD_5/(hm^2 \cdot d)$，对上述主要污染物的平均去除率分别为 29.11%、65.42%、47.36% 和 56.7%，系统末端进行强化除 P 后，对 TP 的去除率提高至 88.33%。可见，在湿地净化系统中，污水处理水力负荷和污染物负荷直接影响净水效果，应合理选择设计参数，不宜过高，从而保障湿地系统水质的净化效果。

4　结语

根据人工湿地生活污水净化工程运行效果分析，改进型潜流湿地＋强化生态塘组合湿地系统对各污染物具有较好的去除效果，运行管理简单、运行费用低。

工程进水中主要污染物浓度较低、水力负荷较高，对各项污染物指标都具有较好的去除效果，经以改进型潜流湿地＋强化生态塘为主体工艺的处理系统净化后，出水中 COD_{Cr}、BOD_5、TN、NH_3-N 和 TP 的平均浓度分别为 14.5mg/L、6.8mg/L、5.38mg/L、3.23mg/L 和 0.08mg/L；其中系统对 TP 和 NH_3-N 的平均去除率分别为 88.33％和 65.42％。

湿地净化系统运行过程中产生的运行费用主要为电费，经持续监测工程平均用电量为 5kWh/d，根据农业用电标准核算后，运行费用约为 0.065 元/（$m^3 \cdot d$），较常规处理工艺明显降低。

参 考 文 献

[1] 胡秀琳，于占成，战楠，等．改进型潜流湿地净化农村地区生活污水效果分析［J］．北京水务，2017（3）：23-26，34.

[2] 尹军，崔玉波．人工湿地污水处理技术［M］．北京：化学工业出版社，2006.

[3] 于少鹏，王海霞，万忠娟，等．人工湿地污水处理技术及其在我国发展的现状与前景［J］．地理科学进展，2004，23（1）：22-29.

[4] 黄炳彬，岳伦．人工湿地技术在北京市的研究及应用进展［J］．北京水务，2018，（3）：26-30.

厌氧膜生物反应器膜污染解析及其
控制方法研究进展

胡　明　王培京

（北京市水科学技术研究院　北京　100048）

【摘　要】　厌氧膜生物反应器集成膜分离技术与生物处理技术的优势，在污水处理方面引起了较大的关注。随着相关研究的深入该技术所存在的问题日益突出，其中膜污染问题是制约厌氧膜生物反应器应用的关键。本文以膜污染为主要侧重点，基于厌氧膜生物反应器的发展过程，探讨膜污染形成机理，从膜的性质、运行方式以及污泥性质等三方面阐述膜污染的影响因素以及机制，以期对未来厌氧膜生物反应器的技术完善与大范围应用提供借鉴和参考。

【关键词】　厌氧膜生物反应器　膜污染　污水处理

污水资源化已经成为现代污水处理的发展方向，资源化不仅强调水资源的循环利用，还包括对污水中有机物、营养盐等物质的回收利用[1]。厌氧技术污泥量小、运行和维护费用低，同时能够回收生物质，因此广泛用于污水处理[2]，但其有运行不稳定、出水达标难、占地面积大、生物截流效果差等缺陷，限制了其大范围应用。厌氧膜生物反应器（AnMBR）耦合膜分离技术和厌氧生物技术，充分集成两项技术的优势，实现污泥停留时间和水力停留时间的分离，在保障出水水质的前提下降低能耗需求、减少污泥产量、实现资源回用。随着膜材料价格的大幅下降，排放标准日趋严格，相关研究受到较多关注[3]。然而，与好氧相比，AnMBR的膜污染问题始终制约该技术的推广和应用。本文在回顾厌氧膜生物反应器发展历程的基础上，探讨膜污染形成机理，分析膜污染的影响因素以及有效的控制手段，以期对未来AnMBR技术完善与大范围应用提供参考。

1　厌氧膜生物反应器的发展历程

厌氧膜生物反应器（AnMBR）最早于1978年用于有机废水处理，获得比较好的处理效果。20世纪80年代初，美国Dorr‑Oliver公司开发一种厌氧膜生物反应器（命名为MARS）处理高浓度乳制品废水，处理效果达到设计要求[4]。日本政府于1989年联合许多企业开展为期6年的"水复兴计划"，希望在解决水污染问题的同时回用潜在资源，该

资助项目：

水体污染控制与治理科技重大专项：北运河上游分散生活污水治理技术模式与运营、监管机制研究示范（2017ZX07102‑004）。

计划研发了一系列不同配置的 AnMBR 处理不同类型污水[5]。南非 Membratek 公司结合反渗透工艺研制了一套厌氧超滤消化系统（ADUF），处理玉米加工废水，取得了预期的处理效果[6]。英国、法国和韩国等国也参与到 AnMBR 的研究队伍中，相关的实际工程应用集中在欧洲、北美、日本、中国和南非等国家和地区[7]。进入 21 世纪后，日本久保田公司建设了多个大型 AnMBR 污水处理厂，使得 AnMBR 处理技术逐渐规模化。

2 膜污染形成原理

在膜过滤进行中，由于液体中的诸如污泥絮体、有机/无机溶质以及胶体颗粒等和膜发生物理、化学或机械作用，在膜孔以及膜表面发生吸附和沉积过程，导致膜堵塞或膜面形成凝胶层，使膜孔径减小，造成过滤阻力上升、过滤效率下降，即为膜污染过程[8]。膜污染的出现将产生例如过滤通量减小、过滤效率降低、跨膜压差上升、膜清洗频率增加、膜置换成本升高等问题，继而使反应器出水量降低、出水水质恶化、无法正常运行。因此，有效控制膜污染是厌氧膜生物反应器广泛应用的关键。

关于膜污染形成的机理，不同学者之间存在一定的争议，但是大部分学者依据跨膜压差的变化将膜污染过程划分为以下阶段[9]：

（1）初期快速污染。初期污染在反应器运行的若干小时内发生，主要由胶体或溶解性物质在膜表面或孔内黏附造成的。

（2）中期平缓污染。初期快速形成的污染层引起膜表面性状改变，导致生物絮状物或胶体易于黏附在膜面，缓慢形成泥饼层，阻碍絮体和胶体进一步进入膜孔，从而造成严重的堵塞。

（3）二次快速增长。关于该阶段的增长，没有确切的解释，比较合理的解释是由于上述两阶段形成的污染层分布不均匀，致使部分区域过滤通量超过临界通量，快速形成污染层。

膜污染进行中跨膜压差的变化如图 1 所示，图中跨膜压差的变化过程能够恰当地描述膜污染进程。

膜污染可以划分为有机污染、无机污染以及生物污染。有机污染主要是由膜面污泥中微生物分泌的胞外聚合物以及溶解性微生

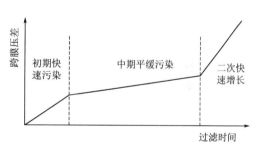

图 1　跨膜压差变化曲线

物产物（SMP）导致的[10]。无机污染的主要物质是磷酸铵镁、碳酸钙和磷酸铵钾等物质，来源于水中的胶体物质在膜面沉积结垢以及水中无机盐形成的沉淀物，由于厌氧膜生物反应器不具备脱氮除磷能力且还易释放磷元素致使水中磷酸根离子浓度较高，与镁离子、钙离子等阳离子结合易生成沉淀物质[11]。污泥在膜表面形成污泥层，污泥层中的微生物代谢产生的溶解性微生物产物（SMP）堵塞膜孔，从而产生生物污染。此外，依据污染是否可逆，亦可将膜污染划分为可逆污染和不可逆污染。可逆是指能够通过物理或化学方法清除一定程度膜通量的污染，不可逆是指膜孔被堵塞后必须深度清洗甚至更换膜组件的污染[12]。

3 膜污染的影响因素

膜污染与多种因素有关，主要涉及膜的性质（膜材质、亲疏水性、孔径、孔隙率、所带电荷性质及膜表面的粗糙度等）、运行方式（温度、SRT、HRT、OLR、过滤方式、错流速率、曝气强度、膜通量、曝气量等）和污泥性质（悬浮固体、溶解性物质、污泥浓度、污泥黏度、污泥粒径分布、胞外聚合物）等。

3.1 膜的性质

（1）膜材质。依据膜材质，可将膜组件划分为有机膜和无机膜。其中：常见的有机膜材料包括聚氯乙烯、聚丙烯腈、聚偏氟乙烯、聚砜、聚醚砜以及纤维素等，具有耐腐蚀、费用低、稳定性好等特点，在污水治理中大范围使用；常见的无机膜材料有陶瓷、沸石、玻璃以及金属等，化学性和热稳定性好，但是昂贵的价格制约其在污水治理领域中的应用[13]。

（2）亲疏水性。膜的亲疏水性由接触角表征，接触角越大，膜表面越疏水。由于活性污泥是有机物质，普遍认为疏水性膜较亲水性膜更易被污染。不少研究者通过引入亲水基团（如磺酸基）来增大膜的亲水性，从而提高膜的抗污染能力[14]。蛋白质和多糖是膜污染中的优先物质，两者均属于憎水性物质，故而亲水性膜抗污染能力强，可以保持较大的透过量，同时亲水性膜表面与水的界面能较低，更利于清水通过[13]。但亲水性材料制成的膜组件多为陶瓷膜，其韧性较差，不易使用。

（3）孔径。膜孔径直接影响膜通量的大小，膜孔越大、膜通量越大、膜污染周期越长。膜孔径将直接决定膜的通量，两者属于正影响关系[13]。有学者研究发现，当选择大膜孔径时，混合液中大量的胶体会进入膜孔内堵塞膜孔，膜污染上升[15]。膜孔径大小及分布对膜污染的影响与进料液的特性，尤其是污泥颗粒大小分布，有着密切关系。一般而言，如果颗粒粒径小于膜孔径，那么膜孔易被堵塞。

（4）所带电荷性质。由于膜材料自身或膜在料液中对离子的吸附使得膜表面带有电荷，该电荷对膜的性能有一定的影响。当膜表面具有与污染物相同的电荷时，膜不易污染。一般水溶液中胶体粒子带负电，活性污泥呈负电性。由于同性相斥作用，因此选择负电荷的膜有利于膜生物反应器中的膜污染防治[14]。

（5）膜表面粗糙度。膜表面的粗糙度提升了膜比表面积，加大了膜面吸附污染物的概率，是影响膜污染的重要因素[16]；由于膜表面粗糙度能够扰动膜面附近水流，阻碍膜面对污染物的吸附，因此随着表面粗糙度增大，膜组件表面的湍流趋势增强，致使污染物脱附，可延缓膜污染[17]。

3.2 运行方式

（1）温度。温度对膜污染有着重要的影响，原因在于温度可以改变污泥流变特性，从而改变其过滤性质[18]。温度不仅影响 EPS、SMP 和胶体含量，而且还影响 EPS 和 SMP 中蛋白质和糖类的含量，继而影响膜污染状况。

（2）污泥停留时间（SRT）和水力停留时间（HRT）。污泥停留时间以及水力停留时间通过对反应器中污泥的性质以及浓度等影响膜污染过程，两者也是影响膜污染的重要因素。在实际应用中，SRT 一般越长越好，较长的 SRT 可以产生较低的污泥产率及较高的污泥浓度。但是较长的 SRT 会带来一定的负面影响，如导致反应器内胞外聚合物的增加，污泥黏度变大[19]。减少水力停留时间能够提升污泥生长速率和污水处理效率，但同时也会导致溶解物质的积累，加剧膜污染过程。因此，对于 SRT 和 HRT 的调整应当慎重。

（3）过滤方式。在膜过滤作用下会产生向膜面运动的力，同时在反应器运行中由于水流剪切力以及浓差极化的作用会产生一个与之相反的力，这就是膜污染过程中产生的两个作用力[20]。利用错流剪切力是缓解膜污染的一种有效方式，而间歇出水的运行方式就是利用这种力来减小膜污染。基于有秩序的出水和停水，借用错流剪切力的作用使沉积在膜表面的污染物剥落，从而减轻膜污染。

（4）错流速率。膜反应器保持较高的错流速率可以减轻细小颗粒在膜面的沉积，减小膜污染。但由错流速率引起的高剪切力可加快微生物絮体的分解，造成污泥颗粒的破碎，继而在长期运行中沉积在滤饼层和膜孔中，从而增加滤饼层阻力。即使在较高的错流速率条件（2m/s）下，由于小颗粒仍然会在膜表面上或膜孔内部沉积，膜过滤阻力也会以低速率持续增加。此外，在较高错流速率下，较薄的滤饼层厚度可能导致膜内部污染的增加，而这些滤饼层厚度对细微颗粒起到屏障作用[21]。

（5）曝气强度。增大曝气强度使得污泥混合液湍流程度增强，膜表面受到的剪切力增大，污泥不易在膜表面沉积，减轻膜污染。较大的曝气与较强的错流速度的效果类似，均会破碎污泥絮体，继而生成较小的污泥颗粒物，释放出溶解性微生物产物。因此，在实际运行中应将曝气量控制在最佳范围。

（6）进水水质。进水的水质状况会在一定程度上影响膜污染，它会引起污泥中丝状菌的增加，影响悬浮生物物理化学性质等。丝状菌将污泥颗粒包裹在立体网状构造中，使得滤饼层更加紧密，提升膜污染阻力。同时，丝状菌还会将污染物牢固地吸附定在膜表面，加大了其抗冲刷的能力，致使膜污染加剧[22]。

3.3 污泥性质

（1）污泥浓度。污泥浓度的变化常常导致污泥黏度、反应器循环流速的改变，它是影响膜污染的重要参数[14]。Lousada 等[22]研究表明，对于 AnMBR 工艺，在一定污泥浓度范围内对膜污染影响较小，在实际运行过程中应尽可能保持在这样的范围运行。Hu 等[23]研究表明，高浓度的污泥使得混合液中的悬浮物量增大，增加了污泥层厚度，继而影响膜污染。

（2）污泥黏度。活性污泥黏度和 MLSS 浓度密切相关，研究表明存在一临界 MLSS 浓度值：在该临界值以下，污泥黏度随 MLSS 浓度值的增加增长很慢，当 MLSS 浓度超过临界值后，活性污泥黏度才随 MLSS 浓度的增加呈指数增长，具体关联式[25]为 $0.282e^{0.127MLSS}$。污泥黏度的增高对膜的过滤性会产生负面影响。

（3）污泥粒径。由于膜表面滤饼层由污泥颗粒物沉积而成，因此污泥粒径将直接影响滤饼层性状。污泥粒径对反应器过滤效率有较大影响，通常污泥粒径越小，越易形成致密的泥饼层[26]。Lin 等[11]研究表明，污泥粒径越小越易形成紧密的污泥层，使得过滤阻力增大，阻碍过滤过程。

（4）胞外聚合物（EPS）和溶解性微生物产物（SMP）。膜污染构成物主要涉及 EPS 和 SMP，两者均属于微生物次生级代谢产物。EPS 主要由蛋白质和多糖构成，来源于微生物代谢以及内源呼吸的细胞自溶。SMP 来源于基质利用、微生物内源呼吸等过程，对于堵塞膜孔、运行效率等有较大影响。高浓度的 EPS 不仅形成大的污泥絮体，而且还会增强污泥絮体的抗剪切作用，影响污泥絮体的扩散，影响污泥的过滤性能[27]。同时，高浓度的 EPS 还会引起污泥液浓度的增加，累积在膜表面，增加过滤阻力[28]。

（5）污泥表面荷电性。由于胞外聚合物中阴性官能团作用形成负电荷，使污泥絮体颗粒带负电荷，产生 zeta 电位。zeta 电位值的大小是胶体颗粒带电程度的标志，可作为衡量胶体稳定程度的尺度。同样，厌氧颗粒污泥的 zeta 电位也可反映其表面所带电荷的数量及稳定状态。通常活性污泥絮体的表面荷电和 zeta 电位范围分别为 $-0.2 \sim -0.7\text{meq/gVSS}$ 和 $-20 \sim -30\text{mV}$[14]。

4 结语

AnMBR 独特的优点引起了广泛的关注，研究内容包括操作参数优化研究、膜污染机理与控制研究、运行效果及影响因素研究和组合膜工艺研究等。尽管如此，AnMBR 在应用过程中仍然存在许多待解决的问题，如膜污染控制与优化中能源消耗问题，AnMBR 工艺无法达标排放问题，低温环境运行问题，甲烷溶解与回收问题，微生物群落结构等，有待进一步研究。本文从 AnMBR 应用中突出的膜污染问题为切入点，从膜的性质、运行方式以及污泥性质等三方面深入阐述膜污染的影响因素以及影响机制，从优化操作条件、改进膜材料、改善污泥混合液性状和改变反应器内部构型等途径来控制膜污染进程。膜污染问题是制约膜技术应用污水处理的关键因素，期待未来的研究能够彻底解析膜污染形成机制，摸清膜污染的有效调控手段，掌握膜技术的工艺运行参数，更好地服务于水污染治理。

参 考 文 献

[1] 许颖，夏俊林，黄霞. 厌氧膜生物反应器污水处理技术的研究现状与发展前景 [J]. 膜科学与技术，2016，36（4）：139 - 149.

[2] 郑云丽，李慧强，刘璐. 厌氧膜生物反应器膜污染影响因素及控制技术研究进展 [J]. 环境科技，2015，（4）：71 - 75.

[3] C Shin, J Bae. Current status of the pilot - scale anaerobic membrane bioreactor treatments of domestic wastewaters：A critical review [J]. Bioresource Technology，2017，247：1038 - 1046.

[4] 林红军，陆晓峰，梁国明，等. 厌氧膜生物反应器的研究和应用进展 [J]. 净水技术，2007，26（6）：1 - 6.

[5] S Kimura. Japan's aqua renaissance '90 project [J]. IWA Publishing，1991，23（7）：1573 - 1582.

[6] Stohwald N K H，Ross W R. Application of the ADUF（R）process to brewery effluent on a laboratory scale [J]. Water Science & Technology，1992，25（10）：95 - 105.

[7] 吴鹏，徐乐中，王建芳，等. 厌氧膜生物反应器处理生活污水的研究进展 [J]. 环境污染与防治，2015，37（8）：80 - 84.

[8] 黄霞，文湘华. 水处理膜生物反应器原理与应用 [M]. 北京：科学出版社，2012.

［9］ 余智勇．厌氧膜生物反应器的污泥消化和膜污染特性［D］．北京：清华大学，2015．

［10］ Duncan J B，David C S. A review of soluble microbial products（SMP）in wastewater treatment systems［J］. Water Research，1999，33（14）：3063－3082．

［11］ Lin H J，Xie K，B Mahendran，et al. Sludge properties and their effects on membrane fouling in submerged anaerobic membrane bioreactors（SAnMBRs）［J］. Water Research，2009，43（15）：3827－3837．

［12］ Guo W，Ngo H H，Li J A. mini－review on membrane fouling［J］. Bioresource Technology，2012，122（5）：27－34．

［13］ 李岗．螺旋对称流厌氧膜生物反应器运行特性及膜污染研究［D］．上海：东华大学，2017．

［14］ 孙国栋．新型微生物电解池——厌氧膜生物反应器水处理工艺研究［D］．杭州：浙江大学，2016．

［15］ Martine M，Pierre A，Victor S. Effects of protein fouling on the apparent pore size distribution of sieving membranes［J］. Journal of Membrane Science，1991，56（1）：13－28．

［16］ Baniel A，Eyal A，Edelstein D，et al. Porogen derived membranes. 1. Concept description and analysis［J］. Journal of Membrane Science，1990，54（3）：271－283．

［17］ 吴志超，王志伟，顾国维，等．厌氧膜生物反应器污泥组分对膜污染的影响［J］．中国环境科学，2005，25（2）：226－230．

［18］ Huang Z，Ong S L，Ng H Y. Submerged anaerobic membrane bioreactor for low－strength wastewater treatment：effect of HRT and SRT on treatment performance and membrane fouling［J］. Water Research，2011，45（2）：705－713．

［19］ Gui P，Huang X，Chen Y，et al. Effect of operational parameters on sludge accumulation on membrane surface in a submerged membrane bioreactor［J］. Desalination，2003，151（2）：185－194．

［20］ Zhang B，He P G，Lü F，et al. Extracellular enzyme activities during regulated hydrolysis of high－solid organic wastes［J］. Water Research，2007，41（19）：4468－4478．

［21］ 纪磊，周集体，张秀红，等．膜生物反应器中进水组成对膜污染的影响［J］．环境科学，2007，28（1）：131－136．

［22］ Lousada－Ferreira M，Geilvoet S，Moreau A，et al. MLSS concentration：still a poorly understood parameter in MBR filterability［J］. Desalination，2010，250（2）：618－622．

［23］ Hu M，Wang X，Wen X，et al. Microbial community structures in different wastewater treatment plants as revealed by 454－pyrosequencing analysis［J］. Bioresource Technology，2012，117（10）：72－79．

［24］ Sato T，Ishii Y. Effects of activated sludge properties on water flux of ultrafiltration membrane used for human excrement treatment［J］. Water Science & Technology，1991，23（7－9）：1601－1608．

［25］ John B，Stephenson T，Dard S，et al. Characterisation of Fouling of Nanofiltration Membranes used to Treat Surface Waters［J］. Environmental Technology Letters，1995，16（10）：977－985．

［26］ Lee Y H，Cho J W，Seo Y W，et al. Modeling of Submerged Membrane Bioreactor Process for Wastewater Treatment［J］. Desalination，2002，146（1）：451－457．

［27］ Kim J S，Lee C H，Chang I S. Effect of pump shear on the performance of a crossflow membrane bioreactor［J］. Water Research，2001，35（9）：2137－2144．

［28］ Nagaoka H，Ueda S，Miya A. Influence of bacterial extracellular polymers on the membrane separation activated sludge process［J］. Water Science & Technology，1996，34（9）：165－172．

基于 SPSS 的多维标度法在污水处理达标保证中的应用

楼春华　郭敏丽

（北京市水科学技术研究院　北京　100048）

【摘　要】　本文以某污水处理示范工程出水水质指标为研究对象，利用多维标度法对超标频率高的污染指标进行识别，确定分级标准，评价达标满意程度，并制订污染物指标控制清单，为工程运行管理优化提供理论和数据支撑，取得了满意的效果。

【关键词】　多维标度法　污水处理　达标保证

1　引言

随着污染治理力度的不断加大，我国污水处理事业得到前所未有的发展，合理评价污水处理工程的出水水质，对于客观分析处理效果，优化处理工艺，确保污水处理设施的稳定运行都具有重要意义。目前对于污水处理出水水质的评价多采用单因子评价法，但污水指标包括生物、物理、化学等多类指标，而每一类指标又包括很多详细的子指标[1]，各指标限值差异较大，很难以简单的分级界级来确定污水处理效果；且污水处理受多种因素影响，出水水质不仅具有数量特征，还蕴含有系统特征[2]。

本文以某污水处理示范工程为研究对象，该工程自 2015 年 7 月运行，2016 年 8 月对工程运行效果进行了评估，采用多维标度法将各污染物达标情况通过二维定位图直观地表现出来，并对各项指标进行分级，制订污染控制清单，为污水处理优化运行提供理论和数据支持，2017 年 8 月对工程运行情况再次进行评估，评估结果表明，与 2016 年度相比，工程运行情况得到较好改善。

2　多维标度法

2.1　概述

（1）多维标度法的概念。多维标度法[3]（multidimensional scaling，MDS）起源于心理测度学，用于理解人们判断的相似性，是一种低维空间展示"距离"数据结构的多元数据分析技术。Torgerson 拓展了 Richardson 及 Klingberg 等的研究，正式提出了多维标度法，后经不断发展完善，广泛用于心理学、社会学、行为科学、物理学、生物学、市场调查及政治科学等领域的试验数据分析。

（2）多维标度法的原理。多维标度法是一种将相似性数据转换成距离数据的分析方法[4]，一般处理的是表示事物间亲近关系的观察数据[5]，目的是将研究对象之间的亲疏程度在低维空间中用图示的方法直观地展现出来，用较少的变量对事物之间的相似性作出解释，并有效保留研究对象间的原始关系，以便研究人员清晰地观察与分析[6-7]。

2.2 分析步骤

多维标度法主要包括：①选择变量；②计算变量间距离矩阵；③选择适当维数（通常为二维），得到距离阵的古典解；④验证模型拟合效果。

通常需要两步完成：第一步，构建一个 f 维坐标空间，该空间中的点分别表示各样品，此时点间的距离不一定与原始输入顺序相同，这个步骤通常称为构造初步图形结构；第二步，逐步修改初始图形结构，得到新的图形结构。在新的图形结构中，样本之间的距离次序与原始输入次序尽可能一致[8-12]。

多维标度法的计算过程是基于样本之间的距离，求它们在低维欧氏空间中的坐标，使它们在欧氏空间的距离尽量逼近原来的距离[9]。假设 f 维空间中的 n 个点，n 为样本数，f 为原始维度，将 n 个样品随意放置在 f 维空间，形成一个感知图，用 $X_i = (X_{i1}, X_{i2}, X_{i3}, \cdots, X_{if})$ 表示 i 样本在 f 为空间的坐标，各点在坐标系中的距离，称为模型距离，用 d_{ij} 表示，用欧式距离计算两点之间的距离，则 i 样本与 j 样本在 f 维空间的模型距离为

$$d_{ij} = \sqrt{(x_{i1} - x_{j1})^2 + \cdots + (x_{if} - x_{jf})^2} \tag{1}$$

用 D 表示这些距离构成的矩阵，即

$$D = \begin{bmatrix} d_{11}, & \cdots, & d_{1f} \\ d_{21}, & \cdots, & d_{2f} \\ & \vdots & \\ d_{n1}, & \cdots, & d_{nf} \end{bmatrix} \tag{2}$$

通常采用多步迭代的方法，通过调整影响模型拟合度的点的坐标，使模型距离与观察距离不断接近，直到代表模型拟合度的压力函数值不再变小，或者变化的幅度对研究的目的来说足够小。

用 $\widetilde{d_{ij}} = f(\delta_{ij})$ 表示模型距离与观察距离之间的关系（δ_{ij} 为观察距离，$\widetilde{d_{ij}}$ 为模型距离），如果模型距离与观察距离完全拟合，则 $\widetilde{d_{ij}} = \delta_{ij}$；一般情况下，$\widetilde{d_{ij}}$ 和 δ_{ij} 之间的距离有一定的差异，即残差。通常采用压力函数来描述观察数据与多维尺度模型之间拟合的关系，即观察距离与模型距离之间的一致性程度。当压力函数值小于 0.5 时，说明拟合效果好，当压力函数小于 0.025 时，说明拟合得非常好[3,11,14]。

3 实例分析

本研究污水处理示范工程概况见表1。北京市《城镇污水处理厂水污染物排放标准》（DB 11/890—2012）排放限值见表2。

表1　　　　　　　　　　某污水处理示范工程概况

项　目	设计规模/(m³·d⁻¹)	污水来源	处理工艺	出水标准
参数	600	生活污水	兼氧 MBR	DB 11/890—2012 A 标准

表 2　　北京市《城镇污水处理厂水污染物排放标准》（DB11/890—2012）排放限值

单位：mg/L

参　　数	生化需氧量 （BOD₅）	化学需氧量 （COD）	悬浮物 （SS）	总氮 （TN）	总磷 （TP）	氨氮 （NH₃－N）
A 标准	4	20	5	10	0.2	1.0(1.5)

3.1　数据来源

数据采用示范工程 2015 年 7 月—2017 年 8 月实际监测出水水质，其中 2015 年 7 月—2016 年 8 月为 2016 年度，污染指标样本数为 222 个，2016 年 9 月—2017 年 8 月为 2017 年度，污染指标样本数为 300 个。

3.2　数据处理

选择 COD、BOD_5、SS、TP、NH_3-N 和 TN 为评价指标，以 DB 11/890—2012 A 标准限值为达标基准值，达标保证率为出水各污染物指标实测值小于或等于达标基准值的累积概率。

采用多维标度分析 ALSCAL 模型和欧氏距离，以 DB 11/890—2012 A 标准限值为达标基准，识别出超标频率高的污染指标，并对污染物指标进行分级，制订污染控制指标清单，数据的数理统计分析采用 SPSS19.0 统计软件。

3.3　结果分析

3.3.1　2016 年度评价结果

（1）出水水质达标概率分析。2016 年本项目各污染物主要指标达标累计概率情况如图 1 所示，可以看出，COD_{Cr}、BOD_5 和 NH_3-N 的达标保证率较高，分别为 88.9%、88.9% 和 83.3%，而 TN、TP 达标保证率分别为 75.7% 和 72.2%，SS 达标保证率最低为 69.4%，平均达标保证率为 79.7%。

（2）多维标度分析。多维标度法主要是利用主成分分析的思路，通过客体间的相似性数据去揭示它们之间的空间关系，并在图中直观地表示出来。污染物各单因素指标反映了污水处理出水的不同特性，各单因素指标间既有区别也有联系。利用多维标度法对出水水质各单因素指标达标保证率进行分析，识别各指标达标保证率的差异程度，能够更加清晰地观察与分析污水处理设施的运行情况。选取污水处理过程中超标频率较高，对出水水质影响较大的 COD_{Cr}、BOD_5、SS、TN、TP、NH_3-N 等 6 个单因素指标，采用 SPSS19.0 统计软件提供的多维标度分析 ALSCAL 模型和欧氏距离，得到各单因素指标空间坐标点构成的二维标度得分图，如图 2 所示。由分析结果可知，经过 3 次迭代后，决定系数 RSQ＝0.99995，表示观察距离的变异中能够被模型距离所解释的比例较高；Stress＝0.00427，远小于 0.025 时，说明拟合得非常好。图 2（a）为线性拟合散点图，可以看出散点基本为直线，说明采用欧式距离拟合原始数据距离非常合适。图 2（b）为出水单因素指标的二维定位图，可以看出，出水 COD_{Cr}、BOD_5、SS、TP、NH_3-N 和 TN 等 6 个指标被划分到 3 个象限，各项指标均有超标现象，其中 COD_{Cr} 达标保证率较高且超标倍数较低，而 BOD_5 达标保证率与 COD_{Cr} 相当，但个别组次超标倍数较大，NH_3-N 的达标保证率虽然与 COD_{Cr}、BOD_5 接近，但 NH_3-N 超标倍数较大，根据距离计算可知出水 TP、SS

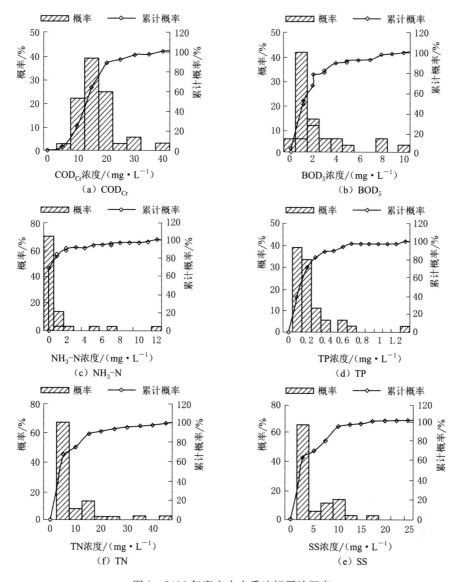

图1 2016年度出水水质达标累计概率

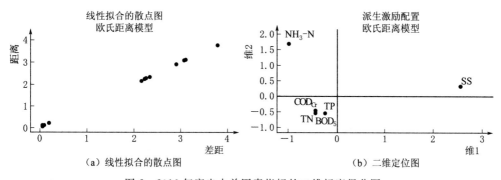

图2 2016年度出水单因素指标的二维标度得分图

属于高频率超标的污染物，NH$_3$-N因超标倍数较大，也属重点控制污染物。

为使分析结果更加有效地指导运行，根据各污染物达标现状，参考国内外对污水处理厂出水达标率的要求，制订本工程出水水质分级评价规则，见表3。

表3 出水污染物达标保证率评价规则

等级	保证率/%	超标倍数/倍	达标满意程度	达标满意程度图示	污染物控制级别
1	100		完全达标	☺	—
2	95~99	<1	优级达标	+++	Ⅲ级控制
3	80~95	<2	良级达标	++	Ⅱ级控制
	95~99	<1			
4	61~80	<3	基本达标	+	Ⅰ级控制
	80~90	<3			
5	<60		待达标	▽	重点控制
	61~80	>3			

（3）污水处理达标评价。根据表2确定的出水水质分级评价规则，对2016年度工程出水COD$_{Cr}$、BOD$_5$、TP、TN、NH$_3$-N和SS达标满意度进行评价，结果见表4。可以看出，6项指标中基本达标4项，待达标2项。运行中可根据此清单，优先考虑需要重点控制的污染物指标，有针对性地制订不同污水处理工艺优化运行策略[2]。

表4 2016年度示范工程出水水质评价表

指　标	达标满意程度	图　示	污染控制级别
COD$_{Cr}$	基本达标	+	Ⅰ级控制
BOD$_5$	基本达标	+	Ⅰ级控制
TP	基本达标	+	Ⅰ级控制
TN	基本达标	+	Ⅰ级控制
NH$_3$-N	待达标	▽	重点控制
SS	待达标	▽	重点控制

3.3.2　2017年度评价结果

（1）出水水质达标概率分析。2017年本项目各污染物主要指标达标累计概率情况如图3所示，可以看出，SS和NH$_3$-N的达标保证率最高，均为100%，COD$_{Cr}$、BOD$_5$、TN和TP的达标率分别为92%、96%、98%和96%，平均达标保证率为97%，相比2016年度，2017年度各个指标的达标率都有较大提升。

（2）多维标度分析。选取COD$_{Cr}$、BOD$_5$、SS、TN、TP、NH$_3$-N等6个单因素指标，利用SPSS19.0统计软件进行多维标度分析，得到各单因素指标二维标度得分图，如图4所示。由图可知，经过两次迭代后，决定系数RSQ=1.00000，表示观察距离的变异中能够被模型距离所解释的较高；Stress=0.00027，远小于0.025，说明拟合的非常好。图4（b）为线性拟合散点图，可以看出散点基本为直线，说明采用欧式距离拟合原始数据距离非常合适。图4（a）为出水单因素指标的二维定位图，可以看出，出水COD$_{Cr}$、BOD$_5$、SS、TP、NH$_3$-N和TN等6个指标被划分到3个象限，其中COD$_{Cr}$达标保证率相对较低，而TP个别组次超标倍数较大，NH$_3$-N、SS的达标保证率均为100%，根据

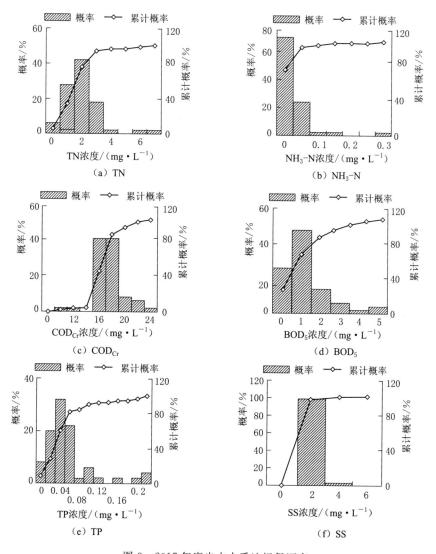

图 3　2017 年度出水水质达标保证率

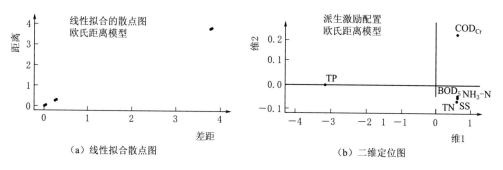

（a）线性拟合散点图　　　　　　（b）二维定位图

图 4　2017 年度出水单因素指标的二维定位图

距离计算可知出水 COD_{Cr}、TP 属于二级控制污染物。

（3）污染物的达标评价。参照 2016 年度出水污染物达标保证率评价规则，对 2017 年度工程出水主要污染物指标达标满意度进行评价，结果见表 5。可以看出，6 项指标中完全达标 2 项，优级达标 2 项，良级达标 2 项，与 2016 年度相比，达标满意度明显提升。

表 5 　　　　　　　　　　　2017 年度污水处理示范工程出水水质评价表

指　　标	达标满意程度	污染控制级别	指　　标	达标满意程度	污染控制级别
BOD_5	+++	Ⅲ级控制	TP	++	Ⅱ级控制
TN	+++	Ⅲ级控制	NH_3-N	☺	—
COD_{Cr}	++	Ⅱ级控制	SS	☺	—

4　结语

本文对多维标度法做了简要介绍，并采用该方法对污水处理工程出水达标保证率进行了分析，将水质分级评价和达标保证率法相结合评价污水处理出水水质，制定出水水质污染物控制清单，为优化工艺运行策略提供了理论和数据依据。工程实际监测结果表明，2017 年度污水处理出水水质达标保证率从 2016 年度的 80％提高至 97％，出水水质达标保证率提高明显。

参　考　文　献

［1］龚宏伟. 污水处理厂运行效果的模糊综合评价［J］. 河北建筑工程学院学报，2005，23（4）：10-13.
［2］孙迎雪，吴光学，胡洪营，等. 基于达标保证率的昆明市污水处理厂出水水质评价［J］. 中国环境科学，2013，33（6）：1113-1119.
［3］周光亚，夏立显. 非定量数据分析及其应用［M］. 北京：科学出版社，1993，88-95，150-162.
［4］李思，常安定，张梦倩，等. 基于多维标度法的农产品价格分析［J］. 市场分析，2017，（5）：192-193.
［5］何晓群. 现代统计方法与应用［M］. 北京：中国人民大学出版社，1998.
［6］刘莎，马江洪，刘东航. 多维标度法在亲属关系中旳应用［J］. 数学的实践与认识，2014，44（15）：261-266.
［7］赵静，蒲越. 新疆工业结构及污染优化升级的多维标度分析［J］. 石河子科技，2018，44（15）：20-24.
［8］尹楠. 基于 Ward 法和多维标度法的江苏各城市在岗职工平均工资的聚类分析［J］. 经济研究导刊，2015，257（3）：192-194.
［9］揭水平. 多维标度法的聚类分析：问题与解法［J］. 统计与决策，2009，287（11）：148-149.
［10］李少帅. 区域创新系统演化监测与实证分析［D］. 天津：河北工业大学，2013.
［11］何晓群. 多元统计分析［M］. 2 版. 北京：中国人民大学出版社，2008，398-399.
［12］屈太国，蔡自兴. 快速多维标度算法研究［J］. 计算机科学与探索，2018，12（4）：671-680.
［13］陆中华，胡永宏，沈斌，等. 多维标度法（MDS）在构效关系分析中的应用［J］. 计算机与应用化学，2007，24（3）：285-290.
［14］倪艳. 多维标度法在 EDXRF 分析自动分类中的应用［J］. 四川理工学院学报（自然科学版），2008，21（2）：115-117.

污泥堆肥对土壤理化性质的影响

薛万来　叶芝菡　何春利　李文忠　张耀方　常国梁

（北京市水科学技术研究院　北京　100048）

【摘　要】 为研究污泥堆肥对土壤理化性质的影响，采用 UGT 称重式蒸渗仪系统，研究了污泥堆肥对土壤理化性质的影响。研究结果表明：污泥处理与对照（化肥）对小麦生育期土壤水势的影响差异主要体现在土壤表层；两种试验处理下小麦生长情况不同，引起表层土壤水势有一定差异。随着污泥施用量的增加，全磷、有机质含量显著增加，全氮含量增加不明显。对照处理和污泥处理下，电导率的变化趋势相同，呈抛物线形状，不同土层施用污泥的土壤电导率与对照组土壤电导率差异不同，主要影响 40cm 和 80cm 土层。

【关键词】 蒸渗仪　污泥堆肥　土壤水势　土壤电导率　土壤养分

1　引言

污泥是指城市生活污水、工业废水处理过程中产生的附属品。由于其含有大量的 N、P、有机质等营养成分，污泥土地利用能增加土壤养分，改善土壤孔隙度和土壤容重，增加土壤水稳性团粒总量，提高土壤水分含量和持水能力，促进植物的生长发育。污泥或污泥堆肥的土地利用已成为目前处置与利用污泥，实现污泥无害化和资源化利用的重要途径。但因污泥含有一些难降解的有机物、病原菌、寄生虫卵及重金属等有毒有害物质，若处理利用不当可能会对土壤—植物系统、地表水和地下水系统产生影响。

目前研究污泥堆肥土地利用对土壤理化性质的影响主要有两种方法：一是利用盆栽试验，研究不同污泥利用量对植物生长及土壤环境质量的影响，盆栽试验由于其体积小及破坏原状土壤等原因，试验结果存在一定局限性；二是大田试验方法，研究污泥利用对土壤理化性质的影响，测定不同土壤层、不同生育期土壤的理化性质，但常常缺乏对作物整个生育期土壤理化性质动态变化的研究。本研究拟通过蒸渗仪系统开展污泥堆肥土地利用对土壤理化性质的影响研究，在蒸渗仪内部不同深度埋设传感器，观测土壤水势、温度、水分及电导率，以期掌握作物整个生育期内土壤理化性质的动态变化，为研究污泥堆肥对土壤生态系统的影响提供参考。

2　材料与方法

2.1　供试材料

本研究于 2014 年 9 月—2015 年 6 月在北京市灌溉试验中心站内进行，试验站位于北纬 39°42′，东经 116°47′，海拔 12.00m，多年平均年降雨量 565mm，多年平均年水面蒸发量 1140mm，多年平均气温 11.5℃，无霜期 185 天。试验前对试验小区的土壤和供试污泥堆肥进行取样分析。

（1）供试土壤：碱性壤土质潮土，试验前取土分析，土壤基本理化性质见表 1。

表 1   供试土壤及污泥堆肥基本理化特性

项　目	污泥堆肥	供试土壤	项　目	污泥堆肥	供试土壤
pH	6.94	8.82	Cr/(mg·kg^{-1})	49.9	58.55
全氮/%	1.74	0.076	Cu/(mg·kg^{-1})	91.6	22.09
全磷/%	1.18	0.089	Zn/(mg·kg^{-1})	350.5	65.00
有机质/(g·kg^{-1})	215	7.34	Hg/(mg·kg^{-1})	4.4	0.06
Pb/(mg·kg^{-1})	30.1	25.28	As/(mg·kg^{-1})	10.0	7.24
Cd/(mg·kg^{-1})	0.5	0.16	Ni/(mg·kg^{-1})	24.70	23.46

（2）供试污泥：由北京城市排水集团有限责任公司庞各庄污泥堆肥厂提供，污泥堆肥是由原料为含水率 80% 的生污泥与返混料等物质组成，采用 CET 条垛式好氧堆肥技术，按照一定比例混合，堆肥时间为 30 天左右，混合后的含水率达到 50%～60%，污泥堆肥基本理化性质见表 1。

（3）供试作物：冬小麦品种为轮选 518，于 2014 年 9 月 29 日种植，2015 年 6 月 24 日收获，种植密度 15kg/亩，按照当地常规的农业措施进行管理。

2.2　试验设计

本研究以污泥堆肥为原料，探讨污泥堆肥土地利用对土壤理化性质的影响。采用布设田间试验小区的方式，小区大小（长×宽为 5m×5m），共设 4 个处理，分别为：T1，CK（25kg/亩磷酸二铵底肥）；T2，2kg/m^2 污泥；T3，1kg/m^2 污泥；T4，4kg/m^2 污泥；并在各小区土壤垂直方向上布设土壤溶液自动采集系统，布设位置在土体垂直方向 40cm、80cm 和 120cm 处。同时在试验小区旁，布设双座 UGT 称重式蒸渗仪，蒸渗仪表面为直径 1m 的圆形，垂直深度 2m，设计精度为 10g，蒸渗仪内部垂直方向上分三层（40cm、80cm 和 120cm）布设传感器和采样器，监测土壤水分、温度、电导率和水势及采集土壤溶液。蒸渗仪 A 座处理同小区 CK（即 25kg/亩磷酸二铵作底肥）、B 座处理为 2kg/m^2 污泥，蒸渗仪中供试作物、种植方式同田间示范小区。

本试验中污泥堆肥晾干粉碎后均匀施入土壤，其余操作同常规化肥处理。每个小区四周采用水泥预制板与外界或相邻小区隔离，以防止相互干扰，预制板高 0.3m，其中地面以上 0.2m、地面以下 0.1m，砖墙以下采用厚 1mm 的土工防渗膜隔离。

2.3　测定项目及方法

土样的采集为采取混合土样，每小区沿对角线的方向取 5 点进行混合，取样深度为 0～20cm，土样采集充分混合后经风干、去杂、过筛后供土壤养分元素测定。全氮含量按《土壤全氮测定法（半微量开氏法）》（NY/T 53—1987）用半微量凯式定氮法测定，全磷按《土壤全磷测定法》（NY/T 88—1988）紫外可见分光光度计测定，有机质含量测定采用重铬酸钾法。

3 结果与分析

3.1 土壤水势动态变化特征

图1是不同处理下冬小麦生育期土壤水势动态的变化图。图1（a）是对照区冬小麦生育期土壤水势动态变化图，由图1（a）可知，不同生长阶段，各土层土壤水势呈现出不同的变化特征。从苗期直至拔节期（2014年9月29日—2015年4月8日），土壤水势变化范围为−18～−1kPa，土壤水势平均值为−9.12kPa，整体呈现出40cm＞120cm＞80cm，即苗期至拔节期土壤深度40cm处土壤水分含量较120cm和80cm的大；土壤40cm深度处，随时间的推移，土壤水势呈现线性变化，从−12.91kPa增加到−1kPa；80cm处的土壤水势变化趋势与120cm处变化趋势相同，苗期随着时间的推移，80cm处的土壤水势从−12.4kPa减小到−17.38kPa，120cm处的土壤水势从−8kPa减小到−12.26kPa；随后，在11月19日土壤水势发生突变，土壤水势突然增大，土壤水分增加，这是由于进入越冬期，作物需水量减少，土壤自身蒸发也减少；从越冬期至拔节期，土壤水势随时间推移减少，80cm处的土壤水势从−6.31kPa减小到−13.78kPa，120cm处的土壤水势从−9.41kPa减小到−11.76kPa。从抽穗期至成熟期（4月8日—6月18日），土壤水势变化范围为−17.94～−2.66kPa，土壤水势平均值为−8.88kPa，呈现出

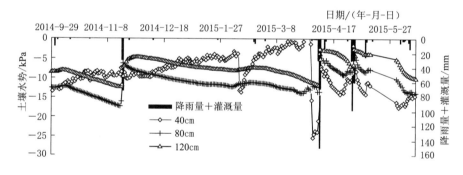

图1 不同处理土壤水势动态变化特征

120cm＞80cm＞40cm，即抽穗期至成熟期土壤深度 120cm 处土壤水分含量较 80cm 和 40cm 的大。各土层土壤水势变化趋势相同，均呈现出随时间推移土壤水势减小的趋势。从图 1（a）还可以看出，受降雨灌溉的影响，4 月 8 日土壤水势发生突变，土壤水势急剧增加，即土壤水分急剧增加。

由图 1（b）可以看出，污泥处理的冬小麦整个生育期的土壤水势变化特征与对照区有一定差异。在苗期土壤水势变化范围为 －28.7～－8.5kPa，土壤水势平均值为 －15.7kPa，整体呈现出 120cm＞80cm＞40cm，即苗期土壤深度 120cm 处土壤水分含量较 80cm 和 40cm 的大；苗期各土层土壤水势变化趋势相同，均呈现线性变化，随时间的推移而减小，40cm 土层土壤水势从 －17.76kPa 减小到 －28.74kPa，80cm 土层从 －13.38kPa 减小到 －18.71kPa，120cm 土层从 －8.7kPa 减小到 －12.75kPa，40cm 土层土壤水势变幅最大，80cm 次之，120cm 土层变幅最小。越冬期至拔节期土壤水势变化范围为 －21.15～－3.66kPa，土壤水势平均值为 －10.51kPa，整体呈现出 40cm＞120cm＞80cm，即越冬期至拔节期土壤深度 40cm 处土壤水分含量较 120cm 和 80cm 的大；土壤 40cm 深度处，随着时间的推移，土壤水势呈现先减少再增加的趋势，从 －9.27kPa 减小到 －16.73kPa，随后从 －16.73kPa 增加至 －5kPa 附近；80cm 处的土壤水势变化趋势与 120cm 处变化趋势相同，其变幅均小于 40cm 土层土壤水势，在越冬期至拔节期，随时间的推移，80cm 处的土壤水势从 －8.81kPa 减小到 －21.15kPa，120cm 处的土壤水势从 －5kPa 减小到 －13.87kPa；抽穗期至成熟期，受降雨灌溉的影响，土壤水势在 －4kPa 到 －16.75kPa 间不规律的变化，土壤水势平均值为 －7.29kPa，整体呈现出 80cm＞120cm ＞40cm，即抽穗期至成熟期土壤深度 80cm 处土壤水分含量较 120cm 和 40cm 的大。在 11 月 19 日至翌年 4 月 8 日，受降雨灌溉的影响，污泥处理的冬小麦土壤水势变化特征与对照区相同，土壤水势均发生突变。

图 2 是同一深度不同处理土壤水势的变化特征，分别是 40cm、80cm 和 120cm 深度的土壤水势平均值随生长期的变化图。

由图 2（a）可以看出，对照处理和污泥处理的 40cm 处土壤水势差异较大，苗期至拔节期，对照处理下土壤水势大于污泥处理，对照处理下土壤水势变化呈现线性增加的趋势，从 －12.91kPa 增加到 －1.22kPa，污泥处理下土壤水势变化呈现出苗期从 －17.76kPa 减小到 －28.74kPa，越冬期至拔节期两者土壤水势在 －16～－3.55kPa 间变化，苗期污泥处理下土壤水势明显小于对照处理，越冬期至拔节期两种处理下土壤水势差异不大，对照处理土壤水势略大于污泥处理，分析原因可能是：苗期污泥处理的冬小麦长势显著优于对照处理，污泥处理的冬小麦植株耗水量较大，土壤含水量相对较小，因此污泥处理土壤水势小于对照处理；而在越冬期至拔节期，冬小麦需水量减小，两者处理下差异缩小，加之冬小麦植株较小，叶面积指数较低，地表以裸露为主，耗水主要是土壤蒸发，此阶段两者土壤蒸发差异也较小，因此对照处理土壤水势略大于污泥处理，两者差异缩小。抽穗期至成熟期，对照处理的土壤水势小于污泥处理，其原因可能是污泥处理下土壤蓄水能力优于对照处理，同时污泥处理下作物生长速度相对略低于对照处理，因此出现上述现象。图 2（b）是 80cm 深度土壤水势变化特征，图 2（c）是 120cm 深度土壤水势变化特征，从图中可以看出，污水处理和对照处理下土壤水势变化趋势较一致，且两者差

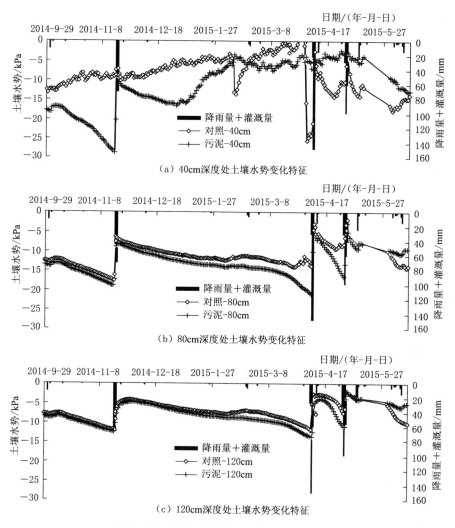

（a）40cm深度处土壤水势变化特征

（b）80cm深度处土壤水势变化特征

（c）120cm深度处土壤水势变化特征

图2 同一深度不同处理土壤水势变化特征

异较小，这主要是此层土壤深度较大，受外界水分输入影响较表层小，由图中降雨量和灌溉量分布可以看出，只有水分输入达到一定程度后才能引起该层土壤水势的变化。

综上所述，污泥处理与对照（化肥）对小麦生育期土壤水势的影响差异主要体现在土壤表层：两种试验处理下小麦生长情况不同，引起表层土壤水势有一定差异。

3.2 污泥土地利用对土壤养分含量的影响

污泥中含有大量的速效氮、磷，能被植物吸收利用，而且污泥中有机态氮、磷的含量较高，施入土壤后有机氮、磷逐渐矿化，肥效持续时间长，对土壤具有良好的培肥作用。

表2是不同处理土壤表层（0～40cm）各项养分含量值。全磷、全氮、有机质的含量大小整体表现为CK＜T1＜T2＜T3，污泥处理下土壤表层全磷、全氮、有机质含量显著高于对照处理。T1、T2和T3不同污泥处理下的全磷含量较对照处理分别增加9.4%、68.8%、140.6%，全氮含量比对照处理分别增加－12.5%、7.7%、18.3%，有机质的含

量比对照处理分别增加 7.4％、32.6％、36.8％。随着污泥施用量的增加,全磷、有机质含量显著增加,全氮含量增加不明显。

表 2 不同处理对土壤养分含量的影响

处 理	全磷/(g·kg⁻¹)	全氮/(g·kg⁻¹)	有机质/(g·kg⁻¹)
CK	0.32	1.04	9.5
T1/(1kg/m²)	0.35	0.91	10.2
T2/(2kg/m²)	0.54	1.12	12.6
T3/(4kg/m²)	0.77	1.23	13

3.3 污泥土地利用对土壤电导率变化的影响

土壤电导率是土壤电化学性质的特征指标,而土壤电化学性质是反映土壤肥力的基础指标,土壤的保肥供肥特性、结构特性、水动力特性都与土壤胶体的电化学特性密切相关,影响到土壤养分和污染物的转化、存在状态及有效性,反映了在一定水分条件下土壤溶液的实际状况,包含了土壤水分含量及离子组成等丰富信息。

图 3 为对照处理和污泥处理下不同土层电导率随生长时间的变化趋势,从中可以看

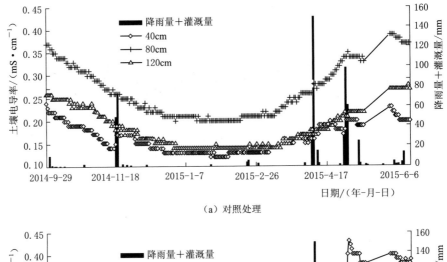

（a）对照处理

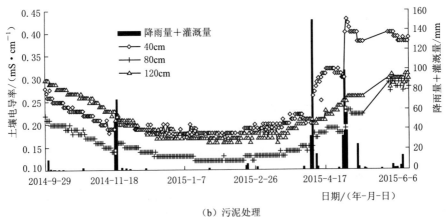

（b）污泥处理

图 3 不同土层电导率随生长时间变化趋势

出，对照处理和污泥处理下，电导率的变化趋势相同，呈抛物线形状，在苗期（9月29日—11月18日）电导率均随时间推移下降，越冬期至拔节期（2014年11月18日—2015年4月8日）趋于平稳，抽穗期至成熟期（4月8日—6月18日）随时间推移上升。这可能是由于在苗期冬小麦的生长需要大量营养元素，因此土壤溶质浓度降低，电导率也随之降低；越冬期至拔节期作物的生长缓慢，土壤水分差异不大，因此电导率变化不大，呈一条直线；抽穗期追肥后，土壤中氮素等营养物质增加，加之抽穗期至成熟期降雨灌溉量较大，营养元素易溶解于土壤溶液中，电导率随时间推移而增加。同一处理下，80cm土层电导率与另外两层有显著差异，40cm和120cm深度土层电导率差异较小。图还反映出：对照处理下，80cm深度土层电导率大于40cm和120cm深度土层；污泥处理下，80cm深度土层电导率小于40cm和120cm深度土层。分析其原因，可能是对照区施用化肥，化肥短期释放量较大，土壤表层多余的氮素等营养物质易随水流失，主要是从40cm深度土层下渗至80cm深度土层，而污泥中N、P是逐渐矿化，相对较稳定，向80cm深度土层渗滤较少，因此40cm深度土层电导率大于80cm深度土层，而120cm深度土层是由于原本的土壤电导率较大，受污泥施用的影响不大。在4月7日及之后进行多次降雨灌溉后，各层电导率均显著增加，但不同的是对照处理80cm深度土层增加的趋势明显大于40cm深度土层，而污泥处理下主要表现在40cm深度电导率的增加，这反映了施用污泥比施用化肥能在突发暴雨或灌溉时能有效抑制氮素等的下渗，降低地下水营养元素污染的风险。

图4为冬小麦同一深度不同处理土壤电导率的变化特征，分别示出40cm、80cm和120cm深度的土壤水势平均值随生长期的变化。不同土层施用污泥的土壤电导率与对照组土壤电导率差异不同，主要影响40cm和80cm深度的土层。

由图4可以看出，在40cm深度土层，对照处理下土壤电导率在0.12～0.24mS/cm间变化，污泥处理下土壤电导率在0.17～0.4mS/cm间变化，土壤电导率依次为对照处理小于污泥处理；在80cm深度土层，对照处理下土壤电导率在0.2～0.39mS/cm间变化，污泥处理下土壤电导率在0.12～0.29mS/cm间变化，土壤电导率依次为对照处理大于污泥处理；在120cm深度土层，对照处理下土壤电导率在0.14～0.28mS/cm间变化，污泥处理下土壤电导率在0.16～0.31mS/cm间变化，两者间的差异不大。分析其原因，一方面可能是施用污泥主要对表层土壤水势的影响较大，另一方面还受到土壤溶质的影响，对照处理的化肥短期释放量较大，土壤表层多余的氮素等营养物质易溶于土壤溶液中，并随之下渗至80cm深度土层，而污泥中则相对较稳定，同时污泥处理下冬小麦长势优于对照处理，其生长需要更多的养分，受作物吸附作用的影响，40cm深度土层溶质迁移到80cm深度土层的溶质较少。此外，图4还反映出40cm深度土层在苗期至拔节期两种处理下电导率的差异较小，到抽穗后，对照处理和污泥处理两者间电导率的差异明显增大，其原因可能是污泥中含有的N、P等元素的矿化需要较长的时间，到抽穗期后污泥中的N、P等元素大量释放并吸附在土壤颗粒之上，降雨或灌溉之后大量溶于土壤溶液中。

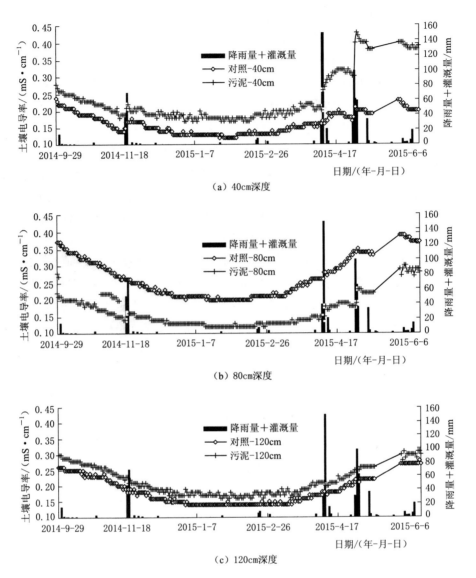

（a）40cm深度

（b）80cm深度

（c）120cm深度

图4　同一深度不同处理土壤电导率变化特征

4　结语

（1）无论对照区还是污泥施用区，玉米全生育期不同深度土壤的水势大小呈120cm＞80cm＞40cm变化特征，不同深度水势变幅则相反。

（2）小麦生长前期，40cm深度土壤处两处理水势差异较小；生长中后期，对照区土壤水势大于污泥处理，且随生育期延长，两者差异越大；80cm和120cm深度层两处理土壤水势差异较小，该两层受外界影响较表层40cm深度的小。

（3）小区污泥各处理TN、TP和有机质含量较对照区均有显著增加，污泥土地利用可以增加土壤养分含量。

（4）40cm 深度土壤处对照区土壤电导率呈单峰曲线，且变幅较大，污泥施用区土壤电导率呈近乎直线，变幅较小；80cm 和 120cm 深度土壤两处理土壤电导率整个生育期变幅也较小。

参 考 文 献

［1］ 杭世珺，刘旭东，梁鹏．污泥处理处置的认识误区与控制对策［J］．中国给水排水，2004，12：89-92.

［2］ 刘强，陈玲，邱家洲，等．污泥堆肥对园林植物生长及重金属积累的影响［J］．同济大学学报（自然科学版），2010，38（6）：870-875.

［3］ SONG U, LEE E J. Environmental and economic assessment of sewage sludge compost application on soil and plants in a landfill［J］. Resources, Conservation and Recycling, 2010, 54：1109-1116.

［4］ 李琼，华珞，徐兴华，等．城市污泥农用的环境效应及控制标准的发展现状［J］．中国生态农业学报，2011，19（2）：468-476.

［5］ 王新，陈涛，梁仁禄，等．污泥土地利用对农作物及土壤的影响研究［J］．应用生态学报，2002，13（2）：163-166.

［6］ 戴亮，任珺，陶玲，等．兰州市城市污泥施用对玉米生理特性的影响［J］．干旱地区农业研究，2013，31（1）：133-139.

［7］ 梁丽娜，黄雅曦，杨合法，等．污泥农用对土壤和作物重金属累积及作物产量的影响［J］．农业工程学报，2009，25（6）：81-86.

［8］ 姜国军，王振华，郑旭荣，等．基于大型蒸渗仪的 1 年 2 作滴灌小麦-玉米耗水特征［J］．灌溉排水学报，2005，34（1）：59-63.

［9］ 李朝阳，王兴鹏．果树根部加压注水灌溉对土壤特性及水势分布的影响［J］．灌溉排水学报，2014，33（3）：122-125.

［10］ 赵勇，李民赞，张俊宁．冬小麦土壤电导率与其产量的相关性［J］．农业工程学报，2009，25（增2）：34-37.

［11］ 吴月茹，王维真，王海兵．采用新电导率指标分析土壤盐分变化规律［J］．土壤学报，2011，48（4）：870-873.

污泥堆肥农用小区种植试验研究

李文忠　何春利　常国梁　黄炳彬

（北京市水科学技术研究院　北京　100048）

【摘　要】　本文针对北京市污泥堆肥农用难以实施的现状，研究了污泥堆肥对土壤环境及农作物（冬小麦、夏玉米）的影响，旨在为北京市污泥堆肥用于农作物种植提供理论依据，促进资源再利用。研究结果表明，施用污泥堆肥增加了小区土壤养分含量，特别是土壤中有机质含量增加明显，与空白对照相比增加了 60.8%～90.2%；污泥堆肥对小区土壤中重金属含量并无显著影响，仅有 Pb、Hg 呈现增加趋势，但均远低于相关标准限值，且土壤重金属污染综合指数低于土壤警戒限值 0.7，表明小区土壤尚清洁；污泥堆肥仅对夏玉米产量有一定影响，与空白对照相比，夏玉米产量增加率为 5.4%～18.3%；且农作物（冬小麦、夏玉米）籽粒重金属污染综合指数虽有增加但均低于安全限值 0.7，表明农作物（冬小麦、夏玉米）籽粒尚清洁。总体而言，污泥堆肥农用，可显著改善土壤的养分状况，土壤重金属 Pb、Hg 不同程度增加，需控制适宜施用量。

【关键词】　污泥堆肥　农用小区　综合污染指数　土壤　农作物

随着人口迅速增长和城市化进程的加快，城市污水处理的副产物——城市污泥成为了困扰环境治理的一个巨大难题。污泥是指污水处理厂在污水处理过程中产生的沉积物。其中含有许多植物所需营养元素，如 N、P、K、有机质和其他微量元素等，是一种经济有效的肥料资源[1]。因此，污泥土地利用成为最有发展前景、经济有效的污泥处置途径[2]。但同时，污泥中也不可避免地含有病原菌和重金属之类的有害物质，存在对环境、土壤、农作造成二次污染的可能[3]。污泥堆肥化是在微生物的作用下，把污泥中的有机废弃物分解转化成为类腐殖质的过程，实质上是利用污泥中的好氧微生物进行好氧发酵的过程[4]。高定等的研究表明，堆肥处理可钝化城市污泥中的重金属，降低其土地利用中的重金属污染风险，还可以杀灭病原菌和杂草种子，使有机质稳定化[5]。但是，堆肥化并不能去除污泥中的重金属，污泥土地利用过程中重金属环境污染风险的担心是制约其大规模土地利用的关键[6]。因此，开展污泥堆肥农用小区种植试验研究，为北京市污泥农用的环境安全保障提供技术支撑和理论依据。

1　材料与方法

1.1　试验材料

1.1.1　试验污泥堆肥

试验污泥堆肥由北京市大兴区庞各庄污泥处置厂提供，北京市高碑店污水处理厂的湿污泥（含水率80%）采用好氧发酵处理工艺，进行条垛式堆肥处理，堆肥温度50～60℃，自然脱水，经过25～30天，有效去除病原体、寄生虫卵和杂草种子，完全腐熟而成为污泥堆肥。污泥营养成分及重金属等指标详见表1和表2。

表1 **污泥堆肥营养学指标** 单位：g/kg

项 目	总 养 分	有 机 质
堆肥产品	76.8	410.7
《城镇污水处理厂污泥处置农用泥质》(CJ/T 309—2009)(B级)	≥30	≥200
《有机肥料》(NY 525—2002)	40	300

表2 **污泥堆肥重金属指标** 单位：mg/kg

项 目	Pb	Cd	Cr	Hg	As	Cu	Zn	Ni	B
污泥堆肥	41.9	0.22	54.9	4.3	13.7	137.6	748.1	21.9	35.3
农用标准	<1000	<15	<1000	<15	<75	<1500	<3000	<200	

1.1.2 种植小区土壤

种植小区位于北京市通州区永乐店试验基地，土地利用类型为耕地，土壤类型为潮土，土壤质地为壤土。表层土壤样品（0～20cm）营养成分及重金属等指标详见表3和表4。

表3 **土壤营养成分（0～20cm）** 单位：g/kg

项 目	总 氮	总 磷	总 钾	有 机 质
土壤样品	0.8	0.7	28.9	5.1

表4 **土壤重金属含量（0～20cm）** 单位：mg/kg

项 目	Pb	Cd	Cr	Hg	As	Cu	Zn	Ni
土壤样品	20.40	0.17	62.50	0.01	7.39	25.10	65.80	31.30

1.2 试验处理

试验小区规格10m×10m，种植作物为冬小麦、夏玉米，设置1个对照（CK），污泥堆肥施用设置3个处理，施用量分别为1kg/m²、2kg/m²、4kg/m²，每种处理设置2个重复，施用时间为冬小麦、夏玉米播种前。

1.3 检测指标

每试验小区设置5个土壤取样点，取样深度120cm，取样间隔20cm，均匀混合。土壤样品营养成分和重金属均采用常规方法测定，营养成分指标为TN、TP、总钾、有机质等；重金属指标为Pb、Cd、Cr、Cu、Zn、Ni、Hg、As。

依据植被调查方法，每个试验小区冬小麦设置4个1m×1m标准样方、夏玉米随机抽取5株，采用收割法，分别取地上部分籽粒，风干称重，计算产量，并参照《食品中污染物限量》(GB 2762—2017)标准要求，测定冬小麦、夏玉米籽粒中的重金属Pb、Cd、Cr、As含量。

采用内罗梅综合污染指数法评估污泥农用后重金属对土壤和作物籽粒（冬小麦、夏玉米）的污染风险，评价标准见表5。

表 5			内梅罗污染指数评价标准		
等 级	内罗梅污染指数	污染等级	等 级	内罗梅污染指数	污染等级
Ⅰ	$P_N \leqslant 0.7$	清洁（安全）	Ⅳ	$2.0 < P_N \leqslant 3.0$	中度污染
Ⅱ	$0.7 < P_N \leqslant 1.0$	尚清洁（警戒限）	Ⅴ	$P_N > 3.0$	重污染
Ⅲ	$1.0 < P_N \leqslant 2.0$	轻度污染			

2 结果与分析

2.1 污泥堆肥对土壤环境的影响

2.1.1 污泥堆肥对种植小区土壤营养成分的影响

污泥堆肥施入土壤后可改变土壤的养分状况。每个试验种植小区设置 5 个土壤取样点，重点分析了施用污泥堆肥后，表层土壤（0～20cm）中 TN、TP、总钾、有机质含量的变化，具体详见表 6。

表 6	不同处理土壤状况比较 （0～20cm）			单位：g/kg
试验处理	TN	TP	总钾	有机质
CK	0.8	0.7	28.9	5.1
1kg/m²	1.1	0.9	18.0	9.1
2kg/m²	1.1	1.1	20.7	8.2
4kg/m²	1.3	1.4	19.8	9.7

由表 6 可以看出，相对空白而言，施用污泥堆肥对种植小区土壤养分状况具有一定的改良效果。随着污泥堆肥施用量的增加，种植小区土壤中 TN、TP、有机质含量均显递增趋势，明显增加了土壤有机质含量，当污泥堆肥施用量为 1kg/m²、2kg/m²、4kg/m² 时，有机质含量分别增加了 78.4%、60.8%、90.2%。污泥农用明显增加了土壤的有机质含量，提高了土壤养分含量的水平。

2.1.2 污泥堆肥对种植小区土壤重金属的影响

污泥堆肥施入土壤的同时使重金属元素也随之进入土壤。每个试验种植小区设置 5 个土壤取样点，分层取样，取样间隔 20cm，取样深度 120cm，重点分析比较了施用污泥堆肥对表层（0～20cm）土壤中重金属含量的影响及其污染风险等，具体详见表 7、图 1。

表 7	不同处理土壤中的重金属含量比较 （0～20cm）							单位：mg/kg
试验处理	Pb	Cd	Cr	Hg	As	Cu	Zn	Ni
CK	20.40	0.17	62.50	0.01	7.39	25.10	65.80	31.30
1kg/m²	25.50	0.16	57.80	0.04	6.27	20.40	58.00	26.50
2kg/m²	23.70	0.14	52.30	0.06	6.25	18.20	56.20	23.40
4kg/m²	28.40	0.16	58.30	0.11	7.50	20.80	71.50	25.20
标准限值	≤170	≤0.6	≤250	≤1.0	≤20	≤100	≤300	≤190

注 标准为《土壤环境质量 农用地土壤污染风险管控标准（试行）》（GB 15618—2018）（二级 pH＞7.5）。

由表7可以看出，污泥堆肥对种植小区土壤中重金属含量并无明显影响。随着污泥堆肥施用量的增加，土壤中重金属仅有 Pb、Hg 的含量呈现增加趋势，但均远低于《土壤环境质量　农用地土壤污染风险管控标准（试行）》（GB 15618—2018）（二级 pH＞7.5）风险管制值，说明北京市污泥农用具有推广前景。

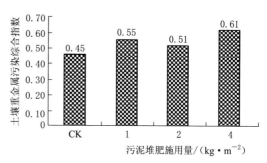

图 1　不同处理土壤重金属污染综合指数比较

由图 1 可以看出，施用污泥堆肥增加了种植小区土壤重金属污染的风险，当污泥堆肥施用量为 1kg/m² 、2kg/m²、4kg/m²时，种植小区土壤重金属污染综合指数均呈现增加趋势，分别达到了 0.55、0.51、0.61，但均小于土壤警戒限值 0.7，表明种植小区土壤尚清洁。

2.2　污泥堆肥对作物的影响

2.2.1　污泥堆肥对作物产量的影响

每个试验小区冬小麦设置 4 个 1m×1m 标准样方、夏玉米随机抽取 5 株，采用收割

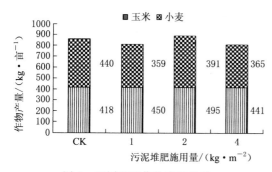

图 2　不同处理作物产量比较

法，分别取地上部分籽粒，风干称重，计算种植小区作物总产量。不同处理作物产量比较如图 2 所示。

由图 2 可以看出，污泥堆肥对作物产量存在不同程度的影响。施用污泥堆肥对夏玉米产量有一定影响，当施用量为 1kg/m²、2kg/m²、4kg/m² 时，夏玉米产量分别增加了 7.7％、18.4％、5.5％；而施用污泥堆肥后，冬小麦产量均呈现降低趋势，且仅有当污泥堆肥施用量为 2kg/m² 时，作物总产量增加了 3.2％。结果表明，施用适量的污泥堆肥可促进农作物增产。

2.2.2　污泥堆肥对作物籽粒重金属的影响

将所取样品籽粒均匀混合，检测分析了夏玉米、冬小麦籽粒中的重金属含量，计算了样品籽粒的重金属污染指数，具体详见表8、表9和图3。

表 8　　　　　　　　　　　　　不同处理夏玉米籽粒重金属含量比较　　　　　　　　　　　　单位：mg/kg

试验处理	Pb	Cd	Cr	Hg	As
CK	0.084	0.005	0.400	0.005	0.250
1kg/m²	0.108	0.006	0.410	0.005	0.038
2kg/m²	0.090	0.006	0.405	0.005	0.033
4kg/m²	0.058	0.004	0.160	0.005	0.017
标准限值	0.2	0.1	1	0.02	0.5

由表 8 可以看出，施用污泥堆肥对夏玉米籽粒中重金属含量并无明显影响，仅有当污泥堆肥施用量为 $1kg/m^2$、$2kg/m^2$、$4kg/m^2$ 时，夏玉米籽粒中重金属 Pb、Cr 含量微弱呈现增加趋势，但均远低于《食品中污染物限量》（GB 2762—2017）标准限值要求。

表 9 　　　　　　　　不同处理冬小麦籽粒重金属含量比较　　　　　　单位：mg/kg

试验处理	Pb	Cd	Cr	Hg	As
CK	0.012	0.016	0.230	0.005	0.013
$1kg/m^2$	0.081	0.016	0.135	0.005	0.017
$2kg/m^2$	0.068	0.017	0.135	0.005	0.019
$4kg/m^2$	0.090	0.018	0.083	0.005	0.018
标准限值	0.2	0.1	1	0.02	0.5

由表 9 可以看出，施用污泥堆肥后，冬小麦籽粒中的重金属含量基本呈现增加趋势，

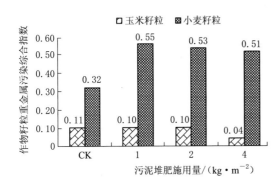

图 3　不同处理作物籽粒重金属污染综合指数比较

特别是 Pb 含量增加趋势较明显，当污泥堆肥施用量为 $1kg/m^2$、$2kg/m^2$、$4kg/m^2$ 时，冬小麦籽粒中 Pb 的含量分别增加了 575.0％、466.7％、650.0％，但均远低于《食品中污染物限量》（GB 2762—2017）标准限值要求。

由图 3 可以看出，施用污泥堆肥明显增加了小麦籽粒的重金属污染风险。当污泥堆肥施用量为 $1kg/m^2$、$2kg/m^2$、$4kg/m^2$ 时，小麦籽粒重金属污染综合指数均呈现增加趋势，分别达到了 0.55、0.53、0.51，但均小于粮食安全限值 0.7，表明作物籽粒尚清洁。

3　结语

（1）施用污泥堆肥对种植小区土壤养分状况具有一定的改良效果，明显增加了土壤有机质含量，提高了土壤养分含量水平；随着污泥堆肥施用量的增加，土壤中重金属仅有 Pb、Hg 的含量呈现增加趋势，但均远低于《土壤环境质量　农用地土壤污染风险管控标准（试行）》（GB 15618—2018）（二级 pH＞7.5）风险管制值，且土壤重金属污染综合指数均小于土壤警戒限值 0.7，表明种植小区土壤尚清洁。说明北京市污泥农用具有推广前景。

（2）当污泥堆肥施用量为 $1kg/m^2$、$2kg/m^2$、$4kg/m^2$ 时，夏玉米产量分别增加了 7.7％、18.4％、5.5％，且仅有当污泥堆肥施用量为 $2kg/m^2$ 时，作物总产量增加了 3.2％；施用污泥堆肥后，冬小麦籽粒重金属含量基本呈现增加趋势，特别是 Pb 含量增加趋势较明显，当污泥堆肥施用量为 $1kg/m^2$、$2kg/m^2$、$4kg/m^2$ 时，冬小麦籽粒中 Pb 的含量分别增加了 575.0％、466.7％、650.0％，但均远低于《食品中污染物限量》（GB 2762—2017）标准限值要求，且作物籽粒重金属污染综合指数均小于粮食安全限值 0.7，

表明作物籽粒尚清洁。施用适量的污泥堆肥可促进农作物增产。

（3）污泥农用过程中，重金属、病原菌、有毒有机污染物等对环境的影响是缓慢而漫长的，需开展长期试验研究。

参 考 文 献

[1] 赵晓莉，徐德福，李泽宏．城市污泥的土地利用对黑麦草理化指标和品质的影响［J］．农业环境科学学报，2010，29（S）：59 - 63.

[2] 王新，贾永峰．沈阳北部污水处理厂污泥土地利用可行性研究［J］．农业环境科学学报，2007，26（4）：1543 - 1546.

[3] 刘强，陈玲，邱家洲．污泥堆肥对园林植物生长及重金属累积的影响［J］．同济大学学报（自然科学版），2010，38（6）：870 - 875.

[4] 王占华，杨少华，崔玉波．我国污泥堆肥的土地利用现状及对策［J］．吉林建筑工程学院学报，2005，22（2）：8 - 11.

[5] 高定，郑国砥，陈同斌．堆肥处理对排水污泥中重金属的钝化作用［J］．中国给水排水，2007，23（4）：7 - 10.

[6] 陈同斌，郑国砥，高定．城市污泥堆肥处理及其产业化发展中的几个关键问题［J］．中国给水排水，2009，25（9）：104 - 108.

施用污泥及污泥堆肥对农田土壤及
冬小麦安全影响研究

何春利　叶芝菡

（北京市水科学技术研究院　北京　100048）

【摘　要】　科学合理地处置与利用污泥及其堆肥是北京市经济发展中迫切需要解决的问题。开展了污泥及其堆肥的土地利用对土壤、作物的影响试验研究，提出了污泥及处理其产品的土地利用的可行性、适宜性和安全性，构建了污泥及其堆肥的科学的土地利用模式。本研究应用污泥及其堆肥在冬小麦上进行对比试验，分析麦粒中和土壤中的重金属含量变化，研究多年施用污泥及其堆肥后对重金属累积的影响，以期能为污泥及其堆肥在农作物上应用的安全性评价提供必要的理论和实践基础。

【关键词】　生污泥　污泥堆肥　重金属　土壤　冬小麦

1　引言

随着城市化的快速进程及城市污水处理厂的兴起和发展，污泥的快速增长成为必然。作为污水处理的副产物，污泥产量急剧增加。根据北京市"十三五"时期水务发展规划，至2020年全市污水处理率达到95%，预计全市日处理污水总量726万 m^3/d，伴随产生的污泥（含水率80%左右）将高达6500t/d。

2　材料与方法

2.1　试验地基本情况

本研究的试验地点设在北京市水科学技术研究院永乐店试验基地。该基地位于北京市东南部（通州永乐店镇南），地理坐标是北纬 $39°42'$，东经 $116°47'$，属于处永定河、潮白河洪积—洪积平原，地势平坦，海拔12.00m。气候属暖温带大陆性半湿润季风气候，多年平均气温11.5℃，多年平均日照时数2730h，多年平均年降水量565.6mm，土壤类型为壤潮土，土壤质地为壤土，土壤平均pH值为8.45。

本研究设置16个试验小区，其中12个小区面积为 $10m \times 10m = 100m^2$，并排布置。为了防止相互干扰，各小区周边采用土工膜进行隔离，隔离深度1.2m，地面以上0.2m、地面以下1.0m，地上砖墙加固并水泥抹面。另建4个 $500m^2$ 小区。

2.2　试验材料

冬小麦品种：石新616硬质冬小麦。

生污泥（SW）：来自北京市排水集团酒仙桥污水处理厂，自然风干后再施用。

污泥堆肥（DF）：来自于北京市排水集团庞各庄污泥堆肥厂，污泥堆肥采用 ENS 堆肥工艺，堆肥成品为颗粒状。生污泥和污泥堆肥中重金属含量符合 2002 年颁布的《城镇污水处理厂污染物排放标准》（GB 18918—2002），可进行农田土地利用。

对照供试化肥为磷酸二铵（E）、尿素（N）。供试污泥堆肥、磷酸二铵、尿素的重金属含量情况见表 1。

表 1 试验材料的重金属含量 单位：mg/kg

试验材料	重 金 属							
	Pb	Cd	Cr	Hg	As	Cu	Zn	Ni
生污泥	16.5	<0.5	33.5	7.0	9.4	131	672	18.3
污泥堆肥	22.5	<0.5	36.5	4.3	8.7	112	678	16.2
尿素	<0.5	<0.5	<1.5	0.01	<0.05	<2.5	2.25	<2.5
磷酸二铵	<0.5	<0.5	23.4	0.01	15.4	5.64	32.1	3.91

2.3 试验方法

2.3.1 试验设计

根据施肥种类和施用量的不同共设 10 个处理，其中 CK（E+N）作为所有处理的对照，在小麦收获后测定土壤和小麦籽粒。试验处理对照表见表 2。

表 2 试 验 处 理 对 照 表

试验处理	施用量/(kg·m⁻²)	备 注
DF1	4	
DF2	2	污泥堆肥，各 2 个重复
DF3	1	
SW1	6	
SW2	4	生污泥（按湿重计），各 2 个重复
SW3	2	
CK(E+N)	0.56+0.56	对照，磷酸二铵做基肥，尿素做追肥
DF+DF	11.24+11.24	污泥堆肥做基肥和追肥
E+DF	0.56+11.24	磷酸二铵做基肥，污泥堆肥做追肥
DF+N	11.24+0.56	污泥堆肥做基肥，尿素作为追肥

2.3.2 样品测试方法

冬小麦中重金属的测定采用食品安全国家标准 GB 5009 系列的测试方法，土壤、污泥（干）、污泥堆肥中重金属的测定采用《展览会用地土壤环境质量评价标准》（HJ/T 350—2007）的测试方法，N、P、K 测定采用《有机肥料全氮的测定》（NY/T 297—1995）、《有机肥料全磷的测定》（NY/T 298—1995）、《有机肥料全钾的测定》（NY/T 299—1995）中的测试方法。

2.3.3 分析方法

采集不同处理的冬小麦籽粒，多点混合取样各约 2kg 洗净自然风干。重金属 Pb、Cd、

Cr、Cu、Zn 采用原子吸收分光光度计法测定，Hg 和 As 采用原子荧光光谱仪法测定。

2.3.4 评价方法

分别采用单因子污染指数法和多因子污染指数法评价污泥中重金属的污染水平。

单因子污染指数的计算公式为

$$P_i = C_i / S \tag{1}$$

式中　C_i——实测浓度；

　　　S——粮食卫生标准，按《粮食（含谷物、豆类、薯类）及制品中铅、镉、铬、汞、硒、砷、铜、锌等八种元素限量》（NY 861—2004）执行；

　　　P_i——单因子污染指数，$P_i < 1$，表示未污染；$P_i > 1$，表示污染；P_i 越大，污染越严重。

多因子污染指数的计算公式为

$$P_N = \sqrt{\frac{P_i^2 + P_{i(\max)}^2}{2}} \tag{2}$$

式中　P_N——综合污染指数（内梅罗污染指数）；

　　　P_i——各污染物单项污染指数的算术平均值；

$P_{i(\max)}$——各污染物中最大的污染指数，$P_N \leq 0.7$，安全；$0.7 < P_N \leq 1.0$，警戒；$1.0 < P_N \leq 2.0$，轻污染；$2.0 < P_N \leq 3.0$，中污染；$P_N \geq 3.0$，重污染。

3 结果分析与讨论

本文着重分析污泥及污泥堆肥施用中重金属对土壤及冬小麦籽粒中的残留量，在以下分析中，所用的数据为各处理的均值。

3.1 不同处理对土壤重金属含量的影响

3.1.1 对土壤重金属累积的影响

2011 年、2012 年的试验表明（表 3 和表 4），土壤重金属含量随着污泥及堆肥用量的增加而呈现增长趋势。与对照处理相比，Cd、Cr、As、Cu 含量较低，其他重金属含量高于对照处理。由于污泥及其堆肥连续施用，虽然土壤重金属含量增加，但各试验处理重金属在土壤中含量均低于《土壤环境质量 农用土地土壤污染风险管控标准（试行）》（GB 15618—2018）中 pH > 7.5 的标准值。当土壤中污染物含量等于或者低于农用地土壤污染风险筛选值（基本项目）规定的风险筛选值时，农用地土壤污染风险低，一般情况下可以忽略。因此，短期内适量的污泥堆肥施用，不会造成农田土壤重金属污染。

表 3　　　　　　　　　　**2011 年冬小麦收获后土壤重金属含量**　　　　　　单位：mg/kg

试验处理	Pb	Cd	Cr	Hg	As	Cu	Zn	Ni
DF1	24.9	0.16	55.1	0.130	7.28	19.8	67.8	24
DF2	26.3	0.15	52.7	0.082	6.94	19.8	63.4	23.7
DF3	23.8	0.16	52.8	0.057	7.35	19.5	61.8	23.9
SW1	25.8	0.16	55.3	0.100	6.00	21.0	63.3	24.6

试验处理	Pb	Cd	Cr	Hg	As	Cu	Zn	Ni
SW2	23.9	0.14	44.6	0.055	5.21	17.4	53.7	21.4
SW3	24.6	0.16	53.1	0.050	7.07	19.5	55.0	23.9
CK	24.0	0.16	56.4	0.034	8.16	23.4	60.8	27.6
DF+DF	26.0	0.15	55.1	0.060	6.48	20.9	56.5	23.8
E+DF	25.6	0.17	64.6	<0.010	8.69	25.4	69.2	31.0
DF+N	28.2	0.15	61.8	0.039	8.94	23.8	66.4	29.0
农用地土壤污染风险筛选值(基本项目)	170	0.6	250	1.0	20	100	300	190

表 4   2012 年冬小麦收获后土壤重金属含量   单位：mg/kg

试验处理	Pb	Cd	Cr	Hg	As	Cu	Zn	Ni
DF1	32.4	0.18	60.5	0.118	5.23	21.0	77.1	36.3
DF2	30.8	0.17	59.6	0.104	5.51	20.9	69.1	28.6
DF3	34.5	0.17	60.3	0.108	5.72	21.9	70.0	33.0
SW1	32.2	0.20	61.6	0.110	5.91	23.1	70.6	33.1
SW2	27.3	0.20	61.0	0.111	6.14	22.3	69.8	26.9
SW3	26.8	0.19	59.5	0.065	5.11	21.0	64.2	32.8
CK(E+N)	29.0	0.20	66.5	0.037	7.49	22.6	77.6	30.2
DF+DF	31.2	0.19	61.7	0.078	5.87	20.9	67.5	29.7
E+DF	23.6	0.18	61.1	0.056	6.31	23.7	69.9	29.9
DF+N	25.1	0.17	60.1	0.053	5.69	23.1	65.6	28.1
农用地土壤污染风险筛选值(基本项目)	170	0.6	250	1.0	20	100	300	190

3.1.2 污泥及其堆肥对土壤重金属的污染评价

采用单因子污染指数法和多因子污染指数法对土壤中各重金属的污染程度进行评价，试验处理的计算结果分别见表 5 和表 6。

表 5   2011 年污泥及堆肥不同施用量对土壤重金属的污染指数
[农用地土壤污染风险筛选值（基本项目）]

污泥施用量 /(t·hm⁻²)	单项污染指数 P_i								综合污染指数 P_N
	Pb	Cd	Cr	Hg	As	Cu	Zn	Ni	
DF1	0.146	0.267	0.220	0.130	0.364	0.198	0.226	0.126	0.297
DF2	0.155	0.250	0.211	0.082	0.347	0.198	0.211	0.125	0.282
DF3	0.140	0.267	0.211	0.057	0.368	0.195	0.206	0.126	0.295
SW1	0.152	0.267	0.221	0.100	0.300	0.210	0.211	0.129	0.254
SW2	0.141	0.233	0.178	0.055	0.261	0.174	0.179	0.113	0.219

污泥施用量 /(t·hm⁻²)	单项污染指数 P_i								综合污染 指数 P_N
	Pb	Cd	Cr	Hg	As	Cu	Zn	Ni	
SW3	0.145	0.267	0.212	0.050	0.354	0.195	0.183	0.126	0.284
CK	0.141	0.267	0.226	0.034	0.408	0.234	0.203	0.145	0.324
DF+DF	0.153	0.250	0.220	0.060	0.324	0.209	0.188	0.125	0.266
E+DF	0.151	0.283	0.258	0.010	0.435	0.254	0.231	0.163	0.345
DF+N	0.166	0.250	0.247	0.039	0.447	0.238	0.221	0.153	0.352

表 6　　　　　**2012 年污泥及堆肥不同施用量对土壤重金属的污染指数**
[农用地土壤污染风险筛选值（基本项目）]

污泥施用量 /(t·hm⁻²)	单项污染指数 P_i								综合污染 指数 P_N
	Pb	Cd	Cr	Hg	As	Cu	Zn	Ni	
DF1	0.191	0.300	0.242	0.118	0.262	0.210	0.257	0.121	0.260
DF2	0.181	0.283	0.238	0.104	0.276	0.209	0.230	0.095	0.246
DF3	0.203	0.283	0.241	0.108	0.286	0.219	0.233	0.110	0.251
SW1	0.189	0.333	0.246	0.110	0.296	0.231	0.235	0.110	0.282
SW2	0.161	0.333	0.244	0.111	0.307	0.223	0.233	0.090	0.280
SW3	0.158	0.317	0.238	0.065	0.256	0.210	0.214	0.109	0.263
CK	0.171	0.333	0.266	0.037	0.375	0.226	0.259	0.101	0.307
DF+DF	0.184	0.317	0.247	0.078	0.294	0.209	0.225	0.099	0.267
E+DF	0.139	0.300	0.244	0.056	0.316	0.237	0.233	0.100	0.265
DF+N	0.148	0.283	0.240	0.053	0.285	0.231	0.219	0.094	0.244

　　从 2011 年和 2012 年的试验结果来看，As 和 Ni 的污染指数有所降低，其他重金属污染指数表现出增加趋势，但是，所有单项污染指数均低于 1，表示土壤均未受到重金属的污染见表 7；各试验处理综合污染指数均低于 0.7。表示本研究试验条件下，在 2011 年和 2012 年试验中，与对照处理相比较，综合污染指数均低于对照指标值，表明在最高施用量水平下，污泥及其堆肥中重金属对土壤不存在污染，是安全的。

　　试验各处理中，2012 年土壤综合污染指数与 2011 年土壤综合污染指数相比较（表 7），除 SW1、SW2 略有增加外，其他处理的综合污染指数呈现下降趋势。

表 7　　**2011 年和 2012 年污泥及堆肥不同施用量对冬小麦籽粒重金属的污染指数变化**

污泥施用量 /(t·hm⁻²)	单项污染指数 P_i								综合污染 指数 P_N
	Pb	Cd	Cr	Hg	As	Cu	Zn	Ni	
DF1	0.044	0.033	0.022	-0.012	-0.103	0.012	0.031	-0.005	-0.037
DF2	0.026	0.033	0.028	0.022	-0.072	0.011	0.019	-0.029	-0.036
DF3	0.063	0.017	0.030	0.051	-0.082	0.024	0.027	-0.016	-0.043
SW1	0.038	0.067	0.025	0.010	-0.005	0.021	0.024	-0.019	0.028

污泥施用量 /(t·hm⁻²)	单项污染指数 P_i								综合污染指数 P_N
	Pb	Cd	Cr	Hg	As	Cu	Zn	Ni	
SW2	0.020	0.100	0.066	0.056	0.047	0.049	0.054	−0.023	0.061
SW3	0.013	0.050	0.026	0.015	−0.098	0.015	0.031	−0.016	−0.021
CK	0.029	0.067	0.040	0.003	−0.034	−0.008	0.056	−0.045	−0.016
DF+DF	0.031	0.067	0.026	0.018	−0.031	0.000	0.037	−0.026	0.001
E+DF	−0.012	0.017	−0.014	0.046	−0.119	−0.017	0.002	−0.063	−0.080
DF+N	−0.018	0.033	−0.007	0.014	−0.163	−0.007	−0.003	−0.059	−0.109

3.2 不同处理对冬小麦重金属含量的影响

3.2.1 对冬小麦籽粒重金属累积的影响

从 2011 年和 2012 年的试验结果来看，各处理冬小麦籽粒中重金属含量均未超出《粮食卫生标准》（GB 2715—2005）污染物限量指标、《食品中污染物限量》（GB 2762—2005）、NY 861—2004 所要求的标准值。Hg 均在检出值以下。2011 年各处理间冬小麦籽粒重金属含量除 Cr、Hg、Ni 外均高于对照处理表 8，2012 年各处理间冬小麦籽粒重金属含量除 Cd 外均低于对照表 9，各处理中，DF1、DF2、DF3 处理冬小麦籽粒中重金属 Pb、Hg、As、Cu、Zn、Ni 含量 2012 年与 2011 年比较降低外，其他均呈现增加趋势，见表 10。在本试验条件下，施用污泥及其堆肥用于小麦上不会影响小麦籽粒的安全品质。

表 8　　　　　　　　　**2011 年冬小麦籽粒中重金属含量**　　　　　单位：mg/kg

试验处理	Pb	Cd	Cr	Hg	As	Cu	Zn	Ni
DF1	0.090	0.018	0.083	<0.005	0.018	4.40	33.05	0.20
DF2	0.068	0.017	0.135	<0.005	0.019	4.84	33.65	0.25
DF3	0.081	0.016	0.135	<0.005	0.017	4.75	34.45	0.19
SW1	0.037	0.030	0.140	<0.005	0.010	4.32	25.10	0.18
SW2	0.050	0.026	0.107	<0.005	0.012	4.36	27.55	0.16
SW3	0.023	0.023	0.145	<0.005	0.028	4.64	30.20	0.31
CK(E+N)	0.012	0.016	0.23	<0.005	0.013	3.83	25.8	0.21
DF+DF	0.022	0.015	0.085	<0.005	0.017	3.73	25.8	0.24
E+DF	0.014	0.012	0.087	<0.005	0.008	3.33	21.5	0.15
DF+N	0.016	0.013	0.07	<0.005	0.022	4.62	31.9	0.15
标准限值 ≤	0.4	0.1	1.0	0.02	0.7	10	50	—

表 9　　　　　　　　　**2012 年冬小麦籽粒中重金属含量**　　　　　单位：mg/kg

试验处理	Pb	Cd	Cr	Hg	As	Cu	Zn	Ni
DF1	0.053	0.031	0.15	<0.005	0.016	3.54	31.30	0.18
DF2	0.043	0.034	0.14	<0.005	0.016	4.33	32.15	0.21

试验处理	Pb	Cd	Cr	Hg	As	Cu	Zn	Ni
DF3	0.053	0.022	0.14	<0.005	0.024	3.61	25.55	0.17
SW1	0.046	0.035	0.14	<0.005	0.031	3.72	28.10	0.20
SW2	0.062	0.027	0.13	<0.005	0.027	3.22	24.80	0.22
SW3	0.049	0.032	0.13	<0.005	0.036	3.66	29.15	0.17
CK(E+N)	0.056	0.030	0.16	<0.005	0.046	3.91	27.10	0.18
DF+DF	0.049	0.032	0.12	<0.005	0.028	3.40	28.90	0.17
E+DF	0.045	0.021	0.16	<0.005	0.026	3.09	22.80	0.18
DF+N	0.067	0.023	0.14	<0.005	0.014	4.08	29.20	0.14
标准限值 ≤	0.4	0.1	1.0	0.02	0.7	10	50	—

表 10　　　　　　　　　2012 年与 2011 年冬小麦籽粒重金属含量变化　　　　单位：mg/kg

试验处理	Pb	Cd	Cr	Hg	As	Cu	Zn	Ni
DF1	−0.037	0.013	0.068	<0.005	−0.002	−0.86	−1.75	−0.02
DF2	−0.025	0.017	0.005	<0.005	−0.003	−0.51	−1.50	−0.04
DF3	−0.029	0.007	0.000	<0.005	0.008	−1.14	−8.90	−0.02
SW1	0.010	0.005	0.000	<0.005	0.022	−0.60	3.00	0.02
SW2	0.012	0.000	0.019	<0.005	0.015	−1.14	−2.75	0.06
SW3	0.026	0.009	−0.015	<0.005	0.008	−0.98	−1.05	−0.14
CK(E+N)	0.031	0.013	0.063	<0.005	0.013	0.08	12.40	−0.03
DF+DF	0.068	0.026	0.099	<0.005	0.027	−0.33	32.23	−0.07
E+DF	0.076	0.024	0.165	<0.005	0.033	−0.24	31.65	0.03
DF+N	0.060	0.024	0.125	<0.005	0.024	−0.54	31.80	−0.01

3.2.2　污泥及其堆肥对作物籽粒重金属的污染评价

采用单因子污染指数法和多因子污染指数法对作物籽粒中各重金属的污染程度进行评价，施用污泥堆肥和生污泥的计算结果见表 11 和表 12。为了能计算 Hg 的污染指数，将其在检测限以下的数据以检测限数值代替（Hg 为 0.005mg/kg）。

各试验处理中，从单项污染指数来看，所有指数均低于 1，表示冬小麦籽粒均未受到重金属的污染，见表 11 和表 12；各种重金属中，污染指数的排序为 Hg<As<Pb<Cr<Cd<Cu<Zn。所有重金属，单项污染指数均小于 1，综合污染指数均低于 0.7，表示试验处理中在最高的污泥堆肥施用量水平下，污泥中重金属对冬小麦籽粒不存在污染，是安全的。施用生污泥的结果与污泥堆肥相似，其中所含的重金属也未对冬小麦籽粒造成污染，是安全的。

各试验处理中，DF1、DF2、DF3、SW2、SW3、DF＋N 2012 年综合污染指数较 2011 年综合污染指数有所降低。其他有所增加，SW1 和 DF＋DF 增加明显，见表 13。

表 11   **2011 年污泥及堆肥不同施用量对冬小麦籽粒重金属的污染指数**

污泥施用量 /(t·hm⁻²)	单项污染指数 P_i							综合污染 指数 P_N
	Pb	Cd	Cr	Cu	Zn	As	Hg	
DF1	0.225	0.180	0.083	0.440	0.661	0.026	0.250	0.504
DF2	0.170	0.170	0.135	0.484	0.673	0.027	0.250	0.513
DF3	0.203	0.160	0.135	0.475	0.689	0.024	0.250	0.525
SW1	0.093	0.300	0.140	0.432	0.502	0.014	0.250	0.396
SW2	0.125	0.260	0.107	0.436	0.551	0.017	0.250	0.428
SW3	0.058	0.230	0.145	0.464	0.604	0.040	0.250	0.464
CK(E+N)	0.030	0.160	0.230	0.383	0.516	0.019	0.250	0.399
DF+DF	0.055	0.150	0.085	0.373	0.516	0.024	0.250	0.393
E+DF	0.035	0.120	0.087	0.333	0.430	0.011	0.250	0.330
DF+N	0.040	0.130	0.070	0.462	0.638	0.031	0.250	0.480

表 12   **2012 年污泥及堆肥不同施用量对冬小麦籽粒重金属的污染指数**

污泥施用量 /(t·hm⁻²)	单项污染指数 P_i							综合污染 指数 P_N
	Pb	Cd	Cr	Cu	Zn	As	Hg	
DF1	0.133	0.310	0.150	0.354	0.626	0.023	0.250	0.468
DF2	0.108	0.340	0.140	0.433	0.643	0.023	0.250	0.480
DF3	0.133	0.220	0.140	0.361	0.511	0.034	0.250	0.385
SW1	0.115	0.350	0.140	0.372	0.562	0.044	0.250	0.425
SW2	0.155	0.270	0.130	0.322	0.496	0.039	0.250	0.377
SW3	0.123	0.320	0.130	0.366	0.583	0.051	0.250	0.438
CK(E+N)	0.140	0.300	0.160	0.391	0.542	0.066	0.250	0.411
DF+DF	0.123	0.320	0.120	0.340	0.578	0.040	0.250	0.434
E+DF	0.113	0.210	0.160	0.309	0.456	0.037	0.250	0.346
DF+N	0.168	0.230	0.140	0.408	0.584	0.020	0.250	0.437

表 13   **2011 年和 2012 年污泥及堆肥不同施用量对冬小麦籽粒重金属的污染指数变化**

污泥施用量 /(t·hm⁻²)	单项污染指数 P_i							综合污染 指数 P_N
	Pb	Cd	Cr	Cu	Zn	As	Hg	
DF1	−0.093	0.130	0.067	−0.086	−0.035	−0.003	0.000	−0.024
DF2	−0.063	0.170	0.005	−0.051	−0.030	−0.004	0.000	−0.019
DF3	−0.070	0.060	0.005	−0.114	−0.178	0.010	0.000	−0.127
SW1	0.023	0.050	0.000	−0.060	0.060	0.030	0.000	0.043
SW2	0.030	0.010	0.023	−0.114	−0.055	0.021	0.000	−0.039
SW3	0.065	0.090	−0.015	−0.098	−0.021	0.011	0.000	−0.012
CK(E+N)	0.110	0.140	−0.070	0.008	0.026	0.047	0.000	0.028
DF+DF	0.068	0.170	0.035	−0.033	0.062	0.016	0.000	0.053
E+DF	0.078	0.090	0.073	−0.024	0.026	0.026	0.000	0.028
DF+N	0.128	0.100	0.070	−0.054	−0.054	−0.011	0.000	−0.029

4 结语

通过污泥及其堆肥的农用试验，对土壤和作物中的重金属富集问题展开了研究，根据试验结果，得到以下主要结论：

（1）本试验供试的污泥及其堆肥用于冬小麦种植，重金属单项污染指数均小于1，综合污染指数均低于0.7，同时，综合污染指数呈现降低的趋势，没有显著增加土壤和冬小麦籽粒中的重金属含量，表明污泥及其堆肥施用后未对土壤和冬小麦籽粒产生重金属污染。

（2）土壤中重金属含量均在GB 15618—2018的pH>7.5标准值范围内，冬小麦符合GB 2762—2005和NY 861—2004所要求的标准值，表明在短期施用污泥及其堆肥相对于化肥常规施用并没有显著增加土壤重金属含量，土壤生态环境是安全的。

（3）各种重金属在冬小麦籽粒中的富集能力为Zn>Cu>Cd>Hg>As>Cr>Pb，Zn和Cu的冬小麦籽粒的富集能力较强，2011年和2012年的试验结果相一致。

本研究污泥及其堆肥施用只有2011年和2012年试验数据，重金属在土壤和作物中的累积和富集是一个缓慢持续的过程，因此要明确作物对重金属的吸收机理及其达到的最大限量，还有待于进一步研究探讨。

参 考 文 献

[1] 桂萌，熊建军，崔希龙，等．城市污泥堆肥化处理研究进展 [J]．现代农业科技，2010（10）：267-268．

[2] 许晓玲，呼世斌，刘晋波，等．施用污泥堆肥对土壤中重金属累积和大豆产量的影响 [J]．环境工程，2018，36（3）：108-111．

[3] 王社平，程晓波，刘新安，等．施用污泥堆肥对草莓生长及土壤重金属的影响 [J]．环境工程学报，2017，11（7）：4375-4382．

[4] 臧文超．我国城市生活垃圾管理对策思考 [J]．环境保护，1998（9）：8-9．

[5] 李姝娟，李向东，郝翠，等．污泥堆肥对土壤环境和小麦重金属含量的影响 [J]．环境污染与防治，2018，32（8）：40-43，61．

[6] 陈曦，杨丽标，王甲辰，等．施用污泥堆肥对土壤和小麦重金属累积的影响 [J]．中国农学通报，2010，26（8）：278-283．

生态环境保护与修复

加大地下水回补力度 推进水生态文明建设

孙凤华 杨 勇

（北京市水科学技术研究院 北京 100048）

【摘 要】 北京市地下水资源经历亏损、平衡、盈余三个阶段，南水北调水源进京后，极大缓解了北京市地下水资源短缺现状，在潮白河进行的地下水试验性回补取得了良好的效果。在南水北调水源充足的条件下，未来南水北调东线水源进京，会有更多水源回补地下水。以玉泉山泉和白浮泉复涌为修复目标的地下水回补是水生态文明的标志，也是北京市总体规划以及水务工作的具体落实。通过对玉泉山已经开展的研究工作，分析玉泉山泉补径排规律，提出玉泉山泉复涌方案；针对白浮泉，提出开展相关研究工作以及地下水压采、回补与节水措施建议，经过长期持续的地下水回补与压采工作，地下水水位将会持续抬升，直到泉水复涌，无论对于地下水资源储备还是经济可持续发展都具有十分重要的作用，社会效益显著。

【关键词】 水资源 地下水 回补 泉复涌

1 引言

水是生命的源泉，是人类赖以生存和发展不可缺少的最重要的物质资源之一。党的十九大报告将"坚持人与自然和谐共生"作为新时代坚持和发展中国特色社会主义的基本方略之一，将生态建设提升到新的高度，为未来中国的生态文明建设和绿色发展指明了方向，规划了路线。水是生态系统的重要控制要素[1]，是生态文明建设的重要内容[2]。北京市顺应现状水系脉络，科学梳理、修复、利用流域水脉网络，建立区域外围分洪体系，形成上蓄、中疏、下排的多级滞洪缓冲系统，涵养城市水源，将北运河、潮白河、温榆河等水系打造成景观带，以建设水城共融的生态城市，协调水与城市的关系，实现水资源的可持续利用。

人类活动加剧和社会发展加快改变了自然水循环，造成河道断流、水体污染、生态环境恶化等一系列问题，可利用的地表水资源不足以支撑社会经济发展，越来越多的地下水被开采，例如华北平原，形成了世界最大的降落漏斗，产生了一系列环境地质问题。北京市作为首都，是承载着 2000 多万人口的特大城市，水资源形势不容乐观。由于地表水资源有限，北京平均每年的地下水开采量为 25 亿 m^3 左右，而可利用量仅为 18 亿 m^3 左右，地下水长期处于超采状态，浅层地下水超采区面积占平原区面积的 80%[3-7]。地下水超采造成了地下水水位下降，水源八厂水源地最大地下水埋深 45m，北京市形成了五大地面沉降区，最大地面沉降 1.8m 左右[8]。

南水北调是应对水资源短缺的重大举措，对于改善水资源短缺和水环境状况具有重要作用。北京市具有五大地下水库，分别为密怀顺潮白河、西郊永定河、昌平温榆河、平谷沟错河及房山大石河。在满足供水的条件下，充分利用好南水北调水源是涵养地下水的重要措施。按照新版城市总体规划，北京市将加强三条文化带的整体保护利用，包括西山永定河文化带、大运河文化带以及长城文化带。其中，西山永定河文化带依托三山五园地区、八大处地区、永定河沿岸等地区，修复永定河生态功能，恢复重要文化景观；大运河文化带将以元代白浮泉引水沿线、通惠河、坝河和白河（今北运河）为保护主线。白浮泉作为大运河源头，是大运河文化带建设的重要组成部分，具有极高的历史文化价值。恢复玉泉山泉及白浮泉是构建文化带及生态文明的标志，无论是对水资源储备还是文化传承，生态文明建设都有重要意义。

2 北京市地下水基本情况

2.1 地下水开采情况

北京市地下水的开发利用有着非常悠久的历史。自 20 世纪 50 年代以来，随着人口的增加及工农业规模的大幅增长，地下水的开采量也逐年增加。70 年代开始是北京市地下水开采量增长较快的时期。80 年代以来，地下水开始成为北京市的主力供水水源。根据 20 世纪 80 年代以来的北京市的水资源公报数据，1985—2007 年，每年的地下水供水量都在 23 亿 m³ 以上，一直高居全市供水总量的 70% 左右。自 2007 年以来，由于节水技术的推广应用以及再生水的利用，地下水供水量呈现逐年减少的趋势。尤其是 2014 年南水北调中线通水以来，由于大幅压采地下水，北京市地下水的年供水量已经降到了 20 亿 m³ 以下。北京市地下水年供水量变化情况见图 1。

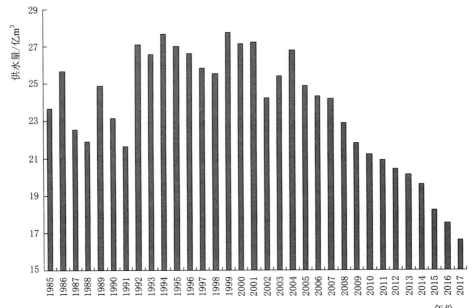

图 1 北京市地下水年供水量变化情况

2.2 地下水水位情况

北京市平原区地下水水位年平均下降速度为 0.85m/a，同时，潮白河河道周边分布八厂水源地、怀柔应急水源地和顺义区水源地，地下水长年处于超采状态，漏斗中心区地下水水位以 2.5m/a 的速度降低，水源地的地下水埋深已达到 45m。北京市历年平均地下水埋深情况见图 2，由图 2 可知，北京市平均地下水水位呈先下降后升高的趋势。1985—1991 年，地下水水位呈现持续下降态势；1991—1993 年，地下水水位有所回升；1993—2010

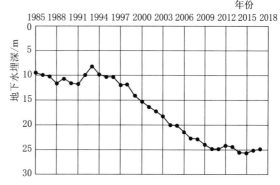

图 2　北京市历年平均地下水埋深情况

年，由于城市规模扩张，本地降水及上游来水大幅减少，地下水持续超采，地下水水位快速下降，下降速率为 0.93m/年；2010 年以后，地下水水位下降趋缓；2014 年年底，南水北调水源进京，部分水源替代了地下水，地下水水位下降趋缓。近几年，水位普遍抬升，平均抬升幅度约为 0.5m[9]。

3　南水北调水进京带来了机遇

南水北调工程是应对北京市水资源危机和供需矛盾的国家级战略举措。根据《南水北调来水调入密云水库调蓄工程》，南水北调中线工程主要为沿线的河南、河北、北京和天津四省（直辖市）供水，规划年调水量 97 亿 m^3，计划每年提供给北京 10 亿 m^3，调水路线从房山引入团城湖调节池，分配给各大水厂，其余部分将利用京密引水渠反向输水，调入密云水库。在南水北调工程开通初期，在河南、河北等省市配套设施不完善的情况下，将会有多于计划的南水北调水供给北京，计划自团城湖调蓄池沿京密引水渠反向调水至怀柔水库（调水流量 20m^3/s），以 10m^3/s 的流量向密云水库输水，其余 10m^3/s 的流量通过调水沿线的输水口，在密怀顺水源区进行地下水回补，以补充并涵养已严重亏损的地下水资源，并形成北京市的地下水资源战略储备。

自 2014 年 12 月 27 日正式通水以来，截至 2018 年 12 月 31 日，累计向北京输水 42.18 亿 m^3，见图 3。其中"喝"的方面，自来水厂取江水 28.17 亿 m^3，占比 66.79%；"存"的方面，向大中型水库存蓄江水 5.84 亿 m^3，占比 13.85%；"补"的方面，向地下水源地及昆明湖、中南海等清水河系补水 8.17 亿 m^3，占比 19.37%。

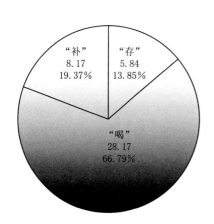

图 3　南水进京累计水量分配
（单位：亿 m^3）

4 地下水回补效果分析

南水北调水源进入怀河、潮白河河道后，将自然入渗补给地下水，使补水河道局部的地下水水位抬升，增加水源地地下水资源量，缓解水源地的开采压力，为地下水的涵养和保护提供非常好的条件，同时减少对地表水的开发利用[10]。2014年年底，南水北调水源进京，地下水开采量减少，地下水水位下降趋缓；2015年补水期间，水位抬升明显，监测井水位平均升幅15.30m。具体地下水水位变化见图4。由于南水北调水源中化学组分与北京市地下水存在差异，补水试验及室内土柱试验的结果表明，南水北调水源对地下水水质的稀释淡化作用显著，改善了补水河道周边的地下水水质。

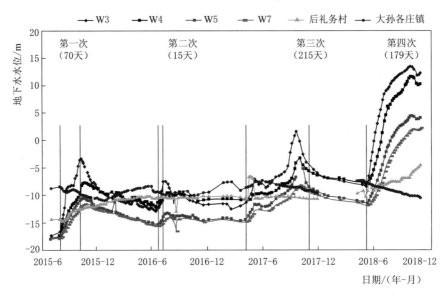

图4 南水北调回补密怀顺地下水水位变化图

5 针对泉域复涌的措施及建议

南水北调水源进京后，极大地缓解了北京市的水源短缺现状，且南水北调试验性补水效果显著，极大地补充了密怀顺水源地地下水资源，地下水水位抬升明显，同时改善了水环境。在南水北调水源充足的条件下，考虑到河北、山东等地配套设施尚不完善，可以将南水北调水源（中线、东线）多调入北京，存入地下水库区，涵养地下水。北京市总体规划提出，建设永定河西山文化带及大运河文化带，玉泉山泉和白浮泉是两大文化带标志，如果能让两大泉域复涌，可推进生态文明建设，依据前期开展的研究工作，针对玉泉山及白浮泉复涌提出相关建议[11-14]。

5.1 玉泉山泉复涌研究结果及措施

5.1.1 研究结果

玉泉山作为明清时期的"天下第一泉"，是古代居民用水的重要水源，是构建西山永定河文化带的重要组成部分，是恢复三山五园文化景观的重要名片。为达到玉泉山复涌的目标，开展了前期研究，结果表明：

（1）玉泉山一带岩溶水系统主要补给源区。玉泉山一带岩溶水主要有永定河、军庄和潭柘寺三个补给源，同时北部也存在侧向补给。三个补给源具有不同的水流途径。潭柘寺降水补给后，向东南方向汇流，沿八宝山断裂西侧补给玉泉山—四季青一带的岩溶水。军庄降水补给自西向东流，为永丰屯一带岩溶水的水源。永定河渗漏河水自军庄带进入地下水系统后，沿永定河断裂向南流动，至石景山一带转向东北方向，补给玉泉山一带岩溶水。三个补给源的水流速度不同，潭柘寺补给水水流速度最快，其次为永定河渗漏河水，军庄补给水流速度最慢。

（2）玉泉山地区岩溶水与第四系地下水之间的水力联系与补给关系。玉泉山山前局部地段的岩溶水与第四系地下水之间黏土层缺失，存在直接的水力联系；水源三厂附近岩溶水与第四系地下水之间存在连续的黏土层，地下水水位变化趋势较一致，水质差别较大，第四系地下水水质指标明显高于岩溶水，说明两者有一定的水力联系。

（3）开展河道自然入渗试验与回灌试验。利用下苇甸电站向下游河道放水，开展地下水水位监测，历时93天，沿线至陈家庄过水面积27.3万 m^3，蓄水35.5万 m^3。试验河段（下苇甸—陇驾庄）累计渗入地下514.2万 m^3，影响范围21.6km²。由此推算出永定河自然入渗强度平均为0.61m/d。

在首钢科教大厦区域内施工抽水井（井深90m，井径0.85m）、大口井（井深20m，井径3m）各5眼，开展了两个阶段的回灌试验。结果表明，大口井单位面积的入渗能力为3.3～7.6m/h，井内水位每抬升1m可增加回灌量2300m³。

（4）储水调蓄空间计算。根据研究区建筑物地基及填埋场底部高程等因素，第四系地下水选定1983年水位作为适宜限制水位，以2015年水位为现状水位，计算第四系可用于恢复的调蓄空间为12.6亿 m^3。岩溶水以1996年末水位为恢复适宜水位，以2012年为现状水位，计算岩溶水系统调蓄库容空间为8.26亿 m^3。

5.1.2 玉泉山泉复涌措施

根据以上研究，提出的复涌措施为：在现状开采条件下，水源三厂及其他水厂逐步压采，利用砂石坑增补第四系地下水，西郊地下水资源量将逐步扭亏为盈，最后达到玉泉山泉复涌的目标。

另外，建议从以下方面进一步加强相关研究：

（1）增加外调水。在其他省市南水北调工程修建未完善的前提下，加大调水量，并通过北长河、金河、北坞砂石坑等河道就近入渗补给，同时开展万家寨引黄工程和东水西调工程，充分利用黄河、永定河及上游桑干河，恢复且加大官厅水库以下河段的天然径流量，增加地下水补给。

（2）减少本地水开采，利用南水北调水源替代水源三厂部分水源，严格限制开采地下水，严格执行有关规定，禁止各村、企业、事业单位私自开凿自备井，分期分批关闭部分自备井。

（3）调蓄上游来水，在三家店上游河段禁止修建防渗工程以及其他占道和挖沙行为，恢复及加大河道自然入渗的能力。

（4）在地下水回补过程中，结合信息化手段和大数据分析，强化取水许可，加强用水监管和水位及水质监测，确保水质安全[14]。

（5）建议统筹用好南水北调水、雨洪水等多种补给源。南水北调分水口水源通过北长河、金河等河道就近入渗补给，雨洪水通过汇流并经初步处理后自然下渗补给，合理有序地同步制定第四系、岩溶水系统的减采压采方案，力争多源补给、严格减采，实现西郊地区地下水生态修复，使其成为西山永定河文化带建设的标志。

（6）在实现西郊地区地下水位恢复的同时，也会伴随一系列的地质环境风险问题，如地下水溢出地表、威胁地下构筑物、地下水污染、土地沙化液化等问题，建议继续加强对补给和入渗通道上的河道、砂石坑及其周边点源污染和面源污染的监测和防控，确保补给水质不受污染。

5.2 白浮泉复涌建议开展的工作

白浮泉位于龙山脚下，紧邻京密引水渠与滨河森林公园。元朝时期郭守敬修建白浮堰，汇集周边10余眼泉水，并连通玉泉山泉至瓮山泊（今昆明湖），扩大漕运通航的水源。由于人口增加、地下水持续开采导致水位下降，白浮泉于20世纪70年代左右断流，如今作为燕京八景的"龙泉漱玉"已不复存在。白浮泉作为大运河的源头，具有重要的历史地位，推动白浮泉复涌是大运河文化带构建的关键，是全面展示大运河文化魅力的重要标志。为达到白浮泉复涌的目标，首先应开展相关研究，查明白浮泉补径排规律及断流原因，开展地质勘查，分析第四系与岩溶水的水力联系，构建地下水数值模型，提出复涌方案，因此，建议开展以下工作：

（1）分析白浮泉地区补径排规律及调蓄库容。构建地下水水位及水质监测井，查明白浮泉地区第四系地下水与岩溶水的水位历史变化，根据地下水流场及水文地质条件，分析白浮泉地区补径排规律。根据白浮泉地区第四系地下水和岩溶水的现状流场、历史地下水流场、地层岩性结构和水文地质参数，准确确定第四系地下水库和岩溶地下水库的现状调蓄库容。

（2）查明白浮泉断流原因。断流的可能原因包括区域地下水位下降、上游十三陵水库的修建及防渗处理等。十三陵水库建成后，泉水的流量受到一定影响；在随后的几次防渗工程后，水流逐渐变小，特别是帷幕灌浆防渗后，止漏效果较好，随后几年内白浮泉干涸，是否存在相关性有待进一步详细研究。

（3）开展白浮泉地区岩溶水与第四系地下水补给能力及补给关系研究。在白浮泉上游东沙河开展河水入渗试验，分析河道的入渗能力，利用同位素示踪技术分析回补后地下水的流向。同时开展详细的地质勘查与物探工作，查明白浮泉岩溶水与第四系地下水的补给关系。

（4）提出恢复泉流的合理措施。构建白浮泉地区岩溶水与第四系地下水渗流模型，制定回补及减采措施，分析白浮泉岩溶水与第四系地下水的水位变化情况，提出白浮泉恢复时间以及南水北调水源、本地水源等配置方案，提出自备井处置原则及方案。

（5）通过前述研究分析，制定地下水关停及减采等方案，提出地下水水井管理措施。根据已分析的地下水补给条件，制定补给水源及补给路径方案，增加地下水补给。制定节水相关措施，合理配置生活、工业、农业用水，培养居民节约用水习惯，杜绝工业生产中对水资源的浪费和污染，在农业生产中通过喷灌、滴灌等灌溉手段减少水资源流失。加强对雨洪水及再生水的利用，以增加下渗补给量，减少对地下水资源的开采。

参　考　文　献

［1］ 汪恕诚．关于解决中国四大水问题的对策［J］.当代生态农业，2005（z2）：53-56.

［2］ 徐庆勇．生态文明视角下地下水保护的新思维［J］.北京水务，2016（6）：1-5.

［3］ 张景华，范久达，许海．北京地下水源地可持续开发利用对策研究［J］.城市地质，2016，11（1）：99-104.

［4］ 王新娟，张院，孙颖，等．人类活动对北京平原区地下水的影响［J］.人民黄河，2017，39（2）：77-81.

［5］ 李冉．北京市地下水资源开采与回补分析——潮白河为主线［J］.城市建设理论研究（电子版），2017（5）：22-23.

［6］ 王丽亚，郭海朋．连续干旱对北京平原区地下水的影响［J］.水文地质工程地质，2015，42（1）：1-6.

［7］ 关卓今，马志杰，黄丽华，等．北京地下水变化趋势模型及水资源利用平衡分析［J］.中国水利，2016（3）：29-31.

［8］ 沈宥宁．北京近15年地下水位下降与地面沉降关系及南水北调初效［J］.科技展望，2016，26（25）：96.

［9］ 北京市水利局．水资源公报［R］.1985—2016.

［10］ 刘立才，王可，郑凡东，等．南水北调水源在密怀顺水源区回补地下水的能力分析［J］.北京水务，2015（03）：9-12.

［11］ 北京市科委．北京市西郊地区地下水战略储备关键技术研究与示范［R］.2014—2017.

［12］ 谷健芬，杨勇，刘立才．玉泉形成与断流原因及恢复措施分析［J］.北京水务，2018.

［13］ 杨庆，姜媛，林健，等．南水北调水回灌对地下水环境的影响研究［J］.城市地质，2017，12（4）：30-34.

［14］ 张景华，李世君，李阳，等．北京地下水库建库条件及可利用库容初步分析［J］.城市地质，2017，12（1）：70-76.

北运河典型河段水质变化特征与污染来源分析

张家铭[1,2]　李炳华[1]

（1. 北京市水科学技术研究院　北京　100048；2. 中国地质大学（北京）　北京　100083）

【摘　要】 本文系统分析了北运河典型河段水质数据，查明其水质现状与多年变化特征，并初步探明污染来源。结果表明，地下水中主要超标指标有溶解性总固体、总硬度、COD_{Mn}、$NH_3 - N$ 和亚硝酸盐，地表水中主要超标指标有 COD_{Mn} 和 $NH_3 - N$。特征指标的含量离河流距离越远而越低，与河流的相关性越低。流域内主要污染源为畜禽养殖、生活污染及农业种植等。

【关键词】 北运河　地下水　水质变化

北运河水系是北京市人口最密集、产业最集中、城市化水平最高的流域[1]。随着城市经济的迅猛发展，流域内人口活动程度的加剧，家禽养殖业与农业等规模的不断扩大，流域内的用水量和排水量不断增加，导致北运河河道水体污染加剧与水生态系统逐步退化[2]。故本文将对北运河典型河段水质的变化特征进行分析，为北运河水系整治、地下水污染治理等提供科学的技术依据和参考。

1　监测断面与水质数据

1.1　监测断面基本情况

北运河水系是唯一一支发源于北京境内的水系，其在北京境内共有干流和一级支流14 条，总长 290km。北运河水系作为北京最重要的排水河道，承担着中心城区 90％的排水任务。本文选取温榆河土沟段、北运河杨堤段与和合站段作为典型污染河段。为监测典型河段地下水水质的变化，利用北京市水文地质工程地质大队和北京市水科学技术研究院在温榆河段的土沟、北运河段的杨堤、和合站 3 个河流断面建设的地下水监测井开展研究。

1.2　监测井的基本情况

温榆河土沟段共有 16 眼监测井，其中原有监测井 4 眼，编号为 WR - 250～WR - 253，井深均为 35m；后补充 12 眼井位于原有监测井东北的温榆河西岸，构成随河流由近至远的不同深度的监测断面。其近河段表现为黏砂与细砂互层，其中厚度 0～10m、

资助项目：

水专项：典型回补区地下水污染防控关键技术研究与工程示范（2018ZX07107 - 004）；国家自然科学基金：中国北方再生水修复河道的水文变化及其生态效应（41730749）。

15～25m、25～30m、35～40m、65～75m 为黏砂层，其他均为细砂层。而远河段第四系岩性与近河段相比则显得较为单一，15m 以上为细砂层，15～25m 为黏砂层，以下为细砂层。

北运河杨堤段共有监测井 11 眼，编号 WR-288～WR-292、Tzh-1～Tzh-6，井深均为 20m，均分布在河道西岸。该段第四系上层为厚 15m 左右的黏砂层，往下为 10m 左右的细砂含水层，含水层继续往下是黏砂。

北运河和合站段共有 12 眼监测井，其中原有监测井 5 眼，编号 WR-293～WR-297，井深 20m。新建 7 眼井位于原有监测井以西的北运河东岸河漫滩上，沿着平行河岸的方向分 3 排分布，第 1 排 H1 从南向北井深依次为 30m、40m 和 70m，第 2 排 H2 和第 3 排 H3 南边井深 30m，北边井深 40m。该段第四系埋深 35m 左右为细砂含水层，近河段 35～55m 为黏砂层，以下为细砂含水层夹薄层黏砂。

1.3　水质数据来源

本研究所用数据来源于 2016 年典型河段监测井的水质监测数据及北京市水文队"北京平原区地下水环境监测网运行"项目成果，重点对地表与地下水体中溶解性总固体、总硬度、COD_{Mn}、NH_3-N 与亚硝酸盐等主要污染指标进行分析。水样采集与检测方法遵循相关技术规范[3-4]。其中，溶解性总固体采用 105℃干燥重量法，总硬度采用 EDTA 容量法，COD_{Mn} 采用酸性高锰酸盐法，NH_3-N 与亚硝酸盐采用纳氏分光光度法。

2　结果与讨论

2.1　典型河段地下水水质现状分析

由"北京平原区地下水环境监测网运行"项目成果可知，土沟、杨堤及和合站 3 个典型河段的地下水均有无机指标超标现象。地下水中主要超标的指标有溶解性总固体、总硬度、COD_{Mn}、NH_3-N 和亚硝酸盐 5 项，5 项指标超标率均在 25% 以上。

根据《地下水质量标准》(GB/T 14848—2017) 中Ⅲ类水标准[5]，典型河段地下水中主要超标指标含量及浓度限值见表 1。其中，溶解性总固体指标在 39 个监测井中有 12 口井超标，超标率 30.8%。和合站段 10 眼监测井、土沟段 1 眼监测井以及杨堤段 1 眼监测井中检测出超标，为Ⅳ类。COD_{Mn} 有 16 口井超标，超标率 41%，主要超标监测井分布在杨堤段。总硬度只在和合站段有 10 眼监测井超标，为Ⅳ类。NH_3-N 在 3 个河段中均有超标，共有 26 口井超标，超标率 66.7%。土沟段有 4 眼井超标，为Ⅴ类水；杨堤段 11 眼井全部超标，为Ⅴ类；和合站段 12 眼井中 11 眼全部超标，均为Ⅴ类。亚硝酸盐也在 3 个河段均检测出超标，共有 14 口井超标，超标率 35.9%。土沟段有 5 眼井超标，2 眼井为Ⅳ类，其他 3 眼为Ⅴ类；杨堤段有 10 眼井超标，其中 4 眼井为Ⅳ类，其余为Ⅴ类；和合站段有 11 眼井超标，5 眼为Ⅴ类，另 6 眼为Ⅳ类。从各河段的指标浓度均值来看，总溶解性固体与总硬度浓度呈现沿程上升的趋势，说明北运河下游受污染程度要高于上游；COD_{Mn}、NH_3-N 和亚硝酸盐指标的最大均值浓度位于杨堤段，该段河岸两侧分布着榆林庄村、长凌营村与杨堤村的大片农业用地，潞县镇中心也紧邻杨堤段河流的西岸。研究表明，这 3 种指标主要反映了由生活污染以及农业污染引起的耗氧有机物、营养盐等污染[6]，说明杨堤段河道周边密集人口的生活与农业生产活动对该地区的地下水水质造成了一定影响。

表1　　　　　　　　　　　　典型河段监测井主要超标指标含量　　　　　　　　单位：mg/L

断面	编号	溶解性总固体	COD$_{Mn}$	总硬度	NH$_3$-N	亚硝酸盐
Ⅲ类限值		1000.0	3.0	450.0	0.5	1.0
土沟段	WR-250	610.0	1.0	268.0	<0.02	<0.001
	WR-251	869.0	2.7	408.0	**1.0**	0.3
	WR-252	714.0	1.7	335.0	0.2	0.1
	WR-253	557.0	1.1	222.0	<0.02	0.004
	T1-10	695.0	**7.0**	268.0	**9.5**	**13.2**
	T1-20	676.0	1.1	310.0	<0.02	0.002
	T1-60	474.0	0.6	173.0	<0.02	<0.001
	T1-80	657.0	1.8	287.0	0.04	0.004
	T2-10	**1070.0**	**11.8**	400.0	**30.4**	**21.9**
	T2-20	474.0	0.7	178.0	<0.02	0.006
	T2-60	466.0	0.7	346.0	<0.02	<0.001
	T3-10	988.0	**7.5**	182.0	**30.2**	**13.5**
	T3-20	674.0	1.6	290.0	0.1	0.013
	T3-60	462.0	0.7	182.0	0.02	<0.001
	T4-60	498.0	1.1	193.0	0.1	0.003
	T5-10	734.0	1.7	330.0	0.1	0.004
	均值	663.6	2.7	273.3	**7.2**	**4.1**
杨堤段	WR-288	827.0	**5.5**	323.0	**11.2**	**5.7**
	WR-289	781.0	**3.3**	273.0	**11.4**	0.048
	WR-290	864.0	**3.8**	327.0	**11.3**	**2.8**
	WR-291	848.0	2.4	349.0	**5.0**	0.1
	WR-292	896.0	1.5	385.0	**0.5**	0.038
	Tzh-1	824.0	**4.5**	308.0	**11.0**	**3.9**
	Tzh-2	1010.0	**3.3**	372.0	**11.0**	0.9
	Tzh-3	816.0	**5.3**	325.0	**8.3**	**10.6**
	Tzh-4	812.0	**4.6**	302.0	**11.1**	**5.6**
	Tzh-5	715.0	**3.4**	223.0	**11.3**	0.007
	Tzh-6	882.0	**3.4**	319.0	**11.0**	**1.8**
	均值	843.2	**3.7**	318.7	**9.4**	**2.9**

断面	编号	溶解性总固体	COD$_{Mn}$	总硬度	NH$_3$-N	亚硝酸盐
和合站段	WR-293	**1160.0**	2.8	**599.0**	**4.0**	0.1
	WR-294	**1190.0**	**3.2**	**596.0**	**3.8**	0.1
	WR-295	**1180.0**	2.4	**614.0**	**3.7**	0.2
	WR-296	**1120.0**	2.2	**580.0**	**2.7**	0.1
	WR-297	**1170.0**	2.5	**586.0**	**1.9**	0.0
	H1-30	**1020.0**	**3.8**	**454.0**	**14.0**	1.7
	H1-40	**1080.0**	2.9	**536.0**	**0.6**	1.2
	H1-70	477.0	1.9	113.0	0.1	**2.2**
	H2-30	937.0	**3.3**	428.0	**6.2**	**4.0**
	H2-40	**1090.0**	**3.1**	**548.0**	**2.4**	0.9
	H3-30	**1150.0**	2.5	**561.0**	**2.2**	0.2
	H3-40	**1140.0**	2.5	**594.0**	**0.6**	1.4
	均值	**1059.5**	2.8	**517.4**	**3.5**	1.0

注：表中加粗的数据表示其超标。

2.2 典型河段地表水水质现状分析

由"北京平原区地下水环境监测网运行"项目成果可知，土沟、杨堤及和合站 3 个典型河段的地表水中主要超标的指标有 COD$_{Mn}$ 和 NH$_3$-N，超标率均在 30% 以上。典型河段河水水质评价则参照《地表水环境质量标准》（GB 3838—2002）[7] 进行，典型河段河水中主要超标指标含量见表 2。COD$_{Mn}$ 与 NH$_3$-N 指标在 3 个河水水样中都超标，其中 COD$_{Mn}$ 杨堤段水质类别都 V 类，和合站段为 IV 类；NH$_3$-N 土沟和杨堤段为 V 类，和合站段为 IV 类，与地下水基本一致。即地下水与河水有 2 项共同主要无机超标指标，即 NH$_3$-N 和 COD$_{Mn}$。水质综合质量评价结果表明，3 个河水水样均为 V 类，与地下水综合质量评价结果一致，说明典型河段地表水与地下水水质间具有一定联系。

表 2 典型河段河水主要超标指标含量 单位：mg/L

断 面	编 号	高锰酸盐指数	氨 氮
		6（III类限值）	1（III类限值）
土沟段	DB9	1.17	**5.26**
杨堤段	DB4	**24**	**19.2**
和合站段	DB3	**7.99**	**12.8**

注：表中加粗的数据表示其超标。

2.3 典型河段水质历史变化分析

为进一步分析典型河段在时间尺度上的水质变化特征，以 2016 年监测水质数据作为现状，并与 2009 年至今的水质数据进行对比，分析近几年来典型河段地下水质的变化，并利用特征指标分析污染物影响距离以及影响深度，特征指标按照各个河段多年监测数据进行选取。土沟段选取氯离子作为特征指标，杨堤段与和合站段选取氨氮作为特征指标。

温榆河土沟段河水与地下水监测井中氯离子的多期含量变化如图1所示。由图1可知，该段河水中氯离子的浓度变幅较大，自2015年以前地表水中氯离子浓度要低于地下水，说明2015年以前该地区地下水的污染源不仅有地表水。从时间尺度来看，WR-250和WR-251的氯化物含量随时间呈现下降趋势，说明该地区地下水污染情况逐渐好转，这与北京市2013年《北京市加快污水处理和再生水利用设施建设三年行动方案》的有力落实有密切的关系。WR-254监测井于2014年被填埋，填埋之前河水对WR-254的影响非常小，因此结合多年监测水位数据可判断出该段河水的最远影响范围在WR-254附近，即影响距离为145～152m。

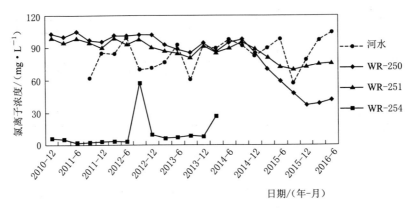

图1　温榆河土沟段河流监测井氯离子多期含量变化图

北运河杨堤段河水与地下水监测井中NH_3-N多期含量变化如图2所示。由图2可知，WR-291地下水中NH_3-N含量与河水基本保持一致的变化趋势，但两者浓度差值较大，说明该井虽受该段地表水影响，但影响效果有限。从时间尺度来看，该段地下水水质改善程度较低。自2015年以来，Tzh-1与Tzh-2的NH_3-N变化与河水基本一致，此现象归因于两井与河道距离较近。WR-292的NH_3-N含量随时间变化的幅度很小，基本不受河水影响。由此可见，本段河水最大影响范围在WR-291与WR-292之间，即影响距离小于90m。

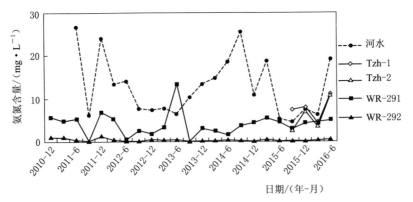

图2　杨堤段河流监测井氨氮多期含量变化图

北运河和合站段河水与地下水监测井中 NH_3-N 多期含量变化如图 3 所示。由图 3 可知，河水与监测井中 NH_3-N 浓度由高到低的排序为河水、H1-30、H2-30、WR-294 与 WR-296，说明该段地下水中 NH_3-N 含量随着离河流距离越远含量越低。从图中可以看出，各监测井中 NH_3-N 指标变化与河水的变化频率和趋势相似，其中 H1-30 与 H2-30 的变化最为相似，而 WR-294 与 WR-296 由于与河道距离较远，故与河水的相关性较差。从时间尺度来看，该段地下水水质改善程度较低。特征指标的变化趋势表明本河段河水对地下水有一定程度的影响，且影响距离介于 H3-30 与 WR-293 之间，即 113～142m。

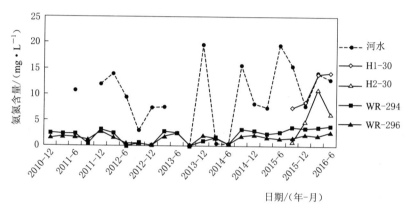

图 3 北运河和合站段河流监测井氨氮多期含量变化图

根据北运河流域污染源调查结果[8]，农业源是流域内贡献率最大的污染源，以畜禽养殖废水污染最为突出，其中 NH_3-N 占 79.8％；其次是生活源，NH_3-N 占 17.7％。据测算，北运河流域（北京段）每年畜禽养殖 NH_3-N 排放总量为 1365t[9]，严重影响流域内地表水与地下水的水质状况。这主要是由于大部分养殖场污水处理设施不能正常运行，产生的养殖废水与畜禽粪尿使环境难以消纳。此外农业上对土壤施用农药、化肥引起的面源污染等也会对流域内的水体造成污染[10]。因此，建议进一步加大对流域范围内的畜禽养殖业、农业及居民生活等环境的治理力度。

3 结语

（1）北运河典型河段（土沟、杨堤及和合站）的地下水与地表水均有无机指标超标现象。其中，地下水中主要超标的指标有溶解性总固体、总硬度、COD_{Mn}、NH_3-N 和亚硝酸盐 5 项，5 项指标超标率均在 25％以上；地表水中主要超标的指标有 COD_{Mn} 和 NH_3-N，超标率均在 30％以上。

（2）北运河典型河段多年水质变化结果表明，离河流距离越远，各监测井中特征指标的含量越低，与河流的相关性越低。此外，土沟段地下水水质呈现逐年好转的趋势，而杨堤与和合站段地下水水质改善不大。

（3）北运河流域内主要的污染来源为畜禽养殖、生活污染、农业种植及农田退水等。建议对流域范围内的主要污染源进行有效控制，提升流域内环境治理的力度。

参 考 文 献

[1] 孙迪. 推进北运河综合治理 构建优美宜居水环境 [J]. 北京水务，2010 (4)：18-19.

[2] 张涛，李其军，梁藉，等. 基于多元统计分析的北运河通州段水质研究 [J]. 北京水务，2012 (6)：19-23.

[3] 国家环境保护总局. 水和废水监测分析方法（第四版）[M]. 北京：中国环境科学出版社，2002.

[4] 环境保护部. HJ 493—2009 水质采样样品的保存和管理技术规定 [S]. 北京：中国环境科学出版社，2009.

[5] 中华人民共和国国家质量监督检验检疫总局，中国国家标准化管理委员会. GB/T 14848—2017 地下水质量标准 [S]. 北京：中国标准出版社，2017.

[6] 徐庆勇，陈忠荣，杨巧凤，等. 北京北运河流域平原区地下水水质空间分布特征 [J]. 水资源与水工程学报，2017，28 (3)：61-65.

[7] 国家环境保护总局，国家质量监督检验检疫总局. GB 3838—2002 地表水环境质量标准 [S]. 北京：中国环境科学出版社，2009.

[8] 北京市环保局北运河流域污染状况调研组. 北京市北运河流域污染状况调研报告 [R]. 北京市环境保护局，2008.53-56.

[9] 刘桂中，孙长虹，李欣欣，等. 北运河流域（北京段）畜禽养殖污染现状及防治对策研究 [J]. 环境科学与管理，2015，40 (9)：94-97.

[10] 荆红卫，张志刚，郭婧. 北京北运河水系水质污染特征及污染来源分析 [J]. 中国环境科学，2013，33 (2)：319-327.

北京市凉水河浮游生物
现状调查及多样性分析

李兆欣　赵立新　王培京

（北京市水科学技术研究院　北京　100048）

【摘　要】　对凉水河浮游植物和浮游动物的群落构成进行了调查分析，并结合香农威纳指数分析了浮游生物的多样性情况。研究结果表明，大红门闸以上河段，浮游植物以硅藻为主，下游蓝藻和绿藻种类数量占比升高，张家湾闸和觚庄桥的浮游植物平均密度超过 3×10^6 个/L；浮游动物密度整体上处于较低水平，生物多样性指数相对较高，且沿程变化较小。

【关键词】　凉水河　浮游植物　浮游动物　香农威纳指数　生物多样性

1　引言

凉水河是北京中心城南部地区的重要防洪排水通道，发源于石景山区首钢退水渠，流经海淀、西城、丰台、大兴、朝阳、通州等 6 个区，在通州区榆林庄闸上游汇入北运河，全长约 68.41km，凉水河水系总流域面积 629.7km²。玉泉路石槽桥以上称人民渠，石槽桥至莲花池暗涵出口称新开渠，莲花池暗涵出口至万泉寺坝称莲花河，万泉寺坝以下称凉水河。

多年来，河道管理部门采取多种治理措施，凉水河水质已逐渐好转。通过逐年开展的生态修复工作，凉水河已逐步构建了生态河道的雏形。当水质达标后，水生态环境的进一步改善将逐渐受到重视。浮游植物是水生态系统中的初级生产者，其细胞密度和种群结构的变化能够较好反映水质状况和营养水平；浮游动物是滤食性鱼类的饵料，能够对水体的物质循环、能量流动等起关键作用。浮游植物和浮游动物均是水生态系统的重要组成部分，密度和香农威纳指数等数值的变化，能够较直观地反映出水生态系统的状态[1-3]。因此，为了获取凉水河的水生态基础数据资料，并为其生物多样性的保护与提升提供参考，2017 年开展了凉水河浮游生物现状调研，同时，对其生物多样性情况进行了分析。

2　材料与方法

2.1　采样点设置

2017 年 6 月、8 月、10 月和 11 月，对凉水河进行了浮游生物的样品采集，采样点位信息见表 1，凉水河沿程共布置采样点 13 个，编号为 S1～S13。

编　号	点 位 名 称	经 纬 度 坐 标
	凉水河浮游生物样品采样点位信息	
S1	玉泉路桥	E116°14′55.53″,N39°53′42.80″
S2	万丰路桥上	E116°17′16.36″,N39°53′43.57″
S3	水衙沟	E116°19′44.02″,N39°53′16.91″
S4	凉水河管理处	E116°20′48.08″,N39°51′37.60″
S5	南三环桥上	E116°20′48.08″,N39°51′37.60″
S6	大红门闸下	E116°24′59.40″,N39°50′10.03″
S7	珊瑚桥	E116°26′15.65″,N39°49′34.02″
S8	旧宫地铁站	E116°27′20.42″,N39°48′23.27″
S9	五环路桥下	E116°27′43.21″,N39°47′48.97″
S10	马驹桥上	E116°32′26.65″,N39°45′51.27″
S11	样田桥上	E116°37′30.13″,N39°46′39.66″
S12	张家湾闸上	E116°41′39.53″,N39°50′10.18″
S13	靛庄桥下	E116°45′50.16″,N39°48′10.18″

表 1 （标题：凉水河浮游生物样品采样点位信息）

2.2　样品采集与处理

浮游植物采样方法依据《淡水浮游生物调查技术规范》（SC/T 9402—2010）[4]《湖泊富营养化调查规范》[5]进行，采集定性样品和定量样品。定性样品用 25 号浮游生物网（孔径 $64\mu m$）采集，在水面下 $0\sim0.5m$ 水层作"∞"字拖取 5min 进行采集，将取得的样品放入标本瓶中，立即加入水样量 1%体积福尔马林（含 36%甲醛）固定。定量样品用有机玻璃采水器采集，每个水样采 1000mL，立即加入水样量 1.5%体积的鲁哥氏液固定。在稳定的实验台上，静置沉淀 $24\sim36h$，用细小虹吸管（内径 3mm）吸去上层清液，最后定容到 30mL。进行种类鉴定，采用 0.1mL 计数框进行密度测定。

浮游动物采样方法同样依照 SC/T 9402—2010 和《湖泊富营养化调查规范》进行。定性样品用 13 号浮游生物网（孔径 $112\mu m$）在表层缓慢拖拽采集。原生动物、轮虫和无节幼虫定量样品可用浮游植物的定量样品，取 0.1mL 镜检计数原生动物，取 1mL 镜检计数轮虫。枝角类和桡足类取 20L 水样，经 25 号浮游生物网过滤、浓缩后倒入小瓶中，加入 4%福尔马林液固定，用于枝角类和桡足类的定量测试。

浮游植物的种类鉴定参考胡鸿钧与魏印心的《中国淡水藻类：系统、分类及生态》[6]；轮虫和原生动物的种类鉴定参考周凤霞的《淡水微型生物图谱》[7]；枝角类和桡足类的种类鉴定分别参考蒋燮治与堵南山的《中国动物志：节肢动物门 甲壳纲 淡水枝角类》[8]和沈嘉瑞的《中国动物志：节肢动物门 甲壳纲 淡水桡足类》[9]。

2.3　数据分析

浮游生物的结果多采用生物多样性指数评价，生物的多样性指数是用于表示多种生物组成的混合生物群落的种类和数量之间关系的一种指数，常应用于指示生物群落结构变化，反映生态状况。多样性指数的计算方法很多，最常用的是香农威纳（Shannon -

wiener）多样性指数。

Shannon－wiener 多样性指数公式为

$$H' = -\sum \left(\frac{n_i}{N}\right) \times \log_2 \frac{n_i}{N} \tag{1}$$

式中　n_i——第 i 种浮游生物的个体数；

　　　N——采集样品中的所有种类总个体数。

数据处理与图表绘制使用 Microsoft Excel 软件。

3　结果与讨论

3.1　浮游植物群落结构特征

浮游植物是具有叶绿素和其他光合色素，能进行光合作用的低等自养型植物，作为自然水体生态系统的初级生产者，是许多鱼类和水生动物的天然饵料，在水体物质循环中起着十分重要的作用[11]。在水质较好的河流中，浮游植物主要是硅藻为主，蓝藻、绿藻数量较少；而在水质较差的河流中，浮游植物优势种会发生变化，从硅藻变为蓝藻和绿藻[12]。

2017 年凉水河采样检测到浮游植物共 7 门，203 种，具体种类数量组成如图 1 所示，硅藻门和绿藻门的种类数占显著优势。

其中，硅藻门 99 种，占比达到 48.77%；绿藻门 65 种，占比为 32.02%；蓝藻门 18 种，占比为 8.87%；裸藻门 10 种，占比为 4.93%；甲藻门、隐藻门、金藻门分别为 5 种、4 种和 2 种，占比相对较低。

同时，比较凉水河浮游植物细胞密度组成，发现硅藻门、蓝藻门和绿藻门的细胞密度占比较高，分别占 42.61%、32.63% 和 23.82%，结果如图 2 所示。

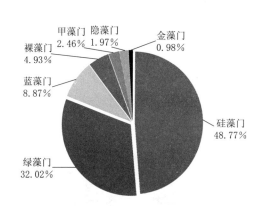

图 1　凉水河 2017 年浮游植物种类组成

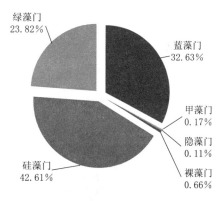

图 2　凉水河浮游植物细胞密度组成

各采样点中张家湾闸上（S12）和靛庄桥下（S13）的浮游植物平均密度相对较高。凉水河上游（大红门闸以上）浮游植物以硅藻门为主，下游（大红门闸以下）蓝藻门和绿藻门占比增加，结果如图 3 所示。

其中，南三环桥上（S5）、大红门闸下（S6）、样田桥上（S11）、张家湾闸上（S12）

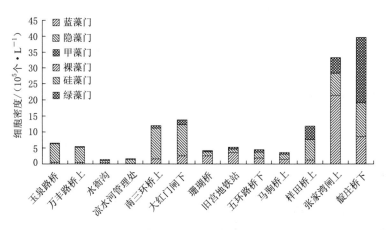

图 3　凉水河浮游植物密度分布

和靛庄桥下（S13）采样点的浮游植物平均密度超过 1×10^6 个/L，张家湾闸上（S12）和靛庄桥下（S13）采样点的浮游植物平均密度达到 3×10^6 个/L 以上。

浮游植物的过量生长容易导致水华现象的发生，因此，在日常河道水环境维护的过程中，应重点关注浮游植物密度较高的区域，防控水华现象暴发。

3.2　浮游动物群落结构特征

浮游动物是悬浮在水中的水生动物，其组成复杂，一般分为原生动物、轮虫、枝角类和桡足类四大类。浮游动物是河流生态系统食物链及生物生产力的基本环节，是处于食物链前端的消费者，以浮游植物、细菌、碎屑等为食，同时也是其他水生生物的食物，在物质循环中承上启下[11]。

2017 年在凉水河采样检测到浮游动物共计 103 种，各浮游动物种类占比如图 4 所示，轮虫和原生动物的种类数所占比例较高。

其中，轮虫 43 种，占比为 41.75%，原生动物 34 种，占比 33.01%，枝角类 15 种，占比 14.56%，桡足类 11 种，占比 10.68%。

凉水河浮游动物密度组成如图 5 所示，原生动物数量最多，占比达到 50.03%，其次为轮虫，占比为 41.13%，桡足类和枝角类分别占 7.46% 和 1.38%。

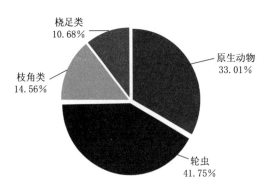

图 4　凉水河浮游动物种类组成

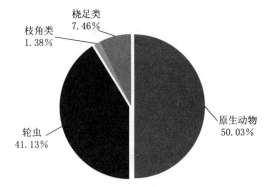

图 5　凉水河浮游动物密度组成

2017 年凉水河各采样断面的浮游动物平均密度，除张家湾闸上（S12）外，其他均低于 1000ind./L，密度相对较低，结果如图 6 所示。

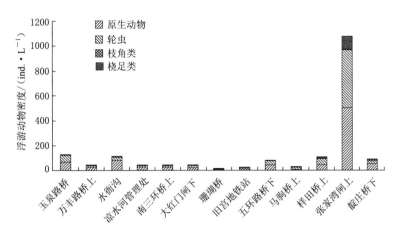

图 6　凉水河浮游动物密度分布

3.3　Shannon - wiener 多样性指数分析

凉水河浮游生物 Shannon - wiener 多样性指数如图 7 所示。一般来说，生物的多样性指数大，则表明水质较好。不同生物种类对水体水质状态的敏感度不同，在水体受到污染时，少数种类的种群数量增加，在严重污染状况下，浮游生物的种类和数量都降低，仅存在一些比较耐污的种类[12]。

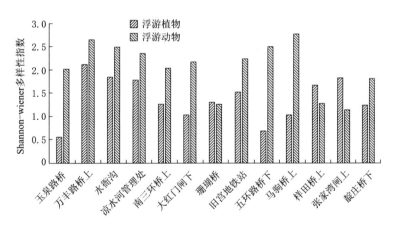

图 7　凉水河浮游生物 Shannon - wiener 多样性指数

其中，浮游植物的 Shannon - wiener 多样性指数在玉泉路桥（S1）和五环路桥下（S9）低于 1，分析其原因可能是 S1 采样点水质虽然较好，能够维持在地表水 IV 类，但其河道内沉水植物等较少，生境较单一，致使浮游植物的多样性指数较低；S9 采样点水质相对较差，一定程度上影响了浮游植物的生物多样性。

浮游动物的 Shannon - wiener 多样性指数基本能够维持在 1 以上，虽然浮游动物的平均密度相对较低，但其生物多样性较为稳定，且相对较高，一定程度上说明了凉水河水质处于较好状态。

4 结语

通过 2017 年凉水河浮游生物的取样调查，共检测到浮游植物共 7 门、203 种，凉水河上游浮游植物以硅藻门为主，下游蓝藻门和绿藻门占比增加，与凉水河水质情况相对应，上游水质维持在较好状态，下游存在水质变差趋势。其中，南三环桥上（S5）、大红门闸下（S6）、样田桥上（S11）、张家湾闸上（S12）和靛庄桥下（S13）采样点的浮游植物平均密度超过 1×10^6 个/L，应将这些区域作为重点，着重开展水华防控工作。

2017 年在凉水河采样检测到浮游动物共计 103 种，除张家湾闸下（S12）采样点外，浮游动物的平均密度相对较低。浮游动物的 Shannon - wiener 多样性指数基本能够维持在 1 以上，其生物多样性较为稳定，且相对较高，一定程度上说明了凉水河水质整体上处于较好状态。

参 考 文 献

[1] 王松，陈红，刘清，等 . 汉城湖浮游动物群落结构特征及与水质关系 [J]. 生态科学，2018，37（2）：114 - 123.

[2] 王汨，杨柏贺，马思琦，等 . 北运河水系春季浮游动物群落与环境因子的关系 [J]. 河南师范大学学报（自然科学版），2018，46（5）：92 - 96.

[3] 王启军，姜维，赵虎，等 . 易贡藏布江浮游生物调查及多样性分析 [J]. 基因组学与应用生物学，2015，34（11）：2408 - 2414.

[4] SC/T 9402—2010 淡水浮游生物调查技术规范 [S]. 北京：中国农业出版社，2011.

[5] 刘鸿亮 . 湖泊富营养化调查规范 [M]. 北京：中国环境科学出版社，1987.

[6] 胡鸿钧，魏印心 . 中国淡水藻类：系统、分类及生态 [M]. 北京：科学出版社，2006.

[7] 周凤霞 . 淡水微型生物图谱 [M]. 北京：化学工业出版社，2005.

[8] 蒋燮治，堵南山 . 中国动物志：节肢动物门 甲壳纲 淡水枝角类 [M]. 北京：科学出版社，1979.

[9] 沈嘉瑞 . 中国动物志：节肢动物门 甲纲壳 淡水桡足类 [M]. 北京：科学出版社，1979.

[10] 罗宜富，李磊，李秋华，等 . 阿哈水库叶绿素 a 时空分布特征及其与藻类、环境因子的关系 [J]. 环境科学，2017，38（10）：4151 - 4159.

[11] 包洪福 . 南水北调中线工程对丹江口库区生物多样性的影响分析 [D]. 哈尔滨：东北林业大学，2013.

[12] 高彩凤 . 北运河水系水生态调查及水质评价 [D]. 新乡：河南师范大学，2012.

南水北调来水前后密云水库库滨带
植被变化特征分析

胡晓静[1]　张耀方[1]　吴敬东[1]　程金花[2]

（1. 北京市水科学技术研究院　北京　100048；2. 北京林业大学　北京　100083）

【摘　要】　南水北调来水进入密云水库后，库滨植被受库区水位变化及人工干预等因素影响将发生改变。通过遥感与野外实地调查相结合的方法，对密云水库库滨带开展植被分布、种类变化及群落演替规律的分析评价，明晰来水前后植被变化特征及影响因素。由调查分析可知，受南水北调来水影响，研究区林地面积增加，草地面积减少，植物种类增加，群落结构及演替规律发生了较大变化。本研究可为科学开展南水北调来水对库区的生态影响评价、水库调度运行及流域水源保护提供重要参考。

【关键词】　南水北调　密云水库　库滨带　植被变化

　　密云水库是北京重要的地表水源地，南水北调来水后，库区水位将从 2015 年的 134.00m 逐渐升至 2020 年的 148.00m，受来水及水源保护人工干预影响，密云水库库滨带植被将发生系列变化，并对库区水质及生态环境产生影响：一方面，新增水位变幅区植被受水淹、微生物分解等作用，可能造成库区水质污染风险；另一方面，水位变幅区以上范围库滨带建设通过影响水土流失、植被对元素吸附-释放作用等来减少面源污染。鉴于现阶段植被对库区水质影响的正负效应尚不明晰，加之来水前后植被调查研究具有不可逆性，因此对来水前后密云水库库区植被变化开展探索研究，评价植被对减少污染物进入库区的贡献，提出污染防控技术，有效解决南水北调工程来水后对北京密云水库水源地水质安全及生态环境造成的不利影响，具有十分重要的现实作用和长远的战略意义。

1　研究区概况

　　研究区密云水库位于京郊密云城北山区（北纬 $40°14'\sim41°05'$ 和东经 $116°07'\sim117°30'$），距离密云城区 13km，横跨潮河、白河主河道上，是潮白河水系上最大的水库。气候属于暖温带季风型大陆性半干旱气候，降水年际间变化较大、年内分配不均，多年平均年降水量为 632.5mm（1963—2009 年），最大年降水量为 1104mm（1969 年），最小年降水量为 350mm（1980 年）。多年平均年水面蒸发量为 1037mm，年平均气温 10.9℃，极端最高气

资助项目：

北京市科技计划：密云水库新增淹没区环境变化与调控技术研究与示范（D151100005915001）；北京市水土保持工程技术研究中心和北京林业大学的开放课题；北京市科技计划：北京市水土保持遥感技术应用研究与示范（Z161100001116102）。

温 40℃，极端最低气温－22.6℃，多年平均相对湿度 57％，地表冻土层一般为 1.0～1.2m，年日照总时数为 2804.8h，无霜期山区为 120～160 天。

南水北调来水前密云水库水位在 134.00～138.00m 之间，年际变化差异不大。2016 年南水北调来水 1.38 亿 m³，库区水位由 135.80m 上升至 141.40m，2017 年南水北调来水 3.82 亿 m³，库区水位由 141.40m 上升至 145.00m。未来随着南水北调水调入，库区水位将逐渐升至 148.00m。来水前海拔 148.00m 以下群落植被分布以荒草地为主，海拔 148.00～155.00m 之间主要为荒草地和灌草丛群落，海拔 155.00m 以上区域主要以落叶灌木和乔木为主。来水后海拔 148.00m 以下为水位变幅区，部分植被被水淹，海拔 148.00～155.00m 之间库北及库东多为新建人工林地，主要为乔灌草块状混交模式，海拔 155.00m 以上区域仍以落叶灌木和乔木为主。

2 研究方法

采用遥感调查和野外现场调查结合的方式，遥感调查数据用于分析植被面积、乔灌草分布的变化，现场调查数据用于详细分析植被物种、群落等的变化。

2.1 遥感调查

植被遥感调查采用 GF－1 卫星多光谱数据，卫星数据空间分辨率为 10m；采用无人机机载多光谱传感器获取研究区内敏感区域下垫面数据，数据空间分辨率为 1m；为了保证数据质量与精度，采用地面线路测量，获取点尺度下垫面数据。

2.2 野外现场调查

2.2.1 样点布设

来水前，在库区西部、南部地区主要采取典型地段取样布点，调查方法采取点四分法为主，辅助以标准样地调查法。库区东北及北部区域，采用设立样线并进行机械布点的方法。本次调查样点/样地布设情况为：在植被分布过渡比较连续的地段，如北部的弃耕地，东部清水河、潮河入库口及西部的白河河流入库口，分别进行样线调查；在南部、西北部、西南部、东南部以及水库中央地段，由于坡度陡，同时成窄小环水体带状分布，采用典型取样方法设立临时样方进行调查。本次调查共设立调查样线 8 条，调查样点 106 个；临时标准地 20 处；点四分法样线 16 条，调查样点 64 个；共设置大小乔木样方 20 处，草本样方 424 处，灌木样方 50 处。来水后也延续来水前的调查，并且在库区东南部地区增设了 2 处样线。而来水后一共设立调查样线 11 条（调查样点 87 个），典型临时样地 16 处，共调查 103 个样地/样点。来水后海拔 144.00m 以下区域被来水淹没，样线较来水前距离短，样点数也相对减少，由于水域的改变，低洼地块被水隔断，典型临时样地适当增多。

2.2.2 调查方法

采用样线调查和典型样地调查（包括标准地调查法、点四分法等）相结合的方法进行。库区南部、西部山地丘陵区植被类型主要为森林区域，因地形破碎，起伏大，坡度陡，以无样方调查法为主。库区东北部及北部河滩地及弃耕地的典型土地利用区域，因地势平坦且物种分布变化比较一致，因此采用样线调查方法。

1. 样线调查法

针对物种变化比较均匀，且过度不明显的植被类型，根据分布范围设立样线。沿着样线每隔100～200m设立调查点，每个调查点设立4个1m×1m样方进行草本植物调查，2个5m×5m样方调查灌木植物。

2. 典型样地调查

（1）标准地调查法。选择植被典型地段设立标准样地，其基本规格为：乔木样方20m×20m（结合调查实际情况，部分为10m×10m）；灌木样方5m×5m（"品"字形设立）；草本样方1m×1m（在灌木样方内按对角线设置）。

（2）点四分法。在随机布点和不适合进行典型样方调查区域，设立3～5条20～50m长调查样线，每条样线间距5～10m，在样线上每隔5～10m设立一处调查样点，采用四分法，以样点为原点分成四个象限，调查每一象限离原点最近的乔木，同时在第一象限，设立5m×5m的灌木调查样方及1m×1m的草本调查样方。

2.2.3 调查内容

调查内容包括经度、纬度、海拔、地形地貌特征、总盖度、植物群落名称、乔灌草植物种类、数量（密度）、冠幅、高度、种盖度、生长状态等。

3 结果分析

3.1 植被分布面积变化特征

研究区的主要土地利用类型为林地、水域和草地，林地以有林地为主，来水前（2015年）三类面积分别占总体的32.11%、30.12%、24.51%；来水后（2017年）三类面积分别占总体的34.97%、39.04%、14.45%。林地面积由2015年的91.67km² 增至2017年的100.38km²，其变化主要体现在有林地。受来水淹没影响，草地面积由2015年的70.37km² 降低到41.47km²，减少比例达21.0%。从植被分布来看，来水前库区有林地主要分布在库西及库南，草地主要分布在库区北部的退耕地、库西及湖心岛，来水后库区北部草地变为有林地，湖心岛部分草地被来水淹没。研究区来水前后植被面积变化对比如图1所示。

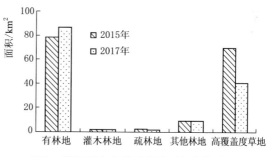

图1 研究区来水前后植被面积变化对比

3.2 植物物种变化特征

3.2.1 维管束植物种类特征

来水前，研究区共有维管束植物种53个科，139个属，196种，其中单科单属种为25种；草本物种155种；藤本植物12种；乔木物种19种；灌木10种。来水后密云水库库滨带及水位变幅区维管束植物物种共57个科，147个属，212种，其中单科单属种为25种；草本物种161种；藤本植物20种；乔木物种21种；灌木10种。

来水后41个新的植物种类出现，主要是我国华北地区广泛分布的野生种，详见表1。

另外，有24种植物消失，详见表2。这种变化主要体现在以下方面：

（1）栽培种的数量变多，来水前主要是油松、杨树、刺槐，随着对水库保护管理工作的加强，库区在原有基础上大量补植了栽培树种，主要种类由原来的11种增加至18种，尤其是洋白蜡、油松、金叶榆、丁香等树种。

（2）野生种类变多，来水后自生种类较来水前增加了41种，消失了24种，总体种类相较来水前增多8.6%，来水前植物种类集中在菊科、豆科、禾本科、蓼科、唇形科等，来水后在此基础上主要增加夹竹桃科罗布麻属、远志科远志属等单科单属种；由于库区进行了封闭式管理，人为干扰的因素大大减弱，使得库区内的植物处于自然演替状态，适应本地气候的种类逐年增多。

（3）水生植物数量变少，来水前的水生植物有问荆、犬问荆、小黑三棱、野慈姑、泽泻、狭叶香蒲、香蒲、短穗香蒲、长苞香蒲、褐穗莎草、水莎草等，来水后问荆属、莎草属、香蒲属等部分种类消失。

（4）杂草增加较多，以葎草、苘麻、蒿属、藜属、刺儿菜为代表的杂草在库区内广泛地蔓延开来，主要生长在水库到管理区的中部地带，来水前葎草、苘麻、蒿属、藜属植物已经初具规模，在库区内已经呈现由稀有种到共有种再到单一优势种的变化，来水后原有的单一优势种的单层群落进一步加剧，菟丝子、豚草、独行菜、打碗花、灰绿藜、蓟都在以点到面的扩散速度蔓延，这对人工栽植树种的生存也是一种威胁。

表1　　　　　　　　　　　　　　来 水 后 增 加 的 种 类

序　号	中 文 名	科	属	生 活 型
1	核桃	胡桃科	胡桃属	乔木
2	洋白蜡	豆科	白蜡属	乔木
3	金枝国槐		国槐属	乔木
4	紫穗槐		紫穗槐属	灌木
5	大麻	桑科	大麻属	草本
6	卷柏	卷柏科	卷柏属	草本
7	荔枝草	唇形科	鼠尾草属	草本
8	臭草	禾本科	臭草属	草本
9	纤毛鹅观草		鹅观草属	草本
10	䶄草		䶄草属	草本
11	柳枝稷		黍属	草本
12	大花蒺藜	蒺藜科	蒺藜属	草本
13	野西瓜苗	锦葵科	木槿属	草本
14	蓟	菊科	蓟属	草本
15	翅果菊		翅果菊属	草本
16	大丁草		大丁草属	草本
17	豚草		豚草属	草本
18	三脉紫菀		紫菀属	草本

序　号	中　文　名	科	属	生　活　型
19	灰绿藜	藜科	藜属	草本
20	翻白委陵菜	蔷薇科	委陵菜属	草本
21	刺茄	茄科	茄属	草本
22	风花菜	十字花科	蔊菜属	草本
23	独行菜		独行菜属	草本
24	香花芥		香花芥属	草本
25	菟丝子	旋花科	菟丝子属	藤本
26	番薯		番薯属	藤本
27	打碗花		打碗花属	藤本
28	饭包草	鸭跖草科	饭包草属	草本
29	大花剪秋罗	石竹科	剪秋罗属	草本
30	石竹		石竹属	草本
31	罗布麻	夹竹桃科	罗布麻属	草本
32	远志	远志科	远志属	草本
33	附地菜	紫草科	附地菜属	草本
34	鹤虱		鹤虱属	草本
35	萱草	百合科	萱草属	草本
36	马蔺	鸢尾科	鸢尾属	草本
37	刺苞南蛇藤	卫矛科	南蛇藤属	藤本
38	穗状狐尾藻	小二仙草科	狐尾藻属	草本
39	菱	菱科	菱属	草本
40	槐叶萍	槐叶萍科	槐叶萍属	草本
41	满江红	满江红科	满江红属	草本

表 2　　　　　　　　　来水后消失的种类

序　号	中　文　名	科	属	生　活　型
1	野苜蓿	豆科	苜蓿属	草本
2	葛藤		葛属	草本
3	红车轴草		车轴草属	草本
4	白车轴草			草本
5	柽柳	柽柳科	柽柳属	灌木
6	大叶小檗	小檗科	小檗属	灌木
7	海乳草	报春花科	海乳草属	草本
8	黄芩	唇形科	黄芩属	草本
9	香青兰		青兰属	草本
10	木槿	锦葵科	木槿属	草本

序　号	中　文　名	科	属	生　活　型
11	紫菀	菊科	紫菀属	草本
12	杠柳	萝藦科	杠柳属	藤本
13	唐松草	毛茛科	唐松草属	草本
14	穿山龙	薯蓣科	薯蓣属	藤本
15	白芷	伞形科	当归属	草本
16	短毛独活		独活属	草本
17	问荆	木贼科	木贼属	草本
18	犬问荆	木贼科	问荆属	草本
19	旋鳞莎草	莎草科	莎草属	草本
20	褐穗莎草			草本
21	狭叶香蒲	香蒲科	香蒲属	草本
22	长苞香蒲			草本
23	绶草	兰科	绶草属	草本
24	酢浆草	酢浆草科	酢浆草属	草本

3.2.2 植物区系特征

去除作物和栽培种，来水前研究区内植物种类用于区系分析的植物共有52科，137属，195种，占北京地区湿地高等植物总科数的48.1%，总属数的44.1%，总种数的35.3%。来水后用于区系分析的植物共有55科、141属、204种，占北京地区湿地高等植物总科数的50.9%，总属数的45.3%，总种数的37.3%。来水后总的种类保持小幅提升，栽培植物的数量大幅度增加。

按照吴征镒（1991）中国种子植物植物属的分布类型[2]，全世界维管植物划归为15种分布区类型和11种分布区变型，对研究区内植被属的区系成分进行统计分析，结果见表3。

表3　　　　　　　　　研究区维管植物属的分布区类型统计表

序　号	种子植物属分布区类型	来　水　前		来　水　后	
		属　数	比例/%	属　数	比例/%
1	世界分布	42	30.66	44	31.21
2	泛热带分布	20	14.60	18	12.77
3	热带亚洲和热带美洲间断分布	1	0.73	1	0.71
4	旧世界热带	4	2.92	4	2.84
5	热带亚洲至热带大洋洲	1	0.73	0	0.00
6	热带亚洲至热带非洲	2	1.46	1	0.71
7	热带亚洲	4	2.92	4	2.84
8	北温带	26	18.98	27	19.15

序　号	种子植物属分布区类型	来 水 前		来 水 后	
		属　数	比例/%	属　数	比例/%
9	东亚和北美洲间断	8	5.84	9	6.38
10	旧世界温带	9	6.57	10	7.09
11	温带亚洲分布	2	1.46	3	2.13
12	地中海区、西亚至中亚	0	0.00	0	0.00
13	中亚	1	0.73	2	1.42
14	东亚	6	4.38	6	4.26
15	中国特有	1	0.73	1	0.71
	总计	137	100.00	141	100.00

由表3可知，来水前研究区内植物区系特征呈现出世界分布、北温带和泛热带三类分布占较大的优势，分别为30.66%、18.98%和14.60%，体现出区域内植被区系组成具有北温带和泛热带的特征；来水后世界分布、北温带和泛热带三类分布仍占据较大优势，分别占31.21%、19.15%和12.77%，区系成分变化较小，世界分布、泛热带分布、北温带、东亚和北美洲间断、旧世界温带亚洲成分略有增加。

3.3　群落特征变化及演替规律

依照《中国植被》分类原则、依据和分类系统，适当考虑研究区主要植被类型以草本为主的实际情况，把群丛作为对群落分类的主要单位[3]。研究区群落分布变化主要体现在随着水分变化而产生的植被的物种组成、外貌特征以及内部结构特征的变化。

来水前优势群落类型24个，草本沼泽水生群落数量较多，为水位变幅区的主要优势群体。从研究区植被分布图可知，从水位变幅区到库滨带，呈现出由水生到陆生、由湿生到中生的特征，群落的建群种和优势种都体现出由湿生到陆生中生的特点，从水体到陆地植被变化具体体现为：莎草、菰、蓼科等植物组成的水生与湿生过渡群落→香蒲、芦苇等湿生群落→苘麻等优势种群落→禾草群落→蒿属、藜属等优势种或共优种群落→荆条、酸枣等灌丛优势种→乔木建群种。该特征在北部和东部地势起伏平坦的区域体现比较明显，在中部和西部地势比较陡峭、坡度大的区域，这种变化更为急剧。在湿生和中生变化过程中具有跳跃性。

来水后，优势群落类型为31个，草本植物群落依旧是库区优势群落，原有的水生群落完全被水淹没，变为沉水区域，被在库滨带的泛滥地草甸取代，将演替成为新的水生群落，水位变幅区能耐一定水湿的刺儿菜群丛、苦参群落、角蒿群落等演替为优势群落，海拔148.00m以上库滨带由于人工林的种植，油松林和阔叶林群系广泛分布，机械割草使得人工林占据绝对优势。从研究区植被分布图可知，由水生到陆生、由湿生到中生的群落特征削弱，群落的建群种和优势种主要体现出由中生到陆生的特点。从水体到陆地植被变化具体体现为：漂浮水生植物→蒿属、藜属优势种群落→苘麻、葎草、角蒿草本群落→荆条、榆树、蒙桑、紫丁香等灌丛优势种→人工林，林缘区域的草本群落种类异常丰富，形成以罗布麻、苦参等植物为主的植物群落，水生与湿生的过渡群落减少，只在河岸和地势低洼处有典型的莎草、菰、蓼科植物等共同组成的过渡群落以及香蒲、芦苇等湿生群落。这种特征在北部、东部和中部区域体现都比较明显，优势群落在中生和陆生变化过程中具有连续性，而水生与湿生的过渡群落减少。

来水前库区群落演替过程是典型的水生原生演替过程，研究区内基本涵盖挺水植物阶段、湿生植物阶段、中生草本植物阶段、灌木阶段以及中生森林阶段。来水后，水分条件是库区群落演替的驱动因子，随着与集水区距离的增加，水分逐渐减少，逐渐被耐旱性物种替代，最终被依靠天然降水维持生存的耐旱性物种替代，群落趋向稳定。田间顽固性杂草仍是库区植被恢复的先锋物种，多年生草本是群落演替的主体，蒿群丛为整个演替过程中的优势种；一年生草本受控于水分的增加，也成为退耕地植被恢复的先锋物种，出现在群落演替的各个阶段。来水后群落恢复缓慢，由典型的水生原生演替过程转变为自由漂浮植物阶段、中生草本植物阶段、灌木植物阶段三个阶段，挺水植物阶段和湿生植物阶段尚缺乏。

4 结语

受来水淹没及水源地保护影响，来水后植被面积发生系列变化，林地面积由 2015 年的 91.67km^2 增至 2017 年的 100.38km^2，草地面积由 2015 年的 70.37km^2 降至 2017 年的 41.47km^2，库区北部草地变为有林地，湖心岛部分草地被来水淹没。

来水后密云水库库滨带植被增加，由来水前的 53 个科、139 个属、196 种变为 57 个科、147 个属、212 种。在来水后，出现了 41 个新的植物种类，主要增加的是一年生草本植物和藤本植物，同时有 24 种植物消失，主要是水生植物。

群落结构方面，来水后优势群落类型增加，由来水前的 24 个增至 31 个。原有的水生群落完全被水淹没，变为沉水区域，被库滨带的泛滥地草甸取代，群落恢复缓慢，由典型的水生原生演替过程转变为自由漂浮植物阶段、中生草本植物阶段、灌木植物阶段三个阶段，挺水植物阶段和湿生植物阶段尚缺乏。

参 考 文 献

[1] 朱翔，吴学灿，张星梓. 遥感判读的野外植被调查方法 [J]. 云南大学学报（自然科学版），2001 (S1)：88-92.
[2] 吴征镒. 中国种子植物属的分布区类型 [J]. 云南植物研究，1991 (S4)：1-139.
[3] 吴征镒. 中国植被 [M]. 北京：科学出版社，1980.

密云水库上游半城子水库流域
系统治理初探

常国梁[1]　薛万来[1]　苏静雯[2]

(1. 北京市水科学技术研究院　北京　100048；2. 北京林业大学　北京　100083)

【摘　要】　党的十九大提出统筹山水林田湖草系统治理。针对水源地保护，北京市提出了"上游保水、护林保水、库区保水、依法保水、政策保水"的"五保水"治理保护思路；北京市生态环境保护大会同时提出坚决打好碧水攻坚战，污染减排和生态扩容两手发力，为保护密云水库，提升水库水质，落实"上游保水"。本文在分析密云水库上游半城子水库流域河库水质、土地利用、景观生态等基本现状与主要问题的基础上，提出了以水质提升和生态修复为目标的山水林田湖草系统治理措施，以期对密云水库上游流域山水林田湖草综合治理提供借鉴。

【关键词】　半城子水库　山水林田湖草　流域综合治理

1　研究背景

党的十九大提出统筹山水林田湖草系统治理，实行最严格的生态环境保护制度。北京市委书记两次调研密云水库，提出"上游保水、护林保水、库区保水、依法保水、政策保水"和"守护好绿水青山是生态涵养区的头等大事"，北京市生态环境保护大会提出坚决打好碧水攻坚战，污染减排、生态扩容两手发力等，为保护密云水库水源，落实"上游保水"。本文选择密云水库上游流域内的半城子水库流域作为研究区，分析了流域内河流和水库水质，土地利用、景观生态等基本现状，提出了以水质提升和生态修复为目标的综合治理措施。

密云水库上游密云区流域内共有 16 座水库，其中遥桥峪水库和半城子水库为中型水库，遥桥峪水库控制面积 178.2km²，库容 1940 万 m³，半城子水库流域面积66.1km²，库容 1020 万 m³，其他水库库容均在 100 万 m³ 以下。考虑到遥桥峪水库流域部分位于河北省境内，不利用调研、监测等工作的开展，故选择半城子水库流域作为研究区。

半城子水库位于密云水库北部不老屯镇半城子村，上游有牤牛河的史庄子沟和西台子河 2 条支流，分布有西驼古、阳坡地、陈家峪、史庄子、古石峪 5 个行政村，总人口2108 人，年补给密云水库水量约为 450 万 m³。流域边界图如图 1 所示。

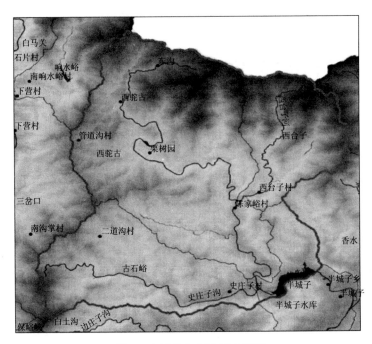

图 1　半城子水库流域边界图

2　问题分析

2.1　河流水质分析

于 2018 年 1 月（非汛期）和 8 月（汛期）在半城子水库流域进行水样的采集工作，并对 pH 值、COD_{Mn}、NH_3-N、TN、TP 等主要指标进行检测。

从水质检测结果来看，2018 年 1 月西驼古 COD_{Mn} 为 3.07mg/L，达到 Ⅱ 类地表水标准、未达到 Ⅰ 类标准 2mg/L，NH_3-N 为 0.412mg/L，古石峪村 NH_3-N 0.30mg/L，东南庄村 NH_3-N 0.43mg/L，古石峪村 TP 0.03mg/L，东南庄村 NH_3-N 0.04mg/L。

2018 年 8 月检测指标结果显示，水库水质均达到 Ⅱ 类水质标准，西台子沟水质好于古石峪沟，其中西台子水质达到 Ⅰ 类水质标准，河流 COD_{Mn} 为 2.2～3.9mg/L，达到 Ⅰ 类水体标准，超 Ⅰ 类水质为 10%～95%。总体来看，非汛期比汛期水质好。经三维荧光分析，COD_{Mn} 超标主要来自腐殖酸，可能是由地表腐殖土和枯枝落叶造成的。

2.2　土地利用分析

土地利用类型以有林地和灌木林地为主（表 1 和图 2），其中有林地面积为 46.25km²，占流域总面积的 73.75%，旱地和果园面积为 6.17km²，占流域总面积的 9.58%，主要分布于河沟道两侧。水库控制流域内涉及 4 条小流域，水土流失面积 19.71km²，占流域总面积的 30%。

表 1 半城子水库流域土地利用类型表

类　型	面积/km²	所占比例/%	类　型	面积/km²	所占比例/%
旱地	4.40	6.83	公园与绿地	0.12	0.19
果园	1.77	2.75	公路用地	0.19	0.29
有林地	47.52	73.75	街巷用地	0.04	0.06
灌木林地	8.83	13.70	河流水面	0.25	0.39
其他林地	0.24	0.37	水库水面	0.43	0.67
其他草地	0.29	0.45	内陆滩涂	0.05	0.08
住宅用地	0.23	0.36	空闲地	0.03	0.05

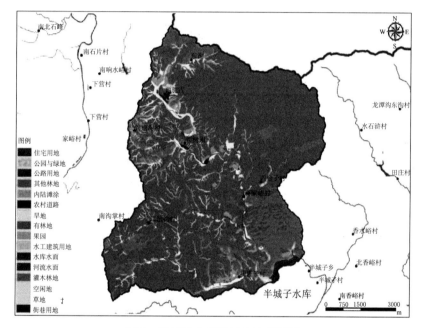

图 2 半城子水库流域土地利用图

半城子流域内板栗林总面积为 1.75km²，其中以 8°～15°陡坡地分布为主，占板栗林总面积的 48.69%；15°以上分布面积占总面积的 33.44%（表 2 和图 3）。采用径流小区和侵蚀针，对板栗林下水土流失量进行监测。根据监测结果，结合北京市土壤流失方程 BJSLE 计算推导得出，坡度在 8°～25°板栗林发生的土壤侵蚀量占板栗林土壤侵蚀总量的 90% 左右。

表 2 不同坡度下板栗林分布面积

坡　度	0°～5°	5°～8°	8°～15°	15°～25°	＞25°
面积/km²	0.098	0.22	0.85	0.50	0.08
比例/%	5.98	12.28	48.69	28.66	4.78

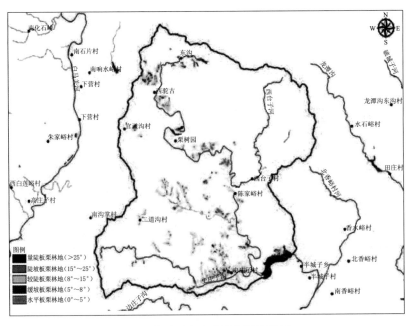

图 3 半城子水库流域板栗林分图

2.3 景观生态分析

应用 Fragstats 软件，选取相应的景观指标，对半城子水库流域进行景观生态分析。由表 3 可知，从斑块类型水平上来看，各土地利用类型的平均分维数均较小，介于 1～1.0698 之间，差异不明显，表明在研究区域内土地利用斑块的形状主要取决于自然地貌与自然环境条件，受人为影响较小。平均斑块面积（MPS）间接反映景观的离散程度和破碎化程度的大小，越小代表破碎化程度越严重。由表 3 可以得出，林地平均斑块面积（314.5663hm²）最大，说明林地破碎化程度最小，受干扰影响相对较小，连通性好。

表 3　　　　　半城子水库流域斑块类型指数结果表

景观类型	斑块个数/个	斑块平均面积/hm²	景观类型面积/hm²	景观类型百分比/%	分维数
林地	18	314.5663	5662.193	87.9064	1.0368
耕地	488	0.899	438.6891	6.8107	1.0605
果园	126	1.3781	173.6448	2.6959	1.0698
住宅用地	51	0.4796	24.459	0.3797	1.04
裸地	9	0.3337	3.0037	0.0466	1.0186
道路	118	0.2291	27.0337	0.4197	1.0207
草地	38	0.7716	29.3222	0.4552	1.0496
水域	123	0.5756	70.8024	1.0992	1.0233
公园绿地	23	0.5162	11.8719	0.1843	1.0569
水工建筑物	1	0.143	0.143	0.0022	1
总计	995	319.8922	6441.1628	99.9999	10.3762

从景观类型水平分析（表4），半城子水库流域景观多样性指数为0.5274，数值较小，表明景观整体破碎化程度较低；景观蔓延度为80.1997%，说明该区景观类型在空间构型上聚集度较适中；整体分维数为1.2774，数值低于1.5，说明研究区景观的总体景观形状较规则、简单，有利于区域景观的规划和管理。

表4   半城子水库流域斑块类型指数结果表

景观蔓延度指数/%	景观破碎度指数	分　维　数	景观多样性指数	景观均匀度指数/%
80.1997	0.01301	1.2774	0.5274	0.229

3　目标提出

总体目标是半城子水库水质和生态功能持续提升。按照山水林田湖草的系统治理，分别提出具体目标："山"——水土流失得到控制，土壤侵蚀模数小于200t/(km² · a)，山区自然得到修复；"水"——河流水质达到I类地表水，恢复河流生态；"林、草"——林分结构进一步优化，缓坡地、台地、宜林地造林与森林质量提升和生态系统恢复；"田"——面源污染得到控制，化肥施用小于133kg/hm²，强化农药施用管理，恢复农林复合生态系统；"湖"——水库水质提升，库滨带和水库水生态系统恢复。

4　措施体系构建

"山水林田湖草"具有整体性、系统性和综合性的特点，结合北京市各部门开展的相关工作及相关的研究[3]，将综合措施分为六大体系，具体如图4所示。

4.1　水土流失综合治理——建设生态清洁小流域与板栗林下水土流失防治

按照"生态修复、生态治理、生态保护"三道防线的治理思路，在小流域坡面、村庄、沟道和河（库）滨带3个区域布置相应的措施。坡面治理根据坡度、土层厚度、地质条件等立地条件，采取封育、等高耕作、水平梯田、土地整治、水土保持、林草建设、树盘等措施；村庄措施包括农村污水和垃圾收集处理、村庄搬迁、防护坝等防洪减灾措施；沟道修复以生物工程为主，采用自然材料，模拟自然水体结构，改善沟道生态结构，提升沟道生态功能。原则上，I级、II级河道原则上不宜扰动，以清理垃圾为主，III～V级河道以清理垃圾、自然改造与生物恢复为主。布设防治措施的同时，强化管理工作。与老百姓直接受益相关的经济林、梯田、树盘、护地坝、节水灌溉等工程，由受益农户负责管护；对于沟道监测、污水处理站、垃圾处置处理等公共设施，由镇乡政府负责维护。

4.2　山区生态修复——山区造林与矿山修复

根据《北京市"十三五"时期园林绿化发展规划》要求，山区生态修复工作主要包括荒山绿化、废弃矿山生态修复、低效林改造和生态林管护等。荒山绿化中的重点工作内容是树种选择和后期的养护管理，树种一般选择适生的乡土树种，养护主要是对苗木的养护。废弃矿山生态修复包括对采矿场、塌陷区、排土场、尾矿库和排矸场的山体结构稳定性的修复和土壤植被修复等方面的生态修复，主要采用工程结合生物的措施。低效林改造

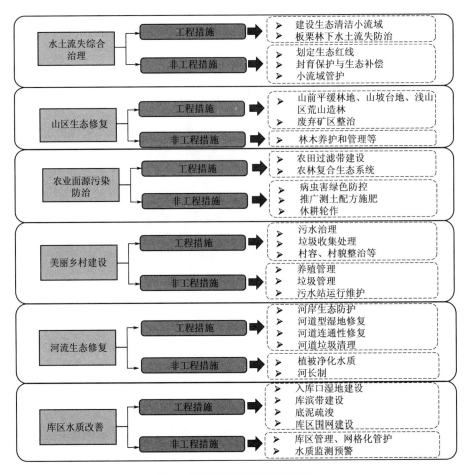

图4 系统治理综合措施体系图

主要包括补植补造、调整改造、封育改造、更替改造、抚育改造、复壮改造、效益带改造和综合改造等。生态林管护关键是确定合理的采伐方式、采伐强度、选择采伐木等来发挥其经济效益和生态效益，具体应用措施有封山保护、林分改造、抚育间伐、多种经营、森林保护等。积极申请山区林业生态修复项目。

4.3 农业面源污染防治

采用控制污染源、减少污染物产生和迁移等方法和措施，对农业面源污染进行防治，主要包括耕种和管理两种措施。其中：耕种措施包括免耕少耕、秸秆还田、轮作等；管理措施包括综合肥力管理和合理灌溉等，综合肥力管理包括测土配方施肥、调整施肥结构、化肥与有机肥配合使用、改进施肥方法等。此外，岸边缓冲带对地表径流中的泥沙和其他碎屑物质有很强的拦截作用，根据缓冲带的宽度和复杂程度的不同，径流中 $50\%\sim100\%$ 的泥沙和附着在其上的营养盐能被沉降下来。有研究得出，缓冲带宽度在 $4.6\sim9.1m$ 时，对 P 的去除率分别为 61% 和 79%，对 N 的去除率分别为 54% 和 73%。强化项目区面源污染防治管理措施，选择合适的面源污染防治缓冲带。

4.4 美丽乡村建设

北京市《实施乡村振兴战略扎实推进美丽乡村建设专项行动计划（2018 施乡村振兴年)》明确了美丽乡村建设涉及农村环境整治、村庄绿化美化和生态建设、农村饮用水水质提升和污水治理等工作。全面整治农村环境包括全面清理积存的生活垃圾、建筑垃圾、农业秸秆、白色污染和枯枝杂草等；加强村庄绿化美化和生态建设方面，可在村庄房前屋后、河旁湖旁、渠边路边、零星闲置地等边角空地，实行拆违还绿、留白建绿、见空插绿等工作，努力实现以绿治脏、以绿净村、以绿美村的目标。全面开展饮用水水质提升，包括加强农村供水设施建设、实施农村厕所改造、推进垃圾治理、全面落实河长制，解决农村水环境突出问题。进一步与美丽乡村建设对接，查漏补缺，制定综合规划。

4.5 河流生态修复

河流生态修复目标主要是确保安全行洪，提高洪泛区滞洪功能，提升河流生态功能，提高河流生物多样性等。具体措施包括：①防洪与侵蚀控制措施，防洪措施以不影响人的生命安全为目的，没有拓展空间的村庄段以标示洪水位警示，措施以拆除违章、清理垃圾为主；②岸坡防护，在岸坡坍塌、易冲刷或村庄人员受到威胁的河段，除村庄段外其他河段不宜采用硬质护岸；③水质改善措施，包括垃圾清理、污水处理等；④生态功能提升及生物多样性恢复措施，包括湿地修复、河滨缓冲带建设等。开展河道湿地修复 128 亩，缓冲带建设 50 亩，连通性修复 3 处，水生植物 164 亩，实施垃圾清理等。

4.6 库区水质改善

对库区水质的改善主要是：加强库区污水排放监督管理，建立相关法律制度；在研究库区水生态系统、淤泥清除方式等基础上，采取扬水曝气、建设入库口湿地等措施，具体措施布局如图 5 所示。建设入库口湿地 1 处 15 亩，布置库区水质监测预警系统、制定库

图 5 措施布局示意图

滨带农药化肥管控措施 1 项，餐饮、养殖、民俗养殖管理措施 1 项。

5 结语

（1）从河库水质来看，COD_{Mn} 主要以腐殖酸类为主，主要来源于生物污水、养殖、面源污染、有机农药、枯枝落叶等；水库 TP 超标主要以钙结合态磷为主，占 $44\%\sim53\%$，外源性磷主要是水土流失，部分可能为面源污染等引起。COD_{Mn} 和 NH_3-N 需进一步溯源分析。

（2）从土地利用来看，流域内以林地为主，但局部坡耕地（板栗林）分布较多，引起水土流失现象较为严重，可结合《中华人民共和国水土保持法》和《北京市水土保持条例》等相关法律法规，划定水土保持红线，实施鼓励板栗林退出机制，达到防治水土流失的目的；从景观生态来看，半城子水库流域内景观破碎化程度小，连通性好，景观形状较为复杂，受人为影响较小，建议以生态保护为主，人工措施为辅。

（3）流域内河道存在垃圾、河流连通性受损等现象，河流生态系统受到一定程度的威胁，需要针对这些问题采取合理手段进行治理与生态修复。

参 考 文 献

［1］ 郭慧慧. 基于 GIS 的城市绿地景观格局研究与生态网络优化［D］. 杭州：浙江农林大学，2012.

［2］ 宋豫秦，曹明兰. 基于 RS 和 GIS 的北京市景观生态安全评价［J］. 应用生态学报，2010，21（11）：2889-2895.

［3］ 王波，王夏晖，张笑千. "千山水林田湖草生命共同体"的内涵、特征与实践路径——以承德市为例［J］. 环境保护，2018，46（7）：60-63.

［4］ 常国梁. 北京市生态清洁小流域治理措施布局研究［J］. 北京水务，2012（4）：64-67.

［5］ 杨元辉. 北京市生态清洁小流域后期管护制度研究［J］. 北京水务，2014（3）：60-62.

［6］ 杨华. 怀柔区小流域管理的实践与探讨［J］. 北京水务，2016（3）：35-38.

［7］ 杨进怀，袁爱萍，刘佳璇. 农民参与生态清洁小流域建设的探索与实践［J］. 中国水土保持，2016（2）：22-24.

［8］ 邓东周，张小平，鄢武先，等. 低效林改造研究综述［J］. 世界林业研究，2010，23（4）：65-69.

［9］ 王静，梁秀娟，孟晓路，等. 密云水库总总磷迁移转化机制的分析［J］. 世界地质，2006（3）：76-85.

［10］ 张梦佳，文方芳，卢静，等. 最佳管理措施（BMPs）在北京市化肥面源污染防治中的应用［J］. 中国农技推广，2018（4）：46-48.

［11］ 杨帆，高大文，高辉. 草本缓冲带优化配置对氮磷的去除效果［J］. 东北林业大学学报，2011，39（2）：57-59.

［12］ 王淑芬，贾玉敏. 浅谈淇河（鹤壁段）水生态环境修复与水源保护［J］. 河南水利与南水北调，2005（11）：12-12.

［13］ 李运来. 官厅水库水质趋势分析及对策研究［J］. 中国水利，2007（3）：56-57.

［14］ 贾东民，高训宇，郝丽娟. 密云水库流域水环境安全保护措施探讨［J］. 北京水务，2012（1）：7-10.

闸坝消落区生态湿地水质改善
效果试验研究

黄炳彬　胡秀琳　赵立新

（北京市水科学技术研究院　北京　100048）

【摘　要】　针对城市排水河道污染重、闸坝多等特点，本文通过现场试验，研究利用闸前河道空间，构建闸前消落区生态湿地，促进闸前水体与边滩湿地的循环交流，提升水质净化效果。试验研究成果表明：闸前消落区生态湿地水质净化效果良好，主要水质指标可由进水的地表水 V 类、劣 V 类净化达到或接近 III 类标准，进出水 TN、$NH_3 - N$、TP、COD、BOD_5 去除率平均值分别达到 50.3%、62.2%、67.0%、35.9%、44.1%。

【关键词】　闸前消落区　边滩湿地　水质改善

除了强化沿河截污治污外，提升河道自净功能也是促进河流水生态环境改善不可或缺的组成部分。本文针对城市排水河道污染重、闸坝多等特点，通过现场模拟试验，研究利用闸前河道空间，构建闸前消落区生态湿地，促进闸前水体与边滩湿地的循环流动，提升水质净化效果。并对试验系统内的水质指标进行监测和评价，评估闸前消落区生态湿地构建技术的水质净化效果。

1　试验方法

试验地点：顺义区鲁疃闸上游北京市顺义新城生态调水管理中心院内。

试验布置：试验区模拟河道及其旁侧净化湿地，分为湿地净化区和河道。湿地净化区内布置有沉水植物 1 区、沉水植物 2 区和香蒲＋芦苇潜流湿地，如图 1 所示。

试验从场地附近调水中心的蓄水池中取水，作为试验用水来源，蓄水池中的水来自附近的温榆河。试验开始时，使用水泵从蓄水池中取水至试验区，待水位灌到设计水位时，停止进水，之后水泵以小流量进水，保持试验区水位不变。试验区内布置 1 台循环泵，位于湿地净化区内的沉水植物 1 区外侧，将水自河道抽入沉水植物 1 区，之后经 2 区和香蒲＋芦苇潜流湿地区后，重新进入河道，形成水体循环流动。

试验区水体总量约 $450m^3$。在水泵出水口处安装三通阀门和水表，通过调节阀门实现进水量调节。试验开始后，根据现场实测，调整进水水泵流量为 $1.2m^3/h$。

在循环泵出水口处安装三通阀门和水表，调节循环泵流量为 $4m^3/h$，在此流量下，河道内水体的循环周期为 6.7 天。

取样点布置：共布设 4 个取样点，分别是总进水、总出水、湿地进水和湿地出水。总

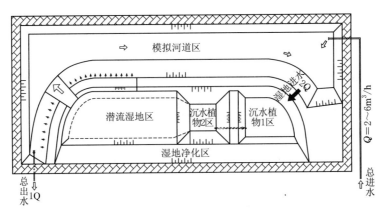

图1 试验区布置图

进水从试验区进水管处取水，总出水从试验区出水管处取水，湿地进水在沉水植物1区首端循环泵出口处取水，湿地出水在砾石床出口处取水（取样点位于水面下，取砾石床渗滤出水）。

监测指标和频次：监测内容包括 COD、BOD_5、TN、TP、NH_3-N、叶绿素 a 和 SS。试验开始时取样一次，之后每1~2周取样一次。试验从8月上旬开始，至11月中旬结束，约4个半月。

2 结果分析

对照分析总进水和总出水、湿地进水和湿地出水的水质指标，以及总进水和总出水的总去除率、湿地进水和湿地出水的去除率，对试验系统的水质净化效果进行分析。

2.1 试验系统总体净化效果分析

对试验系统总进水和总出水的浓度和去除率进行分析，考察试验系统工艺设计的总体净化效果，探讨工艺系统对闸前蓄水区水质净化的可行性和净化效率。

1. TN

由图2可以看到，因为总进水来自温榆河，因此受河道水质变化影响，总进水的 TN 浓度变化较大，试验期间浓度为 7~14mg/L，而且水质远超《地表水环境质量标准》

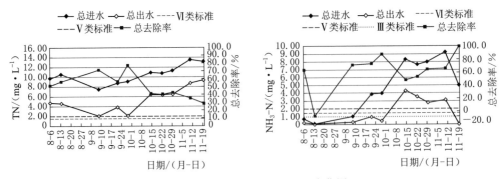

图2 试验系统 TN、NH_3-N 变化图

（GB 3838—2002）中的Ⅴ类限值标准。

总出水的 TN 浓度为 2～10mg/L，总体上小于总进水的 TN 浓度，而且与总进水的 TN 浓度变化趋势一致，试验开始至 9 月初浓度逐渐降低，之后 9 月有所波动，10 月至试验结束逐渐升高。试验过程中总出水的 TN 浓度大部分时间高于《地表水环境质量标准》（GB 3838—2002）中的Ⅴ类标准，9 月 8 日和 9 月 28 日两次值为 2.0mg/L，与《地表水环境质量标准》（GB 3838—2002）中的Ⅴ类标准值相同。

与浓度变化相对应的，以总进水和总出水计算的总去除率为 29.1%～77.6%，平均值 50.3%。总去除率在试验开始至 9 月初逐渐升高，之后 9 月有所波动，10 月至试验结束受气温降低、植物活性降低等因素影响，总去除率逐渐降低至 29.1%。试验开始阶段，去除效果不稳定，总去除率波动较大；从 9 月初至 10 月初，总去除率比较稳定，并且较高，基本保持在 60%～90%；自 10 月中旬开始至 11 月中旬试验结束，总进水浓度升高，总去除率降低，这与气温降低、植物活性降低导致湿地去除效果降低有关。

2. NH_3-N

由图 2 可以看到，总进水的 NH_3-N 浓度变化较大，试验期间浓度为 0～10mg/L，试验开始至 9 月底 NH_3-N 浓度较低，不到 4mg/L，之后 NH_3-N 浓度逐渐升高，最高时接近 10mg/L。试验期间 NH_3-N 浓度总体较高，尤其试验后段时间，远高于《地表水环境质量标准》（GB 3838—2002）中的Ⅴ类标准。

总出水的 NH_3-N 浓度为 0～5mg/L，总体上低于总进水的 NH_3-N 浓度。试验开始后至 9 月底总出水的 NH_3-N 浓度比较稳定，小于 1mg/L，可以满足《地表水环境质量标准》（GB 3838—2002）中的Ⅲ类标准；之后随着总进水 NH_3-N 浓度的上升，总出水的 NH_3-N 浓度也逐渐升高，最高时接近 5mg/L，试验结束时又降低到 1mg/L 以下。

以总进水和总出水计算总去除率，可以看到总去除率为 -7.6%～99.9%，平均值 62.2%。总体来看，试验过程中 NH_3-N 去除率基本稳定，除个别时段外，大部分时间都在 50% 以上。

3. COD

由图 3 可以看到，总进水的 COD 浓度变化较大，试验期间浓度为 15～55mg/L，除一次值较高外，其余时间满足《地表水环境质量标准》（GB 3838—2002）中的Ⅴ类标准。

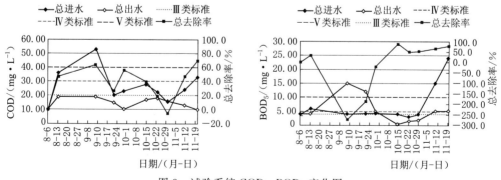

图 3　试验系统 COD、BOD_5 变化图

总进水的 COD 浓度总体上高于总出水（除 10 月 29 日外）。试验期间总出水的 COD 浓度为 10～20mg/L，能够满足地表水Ⅲ类标准。整个试验过程中，总出水的 COD 浓度基本稳定，即使在 9 月 8 日总进水 COD 浓度明显较高的情况下，总出水的 COD 仍小于 20mg/L。

以总进水和总出水计算总去除率，COD 总去除率为−6.7％～47.2％（负值为 10 月 29 日出现），平均值 35.9％。总体来看，试验过程中总去除率波动较大，主要受来水浓度变化影响。

4. BOD$_5$

由图 3 可以看到，总进水的 BOD$_5$ 浓度变化较大，试验期间浓度为 3～25mg/L。试验前期大部分时间浓度稳定，满足地表水Ⅳ类标准，试验后期约一个月时间浓度显著升高，远高于地表水Ⅴ类标准。

总出水的 BOD$_5$ 浓度为 0～15mg/L。总出水的 BOD$_5$ 浓度前期逐渐升高，有 3 次值甚至高于总进水，后期浓度基本稳定，即使在总进水浓度显著升高，大于 15mg/L 的情况下，总出水的 BOD$_5$ 浓度仍保持在较低水平，在 5mg/L 左右。试验期间总出水 BOD$_5$ 浓度大部分时间满足Ⅳ类标准，其中 10 月中下旬浓度小于 3mg/L，可满足地表水Ⅱ类标准。

以总进水和总出水计算总去除率，BOD$_5$ 总去除率为−275％～90.0％，其中有 3 次去除率为负值，考虑其中 2 次总出水浓度远高于总进水，可能与藻类或其他有机质影响有关。

5. TP

由图 4 可以看到，总进水的 TP 浓度变化较大，试验期间浓度为 0.2～0.7mg/L，试验前段时间浓度高于地表水Ⅴ类标准，试验后段时间低于地表水Ⅴ类标准，个别时间低于地表水Ⅳ类标准。

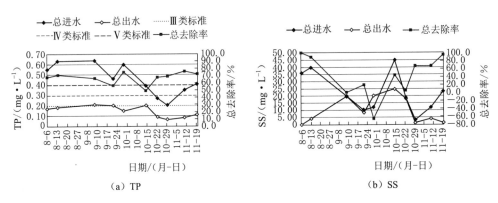

图 4　试验系统 TP、SS 变化图

总进水的 TP 浓度远高于总出水，总出水的 TP 浓度为 0.05～0.2mg/L。试验开始后至 10 月中旬，总出水的 TP 浓度基本稳定在 0.2mg/L 左右，满足地表水Ⅲ类标准；10 月下旬至试验结束，TP 浓度逐渐降低，基本稳定在 0.1mg/L，能够满足地表水Ⅱ类标准。

与 TN 变化不同，试验后段时间总进水的 TP 浓度总体降低，相应的总出水的 TP 浓度也降低。

以总进水和总出水计算总去除率，TP 的总去除率为 48.3%～76.1%，平均值 67.0%。总体来看总去除率比较稳定，而且去除率比较高，即使在试验后段时间总进水 TP 浓度较低的情况下，总去除率仍保持在较高水平。

6. SS

由图 4 可以看到，总进水的 SS 浓度变化较大，试验期间浓度为 0～45mg/L。总出水的 SS 浓度为 0～25mg/L，总出水总体低于总进水浓度，具有较好的抑制削减悬浮物作用。

以总进水和总出水计算总去除率，可以看到 SS 总去除率为 −66.7%～95.7%，平均值 42.2%。

2.2 边滩湿地净化效果分析

对比 2.1 节分析中的总进水浓度，边滩湿地进水的浓度远低于总进水浓度，这是因为试验区为循环运行，总进水来自试验区外的蓄水池，湿地进水取自模拟河道内，是试验区内部经过循环净化的水体，因此其浓度低于总进水。相比总进水和总出水，因进水浓度较低，边滩湿地对污染物的去除率总体较低，但仍然具有一定的净化效果。

1. TN

由图 5 可以看到，试验期间边滩湿地进水 TN 浓度为 3～9mg/L，远超过地表水 Ⅴ 类水质标准。

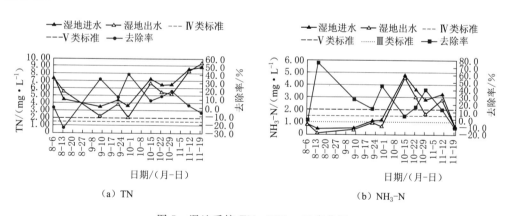

（a）TN （b）NH₃-N

图 5 湿地系统 TN、NH₃ - N 变化图

边滩湿地出水的 TN 浓度为 2～10mg/L，除个别时段外总体上小于边滩湿地进水的 TN 浓度，而且与边滩湿地进水的 TN 浓度变化趋势一致。

以边滩湿地进水和出水计算的去除率为 −24.2%～41.2%，平均值 10.5%，去除率在试验开始和结束时分别出现 1 次负值，总体来看去除率波动较大。

2. NH₃ - N

由图 5 可以看到，试验期间边滩湿地进水 NH₃ - N 浓度为 0～5mg/L，试验前段时间浓度较低，满足地表水 Ⅲ 类标准，试验后短时间浓度较高，超过地表水 Ⅴ 类标准，试验结束时浓度又降低到地表水Ⅲ类标准以下。

边滩湿地出水的 NH_3-N 浓度为 $0\sim5mg/L$，除个别时段外总体上小于湿地进水的 NH_3-N 浓度，而且与湿地进水的 NH_3-N 浓度变化趋势一致。

以边滩湿地进水和出水计算的去除率为 $-11.3\%\sim76.9\%$，平均值 22.8%，去除率在试验开始和结束时分别出现 1 次负值，总体来看去除率波动较大。

3. COD

由图 6 可以看到，试验期间边滩湿地进水 COD 浓度为 $10\sim30mg/L$，能够满足地表水Ⅳ类标准，部分时间可满足地表水Ⅲ类标准。

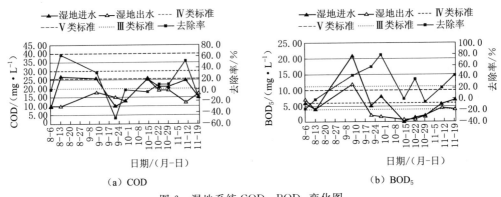

（a）COD   （b）BOD_5

图 6　湿地系统 COD、BOD_5 变化图

边滩湿地出水的 COD 浓度为 $10\sim25mg/L$，除个别时段外总体上小于湿地进水的 COD 浓度，并且基本满足地表水Ⅲ类标准。

以边滩湿地进水和出水计算的去除率为 $-50.0\%\sim63.0\%$，平均值 9.7%，COD 去除率在试验中出现 3 次负值。总体来看，去除率波动较大。

4. BOD_5

由图 6 可以看到，试验期间边滩湿地进水 BOD_5 浓度为 $0\sim25mg/L$，除个别时段外，大部分时间满足地表水Ⅴ类标准，部分时间可满足地表水Ⅲ类标准。

边滩湿地出水的 BOD_5 浓度为 $0\sim15mg/L$，除个别时段外总体上小于湿地进水的 BOD_5 浓度，并且基本满足地表水Ⅲ类标准。

以边滩湿地进水和出水计算的去除率为 $-16.7\%\sim79.3\%$，平均值 28.7%，BOD_5 去除率在试验中出现 3 次负值。总体来看，去除率波动较大。

5. TP

由图 7 可以看到，试验期间边滩湿地进水 TP 浓度为 $0.05\sim0.35mg/L$，试验开始至 10 月中旬浓度较高，基本在 $0.25mg/L$ 左右，在地表水Ⅲ类和Ⅳ类标准之间，试验后段时间浓度较低，小于 $0.2mg/L$，满足地表水Ⅲ类标准。

边滩湿地出水的 TP 浓度为 $0.05\sim0.35mg/L$，除个别时段外总体上小于湿地进水的 TP 浓度，而且与湿地进水的 TP 浓度变化趋势基本一致，试验前段时间较高，后段时间较低。试验前段时间湿地出水的 TP 浓度在 $0.2mg/L$ 左右，基本满足地表水Ⅲ类标准，试验后段时间小于 $0.1mg/L$，远低于地表水Ⅲ类标准。

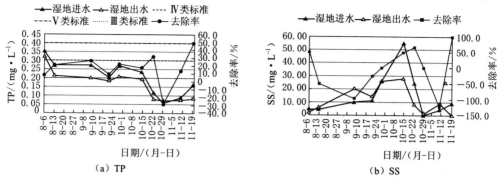

图 7　湿地系统 TP、SS 变化图

以边滩湿地进水和出水计算的去除率为 −28.6％～48.8％，平均值 17.0％，TP 去除率在试验后段时间出现一次负值。总体来看，试验前段时间 TP 去除率比较稳定，后段时间波动较大。

6. SS

由图 7 可以看到，试验期间边滩湿地进水 SS 浓度为 0～60mg/L，进水浓度波动较大。边滩湿地出水的 SS 浓度为 0～30mg/L，相比进水浓度有较明显的降低。

以边滩湿地进水和出水计算的去除率为 −125％～100％，平均值 −4.1％，试验过程中去除率多次出现负值，表明湿地系统对 SS 的去除效果不稳定。

3　结语

试验系统模拟闸前蓄水区，并结合河道边滩构建旁侧边滩湿地，形成闸前蓄水区—边滩湿地循环净化系统，促进闸前水体与边滩湿地的循环流动，提升系统水质净化效率。试验表明，在闸前水体循环周期为 6.7 天的试验工况条件下，试验系统对总进水的净化效果良好：在总进水各指标大部分时间超过地表水 V 类标准条件下，总出水的 TP、COD 和 BOD_5 浓度较低，大部分时间能够满足 Ⅲ 类标准，NH_3-N 浓度在常温期也可满足 Ⅲ 类标准。主要水质指标总去除率的平均值分别达到 TN 50.3％、NH_3-N 62.2％、TP 67.0％、COD35.9％、BOD44.1％、SS 42.2％。

边滩湿地虽受进水水质不稳定、水质指标相对较低影响，去除率波动较大，但在削减峰值负荷、提升系统流动性及活性、促进系统稳定方面起到重要作用。

由试验及效果分析可以看出，模拟试验系统针对闸前消落区的特点，设计形成闸前蓄水区—边滩湿地系统，通过促进闸前水体与边滩湿地的循环流动，可有效改善河流水质，并促进闸前消落区生态湿地修复，可为城镇排水河道水生态环境改善提供一定参考和借鉴。

参　考　文　献

［1］　满丽. 洙水河滩人工湿地水质净化工程设计 [J]. 中国给水排水，2017（14）：76-79.
［2］　刘栋，张成龙，朱健. 池塘循环水养殖系统构建及其生态净化效果研究进展 [J]. 中国农学通报，2018，34（17）：145-152.

海绵城市建设与防洪减灾

—

海绵城市水文效应和环境
效应研究综述

潘兴瑶

(北京市水科学技术研究院，北京市非常规水资源开发利用与

节水工程技术研究中心　北京　100048)

【摘　要】　城市地表降雨径流洪涝灾害及面源污染问题是威胁城市水安全运行的最主要问题。基于低影响开发措施的海绵城市建设对于防治城市降雨洪涝灾害与水环境污染具有积极的作用。对于如何建设和建成什么样的海绵城市社会各界尚未达成一致，特别是缺少海绵城市水循环机理基础研究，对其水文效应缺乏全面理解，也没有专门的海绵城市水系统模型，因而制约了海绵城市的建设进程。本研究在系统总结国内外低影响开发各种分项技术的水文和环境效应的基础上，基于海绵城市建设的总体目标和具体指标，提出建立描述海绵城市降雨、入渗、产流等复杂水循环过程的关键参数，构建适用于多尺度的海绵城市水系统模型，提出海绵城市水文效应模拟分析技术，并揭示海绵城市水文效应的内在机理，提出海绵城市优化管控技术与建设模式，研究成果对于海绵城市建设具有重要的指导意义。

【关键词】　海绵城市　降雨径流　面源污染　研究展望

《北京城市总体规划（2016—2035）》（以下简称《总规》）明确提出"加强雨洪管理，建设海绵城市，2020 年 20％以上的城市建成区实现降雨的 70％就地消纳和利用，2035 年扩大到 80％以上的城市建成区"。依据《北京市海绵城市专项规划》和北京市水科学技术研究院开展的北京市海绵城市建设现状调查成果，中心城区现状达标面积为 103.7km²，达标比例为 14.4％。因此，北京现状距离《总规》要求的海绵城市建设目标还有较大的差距，未来 20 年北京市将在城市建成区开展大规模海绵城市建设。

北京市从 20 世纪 80 年代末就开始研究城市雨洪的控制利用问题，并从 2000 年开始进行大规模的示范研究，目前逐步形成了一套较为系统的城市雨洪控制与利用技术体系，并在奥运工程、城市副中心和其他城市重点建设项目中进行了推广应用。截止到 2017 年年底，北京市陆续建成城镇雨水利用工程 2600 多处，综合利用能力 7500 万 m³。尽管如此，北京城区的降雨径流污染和内涝问题依然十分严重，一部分原因主要在于雨水控制利用设施的有效控制范围较小，对雨水利用设施本身及其在小区/地块上对产流、入渗、蒸发等过程的影响作用不清楚，更没有建立起有效的评估方法技术体系，对海绵城市水文效应不清楚，不利于进一步的技术提升与推广。因此，当前的海绵城市研究较多关注在工程措施建设及其对地表产流及面源污染的控制，但是对于海绵城市背后的降雨—产流—入渗—蒸发等水循环理论缺乏定量认识。如何建设海绵城市，建成什么样的海绵城市，都需要

明确相应的水文过程指标阈值和模拟分析方法，而这些正是当前建设海绵城市所亟待解决的基础理论与关键技术问题。

一般认为城市化的水文效应带来的雨洪问题愈加严重，地表径流量和洪峰流量增加，产汇流时间缩短，峰现时间提前，针对雨洪问题进行的海绵城市建设与改造，在海绵城市的水文效应和环境效应方面均取得了不同程度的成效，下凹式绿地、生物滞留池、绿色屋顶等海绵设施均能对降雨径流起到一定的减控作用，减少洪峰流量，延迟洪峰到达时间，缓解排涝压力，在不同设计情境下海绵设施的组合和布局会产生不同程度的水文与环境效应，此外，在海绵城市改造的同时也遇到了种种问题。

1 海绵城市的城市水文效应

1.1 城市降雨时空变化特征与海绵城市建设

在城市化对降水的影响研究方面，虽然存在一些争论，但多数研究结果表明城市地区降水受城市地表建筑物增强空气对流、城市空气污染增加降雨凝结核等综合因素影响，使得城市表现为明显的"城市雨岛"效应[1]。但是目前主要受长序列的场次暴雨过程资料限制，北京地区还没有对"城市雨岛"效应的量化研究。

住房和城乡建设部发布的《海绵城市建设技术指南——低影响开发雨水系统构建（试行）》（以下简称《指南》）将径流总量控制作为各地低影响开发雨水系统构建的首要目标，并将年径流总量控制率作为海绵城市建设的主要考核目标。后经《指南》编制专家车伍等[2]解释，《指南》中"年径流总量控制率"实为"年降雨总量控制率"，在工程实践过程中，该指标的落实是通过控制降雨产生的径流来实现的，同时达到控制径流污染的目标。与美国EPA（美国环保署）提出的降雨场次控制率指标不同，《指南》以维持城市开发前自然水文状态为出发点，基于不少于30年的日降雨数据进行统计分析，得到降雨总量控制率与设计降雨量的对应关系。

但从工程实践的角度来讲，无论是依据《指南》的降雨总量控制目标，还是美国EPA的降雨场次控制目标，设计降雨量的计算依据均为场次降雨数据，因此与降雨场次的划分方法密切相关[3-4]。对于某一确定的历史降雨序列，不同的场次划分方法对应不同的设计降雨量—降雨控制率曲线，从而导致不同的海绵城市建设规模和控制效果，因此，有必要深入研究场次降雨事件划分方法对降雨控制率的影响作用规律，从而在数据资料精度允许的条件下，合理计算降雨控制率。

此外，《指南》中要求至少30年历史降雨资料，主要是考虑长期的降雨规律和近年气候变化等影响的经验取值。但由于我国的降雨规律和气候变化特征均存在较为突出的时空变异性，使得全国使用这一统一的资料长度标准会增加径流总量控制率计算结果的不确定性[5]。此外，对于我国的不同地区，长序列降雨资料的实际获取和处理难度也不同，历史资料较少的地区通过临近站点插补得到的降雨资料可能产生较大的计算误差。因此，有必要在借鉴其他水文时间序列资料长度合理确定方法的基础上[6-7]，深入研究历史资料长度对设计降雨量—径流总量控制率对应关系的影响作用规律，给出适用于我国不同区域的降雨资料长度确定标准。

1.2 海绵城市水文效应研究

近年国外在 LID 措施的水文效应方面有 Ahiablame 等[8]（2016）使用 PCSWMM 模拟透水铺装、雨水花园等 LID 措施对城市排水的影响，结果表明 LID 措施能有效地减少径流量；Sezar Gülbaz 等[9]（2016）通过实验得出在不同降雨强度和历时情境下土壤类型和有机质含量的不同对生物滞留池的水文效应具有显著的影响；Jiake Li 等[10]（2018）利用 MIKE FLOOD 模型模拟分析了传统模式和 LID 模式下的水文效应，指出相较于传统模式，LID 模式下管网的排水能力增大，总径流量减少，峰值流量减少，峰现时间延迟；Jungho Kim 等[11]（2018）通过模型 SWMM–LID 模块对 LID 设施的设计和模拟可有效应用于暴雨径流的减控方面。

国内王雯雯等[12]（2012）构建了深圳光明新区的 SWMM 模型，以测试各类 LID 单元和组合在不同空间布局下的水文效应和雨洪控制效果，最终得出最优化配置；张忠广等[13]（2013）基于 PCSWMM 模型以人工湿地为主要手段对城市降雨和水资源分配情况进行了模拟，指出 LID 措施可达到水资源、防洪与水环境指标的要求；马姗姗等[14]（2014）通过 InfoWorks CS 建立雨水系统排涝模型，表明绿色屋顶与下凹式绿地串联使用能更大限度发挥这两种 LID 措施的削峰效果，实现低影响开发的目标；牛帅等[15]（2015）模拟分析了生态滞蓄池、透水铺装、集水箱措施对雨水径流和峰值的降低效果，且指出 LID 设施对于短时间降雨的效果更加明显；尚蕊玲等[16]（2016）通过 SWMM 软件模拟 LID 措施下的水量和水质状况结果表明，雨水花园和渗渠都对水量和污染物的峰值与总量有较好的削减效果，但削减率都随着降雨强度的增大而减小，其中降雨强度对雨水花园的影响较明显；黄国如等[17]（2017）通过模拟分析重现期分别为 0.5 年、1 年、2 年、5 年、10 年和 20 年的设计降雨情形下 LID 设施的水文效应，结果表明下凹式绿地、绿色屋顶和透水铺装等 LID 措施的不同组合方案对径流量和污染物均有不同程度的削减能力，且削减效果随着降雨重现期增大而减少；宋奔奔等[18]（2017）利用 SWMM 中的低影响开发模块研究不同位置和不同规模布设的生物滞留池的水文时空效应，结果表明在低降雨重现期下，生物滞留池的雨洪控制效果较好，相同重现期时，规模较大的生物滞留池效果较好，而布设越分散，其降低径流系数的效果越好，但削减洪峰的效果较差。

国内外对海绵措施的水文效应研究大多局限于基于实验和模型模拟的单项海绵措施的水文效应的分析，也有不少学者在综合分析 LID 设施适用性和减控能力的基础上，通过模拟和实验的手段对 LID 设施的组合及其空间优化布局探求最优的减控效果。海绵城市是一个整体概念，在注重对地块等小尺度区域研究与实践的同时，更要统筹规划片区、流域等大尺度区域的海绵城市系统化建设。

2 海绵城市环境效应研究

海绵城市对面源污染物的削减主要通过 LID 措施对地表径流的减控实现的，通过减控地表产流实现了对产流中污染物的削减。

Brattebo 等[19]（2003）在实验中监测了透水路面对雨水中机油的控制效果，在出水中没有检测出机油；Hsieh 等[20]（2005）研究了雨水花园对地表径流污染物（TSS、氮磷及油类）的去除能力，发现氮的去除要弱于其他三者；Newman 等[21]（2006）研究发现道路表面会存在大量的微生物来降解污染物，长期使用的透水路面无需预先加入微生物就可以形成一个稳定的微生物群落；Thomas 等[22]（2008）对透水路面出水中的多环芳烃（PAH）进行监测，结果表明透水路面能去除 PAH；Barbara R D[23]（2011）利用能值分析方法对比分析了常用 LID 措施的生态可持续性，排序结果是：生物滞留池（雨水花园）＞植草沟＞屋顶花园＞人工湿地＞透水铺装；Robert 等[24]（2014）发现相对于传统道路，透水路面需要较少的除雪剂就可达到除雪的目的，同时还能控制氯化物的释放，减小氯化物的污染；Jonathan A[25]（2014）利用多个水质指标对华盛顿哥伦比亚特区 Nannie Helen Burroughs 大道现有的 LID 措施的雨水径流去污性能进行了对比分析，结果显示生物滞留池的雨水径流污染物去除综合性能优于生态草沟和下洼式绿地等措施；Jiake Li 等[10]（2018）通过 MIKE 水质模块的模拟，得出相比于传统模式，在 LID 模式下，SS、COD、TP、TN 的浓度均得到了较大程度的削减。

潘国艳等[26]（2012）利用滞留池实验室模型研究各污染物的去除效率及草皮和小叶黄杨两种植被的去除效果；张书函等[27]（2017）依据实测数据分析了绿化屋顶、植草沟、生物滞留槽、透水铺装等 LID 措施的径流减控效果，发现不同类型的低影响开发措施对污染物削减效果差异明显，生物滞留槽和植草浅沟对污染物削减效果整体较好。将不同低影响开发措施综合运用到小区层面，径流减控效果显著；薛天一等[28]（2018）利用 SWMM 软件，模拟城市化后有无生物滞留措施的水文水质状况，并将两者比较分析，研究发现：污染物 SS、COD、TN、TP 总负荷量的削减率分别在 10％、7％、9％、8％左右。因此，海绵城市不仅对城市化水文效应具有改善作用，也对降雨径流污染的减控，CSO 溢流污染起到一定程度的缓解作用。海绵设施能有效减少降雨径流中 SS、COD、TN、TP 等常见径流污染物的浓度，在小区尺度的应用起到较好的治理效果，但整体的流域或片区尺度，离实现年径流总量控制和年 SS 总量控制等目标还具有较大的差距。

3 海绵城市水文过程模拟研究

随着城市化进程的加快，城区下垫面条件发生了很大变化，而排水管网的铺设直接改变了当地的产汇流条件，为了深入地认识城市降雨—径流过程，开发出了多个城市雨洪模型。国外适用性比较好的雨洪模型主要包括 SWMM、Infoworks、MOUSE 三个模型（王海潮等，2011），它们同时包含了水文模型和水力模型能够对单一事件和连续事件进行模拟，已经被国内外众多机构和学者使用。国内较为成熟的城市雨洪模型主要有雨水管道计算模型（SSCM）（岑国平等，1993）、城市雨水径流模型（CSYJM）（周玉文等，1997）、平原城市水文过程模拟模型（徐向阳，1998）、城市分布式水文模型（唐莉华等，2009）。基于雨洪模型国内城市化地区降雨—径流研究多集中在土地利用/覆被变化（Land Use and Land Cover Change，LUCC），如不透水面增加的水文效应研究及洪涝发生机理。土地利用/覆被变化在改变人类生活条件的同时，也改变了城市洪涝的孕灾环境。城市洪涝过程的孕灾环境的变化（如降雨产流、汇流、进入河道的方式以及河道自身的变化等）可能会导致洪涝事件的强度与频率发生较大变化（Camorani 等，2005）。

在城市产汇流模型研制方面，英国的 Wallingford Model、荷兰的 Delft 3D、丹麦的 MIKE 11 都是欧洲平原城市防洪科学研究的杰出代表性成果。其中，Wallingford 模型主要包括降雨径流模块（WASSP）、简单管道演算模块（WALLRUS）、动力波管道演算模块（SPIDA）以及水质模拟模块，它既可以用于暴雨系统、污水系统或者雨污合流系统的规划设计，又可以进行实时运行管理模拟，已广泛运用于城市管网水量及水质的模拟。美国比较知名的成果是美国环保局 EPA 研制的 SWMM 模型，该模型利用下渗扣损法及 SCS 法进行产流计算，非线性水库法进行汇流计算，管网汇流模块则提供了恒定流演算、运动波演算和动力波演算三种方法。SWMM 模型是一个对城市排水系统的水量和水质变化规律进行综合模拟分析模型，可用于城市雨洪的动态模拟，能对径流水量、水质进行单独或者连续模拟。

4 海绵城市综合效应研究存在的问题及其研究趋势

尽管我国城市雨水控制与利用技术的研究与应用已经有 20 多年的历史，但是实际开展城市雨水利用的城市并不多，建设的工程也有限，对雨洪利用工程背后的水文效应及环境效应还不很清楚，对于海绵城市系统的水文机理及其变化过程更是缺乏全面深入的研究。没有基础理论的深入量化，就不利于进一步提升和改进技术措施。当前海绵城市建设中也没有明确如何进行效果监测和评价的，这就不利于试点工作的开展和全国城市的推广应用。

未来海绵城市水文与环境效应研究应重点从如下方面开展：

（1）降雨时空分异特性及其对海绵城市效果的影响。通过全面收集基于长序列日降雨资料，明确城市日最大降雨量和次数，分析不同等级降雨与汛期降雨量和年总降雨量的相关性，明确未来城市暴雨变化趋势。收集高密度雨量站点近年场次降雨过程数据，分析不同量级降雨典型过程和时程分布，分析不同量级降雨中心峰值降雨量和分布特征，明晰不同量级暴雨中心位置和关键影响因素（地形、气流、城市建筑物等），量化北京"城市雨岛"效应，支撑城市雨水利用和洪涝防治总体策略制定。基于收集的长序列场次降雨数据，以不同最小降雨间隔为参数，分析场次降雨事件划分方法对海绵城市降雨控制率的影响作用规律，提出在数据资料精度允许的条件下科学计算海绵城市降雨控制率的方法。并针对研究区降雨资料收集难等问题，基于水文时间序列资料长度合理确定方法，研究历史资料长度对设计降雨量—径流总量控制率对应关系的影响作用规律，给出适用于研究区的降雨资料长度确定标准。

（2）城市不同下垫面产流机理和计算方法。系统总结国内外城市下垫面和 LID 措施的各种分项技术的水文过程控制指标及其阈值，根据北京市居住区、商业区、工业区等不同类型城市小区的建设特点，提出综合考虑降雨量、降雨强度、入渗能力、调蓄能力等因素的北京城市不同下垫面产流阈值范围。利用历史监测资料结合新的监测实验，针对常规屋面、绿地、道路广场等不透水下垫面的特点建立降雨产流计算方法。针对绿化屋面、下凹式绿地、透水铺装地面、植被浅沟、生物滞留槽等海绵城市建成后的雨水径流调控设施建立相应的降雨产流和渗流模拟计算方法。从小区、区域、城市尺度建立实施海绵城市前后的降雨产流计算方法，以分析海绵城市建设的效果，系统提出北京地区海绵城市建设前后不同尺度下垫面产流机理。

（3）城市关键排水汇流规律和海绵城市水系统模型构建。基于典型道路地面漫流实验监测，分析地面漫流与雨水口实际收水的响应关系，通过求解二维圣维南方程组进行地面漫流汇流演算，重点从道路结构、雨水口设置方式、道路与雨水口衔接关系诊断积水成因，量化不同道路结构参数对积水过程的敏感程度。通过室内管网水流模拟实验和实际排水管网监测的实验，研发排水管网水流运动状态重建分析技术，提出排水管网的淤积量、糙率系数和管坡等水力学模型参数确定方法，建立管网汇流模型。通过物理模型和野外生态河道糙率实验，量化城市河道糙率与水深的响应关系，确定不同城市河道的综合糙率阈值范围，研究糙率随水深、流速增加的变化趋势，建立适宜的城市河网汇流模型。利用开源 SWMM 模型，综合上述城市水文产汇流过程模型，以建立分布式海绵城市雨洪综合管理模型 SC - SWMM（Sponge City Storm Water Management Model）为基础，构建城市水系统平台，建立体现城市下垫面产流、地面漫流、管网与河道汇流的分布式水文耦合模型。准确模拟海绵城市建设前后和天然状况下的径流过程变化，以及污染负荷时空分布的变化。

（4）海绵城市水文环境效应分析。针对不同量级的降雨，开展绿化屋面和普通屋面、下凹式绿地、植被浅沟、生物滞留槽与普通绿地、透水铺装地面与不透水铺装地面的产汇流过程对比，明确不同条件下的初损和径流系数等参数，量化海绵设施在径流减控方面的作用。基于体现海绵城市系统的分布式城市水文模型，选取场次暴雨洪水径流总量、汛期流量、非汛期流量、洪峰流量、峰现时间、径流变异系数等水量指标，探讨不同海绵措施尺度、小区尺度、排水分区尺度、流域尺度的水文效应。以典型水质（SS 为代表）浓度、最大浓度、最小浓度等水质指标为基础，对比分析海绵城市建设前后两种情景下区域通过径流量的减控对水质各指标的削减效果，量化海绵城市建设的环境效应。

（5）海绵城市设施优化管理技术研究。基于构建的水系统模型，以海绵城市系统控制指标为目标，研究建立不同海绵设施建设规模（LID 措施规模、管网排水标准提升、调蓄设施能力等）的优化确定方法技术。根据北京市居住区、商业区、工业区、道路、公共区域、大型滞蓄空间等不同类型城市区域的建设特点，从综合考虑海绵设施中的 LID 措施、管网治理、河道治理、调蓄空间布局等，提出典型的优化海绵城市建设模式。基于构建的水系统模型，围绕海绵城市建设目标，在北京市水影响评价"3、5、7"标准（每千平方米硬化面积配建调蓄容积不小于 $30m^3$；绿地中至少 50% 为下凹式绿地；透水铺装率不小于 70%）基础上，提出新的过程与末端管控方式，在全市进行推广应用。

参 考 文 献

［1］ 张建云，宋晓猛，王国庆，等. 变化环境下城市水文学的发展与挑战 I. 城市水文效应［J］. 水科学进展，2014，25（4）：594 - 605.

［2］ 王文亮，李俊奇，车伍，等. 雨水径流总量控制目标确定与落地的若干问题探讨［J］. 给水排水，2016，42（10）：61 - 69.

［3］ 王虹，丁留谦，程晓陶，等. 美国城市雨洪管理水文控制指标体系及其借鉴意义［J］. 水利学报，2015，46（11）：1261 - 1271.

［4］ Guo J C Y，Urbonas B，Mackenzie K. Water quality capture volume for storm water BMP and LID designs［J］. Journal of Hydrologic Engineering，2014，19（4）：682－686.

［5］ 郑景云，尹云鹤，李炳元. 中国气候区划新方案［J］. 地理学报，2010，65（1）：3－12.

［6］ Crossley D，Shum C，Han S，et al. The Problem of Length Scale in Hydrology：Data From GRACE vs Ground－Based Gravity Measurements［J］. 2006.

［7］ 闫业超，岳书平，张树文. 降雨资料时间序列长度对降雨侵蚀力平均值置信度的影响［J］. 自然资源学报，2013，28（2）：321－327.

［8］ Ahiablame L，Shakya R. Modeling flood reduction effects of low impact development at a watershed scale［J］. Journal of Environmental Management，2016，171：81－91.

［9］ Sezar Gülbaz，Cevza Melek Kazezyilmaz－Alhan. Experimental Investigation on Hydrologic Performance of LID with Rainfall－Watershed－Bioretention System［J］. J. Hydrol. Eng.，2016，D4016003.

［10］ Jiake Li，Bei Zhang，Cong Mu，Li Chen. Simulation of the hydrological and environmental effects of a sponge city based on MIKE FLOOD［J］. Environmental Earth Sciences，2018，77：32.

［11］ Jungho Kim，Jungho Lee，Yangho Song，et al. Modeling the Runoff Reduction Effect of Low Impact Development Installations in an Industrial Area，South Korea［J］. Water，2018，10：967.

［12］ 王雯雯，赵智杰，秦华鹏. 基于 SWMM 的低冲击开发模式水文效应模拟评估［J］. 北京大学学报（自然科学版），2012，48（2）：303－309.

［13］ 张忠广，黄津辉，林超，等. 基于 LID 理念的城市水资源综合管理规划研究［J］. 水电能源科学，2013，31（7）：29－32.

［14］ 马姗姗，庄宝玉，张新波，等. 绿色屋顶与下凹式绿地串联对洪峰的削减效应分析［J］. 中国给水排水，2014，30（3）：101－105.

［15］ 牛帅，黄津辉，曹磊，等. 基于水文循环的低影响开发效果评价［J］. 建筑节能，2015，2：79－84.

［16］ 尚蕊玲，王华，黄宁俊，等. 城市新区低影响开发措施的效果模拟与评价［J］. 中国给水排水，2016，32（11）：141－146.

［17］ 黄国如，麦叶鹏，李碧琦，等. 基于 PCSWMM 模型的广州典型社区海绵化改造水文效应研究［J］. 南方建筑，2017（3）：38－45.

［18］ 宋奔奔，高成，寇传和，等. 基于 SWMM 的生物滞留池布置水文时空效应［J］. 水资源保护，2017，33（3）：25－30.

［19］ Brattebo B O，Booth D B. Long－term stormwater quantity and quality performance of permeable pavement systems［J］. Water Research，2003，37（18）：4369－4376.

［20］ Hsieh C h，Davis A P. Evaluation and optimization of bioretention media for treatment of urban storm water run－off［J］. Journal of Environmental Engineering，2005，131（11）：1521－1531.

［21］ Newman A P，Coupe S J，Smith H G，et al. The microbiology of permeable pavements［A］. 8th International Conference on Concrete Clock Paving［C］. California：US EPA，2006.

［22］ Thomas B B，Mark H S，Janelle A，et al. Potential for localized groundwater contamination in a porous pavement parking lot setting in Rhode Island［J］. Environmental Geology，2008，55（3）：571－582.

［23］ Barbara R D. Sustainability Assessment of Green Infrastructure Practices for Stormwater Management：a Comparative Emergy Analysis［D］. State University of New York，2011：31－42.

［24］ Robert M R，Thomas P B，Kristopher M H，et al. Assessment of winter maintenance of porous asphalt and its function for chloride source control［J］. J Transp Eng，2014，140（2）：1－8.

［25］ Jonathan A. Monitoring Best Management Practices in the District of Columbia for the Removal of Stormwater Pollutants［D］. Howard University，2014：26－36.

［26］ 潘国艳，夏军，张翔，等. 生物滞留池水文效应的模拟试验研究［J］. 水电能源科学，2012，30

(5)：13-15.

[27] 张书函，殷瑞雪，潘姣，等. 典型海绵城市建设措施的径流减控效果 [J]. 建设科技，2017（1）：20-23.

[28] 薛天一，徐乐中，李翠梅，等. 生物滞留池水文水质效应模拟分析 [J]. 水利水电技术，2018，49（1）：121-127.

[29] 王海潮，陈建刚，张书函，等. 城市雨洪模型应用现状及对比分析 [J]. 水利水电技术，2011，42（11）：10-13.

[30] 岑国平，詹道江，洪嘉军. 城市雨水管道计算模型 [J]. 中国给水排水，1993（1）：37-40.

[31] 周玉文，赵洪宾. 城市雨水径流模型的研究 [J]. 中国给水排水，1997，13（4）：37-40.

[32] 徐向阳. 平原城市雨洪过程模拟 [J]. 水利学报，1998（8）：34-37.

[33] 唐莉华，彭光来. 分布式水文模型在小流域综合治理规划中的应用 [J]. 中国水土保持，2009（3）：34-36.

[34] Camorani G，Castellarin A，Brath A. Effects of land-use changes on the hydrologic response of reclamation systems [J]. Physics and Chemistry of the Earth，2005，30：561-574.

164

北京市山洪沟道预警指标阈值研究

叶芝菡[1]　龚　伟[2]　李添雨[1]　吴敬东[1]

(1. 北京市水科学技术研究院　北京　100048；2. 北京师范大学　北京　100875)

【摘　要】 建立山洪预警指标是山洪灾害防治的重要措施，是受保护地区人员及时转移避险的主要依据。本文以北京山洪易发区域的典型沟道房山区红螺谷沟为例，分析单沟尺度的山洪预警指标建立方法，包括指标类型、预警响应时间与指标阈值等，为其他类似沟道预警指标建立提供参考。

【关键词】 山洪　预警指标　预警阈值　北京市

1 引言

　　我国是山洪灾害较为严重的国家，近年来受气候变化以及城市规模快速发展等因素影响，全国山洪流灾害呈现出愈演愈烈的态势。北京作为我国的首都，受地质环境条件复杂、极端气候频发及人为活动加剧的影响，山洪泥石流灾害频发，已成为北京市重要自然灾害之一。1949 年以来，山洪灾害达 80 余次，造成人员伤亡 600 余人，其中 2012 年的"7.21"特大暴雨导致山洪泥石流灾害触发，造成全市 79 人伤亡，经济财产损失 140 多亿元。山洪泥石流灾害给全市造成了严重的人员伤亡和经济损失，影响了北京的城市安全，山洪灾害防御系统的研究和建立是首都防灾减灾体系的突出需求。

　　山洪预警指标是山洪灾害防治体系中重要的非工程措施，是减少人员伤亡和财产损失的重要手段。一般考虑将一定阈值的河道水位/流量，或者流域平均降雨量作为预警指标，称为临界水位/流量/雨量[1]。考虑到山洪灾害多发地区一般为山区，河道汇流时间较短且很多都没有业务化的水文观测，因此临界雨量是国内外山洪预警最常用的指标[2]。临界雨量是山洪预报预警的核心指标，与时段长度相关，表示为一段时间之内的累计降水量。《全国山洪灾害防治规划》定义当某一时段的降雨量达到或超过某一阈值时，山洪灾害发生，该阈值称为临界雨量。

　　本研究立足于北京山洪灾害易发区，选取典型山洪沟道，对山洪预警指标及其阈值的确定开展研究，为其他沟道预警指标和阈值的确定提供参考。

2 研究区和研究方法

2.1 研究区概况

　　基于全市山洪沟道的危险和风险评估结果，兼顾历史山洪灾害事件、区域代表性等因素，选择房山区红螺谷沟开展研究。红螺谷沟是夹括河一条南北向支流，位于房山区周口店镇，自北向南汇入夹括河，流域面积 52km²，主沟长度 14km，主沟比降 3‰。流域内有娄子水村、拴马庄村等 9 个村落分布，如图 1 所示。红螺谷沟村落众多、沿河分布，是 2012年"7.21"特大暴雨事件的重灾区，对该沟开展预警指标和阈值的研究具有代表性。

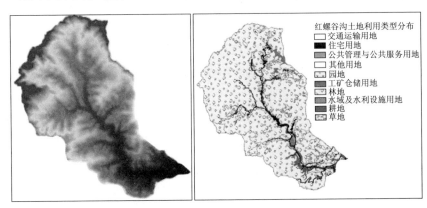

图 1　红螺谷沟流域 DEM 与土地利用图

2.2　研究方法

山洪预警临界雨量有两种定义：①从降雨量定义；②从河流水位流量定义。前者主要使用水文统计方法，通过时段雨量的统计特征，结合历史洪水和社会经济数据判断山洪灾害发生与否，取某一重现期（或其他统计特征值）作为临界雨量。后者通过比较河流的水位（或流量）是否超过某一标准值，来判断是否发生洪水灾害；根据指定的河道水位（或流量）标准值，反推相应的时段降雨量，主要采用水文水力学方法。

对于单沟尺度的山洪沟道而言，由于缺乏历史灾害观测资料，造成基于降雨量的统计样本不足，因此本研究主要采用第二种方式，通过对山洪模型的研究建立单沟的降雨—径流关系，从警戒水位和流量间接反推得到临界雨量。山洪预警静态阈值（不考虑土壤水分变化）主要分为以下步骤：

（1）确定沟道预警响应时间。预警响应时间指最大雨强出现时刻与流域出口洪峰出现时刻之间的时段[3]。本研究采用水文模型，以《北京水文手册》推荐的暴雨雨型作为输入，通过模型给出相应的径流过程，从而计算最大雨强和洪峰出现时间的差值。

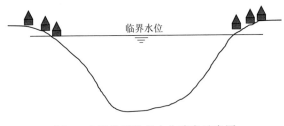

图 2　山洪沟道临界水位确定示意图

（2）确定控制断面和临界流量。选择居民集中居住地、工矿企业和基础设施附近的典型断面地形，确定临界水位和相应临界流量，临界水位可定位控制断面处最低居民点对应的水位，如图 2 所示。临界流量可采用曼宁公式、谢才公式等推算，或者根据实际山洪事件的水位/流量推求等。

（3）建立控制断面的降雨—径流关系曲线。利用水文模型获得某一历时降雨产生的不同径流过程，将其点绘在图上，即可获得该历时的降雨—径流关系曲线。本研究采用分布式时变增益模型（DTVGM），该模型为分布式水文模型，以与土壤湿度有密切关系的增益因子为核心参数，融合了蓄满产流和超渗产流机制，已在海河流域大量研究与应用[4]。

（4）根据临界流量值反推临界雨量值大小。由控制断面处的临界流量值反推临界雨量值，即为一定土壤湿度下对应的临界雨量阈值。

由于土壤前期湿润程度对同一场降雨形成的径流过程影响很大，静态预警阈值不能很好考虑这种土壤湿度的影响。加入了土壤前期湿润程度的阈值研究，可确定山洪预警动态阈值。通常通过设置流域前期土壤干旱、一般以及较湿3种典型情景为初值条件运行分布式模型，获取预警动态阈值。本研究设定土壤饱和度为20%、50%、80%时分别对应于干旱、一般以及较湿等3种典型情景。

3 山洪预警响应时间的确定

使用设计暴雨确定典型沟道的山洪预警响应时间。采用《北京市水文手册》的设计暴雨计算方法，得到红螺谷沟设计暴雨过程，如图3所示。选取其中降雨量最高的6h，使用分布式时变增益模型（DTVGM）模拟径流过程。通过初步试算发现，2年一遇洪水产生的洪峰流量与各典型沟道主要预警点的上滩流量比较接近，如图4所示。因此，统一使用2年一遇设计暴雨来估计山洪预警响应时间。

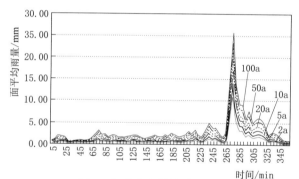

图3 红螺谷沟设计暴雨过程

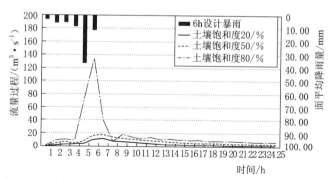

图4 红螺谷沟流域径流过程（娄子水，2年一遇6h设计暴雨）

设计暴雨的模拟结果表明，流域洪峰出现时间均比暴雨最大值出现时间平均滞后1h。由于所使用的模型最小计算步长为1h，可以判断此山洪预警响应时间为0~2h。据此预警时段设为1h和3h，为考虑未来和全市其他沟道预警时段的衔接和统一，增设6h的时段，一共 3 个预警时段。

4 山洪预警指标阈值计算

4.1 静态阈值

对红螺谷沟开展了主要村落的河道断面测量，针对聚居人口较多的村落黄元寺、黄山店和娄子水所在河道断面测量。使用河道地形和水文资料合理确定预警流量，其中：山区天然河道，按明渠均匀流计算；过水断面有建筑物的，近似按无压涵洞、堰流或明渠处理。测量得到 3 个村庄预警断面的成灾水位和流量，见表 1。

表 1　　　　　　　　　　　　　红螺谷沟预警点成灾水位和流量

预警点	成灾水位/m	成灾流量/($m^3 \cdot s^{-1}$)		
		$n=0.035$	$n=0.045$	$n=0.055$
娄子水村	66.01	81.36	63.28	51.77
黄山店村	142.88	180.23	140.18	114.69
黄元寺村	174.06	51.97	40.42	33.07

运行水文模型，得到山洪沟降雨量与流量关系如图 5～图 7 所示。

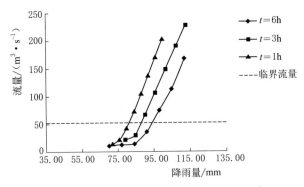

图 5　红螺谷娄子水村降雨量—流量关系（饱和度 20％，$n=0.055$）

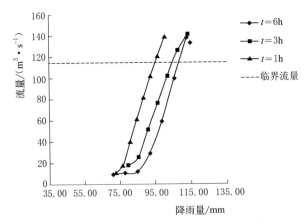

图 6　红螺谷黄山店村降雨量—流量关系（饱和度 20％，$n=0.055$）

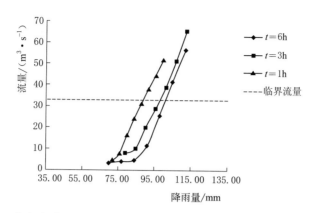

图7 红螺谷黄元寺村降雨量—流量关系（饱和度20%，n＝0.055）

根据成灾流量，计算得到不同预警点的静态阈值，见表2。可以看出在相同控制断面下，随着糙率增大，通过该断面的流量逐渐减小，断面平均流速逐渐降低。从防洪安全的角度考虑，推荐选取 $n＝0.055$ 作为制定预警指标阈值时的糙率值。

表2　　　　　　　　　　　　　　　预 警 点 静 态 阈 值

预 警 点		临界雨量/mm		
		1h	3h	6h
$n＝0.035$	娄子水村	84	93	97
	黄山店村	103	111	126
	黄元寺村	94	101	115
$n＝0.045$	娄子水村	82	89	96
	黄山店村	97	110	112
	黄元寺村	91	99	105
$n＝0.055$	娄子水村	81	86	95
	黄山店村	94	103	106
	黄元寺村	86	97	101

4.2　考虑土壤含水量变化的山洪预警阈值（动态阈值）

土壤含水量对流域产汇流具有重要影响，考虑不同土壤含水量下的预警指标对于精细化预警指标阈值具有关键作用。仍然采用分布式水文模型，用土壤饱和度来代表土壤含水状况，得到不同预警点的动态预警指标，如图8～图10所示。临界雨量按照预警点和时段而略有不同，但和土壤饱和度有较好的线性关系。也就是说土壤含水量大、接近饱和时，同样大小的降雨更有可能引发洪水，因此雨量较小时也需要发布预警。以红螺谷

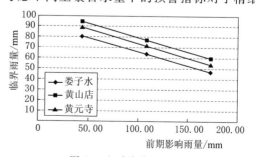

图8 1h动态临界雨量

169

流域娄子水村为例，当土壤饱和度 20％时，1h 雨量超过 84mm，或 3h 雨量超过 93mm，或 6h 雨量超过 97mm，就需要发布预警；而当土壤饱和度为 80％时，1h 雨量超过 48mm，或 3h 雨量超过 58mm，或 6h 雨量超过 65mm，就需要发布预警。土壤饱和度相差 60％，临界雨量相差能够达到约 30mm。如果土壤饱和度是除了 20％、50％、80％的其他数值，相应的临界雨量可以通过查图得到。

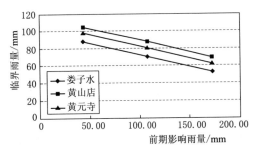
图 9 3h 动态临界雨量

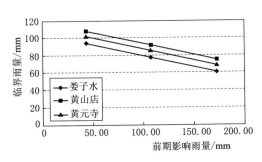
图 10 6h 动态临界雨量

将所得临界雨量与数值天气预报结果相比，结合实际雨情，如果未来 1h、3h、6h 内该地区可能的雨量超过了相应时段的动态临界雨量，则需要发布预警信息，组织群众撤离。

5 结语

采用分布式水文模型利用河道水位流量间接计算的方式确定了单沟山洪预警指标和阈值。针对典型示范沟道——房山区红螺谷沟，完成了利用水文模型对山洪预警响应时间的确定；通过水文模型建立山洪沟的降雨—径流关系曲线，实施山洪沟典型断面地形测量，确定临界水位、流量，反推获得山洪预警静态阈值。在考虑土壤水分动态变化的条件下，借助水文模型计算，获得不同前期雨量和土壤饱和度下的降雨—径流关系，给出了山洪预警动态阈值，可实现模型自动计算下的阈值动态给定。

山洪预警指标的建立是山洪预防的基础性工作，其尺度、数值的精细化需要依赖于水文模型的精确性和对沟道地形等基础数据的掌握程度。未来应持续开展山洪沟道的调查、监测，积累分析强降雨场次下的灾害数据，建立适合北京地区的山洪模型，有效结合短临降水预报格网数据，精细化山洪沟道预警阈值，系统性提升山洪灾害预报预警能力。

参　考　文　献

[1] 梁家志，刘志雨，等．中小河流山洪监测与预警预测技术研究［M］．北京：科学出版社，2010.
[2] 程卫帅．山洪灾害临界雨量研究综述［J］．水科学进展，2013（6）：901－908.
[3] 志雨，杨大文，胡健伟．基于动态临界雨量的中小河流山洪预警方法及其应用［J］．北京师范大学学报（自然科学版），2010，46（3）.
[4] 夏军，王纲胜，谈戈，等．水文非线性系统与分布式时变增益模型［J］．中国科学（D辑：地球科学），2014，11：1062－1071.

密云蛇鱼川小流域"7.16"暴雨洪水分析及水毁修复思路

张　焜　常国梁　胡晓静　薛万来　时　宇　李添雨　李卓凌

（北京市水科学技术研究院　北京　100048）

【摘　要】　2018 年北京市密云区"7.16"暴雨导致山洪暴发，造成严重洪涝灾害。从北京市防汛平台收集降雨资料，选取蛇鱼川河和石炮沟 7 个洪痕点进行洪水调查，对洪峰流量进行分析计算，调查蛇鱼川小流域水毁情况及成因分析，并在此基础上提出水毁修复思路，为北京市山区小流域水毁修复及综合治理提供支撑。

【关键词】　小流域　暴雨　洪水　水毁修复

2018 年 7 月 15—18 日，密云全区普降暴雨，局部地区达到特大暴雨，主要集中在密云水库西北部地区，最大降雨点位于张家坟，降雨量为 386mm。受本轮强降雨影响，白河最大洪峰流量（张家坟水文站）达 1300m³/s（7 月 16 日 5:50），为 1998 年以来最大流量；潮河入库流量 0.29m³/s，从 7 月 15 日 8:00—7 月 19 日 16:00，密云水库增加蓄水 8210 万 m³。据密云区防汛办统计的各乡镇上报数据，此次降雨对全区石城镇、冯家峪镇等 13 个镇 130 个村农民生活、农业生产和基础设施造成严重损失。

董玫[1]提出小流域洪水灾害在全流域洪涝灾害损失中所占比重日益增大，且易诱发滑坡、泥石流等山洪灾害，已成为当前防汛工作关注的重点之一。本研究通过开展小流域洪水及灾情的调查观测和分析，提出小流域水毁修复思路，旨在为北京市山区小流域灾后建设及综合治理提供借鉴。

1　流域概况

蛇鱼川小流域位于北京市密云区西北部的石城镇，小流域总面积 25.62km²，小流域内有黄峪口村和西湾子村 2 个行政村，每个行政村含 6 个自然村，小流域总户数 594 户、1067 人，村域面积 11.20km²。蛇鱼川小流域多年平均年降雨量 652mm，75% 集中在 6—9 月，流域内地质岩石以花岗岩、片麻岩为主，土壤以褐土为主[2]。蛇鱼川是白河一级支流，发源于石城镇北段的山神庙，跨越密云水库一级和二级水源保护区，经转山子、西湾子等村入密云水库，长 13.4km。

2　暴雨情况

本次降雨过程呈现总雨量大，持续时间长，局地强度大等特点。7 月 15 日 8:00—18

日 8:00，全区累计平均降雨量 168.2mm，主要集中在密云水库西北部地区，降雨自西北向东南逐渐减弱。其中，密云城区平均降雨量为 139.2mm，最大降雨点位于张家坟，降雨量为 386mm。张家坟雨量站最大降雨强度达到 133mm/h。蛇鱼川小流域距离暴雨中心最近处约 3km。密云区 17 个市级雨量站观测等值线图，如图 1 所示。

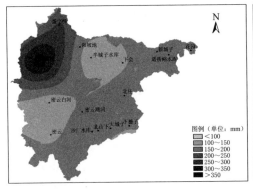

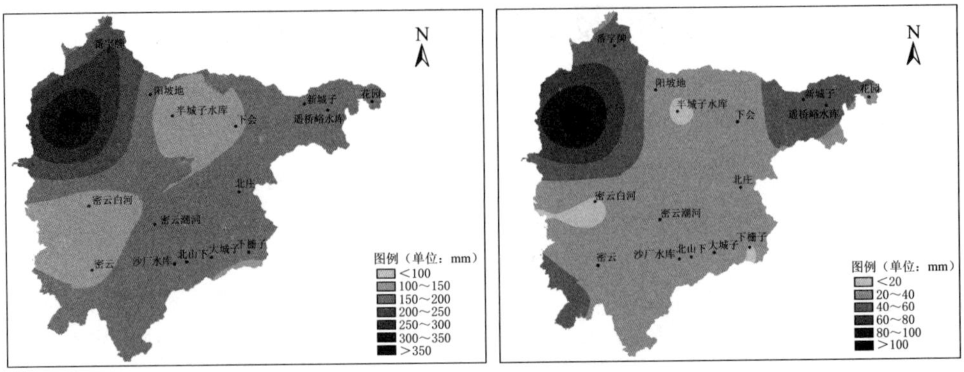

（a）降雨总量　　　　　　　　　　　（b）最大1h降雨量

图 1　密云区 17 个市级雨量站观测等值线图（2018 年 7 月 15—18 日）

3　洪水分析

根据降雨情况于 7 月 20 日对蛇鱼川小流域进行洪水调查，调查沿沟道进行，根据调查对象有无损毁情况进行分段，确定调查断面，对每个断面采用 GPS 定位。确定断面后，对断面所在沟道左右岸洪痕位置进行测量，测量洪痕断面的上口宽、下口宽、洪水深、现状水位、比降及流速等。调查组自下游入库前东湾子自然村内开始调查，确定了 7 处洪痕点，其中蛇鱼川河 5 处，石炮沟（蛇鱼川支沟）2 处，如图 2 所示。

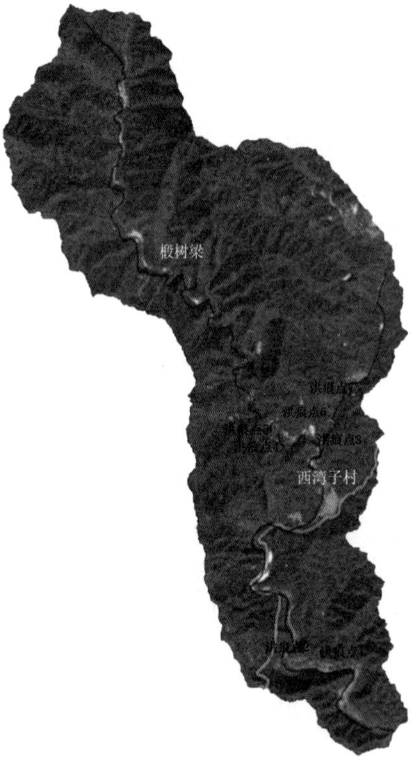

采用比降面积法确定本次洪水的洪峰流量。对均匀河段，河道断面过水面积变化不大，各断面流速相近，可按均匀流将水面比降代入曼宁公式进行洪峰流量计算[3]，即

$$Q = \frac{1}{n} A R^{2/3} I^{1/2} \tag{1}$$

式中　Q——洪峰流量，m^3/s；

　　　n——糙率系数；

　　　A——断面面积，m^2；

　　　R——水力半径，m；

　　　I——水面比降，‰。

图 2　调查蛇鱼川河、石炮沟洪痕点位置平面图

经分析计算，蛇鱼川小流域调查点洪峰流量详见表1。

表1 蛇鱼川小流域调查点洪峰流量统计表

洪 痕 点		位 置	沟宽/m	洪水深/m	洪峰流量/(m³·s⁻¹)
蛇鱼川河	洪痕1	东湾子村入库前	20	2.5	285
	洪痕2	东湾子村口漫水路	35	2.4	273
	洪痕3	石炮沟汇流点上游	23	3.5	255
	洪痕4	石炮沟汇流点上游700m	19	1.3	222
	洪痕5	口门	25	2.5	215
石炮沟	洪痕6	石炮沟支沟距汇流点上游100m	15	2.0	69
	洪痕7	石炮沟支沟距汇流点上游500m	20	1.5	59

由表1可以看出，蛇鱼川小流域主沟蛇鱼川河洪峰流量在215～285m³/s之间，石炮沟支沟汇入主沟的洪峰流量为69m³/s，蛇鱼川河入库洪峰流量为285m³/s。另外，石炮沟洪水汇入蛇鱼川河后，并未导致洪痕点2的洪峰流量明显增加，这是因为蛇鱼川河在东湾子村和西湾子村之间现有一处塘坝，在行洪过程中起到了一定的调蓄作用。

4 水毁情况及成因分析

4.1 水毁情况

据不完全统计，蛇鱼川小流域损毁情况包括：防护坝损毁27处（1880m）、西黄路（四级公路）损毁26处（1500m）、田间生产道路损毁12040m、梯田损毁48.39hm²、淹没果园3亩、桥涵损毁4处、挡土墙坍塌60m。损毁情况如图3～图7所示。

图3 西黄路及防护坝损毁

图4 黄峪口村田间生产道路损毁   图5 黄峪口村梯田损毁

图 6　西湾子村桥涵损毁　　　　　　　　图 7　黄峪口村屋后挡土墙坍塌

4.2　成因分析

根据灾情调查结果，对照比较多方面因素，对成灾原因进行了深入分析，除本次特大暴雨自然因素外，其他原因分析如下：

（1）沟道损毁。小流域内沟道主要为蛇鱼川河和石炮沟，现状两侧堤防均有不同程度的坍塌，主要原因是：①本次暴雨产生洪峰流量过大，流速较快，对堤防基础淘刷严重，导致沟道岸坡坍塌；②沟道堤防外侧坡面汇水产生的径流也较大，从堤后汇入沟道的过程中对堤防产生了冲刷，在大强度的河道水流与堤后水流双重作用下，导致堤防失稳坍塌；③沟道两侧遍布村庄及农田，村民为交通方便，多在河道中填筑砂石漫水路和涵管桥，跨河的桥或路与沟道连接处往往成为一个脆弱区，容易受到洪水的冲击和淘刷，导致桥或路的垮塌，同时还会引起沟道岸坡坍塌。

（2）梯田损毁。蛇鱼川小流域沟道狭窄，沟道两侧冲积而成的滩面较少，耕地主要分布在沟道两侧山坡上，以石坎梯田为主，主要作物为核桃及板栗，本次暴雨导致部分石坎坍塌。现状损毁梯田石坎均为干砌石，且年久失修，在暴雨形成的坡面径流下失稳坍塌。另外，据现场查勘可知，部分耕地及时在流域面积较小的沟道中修筑横向田坎，上游淤积而成梯田，此类田坎占据原有沟道的行洪空间，雨量较大时极易发生坍塌。

（3）道路损毁。具体包括：①公路损毁主要是在由于洪水对沿河道路防护坝冲淘坍塌，导致路基被淘刷，此现象在弯道顶冲处更为明显；②田间生产道路的损毁有两种情况：一是现状生产土路沿山脚蜿蜒向上，在山体坡面水流冲刷下，道路中间被冲出纵向的沟道；二是现状混凝土道路沿沟道布设，在水流作用下道路路基被淘空导致道路冲毁。

5　修复思路

阳文兴等[4]在对 2012 年"7.21"特大暴雨受灾小流域开展广泛调查和深入分析的基础上，结合小流域治理经验，提出了"安全、生态、清洁"的小流域治理目标。满足防洪要求的前提下，不断改进措施设计与施工，加强联合参与和监督管理，保障治理效果，从而减轻极端天气下的灾害损失。结合前人学者的相关启示和小流域治理相关技术规范[5]，提出本次小流域水毁修复思路。

5.1　总体思路

根据暴雨小流域水毁情况，以小流域为单元，以沟河道治理为重点，保障行洪空间，恢复沟河道自然形态和生态功能，深化生态修复、生态治理、生态保护三道防线建设，结合受灾原因，因地制宜、因害设防，合理规划重建布局，拆建结合，科学重建水土保持措施，实现小流域防洪安全，兼顾水源安全和生态安全，统筹山水林田湖草系统治理。

5.2 治理措施

在水毁小流域系统调研的基础上，统计分析各类水土保持措施的损毁情况及致灾原因；根据降雨特点、区域人口划分小流域安全等级，并设定防治措施的防洪等级，因地制宜确定各项措施的配置。

1. 生态修复区——封

在山高坡陡、人烟稀少地区及山洪泥石流易发区，实施封禁治理，加强管护，降低人类活动对自然的侵扰，通过自然植被生长，提高蓄水保土和水源涵养的能力，改善生态。对生态修复区原则上不采取工程类措施，以封禁管护、自然修复为主。

2. 生态治理区——治

主要集中在农业种植区及人类活动频繁地区，通过建设谷坊、护村坝、护地坝、挡土墙等措施，拦沙、挡土、分流，保持水土，提高区域防灾减灾能力。

对坡度为5°～15°梯田的石坎、田间生产道路的修复按照现有规范标准恢复；对坡度为15°～25°梯田其损毁石坎和田间生产道路原则上不再进行修复，主要实施鼓励退耕的措施；除在有沟底下切问题的支毛沟内建设谷坊坝外，不再新建横向挡水建筑物；在房前屋后的坍塌处，须进行地质勘察和稳定性分析，再考虑采取挡土墙或移民措施；污水处理、垃圾收集等措施以恢复和完善水土保持功能为主。

3. 生态保护区——排

对本次暴雨中损毁的河（沟）道，应进行水文分析，合理确定河（沟）道的过流能力，依托"河长制"适时拆除侵占沟道的违章建筑物，行洪空间不足的断面须清理拓宽沟道，保障行洪空间，并严格落实河（沟）道岸线管控。在保障抗冲能力的前提下，岸上为房屋的河（沟）段修复可采用硬性防护措施（如浆砌石防护坝等）；岸上为道路或农田的河（沟）段修复可采用抛石＋植物护岸、柳木桩＋活柳枝护岸等相对柔性的措施；对无防护对象的河（沟）段防护坝损毁后不再进行修复；在水库周边地带及河（沟）道断面较宽的位置构建并修复湿地系统，保护和恢复河库水生态环境，实现河库生态系统的健康稳定。

参 考 文 献

[1] 董玫．浅析小流域的防洪对策 [J]．中国水运，2011，11（2）：149－150.

[2] 吴敬东，叶芝菡，梁延丽，等．密云水库上游蛇鱼川生态清洁小流域监测与评价 [C]．小流域综合治理与新农村建设论文集，2008.

[3] 王玉平．岷县迭藏河小流域"6.22"暴雨洪水调查分析 [J]．地下水，2017，39（4）：171－174.

[4] 阳文兴，叶芝菡，常国梁，等．"7.21"特大暴雨对北京市小流域治理的启示 [J]．北京水务，2013，（1）：6－8.

[5] DB11/T 548—2008　生态清洁小流域技术规范 [S]．

[6] 吕小帅，陈美丹，刘光保．白云溪小流域"16.7"尼伯特台风暴雨洪水调查分析 [J]．水力发电，2018，44（6）：31－34.

[7] 刘轩．拜城县小流域山洪灾害典型洪水分析 [J]．陕西水利，2018，1：54－56.

基于 MIKE 模型的北京山区洪水模拟研究
——以房山区红螺谷小流域为例

李添雨

（北京市水科学技术研究院　北京　100048）

【摘　要】　近年来，受气候变化、丰枯水年周期性变化以及城市规模快速发展等因素影响，北京山区暴雨频发，造成了多次洪涝灾害。本研究采用 MIKE 模型，模拟分析了在 2012 年的"7.21"和 2016 年的"7.20"两场暴雨条件下，房山区红螺谷小流域洪水过程，对模型的可靠性与适用性进行率定，确定了模型关键参数。研究结果表明：依据不同的土地利用类型，下渗率取值范围为 0～0.65cm/h；结合当地的下垫面条件，曼宁系数取值范围为 0.025～0.4。模型率定结果显示流量峰值误差为 8.9%（<20%）。两次模拟洪峰、水位等结果在合理误差范围内，满足洪水预报要求，应用模型可开展研究区流域的山洪监测、预警及风险评估，为防灾减灾提供技术支撑。

【关键词】　MIKE 模型　耦合　山区洪水　暴雨

1　引言

21 世纪以来，面临山洪灾害形势，水利部对山洪灾害防治工作高度重视，编制了《全国山洪灾害防治规划》，并将非工程措施作为山洪灾害防治的重点，在全国范围内开展了山洪灾害研究。关于山洪灾害的理论研究，最早由国外学者于 20 世纪 40 年代发起，之后于 20 世纪 80 年代引起广泛关注。其中，数学模型是在计算机技术和系统理论的发展中产生的。目前，单独的一维或二维河道水动力模型（MIKE 11 或 MIKE 21）虽可以解析洪水过程，但尚无法准确、实时描述任意时刻水位、流量、淹没情况等关键要素。因此，研究相关模型的耦合，发挥各自的优势，在未来洪水研究、灾害防治与风险管理中将起到重要作用。

本研究针对北方山区洪水问题，引进分布式水文模型（MIKE SHE），基于小流域的降雨径流、洪水等监测数据，通过模型的耦合构建，模拟北京山区复杂下垫面小流域山区洪水过程，开展淹没风险分析，修订模型下渗率、河道糙率等关键参数，对于提高山洪灾害风险评估及应急救援能力具有重要实践及指导意义。

2　MIKE 模型概述

研究区位于房山区红螺谷小流域，红螺谷小流域位于房山区中西部的周口店镇，年降水量高度集中，6—9 月降水量达 325～650mm，占全年降水量的 75%～86%，7 月、8 月两月降水量占全年降水量的 1/2 以上（51.6％～64.4％）。往往以高强度的暴雨形式降落，如最大 24h 降水量达 100～500mm。流域内地势为西北高、东南低，平均海拔 254.90m，大部分地区处在 80.00～300.00m。流域内土质以山地褐土和黄褐土为主，土壤中性微酸。

本文根据研究区洪水特点，通过耦合 MIKE SHE 与 MIKE 11，模拟分析了研究区的洪水过程，并对模拟结果的合理性和可靠性进行了率定和验证。同时耦合 MIKE 11 与 MIKE 21，模拟了洪水的淹没范围、水深、流速等风险因素，并在此基础上绘制了洪水风险图，为房山区防灾减灾提供了技术支撑。

2.1 MIKE 11

MIKE 11（一维河道水动力模型）的 HD 模块是本研究中主要应用的基础模块，其中 HD 模块为一维河网水动力模型，通过计算河道各点的水位、流量、流速等信息，模拟一维河道中水流过程。

2.2 MIKE 21

研究中 MIKE 21（二维河道水动力模型）主要应用 HD 模块，HD 是 MIKE 21 软件的最基本模块，它为其他所有功能模块的运行提供了基础水力要素信息。

2.3 MIKE SHE

MIKE SHE（分布式水文模型）拥有一个模块化的结构，通过 5 个子模块描述产汇流，具体有：①蒸散发（ET），包括截留、土壤和水面蒸发、植被蒸腾；②坡面流（OL），St. Venant 方程组描述二维地表径流；③河流与湖泊（OC），采用 MIKE 11 对河道汇流进行完整模拟，并且可对洪水水量、水库、堤坝以及闸门泵站等方面设置计算；④不饱和带（UZ），Richards 方程描述水分从地表到地下的渗透过程；⑤饱和带（SZ），达西方程描述三维地下水流运动，并可模拟地下排水以及取水井。

2.4 MIKE FLOOD

MIKE FLOOD 是将 MIKE 11 和 MIKE 21 动态耦合的模拟系统。把一维模型和二维模型相耦合，可以充分发挥两种模型的各自特色和优势，解决两种模型分别使用时经常遇到的空间分辨率和计算精度等问题。MIKE FLOOD 主要分为标准连接与侧向连接两种连接方式，本研究采用的是侧向连接。

3 红螺谷小流域洪水模型建立

3.1 MIKE SHE

本研究选用河流与湖泊（OC）、坡面流模块（OL）进行研究，通过 MIKE SHE 与 MIKE 11 耦合，模拟河道各断面水位、流量情况，生成河道水面线，水位、流量过程曲线。

3.1.1 模拟范围与计算网格

将红螺谷流域边界确定为水文模型的模拟范围，在模拟范围内选择 MIKE SHE 计算的网格大小，综合考虑已收集到的数据精度（地形、气象、土地利用等数据的空间分辨率），选择本研究区的计算网格大小为 100m×100m，总面积为 52.39km²，模拟范围如图 1 所示。

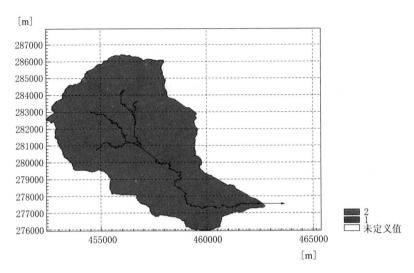

图 1　MIKE SHE 模型的模拟范围与计算网格

3.1.2　地形数据分析

将研究区 10m 分辨率的 DEM 数据，输入模型用来描述地表地形作为产汇流计算的基础。由于 DEM 分辨率与模型计算网格大小不同，并且可能存在局部数据缺失的情况，需要选择适当的插值方法转换、补齐数据，本次选用反距离权重插值法，处理后的地形如图 2 所示。

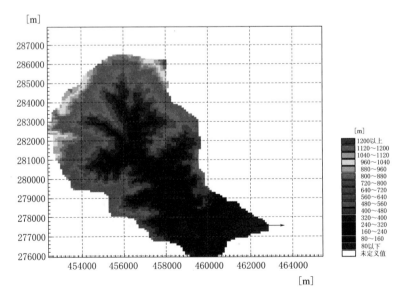

图 2　MIKE SHE 模型的地形数据处理

3.1.3 气象数据分析

气象数据的设置主要包括定义降雨和蒸发。本研究暴雨洪水过程历时较短,因此不考虑蒸发的影响。

(1) 降雨。模型中设置的参数包括设置降雨的时间、空间分布两部分。定义降雨空间分布的方式分为三种,分别是均匀分布、基于站点分布及适合气象雷达数据的完全分布式。由于红螺谷流域面积不大,可以用点雨量代表面雨量分布,因此选择均匀的降雨空间分布。经整理分析,给出两场大暴雨级别的降雨数据,用于模型验证及模拟分析,具体如图3和图4所示。

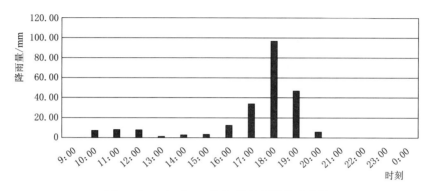

图3 2012年"7.21"红螺谷实测降雨过程

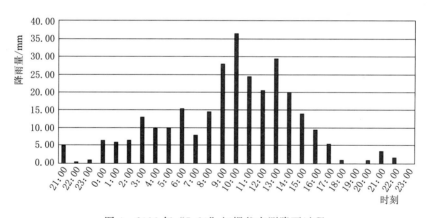

图4 2016年"7.20"红螺谷实测降雨过程

(2) 净降雨。净降雨表示降雨扣除截留、蒸散发后参与下渗和径流的雨量。通常 MIKE SHE 中通过蒸散发、包气带和饱和带模块来模拟截留和下渗过程并计算出对应的消耗水量,本研究中模拟坡面汇流过程,因此需要从降雨中预先扣除这些降水量。

暴雨期间的蒸散发量相对比例较小,模型中不考虑;由于两场暴雨属于短历时强降雨,根据下渗机理可知,暴雨期间为充分供水条件,土壤将在短时间内达到稳定下渗阶段,即降水以稳定下渗率下渗到土壤。

3.1.4 参数设定

1. 下渗率

参考《水文学手册》中总结的不同类型土壤的饱和水力传导度（即稳定下渗率）经验取值，红螺谷小流域广泛分布的淋溶褐土属壤土，其水力传导度分布在 0.2～2cm/h 范围内。

同时在现场布设的径流小区监测到，在"7.21"暴雨发生时，径流小区 16h 25min 累计降雨 205.9mm，石坎梯田有无种植农作物的径流深分别为 15.66mm 和 44.28mm，因而种植农作物可有效减流约 14%。结合《水文学手册》中的壤土下渗率推荐值，裸地取 0.2cm/h，坡耕地可考虑为在裸地上种植农作物后增加了 14% 的下渗量，对应红螺谷 2012 年"7.21"暴雨情景下坡耕地下渗率为 0.43cm/h。

基于上述研究结果，并根据红螺谷 2012 年"7.21"暴雨的实际洪痕调查结果，对各土地利用类型的下渗率进行率定，最终的下渗率取值见表 1。

表 1 不同土地利用类型对应的下渗率取值

土地利用类型	面积比例/%	下渗率/(cm·h⁻¹)	土地利用类型	面积比例/%	下渗率/(cm·h⁻¹)
耕地	4.9	0.43	草地	1.5	0.5
果园	9.0	0.35	村庄	2.4	0.1
有林地	12	0.65	公共服务	0.4	0.3
灌木林	69.7	0.6	水域	0.1	0

2. 坡面流参数

本研究中选择有限差分法计算坡面流，通过曼宁系数、滞蓄水深、初始积水深度 3 个参数进行描述。

（1）曼宁系数。模型中的曼宁 M 是指常用的曼宁系数 n 的倒数，n 综合反映了管渠壁面粗糙情况对水流的影响，其取值范围是 $n=0.01$（光滑河道）～0.1（植被繁茂河道），对应 $M=10～100$。与明渠流相比，坡面流模拟时 M 的取值较小，即糙率更大。

（2）滞蓄水深。红螺谷属低山丘陵区，天然的地形坑洼现象较少，不考虑天然坑塘滞蓄水的影响，同时流域内存在人为的水土保持措施，如梯田、林地等，因此利用滞蓄水深表示梯田的截流蓄水作用。

（3）初始积水深度。计算坡面流的初始条件，即模型起算时刻地表的积水深度，本研究假设地表无积水，设为 0。

3.1.5 河流与湖泊模块

在河流与湖泊（OC）模块中引入 MIKE 11，从而将 MIKE SHE 与 MIKE 11 耦合在一起计算，实现坡面汇流入河全过程的数值模拟。

3.2 MIKE 11

3.2.1 河网概化

研究区域内的汇流通道包括主沟道及其支沟，其中主沟道自上游至下游，在黄山店、拴马庄、娄子水等村庄的断面数据更为详细。在流域出口有洪痕数据，其余支沟均无河道地形及水文数据，故经过概化模型共模拟 4 条沟道，利用 DEM 计算流向后进行河道追踪生成。

3.2.2 断面文件

通过实际测量，得到 40 余处具有代表性的沟道断面，同时为保证模型运行的流畅性，防止计算过程中模型发散，结合 10m×10m 的 DEM 数据和现场考察拍摄的沟道照片，利用 MIKE 11 的 GIS 工具对流域内概化河道的断面进行了插补。此外，研究中期针对沟道源头、沟道水工建筑物附近、拴马庄村及娄子水村的关键性断面进行了补测，并对原有模型中的断面文件进行更新，为小流域 MIKE 11 的准确模拟提供了地形数据基础。

3.2.3 边界条件

由于降雨产流通过 MIKE SHE 计算并以侧向入流形式汇入河道，因此河道上游端点设为零流量边界。下游无水文站实测水位数据，因此将河道向下游延伸足够远并定义为常水位边界，避免其对研究河段的影响，保证自由出流条件。

3.2.4 水工建筑物

红螺谷小流域的主沟道上分布有少量水工建筑物，水工建筑物类型多为桥涵与跌水。在模型中依据高程—宽度关系、断面形状定义过流堰、箱涵形状，并选择相应的堰流公式，通过模型自动计算水头损失。本研究中过流堰均为宽顶堰，箱涵形状为矩形或圆形。

3.2.5 关键参数设定

通过实地调查河道实际粗糙度情况，与电力工业部东北勘探设计院 1977 年编制的天然河道糙率表比对，加权平均、分段赋值，河道平均糙率取 $n=0.025$；河道为季节性河流，平时无水，初始水深设定为 0；模型模拟场次洪水过程，根据降雨发生的时段并考虑整个流域汇流时间。

3.3 MIKE 21

3.3.1 计算范围

为评估研究区小流域的洪水风险，选择干支流沿线有评估需求的重点村庄开展洪水淹没风险分析。本研究中，确定 MIKE 21 研究范围为研究区干流沿线的黄山店、拴马庄、娄子水 3 个村庄及立马水泥厂下游附近区域，结合实测水文地形资料，考虑超大洪水淹没范围，计算范围为河道两岸向东西方向延伸至山坡坡脚。

3.3.2 地形处理

数学模型采用的地形包括整个流域 1：10000 的地形图及村庄段 1：500 实测地形图。

3.3.3 网格划分

村庄淹没区域采用三角网格，最大网格面积为 100m²，最小网格 15.58m²，共划分为 32854 个三角网格。

3.3.4 MIKE 21 参数设定

（1）水文边界条件设定。本研究 MIKE 21 水文边界条件采用默认边界条件，故给定零流速边界条件。

（2）干湿边界条件处理。为模拟超标准洪水，考虑河道溢流情况，河岸两侧滩地处于干湿边交替区，为避免模型计算出现不稳定，设置干水深、淹没水深和湿水深。当某一网格水深小于湿水深时，此单元上的水流计算会被调整，即不计算动量方程，只计算连续方程。而当水深小于干水深时，会被冻结不参与计算。

3.4 流域洪水模型

根据以上建立的 MIKE SHE、MIKE 11、MIKE 21，分别耦合建立研究区流域洪水模型。

3.4.1 MIKE SHE 与 MIKE 11 耦合

应用建立的 MIKE SHE 与 MIKE 11 耦合，实现坡面流汇流入河道的流域全过程水文模型。

3.4.2 MIKE 11 与 MIKE 21 耦合

本研究选用 MIKE 11 与 MIKE 21 耦合，模拟详细的河道周边村庄段行洪，包括流速和水位逐点模拟及平原中洪水演进过程。

红螺谷小流域洪水模拟耦合连接如图 5 所示，本次模拟使用侧向连接将 4 处村庄段河道堤防作为连接通道，在堤防处模拟漫堤洪水演进。

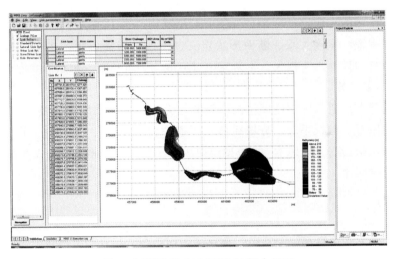

图 5 MIKE 11 与 MIKE 21 耦合界面

4 典型洪水过程模拟分析

4.1 模型率定

鉴于山区流域大暴雨场次降雨洪水数据的缺失，为准确模拟研究区大暴雨场次的洪水过程，构建的模型率定选用 2012 年 "7.21" 暴雨的洪痕调查数据。

通过现场调查与洪痕推算，2012 年 "7.21" 暴雨条件下，红螺谷小流域下游拴马庄桥附近断面最大洪峰流量 517m³/s，本次模拟结果为 527m³/s，峰值误差 1.9%（<20%），以此表明模型所选取的参数合理，满足模拟精度要求，如图 6 所示。

4.2 洪水过程模拟

模型验证符合洪水预报要求，采用研究时段监测得到的场次大暴雨开展洪水过程模拟。2016 年 7 月 20 日，通过 4 个雨量站实测值，并运用泰森多边形法进行计算得到红螺

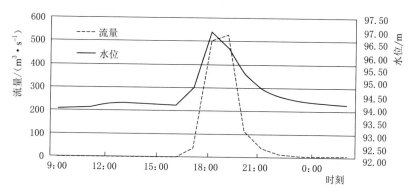

图 6 红螺谷拴马庄下游断面水位、流量模拟

谷小流域 26h 面降雨量为 282.6mm，本研究选取 2016 年 "7.20" 降雨进行洪水过程模拟。

本次模拟时长 26h，以涞沥水、黄山店、拴马庄、娄子水及立马水泥厂下游五处典型断面为例，分析流域自上游到下游的洪水过程，各断面水位、流量模拟结果如图 7～图 11 所示。

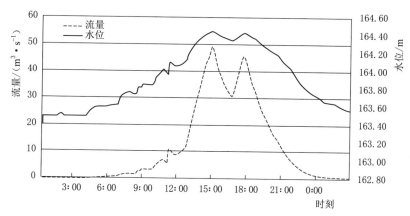

图 7 涞沥水村 "7.20" 水位、流量模拟结果

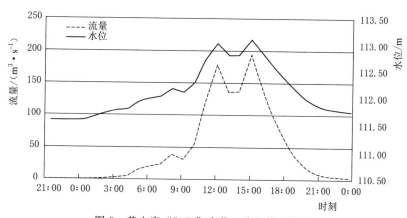

图 8 黄山店 "7.20" 水位、流量模拟结果

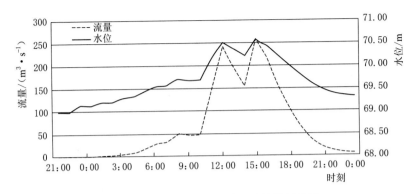

图 9 拴马庄 "7.20" 水位、流量模拟结果

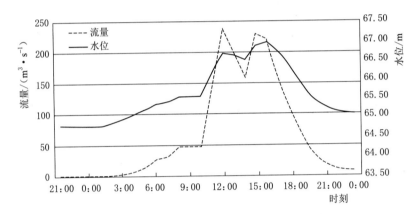

图 10 娄子水 "7.20" 水位、流量模拟结果

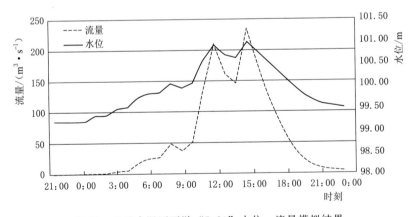

图 11 立马水泥厂下游 "7.20" 水位、流量模拟结果

　　同时应用模型开展了洪水风险分析（图12），由模拟结果可以看出，在娄子水村洪峰流量接近 250m³/s，但由于降雨时间较长，洪水漫出河床，村庄漫堤段长度约 1km，最大淹没水深 5.67m，村庄存在一定的洪水风险。

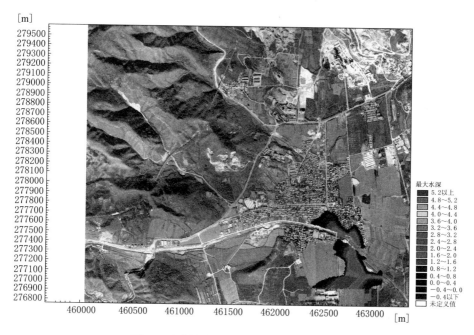

图12　红螺谷小流域"7.20"淹没分析图

4.3　模型验证

流域实际监测到的洪峰流量验证表明，以 2016 年"7.20"暴雨的降雨量作为输入条件，模型模拟得到流域右侧支沟涞沥水洪峰流量 49.51m³/s，实测洪峰流量数值为 45.11m³/s，峰值误差 8.9%，小于水文预报 20% 的许可误差，模型模拟结果满足要求。

5　结语

（1）构建研究区小流域洪水模型：选取房山区红螺谷小流域，以 2012 年的"7.21"和 2016 年的"7.20"两次暴雨降雨作为模型输入条件，分别建立基于 MIKE SHE 与 MIKE 11 耦合、MIKE 11 与 MIKE 21 耦合的水文模型；修订模型关键参数，主要包括：①地形，以 10m 分辨率的 DEM 数据作为基础，选用反距离权重插值法，输入模型用来描述地表地形，并作为产汇流计算的基础；②下渗，依据不同的土地利用类型，下渗率取值范围为 0~0.65cm/h；③曼宁系数，结合当地的下垫面条件，曼宁系数取值范围为 0.025~0.4。

（2）模型模拟结果表明，以 2012 年的"7.21"暴雨的降雨量作为输入条件下，模型率定结果为 527m³/s；以 2016 年的"7.20"暴雨降雨量作为输入条件下，模型模拟结果为 49.51m³/s，与实测值相比，峰值误差 8.9%（<20%）。两次模拟洪峰、水位等结果在合理误差范围内，满足洪水预报要求，基于本研究构建的小流域洪水预报模型可用于山洪预警及风险评估等工作，为防灾减灾提供技术支撑。

参 考 文 献

［1］ 胡晓静，吴敬东，张耀方，等. 北京山区 SCS 模型参数研究 ［J］. 中国给水排水，2018，34（3）：125－128.

［2］ 朱世云，于永强，俞芳琴，等. 基于 MIKE 21 FM 模型的洞庭湖区平原城市洪水演进模拟 ［J］. 水资源与水工程学报，2018，29（2）：132－138.

［3］ Qiaohong Sun，Chiyuan Miao，Amir Aghakouchak，et al. Century － scale causal relationships between global dry/wet conditions and the state of the Pacific and Atlantic Oceans ［J］. Geophysical Research Letters，2016，43（12）.

城市地表径流减控与面源污染削减技术研究

张书函

（北京市水科学技术研究院，北京市非常规水资源开发利用与
节水工程技术研究中心　北京　100048）

【摘　要】　为解决国内大多数城市面临的内涝积水频发和水体径流污染严重等影响城市安全和水环境质量的重大问题，研究提出了城市雨水系统设计降雨过程确定方法，开发了地表空间数字化识别和径流与污染特征耦合分析模型，建立了不同地表空间类型及调控措施干预下的径流水量、水质过程定量计算方法和软件工具平台，构建了城市内涝防治规划技术体系。

【关键词】　城市内涝　地表径流减控　面源污染削减　低影响开发　规划体系

　　随着我国城镇化水平的提高，城市内涝问题凸显，同时城市降雨径流污染未得到有效控制，致使河湖水体水质污染严重。城市内涝与降雨径流污染问题相叠加，加剧了城市水环境污染的程度。从国家层面，需要建立可以对城市降雨径流水量水质进行综合管理的技术体系和管理系统。尽管以北京市为代表的一些城市已经开始采取地表径流减控与面源污染削减措施，但分散的雨水利用措施难以形成雨水径流水量水质的综合管理体系，难以彻底解决内涝和面源污染问题。城市雨水问题是综合性问题，涉及降雨发生、下垫面冲刷、径流形成与发展伴随的污染物排放等环环相扣、互相影响的多个环节。城市雨水问题的解决需要建立可以对城市降雨径流水量水质进行综合管理的技术体系和管理系统。因此，"十二五"国家水污染防治重大专项设立了"城市雨水径流管理与径流污染控制技术研究与示范"项目，包含三个课题，分别从地表过程、管网过程和综合管控角度开展研究。本项研究为第一课题，旨在从地表层面研究建立从源头、过程到末端解决城市面源污染和内涝问题的径流与污染减控技术体系。

1　主要技术成果

1.1　城市降雨过程与时空特征的定量表达方法

　　该研究发现我国城市降雨总体上以单峰型为主。课题采用模糊识别法将我国城市降雨分为 7 种雨型；建立了基于 Gamma 分布的 4 参数降雨空间分布模型和 4 参数城市降雨时间分布模型，量化了城市降雨空间分布特征和空间变化规律；建立了城市降雨类型及时空分布通用表述模型，开发了软件模块。基于年最大值采样法完善了城市排水管网设计暴雨编制方法，提出了采用 P-Ⅲ分布低重现期最佳优化目标、一族曲线人工适线参数优化的

方法，推荐采用 K－C 法（芝加哥雨型）作为城市排水系统的规划设计雨型。基于年最大值采样法，提出了长历时暴雨强度公式 P－Ⅲ曲线频率分析优化策略，即固定 $C_s/C_v=3.5$、C_v 单增，高重现期部分最佳拟合、一族曲线人工适线参数优化。基于同频率分析和倍比放大原理，构建了城市内涝防御工程规划设计暴雨（24h）确定方法，即基于水利雨型峰值的城市长历时设计暴雨雨型制作方法，图 1 显示了北京市Ⅱ区 100 年重现期内涝防御工程设计雨型。该方法的暴雨强度公式的短历时部分与用于管网设计短历时设计暴雨基本一致，长历时部分与水利排涝工程的设计暴雨基本一致，解决了排水与排涝设计暴雨重现期标准衔接的问题。

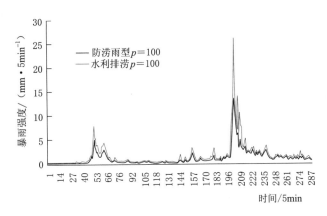

图 1　北京市Ⅱ区 100 年重现期内涝防御工程设计雨型

1.2　不同地表空间类型及调控措施的降雨径流水量水质过程计算方法

本研究建立了不同地表空间类型及调控措施干预下的降雨径流水量、水质过程定量计算方法，明晰了不同城市下垫面降雨产流水量水质特征；研发了天然降雨的水力驱动分时自动采样器（图 2）、城市道路雨水口径流特性监测装置、下垫面雨水径流自动采样装置、雨水径流智能采样装置（图 3）；提出了天然降雨水质检测方法、3 种不透水地表沉积物负荷检测法（清扫法、真空吸滤和水洗法）和 SWMM 水质模型中污染物参数确定方法；建立了城市面源污染水量水质过程同步监测与模型参数确定方法，解决了径流过程的水量、水质同步监测问题。

图 2　天然降雨自动采样器　　　　图 3　雨水径流智能采样器

研究人员还明确了不透水地面、透水铺装和绿地三种典型产流下垫面的径流特征并建立了定量表达方法。针对屋顶、沥青和混凝土地面、砖石铺装地面等类型不透水地面，透水混凝土现浇地面、透水砖铺装地面、草坪砖地面等类型透水铺装地面，以及草地、林地、下凹式绿地等不同形式绿地，同步进行水量水质过程监测，提出与降雨雨型、降雨量、降雨历时相关的动态径流系数及设计取值方法，以及关键污染物削减途径与削减量计算方法，提出不透水地表、透水地表、绿地地表动态径流系数及关键污染物削减系数的计算模型。城市区域不透水地表降雨初始损失值为 1～3mm，动态径流系数可用扣损法计算。透水铺装的产流模式为下层超渗产流与上层蓄满产流的结合体，整体属于混合产流模式。透水铺装的污染物削减途径可分为垂向和水平两个维度。绿地径流的关键污染物削减途径有两个：一个是以土壤和植被吸附、微生物降解转化等为主的浓度削减；另一个是以径流拦蓄、土壤入渗和植物吸收为主的径流量削减而产生的污染量的削减。

该研究建立了多种地表径流调控设施的径流水量水质过程定量计算方法。针对以河道缓冲区、坑塘、湿地为代表的生态景观设施和以屋顶绿化、路边生物滞留槽、植被草沟为代表的典型 LID 设施等地表径流调控设施，建立了与降雨雨型、降雨量、降雨历时相关的动态径流系数和关键污染物削减系数等的计算模型。研究了不同调控设施的类型、数量、规模、布局以及相应的工程地质条件参数对调控结果的影响规律，建立了设施设计参数对调控结果影响的回归分析模型。筛选了生物滞留槽适宜植物，研究了专用填料，建立了道路生物滞留槽的设计方法，集成了生物滞留净化排放技术体系。提出了河流缓冲区、坑塘、湿地三类生态景观设施的规划设计方法，编制了《河道缓冲区、坑塘、湿地景观设施设计导则》建议稿。

1.3 地表空间数字化识别与径流水质水量耦合模拟技术

该研究研发了城市地表空间数字化识别、径流系数与污染特征耦合分析模型。基于地表径流系数建立了城市地表空间类型分类体系，将城市地表空间类型划分为三级 41 类，其中一级 8 类、二级 17 类、三级 16 类，编制了《基于径流系数的地表空间类型分类导则》。提出了利用 GF2 影像、航测影像以及激光雷达点云数据，基于"面向对象＋深度学习＋指数""面向对象＋邻接对象平均偏差"等方法的城市多级地表空间类型识别技术，总精度达到 72.88%～84.79%。提出了基于地形图（含地下管网）、激光雷达点云数据、无人机倾斜影像等多种数据源的 DEM 融合构建方法，高程提取精度达 0.07m（最大高差），栅格精度为 1m×1m。开发了地表空间类型识别和 DEM 数据融合的工具软件。整合课题成果，建立了三级分类的地表径流系数据集，研究了不同地表类型的径流系数与污染特征分析软件并集成 SWMM 模型，实现了不同地表空间类型与径流水量水质特征的耦合模拟，直观地反映出城市不同地表的径流特征。

1.4 低影响开发设施的水量水质分析与评价决策软件

该研究开发了雨水花园、屋顶绿化、植被草沟、生物滞留设施、雨水收集回用、透水铺装等 10 种典型城市低影响开发设施的配置与设计模块。建立了具有强大核心计算引擎的低影响开发设施的径流水量水质数学模拟模型，拥有基于 ArcGIS 的独立操作界面、开放式数据库系统以及完善的 LID 设施水量水质模拟算法，能模拟设定降雨重现期下不同配置方案的 LID 设施对整个模拟场地内的水量、水质过程的影响，能计算径流削减率、污染物去除率以及峰值滞后时间等参数。基于广泛调研，构建了低影响开发设施的费用函数库，以此为基础研发了低影响开发措施优化器，建立了低影响开发优化与分析模块，能定量分析不同低影响开发措施设计方案的径流减控与污染物削减效果，可根据水量水质控制目标和总投资限制，设计出最优化的 LID 设施配置方案。研发了具有独立知识产权的城市低影响开发水质水量分析与评价决策软件——WaterVista，并在实际应用中经过了检验。

1.5 基于排水影响评价和内涝风险评估的城市内涝防控规划技术体系

该研究提出了基于空间分析和数学模型模拟的城市建设项目（居住小区、商业综合体、大型场馆区、立交桥等）排水影响的评价方法和技术。基于客观性、可量化、易获取、合规性原则构建了内涝风险评估的指标体系，建立了基于数值模拟和 GIS 技术的城市内涝风险评估技术，并将其纳入城市规划体系。针对我国排水系统设计普遍采用径流系数的现状，提出了建设项目径流系数管控办法。建立了城市内涝防治规划技术方法和城市雨水径流污染调控规划技术方法，形成了城市地表径流污染控制与内涝防治规划体系。编制了《城市排水（雨水）防涝综合规划大纲实施导则》《城市内涝风险评估技术指南》《建设项目排水（雨水）影响评价技术指南》《建设项目径流系数控制管理办法》《城市内涝防治规划编制技术指南》和《城市径流污染控制规划编制技术指南》的建议稿，完成了国家标准《城市内涝防治规划规范》的征求意见稿。

1.6 基于多层级径流调控的河川基流适度修复技术

从工程调控和综合模拟两方面集成构建了城市的地表径流减控与面源污染削减技术体系，提出了河川基流适度修复的技术框架。提出了城市地表径流减控与面源污染削减的分类区划与措施配置的设计流程，在分析总结了居住区、商业办公区和工业区的建设与排水特点的基础上，提出了三种不同类型地表径流减控和面源污染削减的技术方案。从基于降雨径流过程的工程调控和基于数值模拟的综合管控两个维度集成了城市地表径流减控与面源污染削减技术体系。基于对不同下垫面和各种地表径流调控措施构建以串联为主水力联系的思路，构建了从单种产流地面→街区地块→市政管网→入河排口的多层级雨水径流调控体系，初步建立了多层级调控效果的计算方法，能够将降雨径流变成"清水活源"补给河道，从而一定程度上对河川基流进行修复。图 4 显示了城市院落内雨水径流多层级雨水径流调控技术流程，通过调控可使外排雨水径流的峰值削减 95% 以上、水量削减 90% 以上，排水历时延长 20h 以上。

1.7 基于水影响评价的城市地表径流管控技术

该研究结合北京市实施建设项目水影响评价制度的实际需求，建立了基于水影响评价的城市地表径流管控技术，包括建设项目外排径流总量控制目标和适宜的地表径流减控措施；排水影响和河道行洪影响的建设项目对防洪的影响分析方法，包含内涝风险分析对建设项目影响评价的方法等技术；建立了一套开发建设项目落实地表径流减控措施的有效方法，主要包括逐级分解落实、宣传培训指导、签订绿建约定书、指标纳入土地供应规划条件（招拍挂）等。该研究成果在北京市建设项目水影响评价工作中进行了全面的推广应

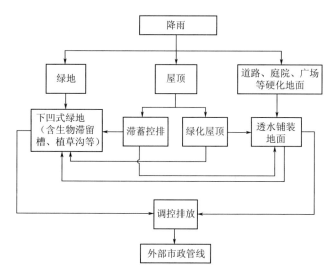

图 4 城市院落多层级雨水径流调控技术流程

用，为北京城市内涝防治和径流污染控制提供了积极有效的工程技术支撑。

1.8 基于细化洪涝模拟的城市流域洪涝风险综合管控技术

该研究建立了基于细化洪涝模拟的城市流域洪涝风险综合管控技术，支撑了北京防汛精细化管理建设。以清河流域为研究对象，建立了基于细化洪涝模型构建的城市流域洪涝风险综合管控技术。提出了城市流域尺度耦合下垫面产流、地面漫流、管网与河网汇流等城市水文全过程精细化洪涝模型构建技术，基于精细化的建模数据，融合流域下垫面截流减污特征实现网格划分、模型参数、模型验证以及模型应用的精细化，实现雨水管网排水能力分析、河网行洪能力评估、不同重现期降雨积水风险台账构建、积水点原因诊断、城市河湖水系联合调度的集成模拟分析等功能，依此进行城市流域洪涝风险综合管控。该项技术已在北京的凉水河流域进行了推广应用。研究成果支撑了 2017 年北京市防汛综合演练、防汛预案修订、防汛技术培训等各项实践工作，能够为其他流域洪涝风险综合防控提供科学完整的指导方案，有力支撑了北京的防汛精细化管理建设。

2 主要创新点

该研究的创新点主要体现在以下四个方面。

2.1 数据基础创新

该研究建立了用于防涝系统设计的长历时设计降雨过程确定方法，解决了雨水径流综合管控体系的设计降雨输入难题。依据城市排水防涝工程体系中源头减排工程、排水管渠工程（小排水）、内涝防治工程（大排水）、排涝工程（排水下游）、防洪工程 5 类工程的特点，提出了针对内涝防治工程（大排水）的设计暴雨确定方法，即基于水利雨型峰值的城市长历时（24h）设计暴雨雨型制作方法，实现暴雨强度公式的短历时部分与短历时设计暴雨基本一致，长历时部分与水利排涝工程的设计暴雨基本一致。建立了城市排水工程、城市内涝防治工程和水利排涝工程三者设施规划、设计重现期和设计标准衔接的关系，一定程度上解决了城市排水、防涝设计暴雨重现期标准的衔接问题。

该研究提出了基于不同数据源的地表空间类型数字化识别与径流水量水质特征的耦合表达方法，解决了城市排水模型构建中城市地表快速数字化识别与水量水质特征耦合模拟难题。构建了基于径流系数的城市地表空间类型分类体系，提出基于径流系数的地表空间分类方法；建立了利用高分二号影像、航测影像以及激光雷达数据，基于"面向对象＋深度学习＋指数""面向对象＋邻接对象平均偏差"等方法的城市多级地表空间类型识别技术，总精度为 72.88％～84.79％，实现了大部分地表空间类型的自动识别。提出了基于地形图（含地下管网）、激光雷达点云数据、无人机倾斜影像 3 种数据源的 DEM 融合方法，高程提取精度达 0.07m（最大高差），栅格精度为 1m×1m。开发了地表空间类型识别与高程提取实用工具软件，基于 SWMM 模型，研发了基于地表类型的径流系数与污染特征综合模型及分析软件，使城市不同地表的径流特征可以直观地反映出来。

2.2 实用技术创新

该研究研发了径流全过程自动水质采样的专利设备，解决了径流过程的水量、水质同步监测问题。提出了不透水地表沉积物负荷检测方法，明晰了不同城市下垫面降雨产流水量水质特征。提出了动态径流系数和污染物削减系数的概念，在对不透水地面、透水铺装和绿地三种典型产流下垫面和屋顶绿化、路边生物滞留槽、植被草沟、河道缓冲区、坑塘、湿地等多种地表径流调控措施的水量水质过程进行同步监测与分析的基础上，考虑降雨重现期、降雨历时和工程设计参数的影响，建立了与降雨雨型、降雨量、降雨历时相关的动态径流系数和关键污染物削减系数等的计算模型。研发了道路雨水生物滞留槽设计方法、雨养型屋顶绿化技术、屋顶雨水滞蓄控排技术及设备、雨水湿地等典型生态景观设施的规划设计方法，提出了基于多种调控措施串并联的雨水径流多层级调控技术和构建"清水活源"适度修复河川基流的技术框架。

该研究开发了 10 种低影响开发设施的配置与设计的计算模块，建立了具有强大核心计算引擎的低影响开发设施的径流水量水质数学模拟模型，构建了低影响开发设施的费用函数库，研发了低影响开发措施优化器，建立了低影响开发优化与分析模块，集成了具有独立知识产权的城市低影响开发水质水量分析与评价决策软件模块 WaterVista，并经过了实际应用检验。模型软件拥有基于 ArcGIS 的独立操作界面、开放式数据库系统以及完善的 LID 设施水量水质模拟算法，能模拟设定降雨重现期下不同配置方案的 LID 设施对整个模拟场地内的水量、水质过程的影响，能计算径流削减率、污染物去除率以及峰值滞后时间等参数，能定量分析不同低影响开发措施设计方案的径流减控与污染物削减效果，可根据水量水质控制目标和总投资限制，设计出最优化的 LID 设施配置方案。

2.3 规划方法创新

该研究建立了我国城市内涝防治及雨水径流污染控制规划技术体系，系统解决了城市地表径流减控与内涝防治的规划方法和规划技术体系问题。规定了内涝防治系统中长历时设计暴雨及径流计算方法，明确了内涝防治设计重现期标准；规定了径流系数的校正方法；规定了调蓄空间的规划布局技术和调蓄容积计算方法；规定了道路、水系等涝水行泄通道的规划技术和计算方法；提出了基于水文水力模型的排水系统评估及防涝规划的技术方法；提出了城市尺度内涝风险评估的内容、技术和等级划分标准；明确了绿地、广场等开敞空间的防涝空间属性、提出了兼顾排水功能的开敞空间的规划方法等。提出了基于空间分析和数学模型模拟的城市建设项目（居住小区、商业综合体、大型场馆区、立交桥等）排水影响的评价方法和技术。基于客观性、可量化、易获取、合规性原则构建了内涝风险评估的指标体系，建立了基于数值模拟和GIS技术的城市内涝风险评估技术。建立了城市排水（雨水）防涝综合规划方法、城市内涝风险评估技术、城市内涝防治规划编制技术、城市径流污染控制规划编制技术等，编制了国家标准《城市内涝防治规划规范》征求意见稿。

2.4 管控落实方法创新

该研究结合北京市实施建设项目水影响评价制度的实际需求，建立了基于建设项目水影响评价的地表径流管控技术，包括建设项目外排径流总量控制目标和适宜的地表径流减控措施；基于排水影响和河道行洪影响分析的建设项目对防洪的影响分析方法；基于内涝风险分析对建设项目影响评价的方法等技术；建立了一套开发建设项目落实地表径流减控措施的有效方法，主要包括逐级分解落实、宣传培训指导、签订绿建约定书、指标纳入土地供应规划条件（招拍挂）等；建立了基于细化洪涝模型构建的城市流域洪涝风险综合管控技术，在精细化的河网、管网、地形、下垫面等基础数据获取基础上，提出了耦合降雨产流、河道汇流、管网汇流、二维地表漫流等过程的综合洪涝模型构建方案，并通过流量、积水深度等对模型进行验证，能够开展洪涝风险分析、内涝原因诊断、行洪排水能力分析等多方面的应用。从建设项目实施和城市管理方面具体落实了地表径流减控和内涝风险管理的理念。

3 成果示范与应用

3.1 降雨研究成果在国内典型城市的应用

在北京、上海、广州和镇江4地对城市降雨类型及时空分布通用表述模型进行了应用，为城市内涝气象风险普查、城市内涝模型建立提供了支撑。城市雨水系统设计降雨过程推求方法在北京、上海、广州、镇江和郑州等城市进行了应用，其中北京的应用成果被列入北京市地方标准《城镇雨水系统规划设计暴雨径流计算标准》（DB11/T 969—2016）。城市内涝防御工程规划设计暴雨（24h）确定方法应用于北京、广州和郑州等城市排水防涝工程规划和上海与镇江雨水综合管控平台之中。

3.2 在北京未来科学城的集成应用

该研究的透水铺装、下凹绿地、雨水湿地、生物滞留槽、植草沟等地表径流减控技术，下垫面数字化识别、排水影响评价和内涝风险分析技术，以及区域降雨径流水质水量综合模拟与耦合分析技术等成果，在占地 $10km^2$ 的北京未来科学城内进行了集成应用，图5显示了其技术流程。示范区共建设透水铺装地面面积 60 万 m^2、道路雨水生态沟 31km、下凹式绿地面积 38 万 m^2，雨水调蓄容积约 53 万 m^3。根据北京未来科学城 2016 年的监测结果，监测区 5 年一遇以下降雨外排雨水的最大径流系数为 0.175。相对于考核方案中确定的未采取径流减控措施的雨量径流系数 0.583，示范区的径流系数削减比例为 70.0%。

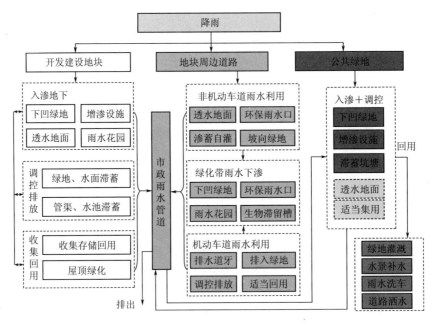

图 5 北京未来科学城示范区雨水径流管控技术流程示意图

3.3 在镇江的示范应用

该研究利用地表空间类型识别与高程提取实用工具软件，对镇江主城区 30km² 范围内的地表空间类型进行了识别，对高程进行了提取，形成了分类专题数据和高程专题数据。利用基于地表类型的径流系数与污染特征综合分析软件，可视化表达了径流系数和污染特征数据集。将这些成果纳入到了"镇江雨水综合管控平台"中，为镇江城市雨水径流综合管控与辅助决策提供了技术和数据支撑。地表空间类型识别与高程提取工具软件在镇江雨水径流综合管控平台的集成应用，如图 6 所示。

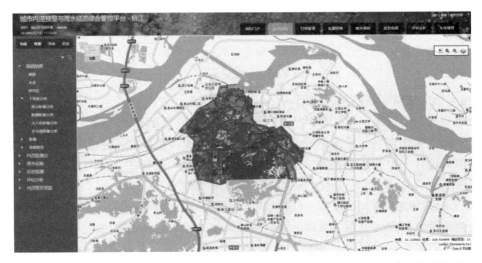

图 6 地表空间类型识别与高程提取工具软件在镇江雨水径流综合管控平台的集成应用

将城市低影响开发技术优化与分析模块 WaterVista 整合到镇江雨水综合管控平台。由 WaterVista 提供具体的操作界面和计算引擎，镇江雨水综合管控平台提供镇江本地下垫面数据库及相关的服务器读写权限，将 LID 设施场地开发模拟计算能力融入到城市雨水综合管控平台中，使得管控平台在提供数据管理、信息服务、城市内涝预警和防治监督的基础上具有 LID 配置、设计、优化和相关的项目管理能力，实现了低影响开发水质水量影响分析评价软件与综合管控平台的对接集成应用。

参 考 文 献

[1] Tsihrintzis Vassilios，Rizwan Hamid. Runoff quality prediction from small urban catchments using SWMM [J]. Hydrological processes，1998 (12)：311 - 329.

[2] Amir T，Ronald L. Pollution loads in urban runoff and sanitary wastewater [J]. Science of the Total Environment，2004，327 (1 - 3)：175 - 184.

[3] Backstrom M. Grassed swales for stromwater pollution control during rain and sonwmeit [J]. Water Science and Technology，2003，48 (9)：123 - 134.

[4] Bell J L，Sloan L C，Snyder M A. Regional changes in extreme climatic events：A future climate scenario [J]. Journal of Climate，2004，17 (1)：81 - 87.

[5] Bengtsson L，Olsson J，Grahn L. Hydrological function of a thin extensive green roof in southern Sweden [J]. Hydrology Research，2005，36 (3)：259 - 268.

[6] Borgwardt S. Long - term in - situ infiltration performance of permeable concrete block pavement [A]. 8th International Conference on Concrete Block Paving，San Francisco，California USA，2006.

[7] Brown R A，Hunt W F. Bioretention performance in the upper coastal plain of North Carolina [J]. Low Impact Development for Urban Ecosystem and Habitat Protection. 2008：1 - 10.

[8] 岑国平，沈晋，范荣生，等. 城市设计暴雨雨型研究 [J]. 水科学进展，1998，9 (1)：41 - 46.

[9] 车伍，马震. 针对城市雨洪控制利用的不同目标合理设计调蓄设施 [J]. 中国给水排水，2009，25 (24)：5 - 10.

[10] 陈华，杨凯，程江，等. 上海城市绿地系统对雨水径流的调蓄效应初探 [J]. 上海建设科技，2007，4：34 - 36.

[11] 陈建刚，张书函，丁跃元，等. 基于雨洪利用的不同下垫面降雨产流规律研究 [J]. 水利水电技术，2007，38 (11)：87 - 91.

[12] 丛翔宇，倪广恒，惠士博，等. 基于 SWMM 的北京市典型城区暴雨洪水模拟分析 [J]. 水利水电技术，2006，3 (4)：64 - 67.

[13] 何卫华，车伍，杨正，等. 生物滞留技术在道路雨洪控制利用中的应用研究 [J]. 给水排水，2012 (S2)：132 - 135.

[14] 胡爱兵，张书函，陈建刚. 生物滞留池改善城市雨水径流水质的研究进展 [J]. 环境污染与防治，2011，33 (1)：74 - 77.

[15] 黄国如，曾娇娇，张明珠，等. 不同选样方法设计暴雨重现期衔接关系探讨 [J]. 水利与建筑工程学报，2015，33 (1)：30 - 35.

[16] 解晓光，徐勇鹏，崔福义. 透水路面对路表径流污染的控制效能 [J]. 哈尔滨工业大学学报，2009 (9)：65 - 69.

[17] 李俊奇，车伍，李宝宏. 城市洪涝问题及其对策 [J]. 建筑科技，2004，(15)：48 - 51.

[18] 廖日红，丁跃元，胡秀琳，等. 北京北工大实验区降雨径流水质分析与评价 [J]. 北京水务，

2007 (1)：14 - 16.

[19] 刘贤赵，李嘉竹，宿庆 . 基于集中度与集中期的径流年内分配研究 [J]. 地理科学，2007, 27 (6)：791 - 795

[20] 孟莹莹，陈建刚，张书函 . 生物滞留技术研究现状及应用的重要问题探讨 [J]. 中国给水排水，2010 (24)：20 - 24.

[21] 任伯帜，龙腾锐，王利 . 采用年超大值法进行暴雨资料选样 [J]. 中国给水排水，2003, 19 (5)：79 - 81.

[22] 芮孝芳，蒋成煜 . 中国城市排水之问 [J]. 水利水电科技进展，2013, 33 (5)：1 - 5.

[23] 邵尧明，何明俊 . 现行规范中城市暴雨强度公式有关问题探讨 [J]. 中国给水排水，2008, 24 (2).

[24] 唐莉华，倪广恒，刘茂峰，等 . 绿化屋顶的产流规律及雨水滞蓄效果模拟研究 [J]. 水文，2011 (4)：18 - 22.

[25] 唐双成，罗纨，贾忠华，等 . 西安市雨水花园蓄渗雨水径流的试验研究 [J]. 水土保持学报，2012 (6)：75 - 79.

[26] 谢映霞 . 城市内涝引发的思考 [M]. 北京：中国建筑工业出版社，2012：265 - 273.

[27] 尹澄清 . 城市面源污染的控制原理和技术 [M]. 北京：中国建筑工业出版社，2009.

[28] 赵剑强，闫敏，刘珊，张志杰 . 城市路面径流污染的调查 [J]. 中国给水排水，2001, 17 (1)：33 - 35.

[29] 周玉文 . 城市排水（雨水）防涝工程的系统架构 [J]. 给水排水，2015 (12)：1 - 5.

基于年径流总量控制率的北京市海绵城市现状评估

赵 飞

（北京市水科学技术研究院　北京　100048）

【摘　要】　海绵城市建设是一项复杂的多系统任务，对建设现状进行精准地把握有助于后续工作有目的、有秩序地开展，是一项重要任务。本文在下垫面解译和海绵设施现状调查基础上构建的基于年径流总量控制率的精细化网格评估方法，是对海绵城市建设现状评估方法的一种探索。结果显示，北京市现状海绵城市建设达标比例约 11.3%，中心城区现状达标比例约 14.4%；全市近期海绵城市建设任务面积约为 163.2km²，中心城区近期海绵城市建设任务面积为 56.5km²。

【关键词】　海绵城市　现状评估　年径流总量控制率　精细化网格

1　引言

《国务院办公厅关于推进海绵城市建设的指导意见》（国办发〔2015〕75 号）对全国海绵城市建设提出了要求，城市建成区原则上将不少于 70% 的降雨就地消纳和利用。到 2020 年，20% 以上的面积达到目标要求；到 2030 年，80% 以上的面积达到目标要求。为贯彻落实国家的建设要求和指标，加快推进海绵城市建设，北京市发布了《北京市人民政府办公厅 关于推进海绵城市建设的实施意见》（京政办发〔2017〕49 号），明确要求"开展海绵城市建设现状调查"。

海绵城市建设是一项复杂的多系统任务，对建设现状进行精准地把握有助于后续工作有目的、有秩序地开展，是一项重要任务。然而，到目前为止，住建部制定的海绵城市评估方法体系还不完善，也没有专门针对北京地区的评估方法，北京市现状海绵城市建设达标情况很不清楚。因此，有必要对北京市海绵城市现状评估方法进行有益的探索。

2　基本思路

有学者指出[1]，《海绵城市建设技术指南——低影响开发雨水系统构建（试行）》中的"海绵城市"核心是实现控污、防灾、雨水资源化和城市生态修复等综合目标，具体涵盖了雨水径流总量和污染物控制、雨水资源利用、峰值流量控制、排水防涝等多个分目标。而年径流总量控制率是海绵城市建设的首要目标，对海绵城市规划设计方案影响较大[2]。对比美国在雨水径流控制管理中的要求，也先后提出过"年径流（体积）总量控制率"、"年雨量控制率"、"水质控制容积"（Water Quality Control Volume，WQCV）等指标和方法[3]。由此可看出，为便于操作，可以重点关注年径流总量控制率这一指标，作为地区海绵城市建设现状评估的标准。

低影响开发（LID）是海绵城市建设的重要组成。狭义的低影响开发包括在场地规模上应用的一些源头分散式小型设施，主要有生物滞留、绿色屋顶、透水铺装、植草沟、雨水桶等，广义的低影响开发还包括具有绿色特征和生态功能的、符合低影响开发理念的各种尺度和类型的设施整体[4]。由此可见，通过摸清典型海绵设施的规模，以及各类型下垫面径流控制现状，就可以基本掌握地区海绵城市建设的现状水平。

因此，本研究采用精细化网格剖分基础上的海绵设施与下垫面耦合评估方法，其基本思路如图1所示。根据国办发〔2015〕75号文件的精神，要求"将70％的降雨就地消纳和利用"，结合住房城乡建设部发布的《海绵城市建设技术指南》，以及《北京市海绵城市专项规划》的要求，提出各分区径流总量控制率实际目标作为标准，利用下垫面资料分网格计算实际径流总量控制率，并叠加海绵设施的实际径流总量控制率后，作为每个网格的综合径流总量控制率，与标准进行对比，达到要求的网格视为达标网格，反之为未达标网格。汇总所有达标网格即可得到总体达标面积与达标比例。

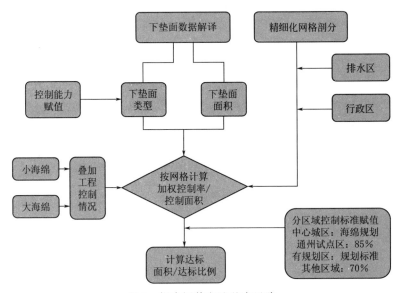

图1 耦合评估方法基本思路

3 基于海绵设施的建设现状分析

3.1 海绵设施建设情况调查

自2000年以来，北京市陆续开展了多批雨洪利用工程建设。为了尽可能全面地收集全市建成区内海绵设施现状资料，采取了"调查表"与"现场调查"两步走的调查方案，首先通过向有关单位下发调查表收集第一手资料，再根据调查表进行现场排查以落实工程设施的真实性和有效性。

调查结果显示，现状全市建成区典型海绵设施共 1012 处，不同类型措施统计结果如图 2 所示。在各区中，海淀区海绵设施建设基础最好，数量最多，其次是东城区、朝阳区、丰台区和西城区。总体看来，中心城区由于近 10 年来大力发展雨洪利用工程，海绵设施建设基础总体优于郊区。截至目前，全市建成区典型海绵设施建设现状见表 1，其中包括：透水铺装 262.4hm²，下凹绿地 329.0hm²，调蓄容积 744.2m³，屋顶绿化 126.1hm²。

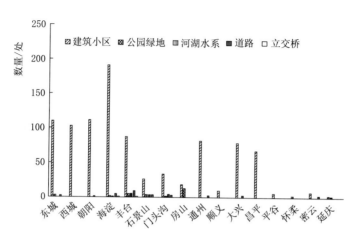

图 2　全市建成区典型海绵设施分区分类型统计图

表 1　　　　　　　　　　　全市建成区典型海绵设施建设现状调查结果

分　区	透水铺装/hm²	下凹绿地/hm²	调蓄容积/万 m³	屋顶绿化/hm²
东城	4.1	2.1	0.1	22.4
西城	0.5	2.0	0.1	19.0
朝阳	33.1	38.5	2.7	28.6
海淀	73.0	100.7	22.9	17.2
丰台	26.9	42.0	1.5	12.2
石景山	11.0	8.3	700.5	2.1
门头沟	17.1	12.7	1.0	1.0
房山	15.8	1.2	0.5	4.6
通州	10.2	26.2	5.6	4.0
顺义	8.7	8.7	0.3	5.3
大兴	21.1	28.5	4.0	3.3
昌平	32.4	47.4	4.0	5.7
平谷	1.1	1.9	0.3	0.1
怀柔	0	0	0	0.2
密云	7.1	8.8	0.7	0
延庆	0.3	0	0	0.4
总计	262.4	329.0	744.2	126.1

3.2 海绵设施现状控制率情况分析

根据设施的控制尺度和范围,海绵设施应分为小海绵和大海绵两大类。小海绵设施主要指透水铺装、下凹绿地、屋顶绿化、调蓄池等源头控制类措施,其特点是利用下垫面或设施自身渗透滞蓄特点,仅对下垫面及设施本身或周边小范围起作用,不承担大量客水的滞蓄消纳功能。大海绵设施主要是砂石坑、湖泊、河道等大型调蓄工程,其特点是承担外部较大区域的客水消纳滞蓄功能。其相互关系如图 3 所示。

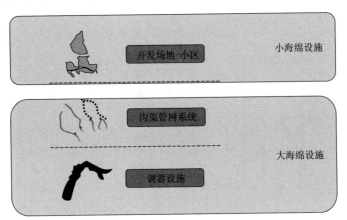

图 3 大、小海绵设施关系图

海绵设施主要通过其控制面积来反映所在区域的海绵城市建设达标情况,控制面积范围内的即视为达标面积,可参与达标评估。根据不同海绵设施类型,其控制面积计算方法略有不同。对于透水铺装、下凹绿地类设施,其控制面积等于设施自身可调蓄水量与年径流总量控制率标准下对应降雨量的比值,即

$$S = \frac{AW}{I} \qquad (1)$$

式中　S——小海绵设施控制面积;

　　　A——设施规模;

　　　W——设施设计控制能力对应降雨量;

　　　I——所在区域年径流总量控制率标准对应的降雨量。

透水铺装以北京市地标规定的 45mm 作为控制能力对应降雨量(W),下凹绿地以有效调蓄深度 5cm 作为控制能力对应降雨量(W),年径流总量控制率标准对应的降雨量按单元控制标准计,最低为 70% 对应的 19mm。

对于调蓄池、蓄水池等小海绵类调蓄容积,其设施控制面积计算方法参考北京市地方标准《雨水控制与利用工程设计规范》(DB 11/685—2013) 的要求,以每 300m³ 调蓄容积可控制 1hm² 面积计算。对于砂石坑、人工湖等大海绵类措施,其控制面积按工程设计控制面积计算。

根据前述北京市海绵设施现状调查结果,北京市建成区内海绵设施控制面积约 64.4km²,占建成区比例约 4.6%;其中小海绵设施控制面积 24.4km²,大海绵设施控制面积 39.6km²。各区大、小海绵设施控制面积计算结果见表 2。

表2　　　　　　　　　各区大、小海绵设施控制面积计算表

分　区	控制面积/hm²		分　区	控制面积/hm²	
	小海绵	大海绵		小海绵	大海绵
东城	42.1	15.7	顺义	59.1	0.0
西城	29.8	20.9	大兴	262.6	0.0
朝阳	196.1	222.3	昌平	337.1	8.9
海淀	681.0	312.0	平谷	16.3	0.0
丰台	236.4	672.8	怀柔	0.1	0.0
石景山	66.5	2703.6	密云	63.4	0.0
门头沟	108.7	0.0	延庆	0.8	0.0
房山	59.6	0.0	总计	2443.1	3956.2
通州	283.5	0.0			

4　基于下垫面的建设现状分析

4.1　北京市建成区下垫面解译

采用国产高分一号卫星和高分二号卫星，共两套遥感影像数据进行解译，获取用地类型数据。解译得到用地类型数据分为建筑物、道路、绿地、建设用地、水域、坑塘、裸土共7类。

共采集全市建成区范围下垫面数据1407.6km²，其中：中心城区718.1km²，通州海绵试点区域18.8km²，近郊城区58.5km²，远郊城区612.2km²。总面积、各下垫面面积及各分区面积详见表3～表5。

表3　　　　　　　　全市建成区下垫面解译结果总表（一）

分　区	面积/km²	占比/%	分　区	面积/km²	占比/%
近郊城区	58.5	4.2	中心城区	718.1	51.0
通州海绵试点	18.8	1.3	总计	1407.6	100.0
远郊城区	612.2	43.5			

表4　　　　　　　　全市建成区下垫面解译结果总表（二）

序　号	下垫面类型	面积/km²	占比/%
1	建筑物	329.8	23.4
2	道路	364.3	25.9
3	绿地	403.3	28.7
4	建设用地	286.7	20.4
5	水域	14.5	1.0
6	坑塘	1.5	0.1
7	裸土	7.5	0.5
合计		1407.6	100.0

表 5　　　　　　　　　　　全市建成区下垫面解译结果总表（三）

行　政　区	面积/km²	占比/%	行　政　区	面积/km²	占比/%
昌平	113.6	8.1	密云	37.2	2.6
朝阳	235.5	16.7	平谷	26.6	1.9
大兴	123.4	8.8	石景山	50.5	3.6
东城	41.9	3.0	顺义	108.5	7.7
房山	83.1	5.9	通州	125.3	8.9
丰台	164.0	11.7	西城	50.6	3.6
海淀	175.1	12.4	延庆	15.4	1.1
怀柔	29.6	2.1	合计	1407.6	100.0
门头沟	27.3	1.9			

4.2　下垫面现状控制率情况分析

根据全市建成区下垫面解译结果，可以针对不同下垫面分析得出其径流总量控制能力，并与控制率标准进行对比，从而分析得出达标面积情况。

4.2.1　网格划分

由于年径流总量控制率的计算存在尺度效应，不能对过大的流域进行整体计算，否则即便流域出口满足控制率要求，但内部街区积水严重也不能认为其满足要求；同理也不能对过小的单位面积进行计算，否则即便某个绿地满足要求，但其周边仍可能存在积水内涝现象。综合考虑可知，应将尺度放在小区或街区层面，也就是针对最小的排水单元进行分析计算，其结果才相对合理。目前小区尺度的范围一般在 1km² 以内，且为了便于分析计算，故而采用 1km×1km 作为基础网格划分方式，对全市建成区进行划分。划分结果如图 4 所示。

由于海绵城市建设需要落实到各区政府完成，因此有必要将各行政分区边界作为边界层进行进一步的网格划分，以便于统计分析各区达标情况及需要建设的任务情况。根据《北京市海绵城市专项规划》对北京市中心城区的控制单元划分结果，进一步将该图层加入到边界层中，作为中心城区控制单元边界，北京市中心城区的控制单元划分结果如图 5 所示。最终嵌套行政区及控制单元的精细化网格划分结果如图 6 所示。

4.2.2　控制标准

根据国办发〔2015〕75 号文件的精神，要求"将 70％的降雨就地消纳和利用"，因此可知，是否达标的控制标准可设置为 70％的年径流总量控制率，并将该标准赋值于各网格单元；同时参考《北京市海绵城市专项规划》对北京市中心城区的控制单元划分结果，将各控制单元的控制率值赋值到对应的网格单元中。通州城市副中心范围作为国家海绵城市建设试点，需要满足试点要求的 85％控制率。因此，国家海绵城市建设试点范围内的网格控制率标准赋值为 85％。房山、延庆、昌平、怀柔、门头沟等区已编制区级海绵城市专项规划，为了与区级规划相衔接，对于已在规划中明确控制标准的区，直接采用其规划值。各区域网格控制标准见表 6。

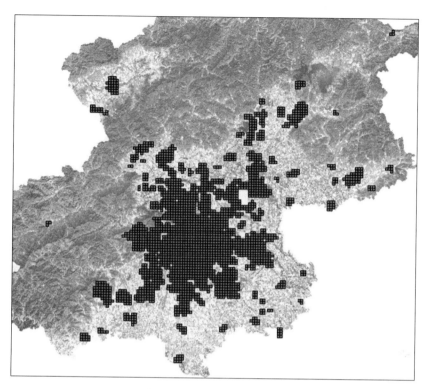

图 4　1km×1km 基础网格图

图 5　中心城区管控单元图

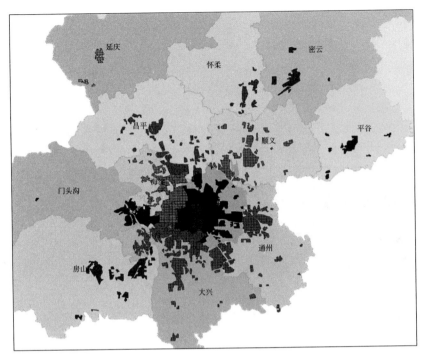

图 6　嵌套叠加后的精细化网格图

表 6 各分区控制标准选取表

分　　区	控　制　标　准	分　　区	控　制　标　准
中心城区	0.55～0.81	通州	0.85
城市副中心	0.85	顺义	0.70
朝阳	0.70	大兴	0.70
海淀	0.70	昌平	0.80
丰台	0.70	平谷	0.70
石景山	0.70	怀柔	0.80
门头沟	0.75	密云	0.70
房山	0.80	延庆	0.80

4.2.3　现状控制能力分析

现状控制能力即为下垫面本身的年径流总量控制率，其反映了该下垫面自身雨水滞蓄入渗能力，数值与该下垫面径流系数关系密切，可表达为（1－综合径流系数）。但现有规范中给定的径流系数取值对应于重现期 3～5 年一遇情况，而海绵城市建设中提到的年径流总量控制率一般为 70%～85%，对应降雨量主要为日降雨 19～33mm 量级，其降雨量一般情况下比规范所述量级要小。因此，在估算控制能力时所参考的径流系数应取小值。

参考《室外排水设计规范》（GB 50014—2006）及北京市地方标准《雨水控制与利用工程设计规范》（DB11/685—2013）中的建议值，确定了评估所用的不同下垫面现状控制能力取值，具体见表 7。

表 7 各类下垫面现状控制能力选取表

下垫面类型	现状控制能力	下垫面类型	现状控制能力
普通房屋	0.3	绿地	0.95
屋顶绿化	0.9	耕地	0.8
建设用地	0.5	湖泊坑塘	1
道路	0.2	河道	0
停车场	0.3	裸土	0.8
铁路	0.6	居住用地	0.55
其他	0.6		

5 评估计算与结果

5.1 评估计算

采用 ArcGIS 软件对剖分并赋值好的精细化网格数据进行评估分析，具体步骤如下：

（1）利用空间分析功能以网格为最小计算单元计算面积加权后的下垫面综合控制能力，即

$$\alpha_L = \frac{\sum(F_i\alpha_i)}{\sum F_i} \tag{2}$$

式中 α_L——单元格下垫面综合控制能力；

F_i——单元格内第 i 类下垫面面积；

α_i——单元格内第 i 类下垫面的控制能力。

（2）将网格内小海绵设施自身控制能力按照面积加权法进行叠加，重新计算网格总体达标情况，其计算公式为

$$\alpha_{综小} = \frac{\sum F_j\alpha_j + \alpha_L(F - \sum F_j)}{F} \tag{3}$$

式中 $\alpha_{综小}$——单元格下垫面与小海绵设施综合控制能力；

F_j——单元格内第 j 类小海绵设施控制面积；

α_j——单元格内第 j 类小海绵设施的控制能力，数值上等于所在区域年径流总量控制率标准；

F——单元格面积；

其他符号意义同前。

需要指出的是，由于大海绵设施控制范围广，因此，大海绵设施控制面积需要在小海绵设施综合控制能力确认后，再单独叠加。

（3）将单元格下垫面与小海绵设施综合控制能力计算结果与网格控制标准进行对比，计算过程为

$$\begin{cases} \alpha_{综} > \alpha_S & 达标 \\ \alpha_{综} < \alpha_S & 不达标 \end{cases} \tag{4}$$

式中 α_S——单元格控制标准；

其他符号意义同前。

满足控制标准的认为该网格所属面积为"达标"，可计入小海绵达标面积，不满足控

制标准的认为该网格所属面积为"不达标"。

5.2 评估结果

全市建成区总面积1386km²，小海绵达标面积119.1km²，小海绵达标比例8.5%；大海绵达标面积39.6km²，大海绵达标比例2.8%；合计达标面积158.7km²，合计达标比例11.3%。

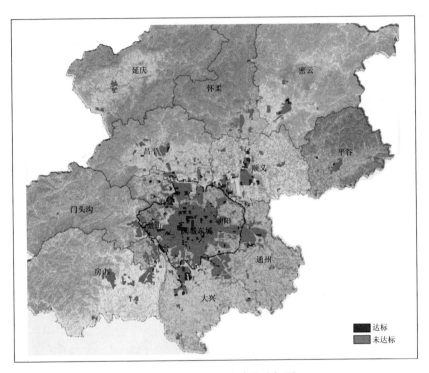

图7 全市海绵城市建设达标图

中心城区建成区总面积718.1km²，小海绵达标面积64.1km²，小海绵达标比例8.9%；大海绵达标面积39.6km²，大海绵达标比例5.5%；合计达标面积103.7km²，合计达标比例14.4%。

6 结论与探讨

海绵城市建设虽然是一项复杂的多系统工程，但其核心应该聚焦于对城市水的有效管理。其中对径流量的控制，既是排水防涝管控的基础，也是水质污染防治的主要手段。对海绵城市现状达标程度的掌握很重要，这是下一步工作的基础，但其评估难度很大，本研究针对其中贡献度最大的两个因素——下垫面解译和海绵设施现状，在现状调查的基础上构建了基于年径流总量控制率的精细化网格评估方法，是对海绵城市建设现状评估方法的一种探索，希望能够为今后的研究以及规划设计略有助益。

本次计算结果显示，全市现状海绵城市建设达标比例约11.3%，中心城区现状达标比例约14.4%；全市近期海绵城市建设任务面积163.2km²，中心城区近期海绵城市建设

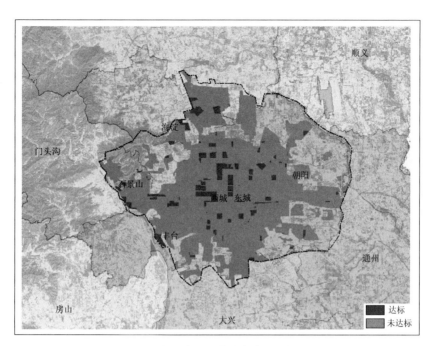

图 8 中心城区海绵城市建设达标图

任务面积 56.5km^2。

对北京市海绵城市建设现状的梳理和分析，有助于今后海绵城市建设工作的策划与开展。海绵城市建设工作需要精细化管理才能切实有效地落实任务的要求，全市及各区均应采取精细化管控理念，由规划主管部门与水务部门负责根据排水分区划分管控单元，落实控制指标；住建部门积极配合制定建设计划并完成任务。同时，海绵城市的建设工作需要分步开展，不可一蹴而就，全市及各区均应根据所编制的海绵专项规划，明确年度、近期及远期发展目标，制定建设任务，各级海绵专项发展规划应做到相互统一，并与城市发展相协调。此外，海绵城市建设指标应落实到城市建设的规划、设计之中，切实分解到每项工程项目及海绵设施之中，同时，海绵设施的指标必须与其各自的排水分区相协调，才能切实保障发挥效益。

参 考 文 献

[1] 李俊奇，王文亮，车伍，等. 海绵城市建设指南解读之降雨径流总量控制目标区域划分 [J]. 中国给水排水，2015 (8)：6-12.

[2] 康丹，叶青. 海绵城市年径流总量控制目标取值和分解研究 [J]. 中国给水排水，2015 (19)：126-129.

[3] 王文亮，李俊奇，车伍，等. 雨水径流总量控制目标确定与落地的若干问题探讨 [J]. 给水排水，2016 (10)：61-69.

[4] 车伍，赵杨，李俊奇，等. 海绵城市建设指南解读之基本概念与综合目标 [J]. 中国给水排水，2015 (8)：1-5.

基于情景构建技术的流域洪涝灾害应急管理研究——以南旱河流域为例

于　磊[1]　潘兴瑶[1]　邸苏闯[1]　王丽晶[1]　赵　勇[2]

(1. 北京市水科学技术研究院　北京　100048；2. 北京市海淀区水务局　北京　100091)

【摘　要】　以南旱河流域为例，以模型模拟结果为重要节点设定依据，设定流域百年一遇洪水情景。依据情景演化过程，结合防汛应急管理特点，将应急任务划分为 4 个阶段，分 3 级梳理应急任务，形成应急任务清单；制定应急能力评估表，逐项对 6 类 20 项能力要素进行评估；依据评估结果，提出 4 项能力提升策略及 3 个层面上的应急要点。

【关键词】　情景构建　洪涝灾害应急　南旱河流域　应急管理　能力提升

情景构建始于美国[1]，"9·11"事件和卡特里娜飓风之后，美国国土安全部门认识到，针对"极易造成大规模人员伤亡、大规模财产损失以及严重社会影响"的重大灾难性威胁开展准备是国家应急准备体系的核心。为此，美国国土安全委员会牵头开发了国家应急规划情景（由 15 个情景组成），以此为抓手指导美国联邦层面的应急准备工作[2]。同时，欧洲的一些国家也开展了针对重大灾害的应急准备工作[3]。

2013 年，北京市应急办在国内率先开展了巨灾情景构建工作，探索归纳了地方政府层面开展情景构建的标准化模式。2013 年国家安全生产应急救援指挥中心、中石油、中石化、中海油、天津市安监局开展了石化行业的重大突发事件情景构建研究，逐步探索出了行业重大突发事件情景构建理论体系[3]。此外，又有诸多学者将情景构建技术应用于民航、医疗、电力等领域[4-6]，北京市水科学技术研究院于 2014 年，基于数值模型构建了永定河流域数值模型，以此为基础构建了永定河巨灾情景，开展了流域洪涝灾害的技术体系研究，是国内首次将情景构建技术应用于防汛应急领域的实例。上述研究极大地推动了情景构建技术在国内的发展。

本研究借鉴情景构建理念，将其应用于南旱河流域，情景构建区域限定在区级层面，旨在通过研究，总结出一套系统科学、针对性强、易操作的基于情景构建技术提升洪涝灾害应对能力的方法，服务于防汛应急管理。

1　情景构建

1.1　试点区选取

南旱河流域位于海淀区西南，流域总面积为 27.4km²，其中，该流域中约有 23.52km² 的面积属于海淀区，占总面积的 86%，约有 3.88km² 面积属于石景山区，占

14％（图1）。流域内主要河道包括：南旱河以及8条西山排洪沟（图2）。西山洪水主要通过8条排洪沟自西向东汇入南旱河。流域气候带属于东部季风区暖温带半湿润地区，大陆性季风气候显著。多年平均降水量为525.4mm，汛期（6—9月）降水量占全年水量的80％以上。该流域位于山区和平原区过渡地带，总体地势西北高，东南低，西部山区最大高程为570.00m，流域东南部最低点为54.00m。以100m等高线为界，山区面积为7.68km²，占28％；平原区面积为19.72km²，占72％。

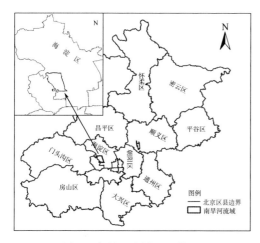

图1　南旱河流域地理位置

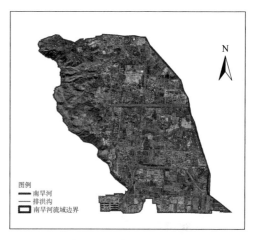

图2　南旱河流域水系及下垫面情况

　　南旱河流域毗邻北京著名西山旅游风景区。颐和园、圆明园、香山公园、北京植物园、玉东郊野公园等著名的自然景观、人文古迹遍布其中。该地区交通发达，企事业单位密集，人口众多，经济社会发展程度较高。据统计，项目区共有企业29处，学校11处，小区及村庄33处，医院3处，其他设施17处。根据历史文献和当代水文资料，项目区周边发生洪涝灾害的频率较高，1949年之后至2006年发生过较大洪涝灾害5次，区域包括南旱河沿线、门头村、北坞、北旱河沿线等地。

　　通过对项目区2012年"7.21"暴雨及2016年"7.20"暴雨的调研，南旱河流域河道出现不同程度漫溢，万安公墓下游右岸，西山灌渠南辛庄村西河段，军福渠巨山桥东河段，八大处沟入河口上游右岸等存在不同程度的漫溢问题，溢出水深0.3～0.5m；部分道路、下凹桥区积水较深，严重影响交通；流域内部分小区地下空间出现进水。

　　鉴于以上考虑，选择南旱河流域作为情景构建的试点区。

1.2　构建技术

　　情景构建区域为整个南旱河流域，面积约50km²。按照"底线思维"，综合考虑最不利因素，以2016年7月20日暴雨降雨过程为基础，峰值降雨量按百年一遇设计（即1h降雨量为120mm），构建洪水、灾害情景过程。

　　为确保整个情景设定的科学准确，基于Infoworks ICM构建了南旱河流域洪涝模型，依据降雨过程以及模型模拟结果，确定各个时间节点，如河道漫溢时刻、漫溢流量、河道水位、地面积水水深变化等。

1.3 情景概述

某年 7 月 19—20 日，南旱河流域普降特大暴雨，流域累计降雨量超过 360mm，达到百年一遇。19 日凌晨 1:00，降雨云团进入海淀区境内，降雨开始。20 日 8:40 区气象局发布黄色预警，10:00 气象台升级发布暴雨橙色预警信号，11:40 气象台升级发布暴雨红色预警信号。为保障中心城安全，7 月 20 日 10:40，南旱河节制闸关闭，流域内洪水无法向外排泄，只能依据地势进行地表漫流，瀚河园地下车库和一层楼房进水，部分淹没区群众转移，南旱河河水漫溢。全区上下采取了多项应急措施，仍然造成受灾面积 10km²，成灾面积 6km²，受灾人口 10 万人，地下空间进水 4000m²，共转移群众 500 余人，暴雨没有造成人员伤亡。

2 应急任务分析

依据情景演化过程，结合现有防汛应急管理特点，将应急任务分析划分为防汛准备阶段（即降雨发生前 2h）、监测预警阶段（即降雨前 2h 至黄色预警发布前）、应急响应阶段（即黄色及以上级别预警阶段）和恢复重建（降雨结束后）4 个阶段。针对本次情景构建，南旱河洪涝灾害应急任务 4 个阶段如图 3 所示，南旱河流域洪涝灾害情景应急任务清单见表 1。

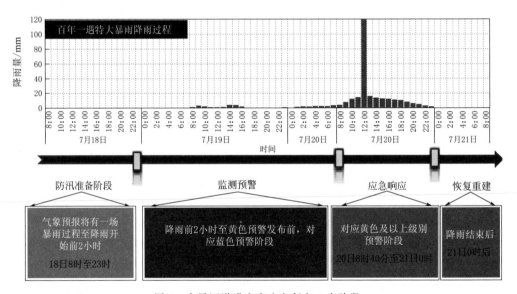

图 3 南旱河洪涝灾害应急任务 4 个阶段

表 1 　　　　　　　　　　　南旱河流域洪涝灾害情景应急任务清单

一　级　任　务	二　级　任　务	三　级　任　务
1　防汛准备	1.1　超前准备，防汛五落实	1.1.1　责任制落实
		1.1.2　防汛预案落实
		1.1.3　抢险队伍落实
		1.1.4　抢险物资落实
		1.1.5　避险措施落实

一 级 任 务	二 级 任 务	三 级 任 务
1 防汛准备	1.2 跟踪气象及天气会商	1.2.1 追踪降雨云团，及时发布天气预报
		1.2.2 开展天气会商
	1.3 风险隐患排查	1.3.1 水患信息收集与管理
		1.3.2 风险隐患排查
2 监测预警	2.1 动态监测与预警	2.1.1 对气象、水文、地质灾害情况实时监控
		2.1.2 气象局"递进式预报、渐进式预警、跟进式服务"
		2.1.3 建立和维护灾情信息融合、研判、发布平台
	2.2 启动应急响应	2.2.1 社会单位自主响应
		2.2.2 防汛部门启动相应的应急响应
	2.3 工作部署及应急值守	2.3.1 部署工作
		2.3.2 领导带班，24h值守
3 应急响应	3.1 统一指挥，统筹应对	3.1.1 防指统一指挥，坚持责任制落实到单位、到人
		3.1.2 各级领导靠前指挥、防汛人员认真履职。组织人员疏散与转移
		3.1.3 交通管制及现场秩序维持
		3.1.4 事件信息的报送
		3.1.5 现场指挥
		3.1.6 应急队伍现场协同
		3.1.7 成立洪涝灾害专家顾问组
	3.2 适时升级应急响应	3.2.1 橙色预警响应
		3.2.2 红色预警响应
	3.3 紧急搜索与救护	3.3.1 救援队伍集结待命
		3.3.2 专业救援队伍快速到达
		3.3.3 失踪人员搜寻
		3.3.4 被困人员施救
		3.3.5 伤员救助与转移
	3.4 群众转移	3.4.1 七包
		3.4.2 七落实
	3.5 应急保障	3.5.1 交通运输保障
		3.5.2 各类生活物资保障
		3.5.3 救援队伍应急通信保障
	3.6 信息发布与舆论引导	3.6.1 第一时间信息发布
		3.6.2 及时召开新闻发布会
		3.6.3 关注社会谣言，及时舆论引导，避免社会恐慌
	3.7 综合调度及抢险	3.7.1 堤防加固、溃口封堵
		3.7.2 关闭南旱河节制闸
		3.7.3 启用西郊砂石坑蓄滞洪区

一 级 任 务	二 级 任 务	三 级 任 务
4 恢复重建	4.1 解除应急响应状态	适时解除应急响应
	4.2 灾情统计	4.2.1 人员伤亡统计
		4.2.2 经济损失统计
	4.3 灾后重建	4.3.1 社会秩序恢复
		4.3.2 受损设施恢复重建

3 应急能力评估

应急能力是针对应急任务而言，依据应急任务清单，根据对情景后果与需要的应对行动的描述，分析每项应对任务所需要的应急能力，列出情景应对的各种应急能力。基于应急能力组成结构分析，制定南旱河流域洪涝灾情情景应急能力评估表，逐项对能力要素进行评估，评估结果见表2。

表 2   南旱河流域洪涝应急能力评估表

能 力 要 素		完 全 满 足	基 本 满 足	不 满 足
预报预警能力	气象预报		√	
	地质灾害预报		√	
	洪水预报		√	
决策指挥能力	日常管理			√
	防汛会商	√		
	预警响应	√		
社会动员能力	社会宣传		√	
	信息发布		√	
	防汛培训			√
	防汛演习			√
信息获取能力	雨情		√	
	水情		√	
	工情		√	
	险情		√	
	灾情		√	
应急保障能力	抢险队伍			√
	救援物资			√
	救援装备			√
工程保障能力	堤防			√
	调蓄工程			√

4 完善应对措施

4.1 能力提升对策

从表 2 可以看出，应对南旱河流域百年一遇洪涝灾害所需的决策指挥能力、社会动员能力、应急保障能力和工程保障能力亟须加强。

（1）决策指挥能力提升措施：在防汛管理队伍方面，海淀区目前无独立机构及人员编制，一直由区水务局排水科兼任。近年来海淀区极端天气事件明显增多，水旱灾害呈现突发性和反常性，防汛抗旱工作已由原来的阶段性工作成为全年的常态工作，防汛办与排水科业务、职责交叉，既要负责统筹全区，又要处理水务局排水具体业务，兼任方式影响工作效率。

（2）社会动员能力提升措施：①提升管理人员和社会公众特大洪涝灾害意识，加强防汛知识和公众应急能力的宣传培训；②以此次情景构建为契机，结合后续洪涝灾害演习，增加公众应对洪涝灾害能力。

（3）应急保障能力提升措施：①在防汛准备阶段，各分指挥部要落实抢险队伍名单，尤其是街镇层面的抢险队伍，确保具有实际战斗能力；②建立一支流域专业抢险队；③流域每 $1km^2$ 布设一个应急广播设备，共需 50 个；增设抢险舟 2 艘，救生衣新增 100 套，手摇报警器 20 个，大流量强排泵 10 台，无线预警广播主站 1 处。加强大功率排水泵、防水膨胀麻袋等专业防汛物资储备，考虑在四季青地区建立一座防汛物资库。

（4）工程保障能力提升措施：①加快规划蓄滞洪区建设，确保流域洪水有效排出滞蓄；②加快南旱河河道及西山排洪沟沟道防洪达标整治；③南旱河下游河道新建节制闸 1 座，以增强河道洪水控制能力。

4.2 工作要点

基于应急任务分析和应急能力评估成果，分别从领导决策层、专业处置层、公众响应层，分析其应对南旱河流域特大洪涝灾害的工作要点。

4.2.1 领导决策层

（1）认真落实并执行《海淀区应对极端天气集中指挥执行方案》。

（2）决策部署要及时准确研判形势，果断决策；在防汛准备和监测预警阶段，重视汛情和灾害的预报预警发布，提前组织各部门的应急准备。

（3）资源调配应统筹调配全区防汛抢险力量和资源，统筹做好受灾群众的转移安置工作，尤其注意要做好灾中、灾后安抚受灾民众情绪的工作。

（4）当发布暴雨橙色预警后，立即下达启用蓄滞洪区命令，确保水利工程运用的及时性和准确性。

（5）在防汛应急的全过程要注重灾情信息的及时采集、上报、共享，特别注重发布信息的一致性和权威性。

（6）确保舆论正向引导，重点通过信息及时公开，统一发布口径；当网上谣言出现后，要第一时间通过媒体对外公布，适时召开新闻发布会，引导舆论。

4.2.2 专业处置层

（1）监测预警。在防汛准备和监测预警阶段，气象、水务和国土部门应强化气象、水文、地质灾害的动态监测，及时发布预警信息，部门信息应及时报送和共享。提升天气、流量过程的精细化预报能力，对暴雨洪水进行实时滚动预报。

（2）队伍建设与物资保障。在防汛准备阶段，各分指挥部要落实抢险队伍名单，尤其是街镇层面的抢险队伍，确保具有实际战斗能力。加强大功率排水泵、防水膨胀麻袋等专业防汛物资储备。

（3）工程建设及调度。要高标准建设蓄滞洪区，确保工程调度、工程启用的及时性，特别是工程机械措施满足口门启用、闸坝运行等要求。当砂石坑工程、闸坝工程建成后，及时组织编制工程调度预案，确保合理调度，每年组织一次防汛调度演习。

（4）交通保障。对危险路段提前做好引导和交通管制。明确职责，加强衔接，实施"一桥一策、一路一策"，由交警负责，在蓝色预警发布后，交通部门应针对危险路段提前做好引导和交通管制，市政部门负责排水作业，水务部门配合抢险排涝工作。

（5）灾民转移及安置。灾民转移要遵循"分区分类避险"原则，回迁房楼房区域群众上楼避险，日常由居委会负责做好结对工作，加强邻里沟通，确保转移群众的情绪平稳；平房区域群众向应急场所避险，明确转移路线。加快全区洪水风险图、避险转移路线图的项目建设，明确群众的避险转移、安置场所、转移路线。

（6）后勤保障。确保灾民必要生活保障，包括避险场所、饮用水、蔬菜食品，卫生防疫设施，由民政和卫生部门负责。在灾民转移开始时，民政和卫生部门就应该介入。

（7）通信保障。做到"重点突出，主次分明"。加强防汛抢险各部门、灾区电力通信保障；首要保障区域核心节点，如下凹桥区排水泵站、小区排水泵站的电力，其次是居民日常照明等关键节点，最后是一般性节点的电力。

4.2.3 公众响应层

（1）淹没高风险区的群众应沉着冷静，听从工作人员指挥，有序转移至预定安置地点，自觉维护社会秩序。

（2）积极主动参加防汛知识普及工作。

（3）其他公众应响应政府号召，不信谣，不传谣，自觉支持抗洪斗争。

5 结论与建议

5.1 结论

（1）情景构建选择区域为整个南旱河流域，按照"底线思维"，以2016年"7.20"暴雨降雨过程为基础，峰值降雨量按百年一遇设计，构建洪水、灾害情景过程。

（2）南旱河流域应对特大洪涝灾害的工作任务，分防汛准备阶段、监测预警阶段、应急响应阶段和恢复重建4个阶段，合计16项工作任务。

（3）应急能力评估结果表明，应对南旱河流域百年一遇洪涝灾害所需的决策指挥能力、社会动员能力、应急保障能力和工程保障能力亟须加强，并提出了相应的能力提升方案。

（4）基于应急任务分析和应急能力评估成果，从领导决策层、专业处置层、公众响应层梳理了应对南旱河流域特大洪涝灾害的工作要点。

5.2 建议

（1）加快实施南旱河流域蓄滞洪区工程，彻底解决南旱河流域洪水无出路的问题。

（2）按规划实施堤防的加高加固工程，完成河道疏浚及整治工作。

（3）提高洪水控制能力，新建节制闸避免下游河道水位顶托。

（4）加快治理西山排洪沟，增强其过流能力。

（5）结合海绵城市建设，充分利用"渗滞蓄净用排"等措施，降低地表产流量和河道洪峰量，缓解防洪压力。

参 考 文 献

［1］ U. S. Department of Homeland Security. National Planning Scenarios［R］. The U. S. Washington, DC，USA，2006.

［2］ 刘铁民. 应急预案重大突发事件情景构建——基于"情景-任务-能力"应急预案编制技术研究之一［J］. 中国安全生产科学技术，2012，8（4）：5－12.

［3］ 王永明. 重大突发事件情景构建理论框架与技术路线［J］. 中国应急管理，2015（8）：53－57.

［4］ 孙山. 民航"重大突发事件情景构建"应用实例探讨［J］. 中国安全生产科学技术，2014，10（4）：173－177.

［5］ 程勇，蔡建强，王兴宇. 医院"大范围停电"情景构建及对策研究［J］. 中国医院建筑与装备，2015（8）：98－101.

［6］ 韦理云. 基于情景构建的电力系统应急管理研究［D］. 北京：北京交通大学，2016.

北京城市暴雨内涝预警指标体系构建和致灾因子阈值量化研究

邱苏闯[1,2]　潘兴瑶[1,2]　刘洪伟[3]　孙　杨[3]　李　尤[1,4]　郑　琪[1,4]

(1. 北京市水科学技术研究院　北京　100048；2. 北京市非常规水资源开发利用与
节水工程技术研究中心　北京　100048；3. 北京市人民政府防汛抗旱
指挥部办公室　北京　100038；4. 河海大学　南京　210098)

【摘　要】　针对当前北京市暴雨内涝预警指标体系不健全，制约精细化防汛应急管理的问题，本研究构建了致灾因子评价指标体系，其中包括暴雨量级、暴雨空间分布、下垫面、特殊气象条件、内涝点信息等五大类指标，分别从宏观尺度和微观尺度两方面采用典型场次降雨统计分析和"暴雨量—积水深度"空间分布分析等方法确定了应急响应阈值指标。同时基于 InfoWorks ICM 软件构建了海淀区田村东路下凹桥区精细化排水模型，验证了该阈值指标的合理性。模拟结果表明：当 1h 降雨量为 30～36mm 时，桥区对应的积水深度为 0.23～0.34m。此研究成果可为暴雨内涝预警管理和应急响应启动提供重要支撑。

【关键词】　暴雨预警　应急响应　致灾因子　数值模拟　内涝积水

1　北京市暴雨洪涝灾害概况

城市暴雨洪涝灾害预警和响应管理问题是近年来防汛工作的热点和难点问题，受气候系统、地形地貌、人类活动等多种因素的影响，北京地区的暴雨洪涝灾害屡有发生，给人民生命财产和城市运行带来严重的威胁。危害较大的洪涝灾害主要发生在 1956 年、1963 年、1972 年、1976 年、1994 年、2004 年、2011 年和 2012 年[1-2]。因此，提高暴雨洪涝灾害预警精度，规范化和标准化汛情预警响应程序对城市防汛应急管理至关重要[3-4]。但是，目前暴雨预警由气象部门按照有关标准进行发布，在暴雨预警信息发布后是否启动响应机制以及启动何种级别响应机制问题上，目前多依据现场研判和管理部门的经验，受人为主观判断影响较大，针对致灾因子并未形成统一化、标准化的判断阈值。

为加强城市内涝监测预警，提升城市内涝风险防治能力，2015 年 6 月住建部和中国气象局联合颁布了《关于加强城市内涝信息共享和预警信息发布工作的通知》（建办城函〔2015〕527 号）。通知明确要求：利用科学方法确定城市内涝灾害气象致灾阈值和内涝风险等级。北京市作为试点城市之一，将率先建立信息共享、联合会商、联合发布的工作机制和相关标准规范。

鉴于上述问题和工作要求，主要开展以下研究：①构建暴雨致灾因子评价指标体系；②定量分析致灾因子与内涝积水危害的关系，提出合理的暴雨致灾因子阈值指标；③利用数值模拟技术检验阈值指标的合理性，从而为科学研判降雨，构建科学化和标准化的预警响应体系提供支撑。

2 北京市现行的暴雨预警应急响应启动标准

2.1 暴雨预警标准

为了适应北京市日益发展的精细化预报预警要求，北京地区暴雨预警标准自 2006 年以来经过 4 次修订，当前使用的是 2016 年 5 月修订的暴雨预警标准。现行的预警信号主要依据 1h、6h 时段雨量信息，预警信息由低到高划分为一般、较重、严重、特别严重 4 个预警级别，并依次采用蓝色、黄色、橙色、红色表示。

暴雨蓝色预警标准：1h 降雨量达 30mm 以上；或 6h 降雨量达 50mm 以上；预计未来可能出现上述条件之一或实况已达到上述条件之一并可能持续。

暴雨黄色预警标准：1h 降雨量达 50mm 以上；或 6h 降雨量达 70mm 以上；预计未来可能出现上述条件之一或实况已达到上述条件之一并可能持续。

暴雨橙色预警标准：1h 降雨量达 70mm 以上；或 3h 降雨量达 100mm 以上；预计未来可能出现上述条件之一或实况已达到上述条件之一并可能持续。

暴雨红色预警标准：1h 降雨量达 100mm 以上；或 3h 降雨量达 150mm 以上；预计未来可能出现上述条件之一或实况已达到上述条件之一并可能持续。

2.2 暴雨预警应急响应启动标准

暴雨预警应急响应是防汛管理部门根据暴雨预警及实际汛情而采取的应对行动，从低到高划分为 IV 级应急响应、III 级应急响应、II 级应急响应和 I 级应急响应。特殊情况下可对特定区域启动不同级别的应急响应。

虽然北京市在城市内涝预警和应急响应方面取得了一些成绩，主要包括细化暴雨预警指标、分区发布暴雨预警和网格化管理等。但是，在预警发布频率和及时性、阈值标准等方面还存在不足之处[5]。同时应急响应受限于预警预报精度和管理部门经验，需进一步提高其针对性和科学性。

3 暴雨内涝预警指标体系构建和致灾因子量化

3.1 暴雨内涝预警指标体系构建

根据防汛管理经验，影响城区内涝积水的因素主要包括暴雨量级、暴雨空间分布、下垫面条件、大风冰雹等特殊气象条件等。内涝积水灾害的严重程度，一般可用积水点总量、导致交通中断严重的积水点数量、最大积水深度等参数来描述。因此，本文构建的暴雨致灾因子评价指标体系包括五类指标，如图 1 所示。

（1）暴雨量级指标：最大 1h、最大 2h、最大 3h、最大 6h、最大 12h、最大 24h 的降雨量均值、最大值等参数，场次降雨平均雨量、暴雨中心雨量、标准差等。

（2）暴雨空间分布指标：1h 降雨量大于 30mm 台站个数，1h 降雨量大于 36mm 台站个数、不均匀度（暴雨中心与平均雨量之比）、临近期暴雨落区、气象雷达回波强度、基尼系数等参数。

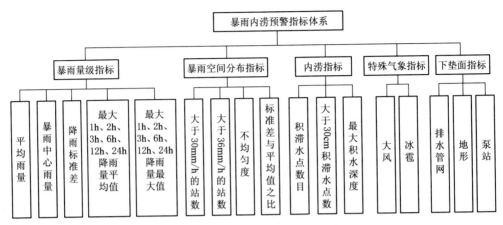

图 1 暴雨内涝预警指标体系构建

（3）内涝指标：积水点总数、30cm 以上积水点个数、最大积水深度。

（4）特殊气象指标：大风、冰雹等。

（5）下垫面指标：排水管网状态、地形、排水泵站设置与运行等。

3.2 从宏观尺度应用数理统计方法确定暴雨内涝致灾因子

根据暴雨量级、空间分布和造成社会影响程度等条件，筛选出 28 场典型场次的暴雨过程，暴雨时间范围为 2004—2015 年，其中含有 2012 年 7 月 21 日、2011 年 6 月 23 日、2014 年 7 月 16 日等对城市运行和市民生活带来严重影响的暴雨过程。

根据空间分布选择典型代表性气象台站，共计 77 处，如图 2 所示，统计分析典型场次暴雨的致灾因子和内涝危害参数。

（1）城区平均雨量参数：该参数是衡量场次暴雨量级的一个重要参数，典型场次暴雨对应的平均值为 15.1～199mm，较低的平均雨量可造成较为严重的内涝，如 2014 年 7 月 16 日暴雨，城区平均降雨量仅为 15.1mm，但是田村东路积水点出现了 150cm 积水。在局地暴雨情景下，内涝积水灾害对平均雨量参数不敏感。

（2）标准差：该参数是衡量不同站点总降雨差异的指标，值越大表明各站点差异越明显。典型场次降雨标准差为 10.0～55.0mm，内涝积水灾害对该参数也不敏感。

（3）暴雨中心雨量：典型场次暴雨中心雨量为 48.0～359.0mm，产生较为严重积水情景下，暴雨中心雨量一般高于 48mm，但是较高的暴雨中心雨量不一定能造成严重的危害，其还受降雨历时、下垫面排水能力和地形的综合影响，如 2013 年 7 月 15 日降雨，暴雨中心雨量为 89.6mm，积水点最大积水深度为 18cm，因为本次降雨历时较长，降雨时程分配较为均匀，故而积水深度不严重。

（4）不同时段累积雨量的平均值与最大值：0.5h 降雨平均值范围为 8.7～41.3mm，0.5h 降雨最大值范围为 20.8～78.0mm；1h 降雨平均值范围为 10.9～64.5mm，1h 降雨最大值范围为 27.2～98.7mm；2h 降雨平均值范围为 14.4～97.4mm，2h 降雨最大值范围为 31.5～154.0mm；3h 降雨平均值范围为 14.7～112.7mm，3h 降雨最大值范围为 43.3～183.1mm。

经过统计分析发现，平均值与积水严重程度相关性较小，而最大值与积水严重程度密切相关。不考虑排水管道堵塞的情况下（2014 年 7 月 16 日），出现较大积水深度（最高

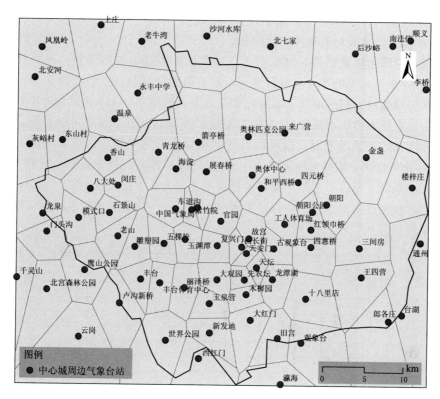

图 2　典型气象站点空间分布范围

积水深度为 30cm）时段降雨量为：0.5h 降雨量大于 21.2mm，1h 降雨量大于 31.4mm，2h 降雨量大于 45mm，3h 降雨量大于 53mm。同时，统计时段越短，其与内涝严重程度的关系越密切。

（5）空间分布参数：1h 降雨量大于 36mm 和 30mm 的台站数，可表征为强降雨出现的范围，理论上分析，强降雨台站数越多，内涝点出现越大，但是由于每个场次降雨中，有效典型代表站的数目不固定，不同场次降雨中这两个参数不具有可比性。不均匀度为暴雨中心雨量与面雨量之比，可有效表达场次暴雨的空间分布特征，该值范围为 1.2～3.6，将该参数作为应急响应的指标之一；标准差与平均值之比，同样为表征降雨空间不均性的一个参数，该值范围为 0.10～0.94，其本质与不均匀度参数相一致。

（6）气象和下垫面参数：在 2014 年 7 月 16 日局地暴雨中，伴有大风和冰雹，大风导致树叶和垃圾堵住雨水箅子，下凹桥区排水受阻，平均雨量不高，1h 暴雨总量也不高，但导致严重积水。在伴有大风和冰雹的暴雨条件下，致灾阈值响应指标需要适当降低。

鉴于上述分析，确定与内涝积水严重程度密切相关的两个指标为 1h 最大降雨量和不均匀度两个参数。当不均匀度指标不高于 2.5 时，表明暴雨空间分布较为均匀，1h 最大降雨量高于 30mm 时，造成较为严重积水的可能性比较大，需要启动暴雨预警应急响应措施。当不均匀度高于 2.5 时，可适当提高该阈值指标，以避免发生过度响应现象。当存在特殊天气情况时，如大风冰雹，可能会对地面排水设施造成影响，需要适当降低该阈值指标，确保安全。

3.3 从微观尺度统计分析时段暴雨量和积水深度

3.3.1 总样本暴雨量和积水深度统计分析

基于现行的暴雨预警标准，提取积水点对应的 1h 和 6h 的降雨量，进行相关统计分析，对近 10 年来有记录的积水点进行调查，并选取距离其最近的自动站作为该积水点的雨量代表站。剔除没有积水深度、雨量记录的站点，形成共计 130 个有效数据样本。

图 3 为所有样本的积水深度与 1h 最大雨量、6h 最大雨量，从中可以看到，降雨强度与积水深度的线性关系不明显，但可以看到积水深度有两个集中区域：一是主要集中在 20~50cm，处于该部分的样本中占 73%；二是 100cm 左右，处于该部分的样本占 14%。造成该现象的原因主要有：①积水深度数据源于巡查人员上报信息，观察和测量时可能存在误差；②各积水点的地形、下垫面、汇水区域条件不一样，造成积水深度和暴雨量之间线性关系不明显。

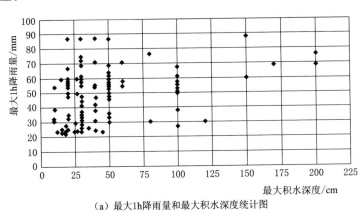

（a）最大1h降雨量和最大积水深度统计图

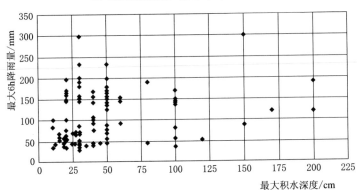

（b）最大6h降雨量和最大积水深度统计图

图 3　不同时段降雨量与积水深度对应关系

绝大部分样本点在"暴雨量—积水深度"空间中，位于两条边线所组成的三角形空间内，对应于同样时段暴雨量积水深度的左侧样本点的积水深度较小，这与积水点周边管网排水能力较强，汇流区域较小等有关，这些积水点对城市运行而言，危害性较小，因此称为"轻危害"积水点。而右侧的点表示，在同样量级的降雨下，积水点产生的积水深度大，社会危害性更大，因此称为"重危害"积水点。所有不同时段降雨量的"重危害"积水点在散点图上组成一条边；该边界为汛情响应预警重点考虑边界，称为"控制边"。随着时段的延长，由1h增加至6h，"控制边"斜率变小，同时向右侧移动；样本点所组成的散点空间，由三角形变为梯形。

总体样本散点图揭示了最大1h降雨量和积水深度相关图上的"控制边"上的样本点，降雨量与积水深度具有较好的线性关系，而6h等时段降雨组成的三角空间特征不明显。

3.3.2 典型场次暴雨多个积水点样本统计分析

由于在内涝点样本中，2012年7月21日暴雨内涝资料中对积水深度信息较为全面，筛选出该部分样本，进行1h暴雨量和积水深度统计相关分析。绘制的最大1h降雨量和积水深度关系如图4所示，将30cm作为临时滞水与严重积水的分界线，控制边的拟合方程为 $y = 0.2661x + 24.18$。控制边与分界线的交点坐标为（30cm，32cm），该交点意味着，1h降雨量低于32mm，可能会产生30cm以下短时滞水，而1h降雨量高于32mm，可能会产生30cm以上的较为严重积水。

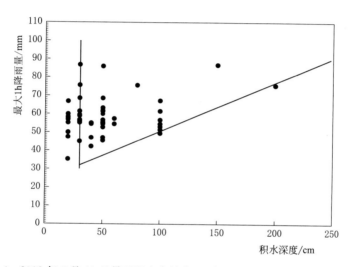

图4 2012年7月21日暴雨积水点最大1h降雨量和内涝积水深度统计图

3.3.3 典型积水点多个场次暴雨积水统计分析

根据收集到的内涝点积水记录资料，岳各庄桥下道路在2014年7月16日、2014年7月1日和2012年7月21日3个场次的降雨中产生了积水，其积水深度范围为15~30cm。根据该积水点反查最邻近气象站点1h、2h、3h内的降雨量，见表1。积水深度和降雨量之间的相关关系如图5所示，最大1h降雨量和积水深度的拟合方程为 $y = 0.331x + 18.128$，30cm积水深度对应的1h最大降雨量为28mm。

表1 岳各庄桥下积水点不同时段的降雨量和积水深度分析

降雨场次	总雨量/mm	最大1h/mm	最大2h/mm	最大3h/mm	积水深度/cm
2014年7月16日	20.4	20	20.4	20.4	30
2012年7月21日	265.1	99	155.9	171.9	50
2014年7月1日	5.3	3.7	5.3	5.3	15

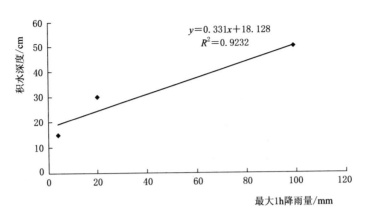

$$y=0.331x+18.128$$
$$R^2=0.9232$$

图 5　岳各庄桥下最大 1h 降雨量和积水深度相关图

综合分析上述数理统计结果，最大 1h 降雨不超过 31.4mm，多形成临时滞水，积滞水深度不大。根据"暴雨量—积水深度"空间分布分析，控制边界与短时滞水线的交点坐标为（30cm，32mm），意味着 1h 降雨量超过 32mm 时，形成 30cm 以上积水的概率比较高。根据典型积水点岳各庄桥下道路多个场次降雨中时段降雨量和积水深度统计分析得出，对应 30cm 积水深度的最大 1h 降雨量为 28mm。因此，推荐启动暴雨预警应急响应的阈值标准为 1h 最大暴雨量为 30mm。

4　基于数值模型验证暴雨致灾因子阈值指标的合理性

4.1　田村东路积水点概况

本研究中选择田村东路下凹式立交桥积水点作为暴雨预警响应指标阈值指标的验证点，通过 InfoWorks ICM 排水软件，构建排水数值模型，定量分析在不同暴雨情景下，暴雨量与内涝积水深度的对应关系。该地区在 2014 年 7 月 16 日 19：05 突降暴雨加冰雹，并伴有七级以上大风，30min 降雨量达 48mm，冰雹持续约 20min，产生内涝积水，下凹桥区积水产生的原因主要有：一是降雨强度大，超过管网排水设计标准；二是伴有冰雹大风，造成排水雨篦子被树叶、塑料袋等杂物堵塞，排水不畅等。

4.2　田村东路积水点数值模型构建

本研究中，将收集整理的管网的坐标、高程、管径等信息输入 InfoWorks ICM 模型，开展拓扑检查，逐条分析管网的纵断面，理顺管网上下游关系，构建排水管网网络模型，根据修正后的高精度的 DEM 模型、建筑、道路分布生成地面模型。

根据检查井分布进行排水单元划分后，将管网中检查井与排水单元进行空间关联，将排水单元的洪涝水输入排水管网中，实现驱动因子与排水管网模型对的连接。将一维管网模型与二维地面模型进行关联，实现模型耦合。通过模型率定和验证后，可将不同频率的设计暴雨输入管网中即可完成对管网中不同管段的排水负荷及区域内涝积水风险评估。

研究区面积约 0.62km²，共划分为 23 个排水单元，排水管道约 2.0km，管径范围为 0.5～2.0m，检查井 24 处，不透水面积比例约为 85%。数值模型构建流程如图 6 所示。

4.3 模型合理性分析

2014 年 7 月 16 日，19：00—19：30 时段内，该地区累计降水量达到 48.1mm。最大雨强出现在 19：15，5min 内降雨量达到 19mm。结合不透水面积率定径流系数参数，估算净雨量过程，将其输入模型。

模型模拟最大积水深度及变化过程如图 7 所示，模拟结果表明本次降雨过程最大积水深度为 1.85m，最大积水量为 1796m³，出现积水时刻为 2014 年 7 月 16 日 19：20，积水时间 5.5h。积水主要有两个来源：①客水，主要来自于周边香溪渡、海澜中苑、海澜东苑等居民区的雨水在桥区汇集；②道路汇水，田村东路、田村北路、田村路的水汇集到桥区。

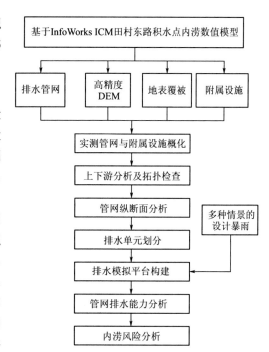

图 6　基于 ICM 软件构建田村东路下凹桥区内涝积水数值模型构建流程

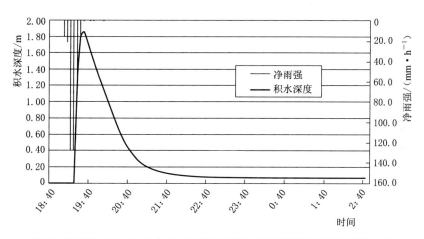

图 7　模拟的 2014 年 7 月 16 日暴雨过程中田村铁路桥下积水深度变化

实地调查的最大积水深度、积水长度和积水量信息见表 2。基于数值模型模拟的积水深度和体积与实地观测积水深度和体积有较好的一致性，其中最大积水深度误差约为 23%，最大积水量模拟误差约为 25%。因此可基于此模型模拟不同情景下的暴雨积水情况。

表 2　　　　2014 年 7 月 16 日暴雨造成的田村东路立交桥积水点信息

项目单位	最大积水深度/m	积水长度/m	横截面积/m²	积水量/m³
数值	1.5	150	112.5	2250

223

4.4　多种情景暴雨内涝过程模拟

本研究以最大 1h 降雨量指标为例，应用模型验证汛情响应指标的合理性。将 1h 设计暴雨量分别为 20mm、30mm、36mm、40mm 和 60mm 的降水过程作为暴雨驱动因子输入模型。为了考虑降雨峰值的影响，本研究采用软件 InfoWorks ICM 内置的设计雨型，雨峰位于降雨中间过程，最高降雨强度是最低降雨强度的 5 倍，如图 8 所示。

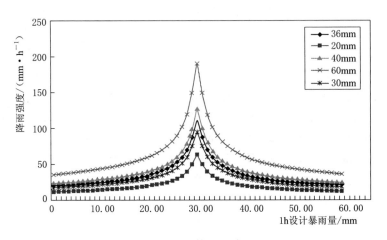

图 8　暴雨情景设计

不同暴雨情景下，积水范围、最大积水深度、积水量、积水时间模拟结果见表 3。对交通影响最为严重的 1h 设计暴雨量（30mm），在此情景下，桥区最大积水深度为 0.23m，该积水深度已经接近汽车排气筒的高度（约为 0.27m），容易造成熄火，存在安全隐患，导致交通堵塞。降雨量为 36mm 的 1h 设计暴雨造成的积水深度（0.34m）已经超过该阈值。对该积水点而言将暴雨预警应急响应措施启动的阈值指标定为 1h 降雨量达到 30mm 较为适宜。1h 降雨总量为 30mm 暴雨过程造成的田村铁路桥下积水范围分布和积水深度变化如图 9、图 10 所示。

表 3　　　　　　　　　　田村东路立交桥不同情景下模拟结果汇总

情景	1h 设计暴雨量 /mm	最大雨强 （mm·h⁻¹）	最大积水深度 /m	积水量 /m³	积水区域面积 /m²	大于 10cm 积水时间/h
1	20	63	0.18	93	2180	1.3
2	30	95	0.23	148	3140	1.5
3	36	114	0.34	254	3238	1.7
4	40	127	0.52	405	3408	2.0
5	60	191	1.17	1196	3969	4.0

5　结论与展望

5.1　主要结论

针对当前北京市暴雨内涝预警指标体系不健全、暴雨内涝致灾因子量化不具体等问

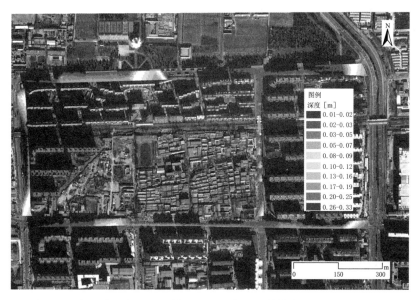

图 9　1h 降雨总量为 30mm 暴雨过程造成的田村铁路桥下积水范围分布

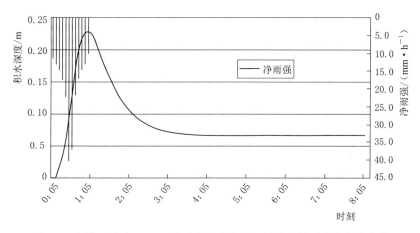

图 10　1h 降雨量为 30mm 暴雨过程造成的田村铁路桥下积水深度变化

题，本文开展了暴雨预警指标体系构建研究，基于数理统计和数值模拟方法对关键的最大 1h 暴雨量阈值指标进行了量化等，主要结论如下：

（1）本研究构建的暴雨内涝预警指标体系涵盖暴雨量级、空间分布、下垫面条件、特殊气象条件、内涝情况等五大类 17 项具体指标。

（2）综合数值统计结果发现，最大 1h 降雨不超过 31.4mm 多形成临时滞水，积滞水深度不大。根据"暴雨量—积水深度"空间分布分析，控制边界与短时滞水线的交点坐标为（30cm，32mm），意味着 1h 降雨量超过 32mm 时，形成 30cm 以上积水的概率比较高。根据典型积水点岳各庄桥下道路多个场次降雨中时段降雨量和积水深度统计分析得出，对应 30cm 积水深度的最大 1h 降雨量为 28mm。

（3）本研究构建了田村东路下凹桥区精细化排水模型，综合考虑管网、垫面、地形、暴雨过程对积水的影响。以2014年7月16日暴雨过程作为模型率定的基础，模拟的最大积水深度为185cm，误差为23％。将不同设计暴雨情景时段暴雨输入其中，精确模拟了积水区域范围、积水深度变化。当1h的暴雨量为30～36mm时，铁路桥的最大积水深度为23～34cm，接近汽车尾气排放筒的位置，大于10cm的积水时间为1.5～1.7h。

（4）基于数值统计和数值模拟结果，建议启动暴雨预警应急响应的阈值标准为1h最大暴雨量为30mm。但是，当暴雨空间不均匀度高，发生大风冰雹等特殊天气，下垫面管网排水能力不达标等特殊条件时，可适当降低该阈值指标。

5.2 研究展望

鉴于本研究收集的内涝积水资料样本较少，时间序列较短，本文利用数值模拟和数理统计方法对全市的暴雨致灾因子进行了初步统计分析，但是由于各个区的排水条件、下垫面条件差异性较大，全市采用统一的阈值指标，针对性有待进一步提高，后期可收集更加详尽的暴雨内涝积水资料，进而开展暴雨内涝预警指标分区调整研究。

内涝预警指标的确定需要经过一定时期的检验，经过统计分析和数值模拟方法确定的内涝预警指标，受数据精度、局地汇水条件、极端气候因子等多因素的影响，具有一定的不确定性。在推广应用前，需要经过一定的试运行期，对内涝预警指标进行调整改进，最终服务于防汛管理业务流程。

参 考 文 献

[1] 谌芸，孙军，徐珺，等.北京"7.21"特大暴雨极端性分析及思考（一）观测分析及思考［J］.气象，2012，38（10）：1255－1266.

[2] 化全利，吴海山，白国营.2004年7月10日北京城区暴雨分析及减灾措施［J］.水文，2005，25（3）：63－64.

[3] 马京津，李书严，王冀.北京市强降雨分区及重现期研究［J］.气象，2012，38（5）：569－576.

[4] 尤凤春，扈海波，郭丽霞.北京市暴雨积涝风险等级预警方法及应用［J］.暴雨灾害，2013，32（3）：263－267.

[5] 邸苏闯，刘洪伟，苏泓菲，等.北京城市暴雨预警及应急管理现状与挑战［J］.中国防汛抗旱，2016，26（3）：49－53.

对构建北京市海绵城市建设
标准体系的建议

龚应安　张书函

（北京市水科学技术研究院　北京　100048）

【摘　要】　为推进海绵城市建设，开展海绵城市建设方面的标准编制是非常必要的，本文在对国家、北京市现有海绵城市建设标准进行分析的基础上，对构建北京市海绵城市建设标准体系提出了一些建议。

【关键词】　海绵城市　标准体系　建议

1　引言

海绵城市，是指通过加强城市规划建设管理，充分发挥建筑、道路和绿地、水系等生态系统对雨水的吸纳、蓄渗和缓释作用，有效控制雨水径流，实现自然积存、自然渗透、自然净化的城市发展方式。为实施海绵城市建设，我国进行了海绵城市建设试点工作。目前，全国已有两批共 30 个国家级海绵城市建设试点城市，其中第一批试点城市 16 个，包括迁安、镇江、白城、嘉兴等城市；第二批试点城市 14 个，包括北京、宁波、天津、珠海等城市。

开展海绵城市建设的相关技术标准编制，形成海绵城市建设相关的各种系统、各专业的规划、设计、施工等方面的标准，从而构成科学合理的技术标准体系，为海绵城市建设提供技术指引是非常必要的。本文在收集有关国家海绵城市建设技术标准编制情况的基础上，对构建北京市海绵城市建设标准体系提出了一些建议，以期为北京市海绵城市建设试点提供参考。

2　国家海绵城市建设标准编制情况

为适应海绵城市建设的形势和要求，住房和城乡建设部 2016 年组织相关科研单位、规划设计单位、高校等，结合《海绵城市建设技术指南》和部分海绵城市相关标准，制订了《海绵城市建设国家建筑标准设计体系》，该标准设计体系包括规划设计、源头径流控制系统、城市雨水管渠系统、超标准雨水径流排放系统等内容。该标准体系可用于新建、扩建和改建的海绵型道路与广场、海绵型建筑与小区、海绵型公园绿地等相关的技术及相关基础设施的建设、施工验收及运行等，其中规划设计标准见表 1，鉴于篇幅，源头径流控制系统、城市雨水管渠系统、超标准雨水径流排放系统的内容不再阐述。

表 1
表 1　　　　　　　　　　海绵城市建设国家标准体系中的规划设计标准

标准设计 类型分类	技术内容 分类	专业分类	标准设计名称	编制情况
设计施工 指导	海绵城 市建设规 划设计	规划、结构、建筑、给 水排水、电气、暖通、市 政道路、园林	全国建筑工程设计技术措施——海绵城市建设 雨水控制与利用专篇(含规划设计、源头控制、雨水 管渠和超标雨水径流排放技术措施等内容)	拟新编
规划设计 指导		规划、给水排水、建 筑、市政道路、园林	海绵城市建设设计示例(含规划设计、源头控制系 统、雨水管渠系统和超标雨水径流排放系统等内容)	拟新编

　　海绵城市建设国家建筑标准设计体系，通过对现有技术及标准图集进行收集整理，将对海绵城市建设有借鉴作用的技术要求及文件纳入体系中。体系按照编制状态将标准或规范分为拟新编、拟修编、在新编、在修编、待新编和已出版六种类型。编制过程中，通过调研、资料收集等，考虑市场需求，依据我国现有标准体系、《海绵城市建设技术指南》和海绵城市相关标准，结合我国各地发展现状，参考国外先进发展经验构建，形成标准体系。标准体系把现有技术加以整理、分析，变成可操作、易使用的技术内容，便于理解与使用。该标准体系在设计过程中参考国内外先进经验，并吸收了低碳、节能、绿色、环保等新技术；从而提出了结构完整、层次清晰的标准设计体系，可为提升城市建设化水平，创造宜居城市，推进海绵城市建设提供思路。

3　北京市海绵城市建设标准编制情况

　　北京市海绵城市建设试点正在北京城市副中心开展，试点时间为 2016—2018 年，为配合北京市海绵城市建设的推进，全市先后编制了有关海绵城市建设的技术标准，现有海绵城市建设相关的地方标准包括《雨水控制与利用工程设计规范》《透水砖路面施工与验收规程》《城市雨水系统规划设计暴雨径流计算标准》《节水型林地、绿地建设规程》《绿色生态示范区规划设计评价标准》等，见表 2。

表 2　　　　　　　　北京市现有海绵城市建设相关技术标准统计表

序号	标准名称	标准号
1	《居住区绿地设计规范》	DB11/T 214—2016
2	《屋顶绿化规范》	DB11/T 281—2015
3	《园林设计文件内容及深度》	DB11/T 335—2006
4	《雨水控制与利用工程设计规范》	DB11/T 685—2013
5	《透水砖路面施工与验收规程》	DB11/T 686—2009
6	《城镇污水处理厂水污染物排放标准》	DB11/T 890—2012
7	《城市雨水系统规划设计暴雨径流计算标准》	DB11/T 969—2016
8	《下凹桥区雨水调蓄设计规范》	DB11/T 1068—2014
9	《城市建设工程地下水控制技术规范》	DB11/T 1115—2014
10	《集雨型绿地工程设计规范》	DB11/T 1436—2017
11	《节水型林地、绿地建设规程》	DB11/T 1502—2017
12	《绿色生态示范区规划设计评价标准》	DB11/T 1552—2018

4 构建北京市海绵城市建设标准体系的建议

为推进北京市海绵城市建设，北京市在已有国家标准、行业标准、地方标准的基础上，正在制定与海绵城市建设相关的其他地方技术规范，包括《海绵城市规划编制与评估标准》《建成区海绵城市建设设计标准》《海绵城市建设效果监测与评估规范》等规范。北京市海绵城市建设技术标准体系，建议在借鉴海绵城市建设国家建筑标准设计体系的基础上，同时结合北京市水文、气象等特点，针对市政、园林、规划、水务等行业需求，纳入相关北京市地方技术标准进行补充，园林行业应针对不同的绿地类型提出相应的技术标准或要求（如集雨型绿地建设的标准或规范），市政部门则要在城市道路等设计时提出相应的低影响开发设施的配套要求，规划部门应制定海绵城市规划编制方面的标准，实现海绵城市建设过程中的"规划引领"。从而将北京市在城市雨水系统规划设计暴雨径流计算、屋顶绿化、下凹桥区雨水调蓄设计、集雨型绿地设计、节水型林地、绿地建设规程、绿色生态示范区规划设计评价标准、海绵化城市道路施工、透水路面施工等方面的技术标准纳入体系中，并后续开展海绵设施施工、验收、运行维护等标准的编制工作，形成涉及规划、设计、施工、验收评估和运营维护等方面的技术体系，该技术标准体系中拟纳入的相关北京市地方标准见表3。

表3　　　　北京市海绵城市建设技术标准体系中拟包括的地方标准名录（建议稿）

序号	标准设计类型分类	标　准　名　称	编制状态	标　准　号
1	规划指导	《城市雨水系统规划设计暴雨径流计算标准》	已实施	DB11/T 969—2016
2		《海绵城市规划编制与评估标准》	在新编	
3	规划设计指导	《居住区绿地设计规范》	已实施	DB11/T 214—2016
4		《屋顶绿化规范》	已实施	DB11/T 281—2015
5		《园林设计文件内容及深度》	已实施	DB11/T 335—2006
6		《雨水控制与利用工程设计规范》	已实施	DB11/T 685—2013
7		《城镇污水处理厂水污染物排放标准》	已实施	DB11/T 890—2012
8		《水污染物综合排放标准》	已实施	DB11/T 307—2013
9		《下凹桥区雨水调蓄设计规范》	已实施	DB11/T 1068—2014
10		《城市建设工程地下水控制技术规范》	已实施	DB11/T 1115—2014
11		《集雨型绿地工程设计规范》	已实施	DB11/T 1436—2017
12		《节水型林地、绿地建设规程》	已实施	DB11/T 1502—2017
13		《绿色生态示范区规划设计评价标准》	已实施	DB11/T 1552—2018
14		《建成区海绵城市建设设计标准》	在新编	
15		《海绵城市数值模拟技术规范》	待新编	
16	施工验收指导	《透水砖路面施工与验收规程》	已实施	DB11/T 686—2009
17		《雨水控制与利用工程施工及验收规范》	在新编	
18		《海绵化城市道路施工及质量验收规范》	在新编	
19		《海绵设施施工、验收、运行维护规范》	待新编	

序号	标准设计 类型分类	标 准 名 称	编制 状态	标 准 号
20	监测评估 指导	《北京市级湿地公园评估标准》	已实施	DB11/T 769—2010
21		《湿地监测技术规程》	已实施	DB11/T 1301—2015
22		《城市雨水管渠流量监测规程》	在新编	
23		《海绵城市建设效果监测与评估规范》	在新编	

5 结语

（1）为推进海绵城市建设试点，国家、北京市已经开展了海绵城市建设方面的技术标准的编制。

（2）建议北京市海绵城市建设技术标准体系，可在借鉴海绵城市建设国家建筑标准设计体系的基础上，同时结合水务、市政、园林等行业需求纳入相关北京市地方技术标准进行补充。

参 考 文 献

[1] 王岩松，张弛.《海绵城市建设国家建筑标准设计体系》解读 [J]. 建设科技，2016，3：53-54.
[2] 潘安君，张书函，陈建刚. 城市雨水综合利用技术研究与应用 [M]. 北京：中国水利水电出版社，2010.
[3] 住房和城乡建设部. 海绵城市建设绩效评价与考核办法（试行）[R]. 2015.
[4] 郭再斌，张书函，邓卓智，等. 奥运场区雨水利用技术 [M]. 北京：中国水利水电出版社，2012.
[5] 住房和城乡建设部. 海绵城市建设国家建筑标准设计体系 [R]. 2016.

北京市小型水库防洪抢险应急工作思考

周 星 王丽晶 王远航

（北京市水科学技术研究院 北京 100048）

【摘 要】 根据北京市小型水库特性，对突发事件进行分析，并针对防洪抢险应急中存在的常见问题，提出几点建议，为更好编制相关预案提供参考。

【关键词】 小型水库 防洪 应急预案

1 引言

北京市现有在册小型水库 67 座，总库容 8644.06 万 m³[1]，分布于延庆区、门头沟区、怀柔区、昌平区、顺义区、平谷区、房山区、大兴区、海淀区、石景山区、密云区，如图 1 所示。其中，小（1）型水库 17 座总库容 6492.42m³，小（2）型水库 50 座总库容 2151.64m³，大坝类型主要以混凝土坝、浆砌石坝、浆砌石重力坝或拱坝为主。小型水库主要承担削减洪峰、灌溉农田、配置水资源等作用，为北京市人民用水安全及防洪安全提供保证[2]。北京市小型水库大多建于 1950—1980 年，施工质量不高，经过将近 50 年的运行，大多数水库存在不同程度的病险[3]，且水库多位于山区河流，汛期水位暴涨暴落，易成险情，对下游村落造成较大威胁。因此，为确保下游人员生命财产安全，最大限度地减轻洪水灾害，保证水库工程安全，应预先制定科学合理、可操作性强的抢险救灾应急预案，做好抢险和人员转移的各项准备[4]。

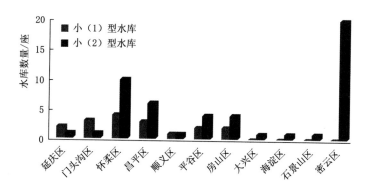

图 1 北京市各区小型水库数量图

2 北京市小型水库突发事件分析

2.1 超标准洪水

（1）汛期水库上游入库流量陡增，小型水库溢洪道设计流量一般较小，当水库下泄流量超过溢洪道设计流量时，洪水满溢，淘刷大坝下游坡脚，危及大坝工程安全。

（2）当入库流量超过出库流量时，水库水位暴涨，可能发生洪水满溢坝顶，从而导致溃坝等重大险情。

（3）库区水位较高时，上下游水位差可能导致坝体出现管涌、渗透破坏、滑坡等险情。

2.2 工程隐患

（1）北京市的小型水库大多数修建于 20 世纪 60 年代，施工质量不高，运行时间长，存在不同程度的病险，坝体可能出现渗漏、管涌、滑坡、裂缝等险情，如不及时抢护，可能引发溃坝风险。

（2）库区水面范围大，容易发生风浪淘刷，侵蚀坝前护坡，造成大坝坍塌。

（3）溢洪道与坝体结合部位发生渗漏，危及建筑物与大坝安全。

（4）闸门启闭设施等遭到破坏导致闸门不能正常启闭，影响洪水下泄，可能发生洪水满溢坝顶，导致溃坝等重大险情。

2.3 滑坡泥石流

北京市的小型水库通常地处山区，突发洪水时，若上游发生滑坡泥石流等风险，带至库区大型砾石及树木堵塞溢洪道，使水库内水位升高，发生洪水满溢坝顶，导致溃坝等重大险情，危及大坝安全。

3 小型水库防洪抢险应急工作存在的不足及特殊性

3.1 小型水库防汛预测预警系统落后

北京市小型水库的防汛预测及预警系统落后，多采用人工监测方式，水库水情监测指标基本只包括水位及雨量两方面，无智能水情监测系统，监测内容不能及时自动上传。水库大坝安全监测系统依靠人工监测，监测内容不全，不能及时全面了解大坝的汛情、雨情、水情、工情、险情等情况。

此外大多数小型水库没有健全的通信设备，水库地理位置偏，无线信号没有全部覆盖或信号接收不全，导致信息接收不及时，主管部门不能及时掌握库区情况，发生险情时不能第一时间进行处理及人员配置。

3.2 组织体系不健全，抢险队伍不专业

大多数小型水库未设立应急组织指挥机构，没有明确应急指挥机构的主要职责，以及指挥长、副指挥长与成员的职责分工。应急指挥机构应在指挥长的领导下，负责预警信息发布与指挥，发布预案启动、人员撤离、应急结束等指令，调动应急抢险与救援队伍、设备与物资。健全的应急组织体系可以迅速高效地开展防洪抢险应急工作。此外，大多数水

库没有对应的抢险队伍，多为农民工临时组建，抢险队伍不专业，没有经过专业培训，加之农民工流动性强，不能及时调动，直接影响了应急抢险的时效性。

3.3 专家库体系不健全

北京市小型水库缺乏对应的突发事件专家库。水库大坝抢险应组建专家咨询与现场评估组，为突发事件处置提供技术帮助，分析突发事件原因及造成的危害；开展突发事件现场综合分析、评估突发事件发生趋势、预测突发事件后果，为制定现场抢救方案提供参考意见、建议和技术指导。

3.4 水库防洪抢险应急预案编制不具体

水库管理部门对于应急预案不重视，小型水库防洪抢险应急预案编制目前千篇一律，没有针对性，水库现状高程及库容曲线等数据更新不及时，缺乏突发事件可能性及后果的科学性分析，尤其是溃坝方式及溃坝淹没范围分析不到位，不能保证应急预案的科学性、可行性、有效性及可操作性。预案的分级及响应大多数直接套用规范的分级，应结合水库情况具体给出不同响应的抢险人数及转移路线，具体任务落实到个人并留下联系方式。

4 对小型水库应急预案改进的建议

4.1 应急预案编制规范化

小型水库防洪抢险应急工作预案编制主要依据《水库大坝安全管理应急预案编制导则》（SL/Z 720—2015）、《水库大坝安全管理条例》、《北京市小型水库防御洪水方案编制大纲》等标准并参考大中型水库抢险应急工作预案结合自身情况而定。但目前北京市一些小型水库防洪抢险应急工作预案内容及格式过于随意，应依据《水库大坝安全管理应急预案编制导则》（SL/Z 720—2015）大纲要求编制。

4.2 应急预案编制需要提高可操作性及实用性

结合自身水库情况及可能发生的险情来编制水库防洪抢险应急工作预案，依据所在流域预警发布条件来制定预案的分级及响应，具体给出不同响应的抢险措施、抢险人数及转移路线，具体任务落实到个人并留下联系方式，确保应急预案的科学性、可行性、有效性及可操作性。

4.3 建立严格的保障制度

小型水库险情突发性强，应建立严格的物资保障制度，明确应急抢险与救援物资的存放地点、保管人及联系方式，负责应急抢险与救援物资储备的责任单位与责任人。同时明确水库枢纽区交通保障计划、责任单位与责任人，保障险情发生时下游村落能够顺利转移。根据突发事件应急处置需求，明确应急通信保障计划、责任单位与责任人，应急电力保障措施、责任单位与责任人。

4.4 积极宣传及有效演练

水库管理部门制定应对区水库大坝安全突发事件的宣传教育，充分利用广播、电视、报纸、互联网等方式，普及应急基本知识和技能，组织定期及不定期的应急演练，通过应急演练，培训应急队伍，改进和完善应急预案。水库运营单位每年至少组织一次演练，不断提高水库工作人员的抢险救灾能力。

5 结语

根据北京市小型水库特点，从超标准洪水、工程隐患、地震灾害及其他四个方面总结了北京市小型水库突发事件类型，由于北京市小型水库运行时间长，存在不同程度的病险，且水库多位于山区河流，汛期水位暴涨暴落，容易发成险情，提前编制防洪抢险应急预案十分必要。但目前小型水库防洪抢险应急准备工作不到位，小型水库防洪抢险应急预案编制不规范，应尽快依据《水库大坝安全管理应急预案编制导则》（SL/Z 720—2015）、《水库大坝安全管理条例》及《北京市小型水库防御洪水方案编制大纲》等编制适用于小型水库的水库防洪抢险应急预案大纲，结合水库特点，编制实用性、可操作性强的预案。

参 考 文 献

［1］ 北京市人民政府防汛抗旱指挥办公室．北京市防汛抗旱基础数据手册［R］．2016.
［2］ 税朋勃，季吉，周嵘．北京市中小型水库现状问题及对策［J］．中国水利，2013（S1）：25－27.
［3］ 朱龙，赵珊珊．北京市中小型病险水库除险加固经验总结［J］．人民长江，2018，49（S1）：219－222.
［4］ 梁建业．A市小型水库安全管理问题研究［D］．广州：华南理工大学，2017.

北京市水影响评价中防洪及内涝分析
与评价要点分析

杨淑慧 綦中跃 张 霓 尹玉冰

（北京市水科学技术研究院 北京 100048）

【摘 要】 水影响评价是对建设项目实施可能造成的水资源、水环境、水生态和水安全等方面的影响进行分析、预测和评价。其中防洪与内涝分析与评价，是水影响评价的重要内容之一，评价结果关系到建设项目的防洪和内涝安全。目前防洪与内涝分析与评价编制过程中，还存在雨水排除路由不清晰，山洪影响分析重视程度不够，内涝分析边界条件不清晰，对下沉庭院、周边下凹立交桥等分析不到位等问题。本文根据水影响评价报告编制实例，提出山洪影响分析方法，内涝边界确定依据，以及项目存在下沉庭院、周边存在下凹立交桥时，防洪与内涝分析与评价的正确方法，为今后提高水评报告编制质量提供参考。

【关键词】 雨水排除 内涝 山洪影响 下沉庭院 下凹桥区

1 引言

根据《北京市建设项目水影响评价文件编报审批管理规定》[1]，北京市行政区域内新建、改建、扩建建设项目，应当在办理项目立项手续前编制"北京市建设项目水影响评价"。自2014年全面实施《北京市建设项目水影响评价文件编报审批管理规定》至今，市级审批建设项目水影响评价近千项。

水影响评价是对建设项目实施可能造成的水资源、水环境、水生态和水安全等方面的影响进行分析、预测和评价，提出预防或者减轻不利影响的对策和措施。水影响评价主要内容包括供水分析与评价、退水分析与评价、防洪及内涝分析与评价和水土流失防治分析等；其中防洪及内涝分析与评价，是根据产汇流计算的结果，分析项目区受洪涝影响的可能性，提出相应的对策和措施，控制预防洪涝灾害的发生。

防洪及内涝分析与评价主要解决的问题包括：项目区至排水沟渠的排水管沟是否通畅；项目区雨水调蓄设施布置是否合理；项目区是否受洪水（包括山洪）影响；项目区是否会发生内涝等。在报告编制过程中，对于关键问题的把控，是报告编制及评审通过的重点；也是困扰水评报告编制人员的难点。本文就水评报告编制中，防洪及内涝分析与评价章节常见问题及难点进行总结分析，并提出解决思路，为今后提高水评报告编制质量提供参考。

2 防洪内涝分析中的常见问题

2.1 山洪影响需足够重视

由于坡降较陡，山区小流域汇集的山洪具有历时短、涨幅大、洪峰高、水量集中、成灾迅速、破坏力大等特点，对人民的生命财产造成严重威胁，位于山区的项目，项目是否会受山洪冲刷影响将成为各方关注的焦点。因此，报告编制时需首先根据项目所在区域地形划分项目所在小流域，分析项目区是否会受到山洪危害。目前山区小流域的水文资料普遍较少，洪水预测精度较低，影响合理地进行洪水预测。如何在水文资料不足的情况下，准确预测山区小流域的洪水过程，为山洪防御提供有力的技术支持，是科技人员的责任。

2.2 内涝分析尚需进一步完善

（1）雨水管沟路由不清晰。雨水管沟系统就是要及时地汇集并排除降雨形成的部分地表径流至下游河渠，防止内涝的发生。一个城市的雨水管沟系统由雨水口、雨水管沟、检查井、出水口等部分组成，在整个系统中，雨水管沟是主要的组成部分，也是最重要的部分。项目区至下游河渠管沟系统是否健全，项目区雨水径流能否顺畅流入河渠，是水影响评价中审查的要点，也是评价项目区内涝风险的主要因素之一。但由于新建项目区市政基础设施与城市建设速度的匹配问题；老城区雨水管线标准低、管线路由资料欠缺等原因，造成编制单位在明确项目区雨水排出去向及路由等问题上往往不能论证到位，存在现状管线不清，规划管线建设时序及主体不确定等问题。

（2）内涝分析边界选择不准确。洪涝灾害是世界上最主要的自然灾害之一，受气候变化和城市化进程的影响，极端降水发生强度和频率都呈现增加趋势，暴雨洪涝问题频发，暴雨难以精准预报、洪涝危害巨大，该问题受到高度重视和广泛关注，已成为防洪减灾领域的研究热点。建设项目所处位置的小流域现状、地形地貌、排水条件等，是暴雨形成内涝的计算输入条件，也是影响水评报告编制中内涝分析评价准确性的主要因素。目前水评报告编制中，进行项目是否存在内涝风险，编制人员常常在计算范围、排水条件等计算输入条件的选取上出现问题。常见的是不进行项目所在区域地形条件分析，而是直接选择项目区作为内涝分析评价范围；排水能力直接选用本项目区的，不考虑周边管网的排水能力等，这些计算条件的选择直接影响内涝计算结果，而且往往导致计算结果偏于不安全。

（3）对下沉庭院、周边下凹立交桥等分析不到位。2012年"7.21"北京特大暴雨，全市平均降雨量170mm；暴雨造成约190万人受灾；主要道路积水63处、地下室倒灌70处，积水均位于低洼地带或下凹桥处。据调查[2]64处下凹式桥区，其中49处均发生了不同程度的积水，积水深度最高达1.5～2.0m；对49处积水点进行研究分析，大量客水的汇入是积水的主要原因之一，由于下凹区周围的客水无专门的排水设施或排水设施薄弱，导致高区地面雨水饱和，形成地面径流，进入下凹区路面。客水的汇入，导致下凹区的实际雨水汇集总量超过了低区排水系统的排除能力，造成路面积水。因此，在建设项目水评中不仅需要重点分析项目区内下沉庭院、地下室等位于低洼处的内涝问题，还需关注项目周边是否有现状和规划的下凹桥等公共设施，必须遵照下凹桥区"高水高排"的排水原则，严禁项目区的客水进入下凹桥区。

3 防洪及内涝分析与评价方法

雨水排除、山洪及内涝分析方法直接影响"防洪及内涝评价"结果的准确性，本文结合相关案例，提出不同类型的防洪及内涝评价的分析方法。

3.1 山洪分析

洪涝灾害问题严重影响社会经济的发展，并且威胁着人类的生命财产安全。山洪预测是预防山洪灾害的前提，而目前山区小流域的水文资料普遍较少，洪水预测精度较低，影响洪水预测结果及合理的防洪措施，因此需寻找适合推算山区小流域洪水过程的预测方法，为山洪防御提供有力的技术支持。建设项目所在区域山洪影响分析与评价，需根据项目所在区域地形地貌特征，确定项目周边山洪沟、排洪沟、截洪沟等流域范围，复合山洪沟、排洪沟、截洪沟等泄洪能力，分析山洪对建设项目的影响，提出相应的应对措施。

中国佛学院校舍项目水影响评价项目[4]位于海淀区苏家坨镇车耳营村，为山前地区，所在区域属于南沙河流域范围。项目所在区域内现状有三条排洪沟，分别为凤凰岭北沟、凤凰岭中沟、凤凰岭南沟，三条排洪沟汇合于凤凰岭沟，向东北接入后沙涧沟，最终汇入南沙河，如图1所示。为了防御项目区外部的山区洪水，规划按20年一遇标准治理凤凰岭北沟、凤凰岭南沟；规划在建设区外侧新建截洪沟，将建设区外围洪水疏导至凤凰岭北沟及凤凰岭南沟，截洪沟按20年一遇标准设计。产汇流计算采用适用于20km²以下的山区的改

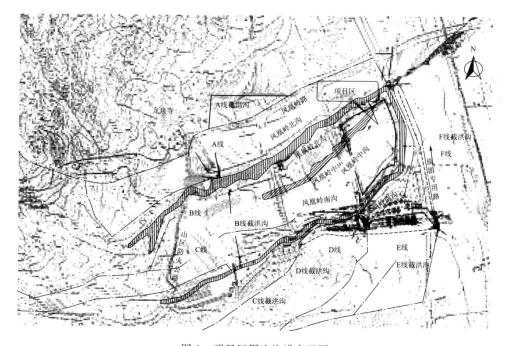

图1 项目区周边沟道布置图

237

进推理公式（1）和式（2），洪峰流量 Q 可通过联解式（1）和式（2）两个方程求得

$$Q_t = \frac{0.278 F h_t}{t} \tag{1}$$

$$\tau = \frac{0.278\theta}{mQ_\tau^{1/4}} \tag{2}$$

式中　Q_t、Q_τ——流量，m^3/s；

　　　　h_t——净雨量，mm；

　　　　F——流域面积，km^2；

　　　　t——降雨历时，h；

　　　　τ——汇流时间，h；

　　　　θ——地理参数，$\theta = L/J^{1/3}$；

　　　　m——汇流参数。

　　凤凰岭北沟、凤凰岭南沟和 B 线、C 线截洪沟，利用改进推理公式法计算成果与规划流量成果对比，相差不大，见表 1，采用规划流量复核沟道的过流能力。

表 1　　　　　　　　　　项目区周边山洪沟和截洪沟洪峰流量计算表

截洪沟	流域面积/km^2	$Q_{规划}$/($m^3 \cdot s^{-1}$)	$Q_{计算}$/($m^3 \cdot s^{-1}$)	相对偏差/%
凤凰岭北沟	1.77	32.10	32.20	0.31
凤凰岭南沟	1.67	25.30	27.10	7.11
B 线截洪沟	0.070	2.50	2.50	0.00
C 线截洪沟	0.112	2.20	2.18	−0.91

　　利用谢才公式（3）计算山洪沟和截洪沟的排水能力，即

$$Q = AC\sqrt{RJ} \tag{3}$$

式中　Q——设计流量，m^3/s；

　　　　A——过水断面面积，m^2；

　　　　C——谢才系数；

　　　　R——水力半径，m；

　　　　J——水力坡度。

　　经计算凤凰岭北沟、凤凰岭南沟及截洪沟治理达标后，其过流能力均大于流域产生的 20 年一遇的洪峰流量（表 2）。因此项目区周边的山洪沟和截洪沟能防御 20 年一遇洪水，山洪沟和截洪沟达标治理后，山洪对建设项目的影响较小。

表 2　　　　　　　　　　项目区周边山洪沟和截洪沟过流能力计算表

截洪沟	沟道底宽/m	沟道深度/m	糙率 n	坡度 i	边坡 m	过流能力 Q/($m^3 \cdot s^{-1}$)	流域洪峰流量 Q_{20}/($m^3 \cdot s^{-1}$)	是否满足要求
凤凰岭北沟	4.0	3.0	0.04	0.04	2	215.54	32.10	是
凤凰岭南沟	4.0	3.0	0.04	0.01	2	107.77	25.30	是
A 线截洪沟	3.0	2.0	0.025	0.0006	0	5.30	3.50	是
B 线截洪沟	1.0	1.5	0.025	0.02	0	4.41	2.50	是

3.2 内涝分析

北京城区屡屡发生内涝，综合分析有以下原因[3]：下垫面变化、河道排水能力不足、雨水设施不健全、雨水管道设计重现期偏低等。在一定的自然条件下，建设项目区内涝的发生，与所在区域地形及雨水排除设施关系密切，因此在建设项目内涝分析中，内涝计算的输入条件如何选择，决定了内涝计算结果的准确性和合理性，内涝计算的输入条件包括内涝分析范围及雨水排除能力等。例如北京城市学院顺义校区水影响评价项目[5]，工程总用地面积为 11.54hm²，通过对校区周边地形、排水分区及管网分布进行分析，确定该项目的内涝分析范围：北侧、西侧以蔡家河为界，东侧边界以木北路为界，南侧边界以杨镇大街为界，内涝分析总面积为 115hm²，内涝分析范围如图 2 所示，内涝分析范围大于项目区红线范围 10 倍；地形处理以项目区 1∶2000 地形图为基础，并对项目区内的道路、建筑及绿地等设施标高进行修正。根据地形分析钙化生成内涝分析范围内的 DEM 地形数据图（图 3），由图 3 可知项目区不属于低洼区，如此选择内涝分析区，为下一步内涝计算提供了合理的分析范围。

图 2　项目内涝分析区划分

项目区内布设有下沉庭院，需对下沉庭院单独进行内涝分析，分析方法如《石景山保险园 649 水影响评价》项目[6]：该项目设置了 3 个下沉庭院，均位于地块中心，首先根据下沉庭院性质及所处位置，确定其内涝防治标准为 50 年一遇；其次分析下沉庭院布设的合理性，下沉庭院中设置排水沟及集水坑，雨水通过排水沟汇入集水坑，经水泵排出至外部，为防止客水汇入，下沉庭院上侧周边设置栏杆，栏杆底部设置高出室外地面300mm 的挡水墙。暴雨期间，潜水泵启动将下沉庭院中雨水抽排至周边地面绿地内，通过绿地入渗及周边雨水口，汇入项目区内雨水管网进行排除；最后进行内涝分析评价，将50 年一遇净雨过程与水泵排水能力进行比较，经分析，启用潜水泵的情况下，下沉庭院 1积水深度约为 3cm，下沉庭院 2 积水深度约为 7cm，积水均较浅，基本不影响下沉庭院使

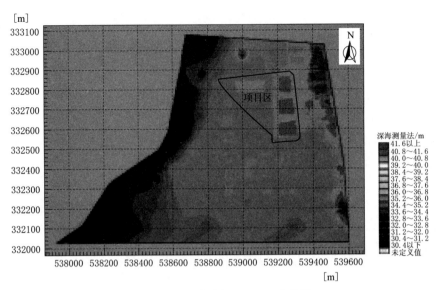

图 3　项目内涝分析区 DEM 地形图

用，下沉庭院 3 潜水泵的排除能力能满足排除 50 年一遇降雨条件下的排水要求，下沉广场基本不会产生积水。

3.3　其他

3.3.1　做好现场调查分析

现场调查是水影响编制报告过程的关键步骤之一，现场调查中需关注项目区四至、地形地貌、土地利用现状、植被情况、市政设施情况、交通情况、取土场地，堆土场地等，同时需关注项目区周边有无下凹式立交桥、蓄滞洪区、河道沟渠；分析项目区建设对这些设施的影响。

西黄村棚改水影响评价项目[7]，经现场调查，该项目中 1606 - 651 地块北侧出口与西五环过田村路下凹桥相邻，南侧与西五环过大台铁路下凹桥相邻。建设项目所在排水分区总体地势为西南高，东北低，采用 ArcGIS 软件进行地形分析，项目区不属于区域低洼点。项目区南侧地区高程高于项目区，且项目区 1606 - 651 地块周边设有围墙，项目区地面径流不会沿地面汇入西五环过大台铁路下凹桥。1606 - 651 地块出口在北侧，为使得项目区超出排水能力的径流不汇入下凹桥，经分析计算确定北侧出口高程，以高出 50 年一遇积水位作为出口控制高程，使地面径流滞蓄在项目区内部。项目区周边立交桥示意如图 4 所示，1606 - 651 地块平面布置如图 5 所示。

3.3.2　与业主和设计充分沟通

水影响评价报告编制过程中，根据防洪及内涝分析与评价的结果，需与业主和设计进行及时有效的沟通，对项目设计方案及周边市政设施存在的问题及时提出改进措施建议，达成共识，消除或减少洪水和内涝造成的损失。西黄村棚改水影响评价项目[7]中，与设计沟通，调整项目区竖向布置，将项目区 50 年一遇内的雨水滞蓄在项目区内，减少了项目区对周边下凹式立交桥的影响。

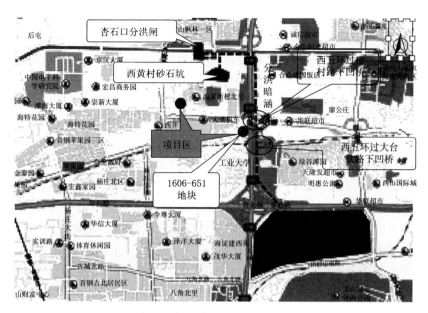

图 4 项目区周边立交桥示意图

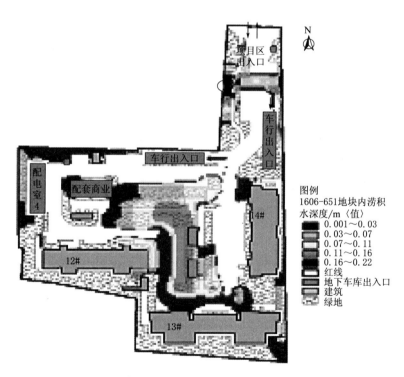

图例
1606-651地块内涝积
水深度/m〈值〉
■ 0.001～0.03
▨ 0.03～0.07
▤ 0.07～0.11
▥ 0.11～0.16
▦ 0.16～0.22
红线
地下车库出入口
建筑
绿地

图 5 1606－651 地块平面布置图

中国佛学院校舍水影响评价项目[4]，由于凤凰岭北沟和南沟达标治理的建设时序不确定，报告中分析了 20 年一遇洪峰流量时，项目区附近最不利断面处水位，现状凤凰岭北沟水位高出右岸 0.35m，凤凰岭南沟水位高出左岸 1.14m，凤凰岭北沟、凤凰岭南沟洪水出槽，将对项目区造成淹没冲刷风险。因此，建议尽快落实凤凰岭北沟、凤凰岭南沟及截洪沟按规划达标治理的建设主体。凤凰岭北沟、凤凰岭南沟达标治理前，建议建设单位疏挖凤凰岭北沟、凤凰岭南沟，按规划修建 B 线、C 线截洪沟，确保凤凰岭北沟、凤凰岭南沟、B 线截洪沟、C 线截洪沟能够满足 20 年一遇行洪要求。

4 结语

编制水影响评价报告，不应以项目通过评审拿到批复作为唯一的目标，需公平公正地做好评价，确保用水安全。水影响评价是对建设项目实施可能造成的水资源、水环境、水生态和水安全等方面的影响进行分析、预测和评价，提出预防或者减轻不利影响的对策和措施；是《中华人民共和国水法》《中华人民共和国防洪法》和《中华人民共和国水土保持法》等法律明确规定的涉水审批事项，目的在于保护水资源、减轻洪水危害、减少水土流失。采用正确方法，科学评价建设项目受山洪和内涝的影响，是评价建设项目水安全性的关键；也是确保洪涝评价结果中各项指标准确、合理的基础工作。随着水影响评价事业的深入发展，报告编制过程中还需完善山洪及内涝的分析计算方法，从流域角度分析建设项目存在的风险，从而更好地实现水影响评价报告编制的目标。

参 考 文 献

[1] 北京市建设项目水影响评价文件编报审批管理规定 . 京水务法〔2016〕119 号 .
[2] 王秀荣 . "7.21" 北京地区公路下凹式桥区积水的原因分析及处理措施 [J]. 给水排水，2013 (S1)：158 - 160.
[3] 刘永琪，何永 . 关于北京城市排涝问题的探讨 [J]. 城市发展研究，2012，19（1）.
[4] 北京市水科学技术研究院 . 中国佛学院校舍项目水影响评价报告书 [R]. 2017.
[5] 北京市水科学技术研究院 . 北京城市学院顺义校区二期（教学楼）建设工程项目水影响评价报告书 [R]. 2017.
[6] 中水珠江规划勘测设计有限公司 . 中关村科技园区石景山园北 I 区 1605 - 649 地块 B23 研发设计用地项目水影响评价报告书 [R]. 2018.
[7] 宁夏水利水电勘测设计研究院有限公司 . 石景山区西黄村棚户区改造土地开发项目回迁安置房水影响评价报告书 [R]. 2016.

水务精细化管理

北京市水资源承载能力浅析

周 娜 韩 丽 郑凡东 黄俊雄

（北京市水科学技术研究院 北京 100048）

【摘 要】 2011 年中央 1 号文件提出，水是生命之源、生产之要、生态之基，与其他资源
共同支撑了当地经济社会的发展，可见水资源承载力是资源承载力的重要组成之一。水资源
承载力的研究对象是一个涉及经济、社会和生态环境等因素的复杂系统，水资源承载能力是
衡量水资源系统可持续与否的一项重要指标。开展北京市水资源承载能力研究，对于提高北
京市水资源安全保障能力具有重要意义，也是北京市建设和谐宜居之都的必然要求。本文从
水资源承载力的概念出发，以北京市作为研究区，选取了综合用水指标法、用水定额法和水
资源承载力计算模型等三种方法，根据北京市水资源开发利用特点和未来水资源保障格局，
对北京市 2020 年水资源承载人口数量进行了预测分析。

【关键词】 水资源 承载力 需水

1 水资源承载力的概念

资源承载能力是指当地的资源在可预见的期间内能够支撑地区发展的能力，是涵盖了
水资源、土地、能源和矿产资源等多维度、全方位的资源承载水平的体现。水资源承载能
力是衡量水资源系统可持续与否的一项重要指标，应在水资源优化配置的基础上，以维护
生态环境良性循环发展为条件，以系统的、动态的观点综合分析区域水资源对人口和经济
社会发展规模的支撑作用。

2 研究区概况

2.1 概况

北京市是全国的政治和文化中心，也是世界著名的古都和现代国际大都市。北京市位
于华北平原的西北部，总面积为 16800km²。2014 年全市常住人口 2151.6 万人，比上年
末增加 36.8 万人，地区生产总值 21330.8 亿元，三产结构比例为 0.7∶21.4∶77.9。

北京市属温带大陆性季风气候，平原地区多年平均年陆地蒸发量为 500mm，1956—
2014 年多年平均降水量为 568.5mm，降水年内分配极不均匀、年际变化幅度大。北京市
共有 5 条水系，即潮白河、蓟运河、北运河、永定河和大清河，均属于海河流域。地貌形
态由西向东、由北向南形成中山、低山、丘陵过渡到洪冲积台坡地、冲积洪积扇平原、洪
积冲积倾斜平原，一直到冲积平原。

北京市由地表水、地下水、再生水、南水北调和应急水源联合供水。2014年全市供水设施实际供水量为37.5亿 m³，其中地下水供水19.56亿 m³，是主要的供给水源。2014年全市总用水量为37.5亿 m³，其中：农业用水8.18亿 m³，工业用水5.09亿 m³，生活用水16.98亿 m³，环境用水7.25亿 m³。

2.2 北京市水资源保障格局

2.2.1 本地水资源

采用《南水北调北京市水资源配置规划（2005）》和《北京市"十二五"排水及再生水利用规划（2010）》的研究成果。本地水源可供水量预测成果表明（表1），北京市2020年遇50%、75%、95%水平年本地各种水源总可供水量分别为42.45亿 m³、38.95亿 m³、36.65亿 m³。

表1　　　　2020年北京市本地水源可供水量预测成果表　　　　单位：亿 m³

水　　源		2020年可供水量		
		50%	75%	95%
现状工程	官厅水库	1.9	1.0	0.6
	密云水库	6.7	5.5	4.5
	中小水库＋河道基流	2.8	1.7	1.0
	地下水	20.25	20.25	20.25
	小计	31.65	28.45	26.35
内部挖潜	再生水	10.3	10.3	10.3
	雨洪利用	0.5	0.2	0.0
	小计	10.8	10.5	10.3
总计		42.45	38.95	36.65

北京市自1999年以来降水持续偏少，1999—2013年年均降水量只有493.9mm，水资源总量为22.8亿 m³，较多年平均减少了40%。根据北京市近年来的水资源演变形势，以1999—2014年北京市多年平均水资源量为22.8亿 m³，作为近年来偏枯年份的当地地表和地下水资源量进行分析计算。再考虑再生水水量为10.3亿 m³，雨洪水按照0亿 m³ 计入，偏枯年北京市当地水资源可供水量为33.1亿 m³。

2.2.2 外调水

针对北京市水资源的供需矛盾，本文考虑多水源保障北京市用水安全：一是按照《海河流域长江水分配水量》结果，2020年南水北调中线工程一期通水后，年调水量达到10.5亿 m³；二是由于南水北调西线工程和东线工程尚未将北京市纳入到受水区，本研究暂不把这部分水量考虑进来；三是关于河北四库、引黄工程、引滦工程调水以及海水淡化水源，本研究将其作为应对极端、突发情况下的应急补水，暂不参与水资源供需平衡。

2.3 需水趋势

根据北京市水资源条件及未来水资源供需规划要求，对未来需水形式分析主要依据以下原则开展需水预测，即生活用水适度增长、工业用水零增长、农业新水用水量负增长。

2.3.1 生活需水

对 2020 年生活需水量的预测采用用水定额法进行计算，同时根据北京市城市功能分区，将 16 个区划分为四大功能区，即首都功能核心区、城市功能拓展区、城市发展新区和生态涵养发展区。根据各功能区功能定位和人均用水量情况，确定 2020 年各功能区人均生活用水定额，其中，首都功能核心区和城市功能拓展区人均生活用水定额取 220L/（人·d），城市发展新区人均生活用水定额取 200L/（人·d），生态涵养发展区人均生活用水定额取 180L/（人·d）。结合各区 2014 年现状人口数量和人口规划，分析得出 2020 年北京市生活用水需水量为 17.5 亿 m^3。

2.3.2 工业需水

在现状水平年，将工业用新水量控制在 5 亿 m^3 以内的水平，同时通过调整产业结构，减少高耗水产业的发展，来减少工业对水资源的消耗。此外，根据近期京津冀协同发展战略部署，北京市将逐步通过关停并转，把不符合首都功能定位的高耗水产业进行转移。在以上措施的综合作用下，提高水资源的利用效率，在保证工业和经济良性发展的背景下，预计工业用水不会有明显增加趋势，保持工业用水的零增长。根据北京市 2020 年用水管控方案（北京市水务局，2016 年），工业用水总量控制在 5.1 亿 m^3，其中新水维持在 3.4 亿 m^3，再生水利用量为 1.7 亿 m^3。

2.3.3 农业需水

现状农业年用水量 9.1 亿 m^3，通过调整用水结构，加强节水措施推广，增加再生水利用，逐步减少新水用水量，预测 2020 年农业用新水量控制在 5.0 亿 m^3，再生水量控制在 2.0 亿 m^3，合计农业需水量为 7 亿 m^3。

2.3.4 生态需水

生态需水是对北京市水资源承载能力影响较大的因素之一，因此选取两套研究成果，具体如下：

（1）参照北京市水资源综合规划专题八《北京市生态需水预测》研究成果，选取其参与了水量供需平衡后的预测结果。按照北京市 2013 年和 2020 年生态需水量均为 9.5 亿 m^3，其中城区绿地和河湖用水 2.6 亿 m^3，河道内与河道外生态需水量 6.9 亿 m^3 计算。

（2）根据北京市环境总体规划专题 14－3《北京市水资源合理配置及优化研究》阶段成果，考虑中方案对生态需水的计算结果，按河道需水 15.5 亿 m^3，城区绿地和河湖用水按照 2.6 亿 m^3 计算，合计需水 18.1 亿 m^3。

3 研究方法

3.1 综合用水指标法

综合用水指标法是用水资源可供水量除以人均综合用水定额，得到水资源可承载的人口数量。这种方法简单、直观、可操作性强，可以从宏观角度对水资源承载力进行测算，是从大局角度把控人口增长的重要支撑工具之一。这种方法的计算结果代表了特定经济社会发展情况下、特定用水水平下的水资源承载力。

2014 年北京市总用水量为 37.5 亿 m^3，其中第一产业用水 8.18 亿 m^3，第二产业用水 5.44 亿 m³，第三产业用水 14.42 亿 m³（其中环境 7.25 亿 m³），居民家庭 9.46 亿 m³。2014 年北京市常住人口为 2151.6 万人，人均综合用水量为 174.2m³/人。从 2000—2014

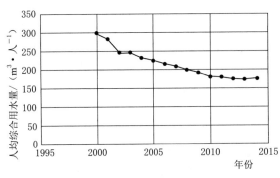

年北京市用水量和人口对应关系来看，2010 年以前，北京市人均综合用水量整体偏高，用水效率较低；但进入 2010 年以后，随着用水和节水水平的提升，北京市人均综合用水量一直维持在 170～180m³/人，并未随着 GDP 的增加有较大波动，如图 1 所示。因此，本研究选取人均综合用水量为 175m³/人，作为当前社会经济发展阶段下计算北京市水资源承载能力的基准人均综合用水量。

图 1　北京市人均综合用水量变化趋势图

3.2　用水定额法

用水定额法是在对水资源可供水量进行预测的基础上，通过分别计算工业用水、农业用水和生态用水，实现对生活及三产用水量的预测，再除以人均生活及三产综合用水量，得到水资源可承载的人口数量。这种方法是采用生活用水量结合用水定额，对承载人口数量进行推算，代表了考虑水资源的优化配置下的水资源承载能力。具体计算公式为

$$P_{承载} = \frac{W_{可供} - W_{工业} - W_{农业} - W_{生态}}{q_{人均生活及三产综合用水量}} \tag{1}$$

式中　　$W_{可供}$——当地可供水量；

$W_{工业}$——工业需水量；

$W_{农业}$——农业需水量；

$W_{生态}$——生态需水量；

$q_{人均生活及三产综合用水量}$——规划水平年人均生活及三产综合用水量。

3.3　水资源承载力计算模型

水资源承载力计算模型是从宏观的角度，优先保障生态环境用水，对生产、生活、生态用水进行综合考量，对人均经济可用水资源量和人均水资源消耗量进行直观的计算分析，从宏观层面得出当地水资源的宽松程度（超载程度）。通过可承载人口指标，对北京市水资源承载力进行综合分析与评判，代表了优先保障生态环境用水下的水资源承载力。经济可用水资源量为

$$W_{经济} = W_{供} - W_{生态} - W_{生活} \tag{2}$$

式中　$W_{经济}$——经济可用水资源量；

$W_{供}$——可供水量；

$W_{生态}$——生态环境用水量；

$W_{生活}$——生活用水量。

人均全员耗水量为

$$W_{人均耗水} = \frac{W_{供}K}{P_{预测}} \qquad (3)$$

式中 $W_{人均耗水}$——人均全员耗水量；

$\quad\quad W_{供}$——可供水量；

$\quad\quad K$——耗水系数，代表耗水量和总用水量之间的比值，是水资源公报统计数据之一，本次计算采取 2014 年公报统计数据；

$\quad\quad P_{预测}$——预测人口数量。

则水资源可承载人口数量为

$$P_{承载} = \frac{W_{经济}}{W_{人均全员耗水量}} \qquad (4)$$

式中 $P_{承载}$——水资源可承载人口数量。

4 计算结果

本研究选取现状基准年为 2014 年，规划水平年为 2020 年。

4.1 综合用水指标法

采用人均综合用水为 175m³/人作为评判标准，南水北调调水量能实现 80％调水量，即按照 8.4 亿 m³ 推算，则不同来水频率下，2020 年北京市可供水量分别为 50.85 亿 m³、47.35 亿 m³、45.05 亿 m³；若按照 1999—2014 年计算，2020 年可供水量为 41.5 亿 m³。采用综合用水指标法，计算 2020 年北京市水资源承载能力结果见表 2。

表 2　　　　　　综合用水指标法测算 2020 年北京市水资源承载力

编号	2020 年可供水量/亿 m³	可承载人口/万人	编号	2020 年可供水量/亿 m³	可承载人口/万人
1	50.85($P = 50％$)	2905	3	45.05($P = 95％$)	2574
2	47.35($P = 75％$)	2706	4	41.5(1999—2014 年)	2371

由于该方法主要应对水资源相对紧缺情况下的水资源承载力水平，按照 1999—2014 年水资源形势不断严峻的趋势，2020 年可供水量为 41.5 亿 m³ 时，可承载人口为 2371 万人，将此结果作为综合用水指标法测算 2020 年北京市水资源承载力的结果。

4.2 用水定额法

考虑南水北调调水量仅能实现 80％，则 2020 年北京市可供水量在 $P = 50％$、$P = 75％$和 $P = 95％$时，分别为 50.85 亿 m³、47.35 亿 m³、45.05 亿 m³；若按照近 10 年计算，2020 年可供水量为 41.5 亿 m³。其中，工业和农业使用再生水量为 5.5 亿 m³，具体计算方案见表 3，人均综合年生活用水量按照 220L/d 计算，则年生活用水量等于 220L/d× 365d＝91.25m³。

由于该方法主要应对水资源相对紧缺情况下的水资源承载力水平，按照 1999—2014 年水资源形势不断严峻的趋势，2020 年可供水量为 41.5 亿 m³ 时，可承载人口为 2181 万人，将此结果作为用水定额法测算 2020 年北京市水资源承载力的结果。

表 3 　　　　　　　　　用水定额法测算 2020 年水资源承载力

编号	2020 年可供水量/亿 m³	农业用水量/亿 m³	工业用水量/亿 m³	生态用水/亿 m³		生活可供水量/亿 m³	人均综合年生活用水量/m³	可承载人口/万人
				再生水	新水			
1	50.85($P=50\%$)	7.0	5.1	4.8	4.7	29.25	91.25	3205
2	47.35($P=75\%$)	7.0	5.1	4.8	4.7	25.75	91.25	2822
3	45.05($P=95\%$)	7.0	5.1	4.8	4.7	23.45	91.25	2569
4	41.5(1999—2014 年)	7.0	5.1	4.8	4.7	19.9	91.25	2181

4.3 水资源承载力计算模型

根据 2020 年北京市供水格局以及生态环境需水要求，本研究根据不同水源保障、生态需水和用水情况，设计情景方案。

4.3.1 情景一

生态环境需水量参照北京市水资源综合规划专题八《北京市生态需水预测》的研究成果 9.5 亿 m³ 计算，再生水可用于生态环境 4.8 亿 m³；规划 2020 年生活用水量为 17.5 亿 m³。采用水资源承载力模型的计算结果见表 4。从计算结果可以看出，随着社会经济发展和居民生活用水水平的提升，生态环境用水保持在现有水平的情况下，2020 年可承载人口在 2247 万～3162 万人之间。由于生态环境用水量仅维持现状水平，选取 1999—2014 年水资源本底条件作为该方法的计算结果，则 2020 年可承载人口为 2247 万人。

表 4 　　　　　　北京市 2020 年水资源承载力预测方案计算结果（情景一）

编　　　号	方 案 描 述				可承载人口/万人
	可供水量/亿 m³	生态用水/亿 m³		生活用水量/亿 m³	
		需水量	其中：再生水		
S1A	52.95	9.5	4.8	17.5	3162
S1B	49.45	9.5	4.8	17.5	2879
S1C	47.15	9.5	4.8	17.5	2584
S1D	43.6	9.5	4.8	17.5	2247

4.3.2 情景二

2020 年生态环境需水按照专题 14-3《北京市水资源合理配置及优化研究》阶段成果中的中方案 18.1 亿 m³，再生水可用于生态环境 8.4 亿 m³；规划 2020 年生活用水量为 22.37 亿 m³。采用水资源承载力模型的计算结果见表 5。

表 5 　　　　　　北京市 2020 年水资源承载力预测方案计算结果（情景二）

编　　　号	方 案 描 述				可承载人口/万人
	可供水量/亿 m³	生态用水/亿 m³		生活用水量/亿 m³	
		需水量	其中：再生水		
S2A	52.95	18.1	8.4	17.5	2114
S2B	49.45	18.1	8.4	17.5	1776
S2C	47.15	18.1	8.4	17.5	1481
S2D	43.6	18.1	8.4	17.5	1218

从计算结果可以看出，随着社会经济发展和居民生活用水水平的提升，若达到 2020 年河湖水环境质量得到明显改善、国家考核重要河湖水功能区水质达标率达到 77％等生态修复目标，则 2020 年可承载人口在 1218 万～2114 万人之间。选取 $P=75\%$ 平水年作为该方法的计算结果，则 2020 年可承载人口为 1776 万人。

5 结论与展望

采用综合用水指标法、用水定额法对北京市 2020 年水资源承载力进行分析模拟。其中综合用水指标法的计算结果为 2371 万人，用水定额法的计算结果为 2192 万人。采用水资源承载力计算模型对北京市 2020 年水资源承载力进行分析模拟，若生态环境用水保持在现有水平的情况下，则 2020 年可承载人口为 2247 万人；若 2020 年生态环境得到明显改善，则 2020 年可承载人口为 1776 万人。因此，建议北京市 2020 年水资源承载人口上限在 2192 万～2371 万人之间，取两者中间值为 2281.5 万人。

按照习近平总书记在北京调研时提出的"以水定城、以水定地、以水定人、以水定产"指示精神，解决好北京的发展问题，把水资源承载力作为限制北京城市发展的重要考核指标，并从空间均衡的层面纳入京津冀和环渤海经济区的战略空间加以考量。

参 考 文 献

［1］ Daily C C，Ehrlich P R. Population，sustainability，and earth's carrying capacity ［J］. Bioscience，1992，42（10）：761－771.

［2］ Anthropol. Carrying capacity and sustainable food production ［J］. Sci，1995，103（4）：311－320.

［3］ Catton W R. Carrying capacity and death of a culture：a tale of two autopsies ［J］. Social Inquiry，1993，63：202－223.

［4］ Catton W R. Overshoot：The ecological basis of revolutionary chang ［M］. University of illinois press，Urbana，1980.

［5］ Gopal B T，Giridhari S P. Evaluation of the livestock carrying capacity of land resources in the Hills of Nepal based on total digestive nutrient analysis ［J］. Agriculture，Ecosystems and Environment，2000（78）：223－235.

［6］ 蔡安乐. 水资源承载力浅谈 ［J］. 新疆环境保护，1994，16（4）：190－196.

［7］ 陈冰，李丽娟，郭怀成，等. 柴达木盆地水资源承载方案系统分析 ［J］. 环境科学，2000，21（2）：16－21.

［8］ 陈昌毓. 河西走廊实际水资源及其确定的适宜绿洲和农田面积 ［J］. 干旱区资源与环境，1995，9（3）：122－128.

［9］ 陈国先，徐邓耀，李明东. 土地资源承载力的概念与计算 ［J］. 四川师范学院学报（自然科学版）. 1996，17（2）：66－68.

［10］ 陈守煜. 区域水资源可持续利用评价理论模型与方法 ［J］. 中国工程科学，2001，3（2）：33－38.

［11］ 陈洋波，陈俊合，李长兴，等. 基于 DPSIR 模型的深圳市水资源承载能力评价指标体系 ［J］. 水利学报，2004（7）：1－7.

［12］ 陈洋波，李长兴，冯智瑶，等. 深圳市水资源承载能力模糊综合评价 ［J］. 水力发电，2004，30（2）：10－14.

[13] 程国栋.承载力概念的演变及西北水资源承载力的应用框架 [J].冰川冻土，2002，24（4）：362－366.

[14] 迟到才，赵红巍，张伟华，等.盘锦市水资源承载力研究 [J].沈阳农业大学学报，2001，32（3）：137－140.

[15] 崔凤军.城市水环境承载力及实证研究 [J].自然资源学报，1998.13（1）：58－62.

[16] 邓永新.人口承载力系统及其研究——以塔里木盆地为例 [J].干旱区研究，1994，11（2）：28－34.

[17] 丁宏伟，王贵玲，黄晓辉.红崖山水库径流量减少与民勤绿洲水资源危机分析 [J].中国沙漠，2003，23（1）：84－89.

[18] 杜虎林，高前兆，李福兴，等.河西走廊水资源供需平衡及其对农业发展的承载潜力 [J].自然资源学报，1997，12（3）：225－232.

[19] 封志明.土地承载力研究的起源与发展 [J].自然资源，1993（6）：74－78.

北京市门头沟区水资源配置研究

杨 勇[1] 李元春[2]

(1. 北京市水科学技术研究院 北京 100048；2. 河海大学 南京 210098)

【摘 要】 在水资源优化配置的原则下，对门头沟区 2020 年以及 2035 年供需水量进行预测，其中 2020 年门头沟区需水 5200 万 m³，2035 年门头沟区需水 6400 万 m³。为了满足门头沟区需水，利用二次平衡的方法对门头沟区 2020 年、2035 年水资源进行配置。结果表明：在不考虑雨洪水参与配置的情况下，考虑减少区外供水增加南水北调水量，利用永定河上游来水以及河水，通过门头沟地区节约用水，加大再生水用量。2020 年和 2035 年，门头沟区可供水量均能满足需水要求。

【关键词】 水资源配置 供需水预测 供需平衡 二次平衡

1 引言

水资源是人类赖以生存和社会发展的不可替代资源，随着人口的不断增长和社会的不断发展，水资源短缺问题成为社会经济发展的重大阻碍[1-2]，水资源供需矛盾越来越突出，淡水资源匮乏更是制约社会发展的重要因素。水资源配置就是在各种制约条件下寻求社会经济发展中效益最大化的水资源分配利用方案[3]。合理地对水资源进行配置是一种解决区域水资源分布不均、实现区域协调发展的有效方法，是人类可持续开发和利用水资源的有效调控措施之一。许多学者通过考虑社会、环境因素等建立多目标模型对水资源配置进行深入研究[4]，目前，使用最多的水资源配置方法有模糊识别法、多目标优化方法以及双层模型法等[5-8]。多目标优化方法主要考虑水资源配置中的综合效益，但是不能均衡各需水量之间的联系。二次平衡的方法可以最大可能地满足用水需求，并权衡各需水量之间的相互关联。本项目分析门头沟区水资源利用现状和供需水分析，进行水资源优化配置，为门头沟区水资源可持续利用提供支撑。

2 研究区概况

北京市门头沟区位于暖温带过渡地带，处于东部湿润区和西部干旱区之间，属中纬度大陆性季风气候，春季干旱多风，夏季炎热多雨，秋季凉爽湿润，冬季寒冷干燥。由于地形的起伏，使西部山区与东部平原气候呈明显差异。降水量自东南向西北逐渐减少，降水量的年际和年内变化较大，最多为 970.1mm（1977 年），最少为 377.4mm（1997 年），年内降水量主要集中在汛期（6—9 月），约占全年总量的 82.5%。全区分属三个水系，永定河水系、大清河水系和北运河水系，永定河流域为区内最大流域，境内面积 1368km²，占全区总面积的 94.0%；大清河和北运河水系流域面积分别为 73km² 和 14km²，分别占全区总面积的 5% 和 1%。

3　研究区需水量预测

根据《门头沟区国民经济和社会发展第十三个五年规划纲要》、门头沟区社会经济发展指标、土地利用规划、河湖环境状况、节水水平等因素，开展全区生活、工业、农业及环境需水量预测。

3.1　生活需水量预测

2016 年门头沟区常住人口为 31 万人，根据北京市城市总体规划及相关规划，2020 年全区总人口 36 万人，其中新城人口 28.3 万人。2035 年全区总人口 42 万人，其中新城人口 33.5 万人。

采用定额法预测北京市门头沟区生活用水需水量，计算公式为

$$W_{生} = \sum_{i=1}^{n} H_i L_i \tag{1}$$

式中　$W_{生}$——规划水平年生活需水量，万 m³；

L_i——人均用水定额，L/(人·d)；

H_i——规划水平年城市人口，万人；

i、n——某一乡镇和乡镇总数。

结合门头沟区水资源承载力遵循的用水结构原则，考虑人口发展、城镇化水平和全市平均用水水平的提高，2020 年新城用水定额为 220L/(人·d)，其他地区用水定额为 200L/(人·d)，预测 2020 年门头沟区生活需水量为 2836 万 m³，2035 年新城用水定额为 230L/(人·d)，其他地区用水定额为 220L/(人·d)，预测 2035 年门头沟区生活需水量为 3496 万 m³。

3.2　农业需水量预测

农业用水包括农田灌溉、林果灌溉、养殖业和渔业用水。通常情况下农业需水量计算公式为

$$W_{农} = \sum_{i=1}^{n} A_i Q_i \tag{2}$$

式中　$W_{农}$——规划水平年农业需水量，万 m³；

A_i——规划水平年种植作物灌溉面积，万亩；

Q_i——规划水平年单位面积某种种植作物用水定额，m³/亩；

i、n——某一种植种类和种类总数。

根据《门头沟区"两田一园"农业高效节水实施方案》2020 年门头沟区农业需水量为 350 万 m³，按照农业用水负增长的原则，预测门头沟区 2035 年农业需水量为 345 万 m³。

3.3　工业需水量预测

按照工业用新水零增长原则，根据门头沟区实行减量化的要求，2020 年规模比现状

略少，门头沟区工业需水量为 500 万 m³。

2035 年门头沟区产业用地为 59hm²，用水定额为 40m³/(hm² · d)，即

$$W_{产} = XQ \tag{3}$$

式中　$W_{产}$——规划水平年工业需水量，万 m³；

　　　X——规划水平年工业用地面积，hm²；

　　　Q——规划水平年工业用水定额，m³/(hm² · d)。

2035 年门头沟区产业用地用水 146 万 m³，建筑业用水 220 万 m³。2035 年门头沟工业共需水 366 万 m³。

3.4　生态需水量预测

生态环境需水包括河道外环境需水和河道内环境需水两大部分。河道外环境需水主要包括绿地灌溉和道路浇洒两部分。河道内环境需水主要考虑河湖蒸发渗漏量和保持水体水质的流动换水量两部分。

3.4.1　河道蒸发渗漏损失水量计算方法

门头沟新城城子沟、黑河沟、中门寺沟、冯村沟及西峰寺沟 5 条支流为季节性河道，河道无稳定水源补给。

本次生态需水量计算假定以上河道均按规划进行了治理，并采取了生态减渗措施，在此前提下，取河道蒸发渗漏系数 20.0mm/d 进行蒸发渗漏损失水量计算。

蒸发渗漏损失水量计算公式为

$$Q_{损} = 3.65k_1S \tag{4}$$

式中　$Q_{损}$——河道蒸发渗漏损失水量，万 m³/a；

　　　k_1——河道蒸发渗漏系数，$k_1 = 2.0$cm/d；

　　　S——水面面积，万 m²。

3.4.2　河道维持水质生态换水量

新城 5 条河道除考虑蒸发渗漏损失水量之外，还要考虑维持河道水质的需水量，根据《北京市生态需水预测》，要保证河道不发生水华、水质不变坏，河道生态需水需要保持夏季流速不能小于 0.05m/s。所以计算按每年 180 天（4 月中旬开始至 10 月中旬）能够保证流速保持在 0.05m/s，其他月份流速保持在 0.02m/s。则维持水源充足的生态需水量计算公式为

$$Q_{换} = 1555.2v_1A + 1598.4v_2A \tag{5}$$

式中　$Q_{换}$——维持水质的换水量，万 m³/a；

　　　v_1——夏季维持水质流速，m/s；

　　　v_2——冬季维持水质流速，m/s；

　　　A——河道横断面积，m²。

考虑北京市气候等自然因素，冬季在不换水的情况下，水质基本可以保持现状，所以在本计算中不考虑除 4 月中旬至 10 月中旬的换水量。则水源充足时的生态需水量计算公式为

$$Q_{换} = 1555.2v_1A \tag{6}$$

2020 年生态需水量 1514 万 m³。按照门头沟区生态城市定位，2035 年生态需水量进一步增加生态需水总量为 2193 万 m³。

3.5　全区需水量预测

水平年 2020 年、2035 年的生活、农业、工业、生态以及各需水方案汇总见表 1。

表 1　门头沟区需水量预测表　　　　　　　　　　　　　单位：万 m³

类　别	2020 年	2035 年	类　别	2020 年	2035 年
生活需水	2836	3496	生态需水	1514	2193
农业需水	350	345	合　计	5200	6400
工业需水	500	366			

考虑到 2020 年与现状年时间上跨度不大，门头沟区社会经济发展程度以及用水水平接近全市平均水平的情况下，门头沟区需水量 5200 万 m³。到 2035 年，门头沟区社会经济全面提升，构建完善的生态保障体系，营造良好的生态环境，需水总量为 6400 万 m³。

4　研究区水源可供水量分析

4.1　本地地表水可供水量

根据《门头沟区水资源保障规划》，门头沟区地表水可供水量为 1899 万 m³。

4.2　地下水可供水量

根据《门头沟区水资源保障规划》，门头沟区多年平均地下水可供水量为 1263 万 m³。

4.3　调水工程可供水量

根据《门头沟区水资源保障规划》，为保障门头沟新城地区的生活和工业用水，新建南水北调河西干渠一期工程。2020 年可供水量 2100 万 m³，2035 年调水工程可供水量 2900 万 m³。

4.4　再生水可供水量

根据《门头沟区水资源保障规划》，门头沟新城再生水供水水源为门头沟区再生水厂和门头沟区第二再生水厂处理后的出水，2020 年可供水量约为 1400 万 m³，2035 年可供水量为 1400 万 m³。

5　多水源优化配置

5.1　配置原则

水资源合理配置的基本原则是：各类水资源需统一规划、综合开发利用。对门头沟区来说，地表水和地下水为优质水，规划重点是节约用水，限制地下水开采，并优先保证对水质要求高的用户，如居民生活、市政服务和工业用水；深度处理的再生水水质较好，可作为市政杂用、绿化、工业冷却水等用水，多余再生水回补河道用于景观环境用水。供水顺序是先再生水、其次地表水、后地下水。水资源配置技术路线图如图1所示。

5.2 水资源配置

2020年总需水量5200万 m³，在现有可供水量的条件下，门头沟区内一次平衡供需水缺口为2900万 m³。其中，生活缺水2036万 m³、工业缺水64万 m³、生态环境缺水800万 m³，门头沟区向麻峪地区供水360万 m³未参与配置。

通过再生水利用工程措施和调水工程，可增加再生水800万 m³，调水2100万 m³。经二次供需平衡分析，达到平衡。其中新水供水量为3800万 m³，再生水供水量为1400万 m³。

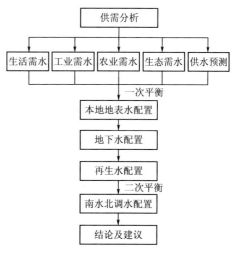

图1　水资源配置技术路线图

门头沟区2035年总需水量6400万 m³，其中生活用水较2020年适度增长，农业与工业用水零增长、生态环境用水增长，达到良好的生态环境水平。考虑地下水开采过度，为减少地下水的开采，门头沟区2035年实际可供水量6400万 m³，其中新水供水量为5000万 m³，再生水供水量为1400万 m³。

2020年、2035年门头沟区水资源供需平衡分析详见表2和表3。

表2　　　　　　　　　　**2020年门头沟区水资源供需平衡表**　　　　　　　　单位：万 m³

分项		增量	区 内 用 水				
			生活	农业	工业	生态环境	合计
需水			2836	350	500	4868	5200
现状可供水	地表水		200	250	200	520	764
	地下水		600	100	236	0	936
	再生水		0	0	0	600	600
	小计		800	350	436	1120	2300
一次平衡			−2036	0	−64	−3748	−2900
新增供水	再生水	800	0	0	0	1050	800
	调水	2100	2036	0	64	0	2100
	合计	2900	2036	0	64	1050	2900
二次平衡			0	0	0	−2698	0
清水供水合计			2836	350	500	520	3800
再生水供水合计			0	0	0	1650	1400

表 3　　　　　　　2035 年门头沟区水资源供需平衡表　　　　　单位：万 m³

分　项		增量	区　内　用　水				
			生活	农业	工业	生态环境	合计
需水			3496	345	366	2193	6400
现状可供水	地表水		250	150	0	793	1193
	地下水		500	195	212	0	907
	再生水		0	0	0	600	600
	小计		750	345	212	1393	2700
一次平衡			−2746	0	−154	−800	−3700
新增供水	再生水	800	0	0	0	800	800
	调水	2900	2746	0	154	0	2900
	合计	3700	2746	0	154	800	3546
二次平衡			0	0	0	0	0
清水供水合计			3496	345	366	793	5000
再生水供水合计			0	0	0	1400	1400

6　结语

（1）为落实"以水定城、以水定地、以水定人、以水定产"要求，按照用水总量控制目标进行水资源配置，在保障外调水的条件下达到平衡。但由于人口疏解集中在新城范围内，加上考虑地下水涵养，压采本地地下水，新城范围内无地表供水，存在供水风险。因此，应考虑加大南水北调供水以及后期南水北调东线供水，确保供水安全。

（2）建议开展永定河引水工程，通过水系连通，利用永定河水在门头沟新城河湖进行补水，经循环后流回永定河，保持永定河生态需水。

（3）建议增加永定河上游来水，协调山西省加快实施桑干河源头水源地保护，加大引黄水利用量，充分发挥大同、朔州市引黄工程效益，优化调度，通过加快农业种植结构调整等措施，退还河道生态水量；协调山西省、河北省加大上游地区节水力度。

（4）建议统筹协调区内、区外再生水利用，可利用小红门再生水利用工程；加快实施房山良乡、长阳再生水利用工程，统筹调度石景山、门头沟等区再生水，强化流域节水和雨洪水利用。

在开源的基础上，实施内部节流，在保证满足重点行业用水要求的基础上，压缩一般行业的用水需求，充分挖掘区域内外供水潜力，启动应急或战略储备水源，加快规划工程实施进度，积极科学论证外调水源。

参　考　文　献

［1］　魏婧，梅亚东，杨娜，等．现代水资源配置研究现状及发展趋势［J］．水利水电科技进展，2009，29（4）：73 - 77.

［2］ 王凯．苏州市水资源配置研究［D］.南京：河海大学，2007.

［3］ 王浩，游进军．中国水资源配置30年［J］.水利学报，2016，47（3）：265－271，282.

［4］ 叶健，刘洪波，闫静静．不确定性模糊多目标模型在生态城市水资源配置中的应用［J］.环境科学学报，2012，32（4）：1001－1007.

［5］ 李翠梅，吴健荣，王建华，等．基于多目标规划的城市水资源应急管理模型研究［J］.资源科学，2013，35（8）：1584－1592.

［6］ 张楠．基于模糊识别法在水资源配置中的应用［J］.黑龙江水利科技，2018，46（8）：192－194，236.

［7］ 王嘉志．基于多源多汇的水资源调度工程［J］.价值工程，2018，37（25）：183-185.

［8］ 宋金伟．平原河网区水资源供需平衡计算方法探讨［J］.水利规划与设计，2018（8）：39－44，96.

北京智慧水务中多水源调度框架探究

韩 丽[1] 李 超[2]

(1. 北京市水科学技术研究院　北京　100048；2. 中国矿业大学（北京）　北京　100083)

【摘　要】　南水北调水进京后，北京市供水的水源结构、供水系统网络发生显著变化，随着北京市落实首都城市战略定位，加快建设国际一流和谐宜居之都的推进，需水结构也将进一步调整，亟须通过多水源优化调度提高首都水资源安全保障能力。针对该现状本文提出供需双向变化下智慧型水资源调度框架，为多水源优化、智能、低耗调度提供研究思路和技术路径。

【关键词】　智慧水务　供需双向变化　多水源　智慧型调度

1　引言

随着全球物联网、新一代移动宽带网络、云计算等信息技术的迅速发展和深入应用，信息化发展正酝酿着重大变革和新的突破，更高阶段的智慧化发展已成为必然趋势。2012年，北京市正式开启从"数字北京"向"智慧北京"跃升的新篇章[1]。2016年，国务院指出加大对云计算、大数据、循环经济等的支持力度，推进智慧城市、信息惠民、智能装备等示范应用[2]。

智慧水务是智慧城市建设的必然延伸，是水务信息化发展的高级阶段[3]。北京水务信息化经过10多年建设，初步形成了"数字水务"的基本成果，正在开展智能化管理建设，同时尝试开展智慧化的应用服务，向"智慧水务"迈进。

多水源优化调度是"智慧水务"发展的重要组成部分，是落实"智慧水务"发展的重要载体。只有将水资源进行统一调配、智慧调度及充分利用，才能够更好地发展智慧水务建设，解决北京市的水资源问题。

2　多水源调度现状及问题

北京市作为京津冀协同发展的核心区，是一座拥有2000多万人口的国际大都市，又是一个严重缺水的城市。南水北调工程完成后江水进京，使北京水资源供需矛盾得到缓解，到2016年12月27日累计利用江水19.4亿 m^3[4]。

但是现阶段是北京市落实首都城市战略定位，加快建设国际一流和谐宜居之都，全面推进京津冀协同发展，有序疏解非首都功能的关键阶段[5]。随着发展的推进，北京市的产业结构与区域布局也将进行相应调整，水资源开发利用模式将有新的变化，并且南水北调水源、非常规水源、本地水源等共同构成了北京水源系统复杂、管网输水方向多变、本地水与外调水高度融合等特征。在此背景下，北京城市供水的水源结构、供水系统网络和需水格局三大方面都将发生显著变化。

在此背景下，多水源配置和调度面临着"正常情况不同来水下的调度规则"和"特殊情况下应急水源切换和确立优化调度规则"两大难题。重新对新形势下北京市多水源调度框架进行研究，是充分利用南水北调以及再生水等水源，保障北京地区社会经济发展的迫切需要。

3 供需水变化情况

3.1 供水情况

北京市目前供水水源包括地表水、地下水、再生水、南水北调及应急水五部分。2016年北京市总供水量 38.81 亿 m^3，其中地表水（除去应急水源量）供水量 2.08 亿 m^3，占总供水量的 5.36%；地下水（除去应急水源量）供水量 16.50 亿 m^3，占总供水量的 42.51%；再生水供水量 10.04 亿 m^3，占总供水量的 25.87%；通过南水北调工程引水供水量 8.38 亿 m^3，占总供水量的 21.60%；应急水源（分地表水和地下水）供水量 1.81 亿 m^3，占总供水量的 4.66%[6]。北京市供水水源结构图如图 1 所示，地下水是北京市主要供水水源。

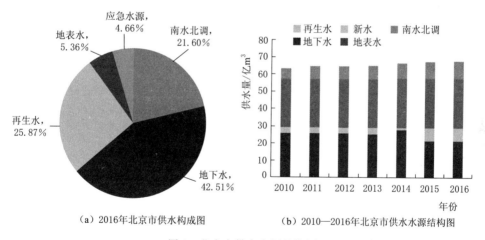

（a）2016年北京市供水构成图　　　　（b）2010—2016年北京市供水水源结构图

图 1　北京市供水水源结构图

3.2 用水情况

从北京市当前的用水结构来看，其基本上包含了生活用水、农业用水、工业用水、环境水 4 个部分。按水源取水断面统计，2016 年北京市总用水量 38.8 亿 m^3。其中，工业用水 3.8 亿 m^3，占全市总用水量的 9.8%；生活用水 17.8 亿 m^3，占全市总用水量的 45.9%；农业用水 6.1 亿 m^3，占全市总用水量的 15.7%；环境用水 11.1 亿 m^3，占全市总用水量的 28.6%[6]。北京市用水水源结构图如图 2 所示，北京市市用水结构呈"两增两减"趋势，即生活用水和环境用水呈增长趋势，而工业用水和农业用水呈减少状态。

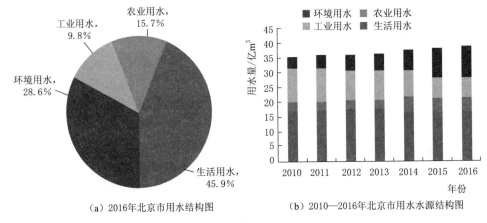

图 2　北京市用水水源结构图

3.3　调水系统

北京市可调配水源包括地表水、地下水、外调水和再生水，用户包括生活、工业、农业和环境。全市供水系统主要划分为 4 部分。

（1）自来水供水系统，包括市自来水集团水厂和区管水厂（主要考虑城六区的当地水厂和远郊区新城的水厂），供给城市生活工业。

（2）自备井供水系统，包括城区自备井、郊区城镇自备井、农村机井，供给城镇生活工业、农村生活和郊区农业。

（3）地表水直供系统，包括密怀系统、官厅系统、张坊应急水源、郊区中小型水库、外调水，供给工业大户、部分农业及环境。

（4）再生水供水系统，包括再生水厂处理后出水，供城镇工业、河湖环境及市政杂用。

4　多水源调度框架及应注意的问题

4.1　多水源调度框架

多水源调度主要内容包括水资源信息监测、综合数据库构建、水资源调度模型、情景库构建及调度方案优化以及技术成果集成 5 部分。

4.1.1　水资源信息监测

水资源信息监测是多水源调度的数据源基础。针对多水源的供水格局，根据水资源日常和应急统一调度的业务需求，优化部署现有水情、供水和饮用水等水资源信息监测站点网络，根据需求完善水资源信息监测站点，进一步提高北京市水资源信息监测的覆盖率。与此同时，也要加强气象信息的监测，如气象站、气象卫星、天气雷达等，利用遥感、卫星、物联网等技术构建智能感知体系，确保信息互通和资源共享，形成"空天地"一体化的水务立体感知监测体系。同时，将管网、泵站、水厂的液位、流量、压力、水质等监测数据与GIS平台集成，实现"一张图"展现[7]，准确获知水资源及饮用水调度涉及的水源系统、输水系统、调蓄工程系统、供水系统等关键环节，并且支持监测信息的实时查询显示和历史监测数据统一存储管理。统筹各相关部门的数据，做到气象、国土、建设、交通、环保等各部门间数据共享。基于互联网与各自的数据库关联起来，从而实现信息的集约化管理。

4.1.2 综合数据库构建

水资源信息被采集后，需要通过特定的结构，由服务端逻辑处理程序对采集到的原始数据进行解码与分组，存入数据库。为保障各单位水务业务及基础数据准确无误汇聚至水资源统一调度平台综合数据库，按照统一部署，所有数据统一汇聚至一个综合数据库，为保证水资源数据的完整性和可靠性，综合数据库与水资源信息资源库的数据共享是双向传输，通过配置相关共享交换节点，实现两者之间数据互为备份，完成综合数据库与水资源信息资源库之间的数据传输。为满足水资源调度的需求，设计满足水资源调度通用软件业务功能和支撑功能需求的库表结构，主要涉及模型管理类库表、水资源常规调度业务类库表、水资源应急调度业务类库表、模型云计算服务业务类库表和系统管理类库表。

4.1.3 水资源调度模型

北京市多水源调度涉及日常调度及应急调度，包括饮用水系统调度及河湖生态调度。水资源调度系统具有多水源、多水厂、多管线、多分区、多联通的复杂供水特点，通过梳理水源、水厂、调蓄系统、管网、用户五类基本单元的关联性，可以概化为水源—水厂—用户的三级层次结构，以水厂为中心节点，形成多水源调度网络图（图3），构建日常及应急情境下的输供水网络拓扑结构，在此基础上进行水资源智慧型调度。

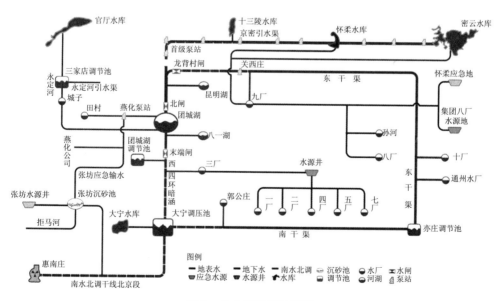

图3 多水源调度网络图

基于本地水与外调水、地表水与地下水、常规水资源与非常规水资源等多水源来水预测情景方案、水资源总量预测方案集，紧密围绕北京城区及城市副中心"26213"新供水格局，以水源、重点蓄水工程、重点水厂为研究对象，以生产、生活、生态为用户，进行关键输供水系统水动力学调度模型构建，考虑供需平衡、水量平衡、水源供水能力、管线时段输水能力以及变量非负等约束条件，并选择适当的多目标算法进行模型求解，各目标之间反馈互控，以期实现水源—水厂，生活—生产—生态复杂城市输供水系统的日常优化调度。

为了保障用水户的需水安全，基于供水系统安全评价，以发生供水突发事件时快速解决多水源、多工程之间的应急供水问题为出发点，遵循运行规则，以突发事件对供水所造成的影响最小为目标，构建基于输供水系统水力学模拟演算的应急调度模型，快速解决多水源、多用户、多工程之间的应急供水问题，优化应急情景下的输供水调度模型，为基于模拟分析的应急调度提供技术手段。

4.1.4 情景库构建及调度方案优化

（1）日常情景库。水资源的日常调度要坚持以下原则。一是安全调度的原则，涉及水资源调度的各级指挥、实施单位以及用户有责任共同维护水资源调度系统的安全稳定运行；二是实行统一调度，遵循用水总量控制、重要断面流量/水位控制和分级管理、分级负责的原则；三是贯彻"优水优用"的原则，优先使用外调水，限采地下水，优先满足生活用水，工业、农业、环境和市政杂用优先使用再生水；四是水资源调度应充分考虑全市水资源条件、取用水现状、供需情况及发展趋势，发挥水资源综合效益；五是坚持供水调度服从防洪调度的原则。

整合过去水资源调度的具体案例，以及相关经验知识，与当前水源可供水方案、需水方案、用水总量控制、供水设施等数据相结合，梳理水资源日常调度需求，并提出汛前、汛期、汛后、冬季等时段多种典型工况下的调度情景，建立日常调度的总体要求、监测、指挥协调、分级响应等具体环节，构建日常调度情景库，通过水资源调度模型进行模拟、反馈、优化，优化水资源调度方案。建立完善的日常水资源调度情景库。具体包括年、月、旬计划编制等。

1）水资源调度年计划方案是基于对北京市水资源禀赋条件、开发类型、利用模式和开发利用中存在问题的分析，通过研究和构建分布式水文模型，分析揭示北京市地表水、地下水、外调水、雨洪水、再生水等多水源演变规律；在不同来水条件以及相关政策规划制度的约束下，设置多水源可供水情景，预测未来北京市可供水量；综合考虑京津冀协同发展条件下，经济发展、产业布局、水资源需求、用水总量控制指标等因素，以控制用水总量、提升用水效率、优化结构配置为目标，结合区域水资源紧平衡状态，充分考虑计划用水、取水许可等水资源管理需求，实现各区、各饮用水大用户年际、年内用水总量分配动态平衡，提供水资源调度年计划。

2）水资源调度月计划方案是在年计划的基础上，根据来水变化情况、用水变化情况进行调整，将年计划细化分配到每月，给出时间尺度为月的水量调度计划，并逐步进行动态调整。

3）水资源调度旬计划方案根据中短期来水预报、水库运行情况和前期引水情况等边界条件先将月内来水、可供水量分配到旬尺度，当旬调度计划执行过程中来水或取水户需水与旬调度计划预测、上传数据相差较大时，可通过调度计划滚动修正功能进行修正。

（2）应急情景库。以风险管理理论的输供水系统安全评价为基础，对国内、国际、地区的应急情境下的水资源调度案例以及未来预期的可能发生的应急情景相结合，构建输供水系统应急情景集，以应急情景方案为基础，运用应急情景下输供水调度模型进行模拟分析，构建安全评估、优化预警、调度措施交互匹配的应急管理情景库，找到应急情景下的可替代水源和输供水调度方式，优化供水突发事件应急预案。

在突发应急调度事件时，通过追溯突发调度事件的原因，结合应急调度预案，编制应急调度方案，并通过应急调度会商，最终制定应急处置方案。突发灾害事件包括重大水污染事件、重大工程事故、重大自然灾害以及重大人为灾害事件等。突发工程事故调度方案利用动态接收的监测数据，在事故发生时能够及时计算事故工况下的工程运行情况，进行事故模拟分析，为实际的决策提供技术支撑。工程沿程控制物众多，可能发生的事故类型也多种多样，预先模拟的事故工况有限，考虑几种典型工况进行模拟并放入系统预案库，以供发生近似工程事故时能够作为参考并进行有效应对。突发水污染事件应急调度涉及水污染追踪溯源分析、水污染事件影响分析与风险评价，是水污染事件应急处置调度的基础。根据监测断面、视频监控等快速定位到事件发生的源头，确定污染源的类型、发生时间及初始浓度，根据监测断面污染物负荷超标迅速判断出污染物发生的源头，运用水动力水质模型建立河道水质与污染源的响应关系，对突发事件影响的范围及程度进行实时预警，为应急调度决策提供数据支撑。

4.1.5 技术成果集成

基于信息监测、数据库、模型模拟、情景库构建等重要支撑，为保证北京市的五水联调、水资源配置和调度以及应急管理实际需求等，对水务管理的重要业务进行流程梳理和优化，构建北京市水资源"数据监测—综合管理—应急保障"智慧调度平台。水资源调度平台实现信息化、数字化和智能化，不仅要满足数据采集、数据管理和水资源配置、调度业务流程的管理需求，还要通过集成多水源优化配置模型、基于输供水系统的调度模型辅助智能决策，同时也嵌入基于大数据技术、人工智能技术的智能决策专家系统软件，通过关键技术成果的集成与示范，更好地服务于调度智慧化。

4.2 多水源调度应注意的问题

4.2.1 构建智慧水务技术架构及标准体系

多水源调度系统是智慧水务建设的重要组成部分，应依据智慧水务技术架构及标准体系，提出多水源调度系统的总体设计；按照智慧水务大数据指标体系，建立不同结构的数据要素；按照智慧水务大数据清洗技术及多源多相大数据融合技术，进行数据挖掘处理，以形成"智慧水务大数据分析——水量水质统一调度"技术体系。

4.2.2 研究特大城市多水源调度关键技术

针对特大城市水源系统复杂、管网输水方向多变、本地水与外调水高度融合等特点，重点考虑用水空间分布和时间变化特征，提出特大城市考虑多水源多用户的水质水量综合调控理论，包括原则、方法、指标等，筛选适合特大城市多水源调度关键技术，从而支撑多水源的优化、智能、低耗调度和水务智慧化服务，提升水务社会化综合服务能力。

4.2.3 实现多水源调度业务化运行

采用信息化监测、云计算、物联网、大数据、专业模型等综合集成技术构建北京市多水源调度平台，通过实施大数据管理和服务平台、多水源综合调控技术，对多水源调度平台进行测试、试运行和部署，最终实现业务化运行，为北京城市水资源调度等提供智慧化综合管理和决策服务。

5 结语

本文针对北京市特大城市多水源调度现状及问题、供需双向变化等特点，以信息化、自动化和智能化现代技术为支撑，基于大数据构建分析的水资源信息监测网络体系，形成城市供需双向变化下水资源调度技术，形成面向城市供水安全的多水源综合调控成套技术，通过系统集成与展示，构建北京市多水源调度平台。多水源调度框架的探究可为多水源优化、智能、低耗调度提供研究思路和技术路径。

参 考 文 献

[1] 北京市人民政府. 北京市人民政府关于印发智慧北京行动纲要的通知 [R]. 2012.
[2] 国家国防科技工业局. 国务院关于印发"十三五"国家战略性新兴产业发展规划的通知 [R]. 2017.
[3] 张小娟，唐锚，刘梅，等. 北京市智慧水务建设构想 [J]. 水利信息化，2014（1）：64 - 8.
[4] 李阳，胡桂全，杨丽锦，李世君. 南水北调中线通水后北京新增生态环境效益初评 [J]. 城市地质，2017，12（4）：35 - 39.
[5] 中共中央 国务院关于对《北京城市总体规划（2016 年—2035 年）》的批复 [J]. 中华人民共和国国务院公报，2017（29）：5 - 7.
[6] 北京市水务局. 北京市水务统计年鉴 [Z]. 2016.
[7] 李中志. ArcGIS 技术在水资源调度管理系统中的应用 [J]. 成都信息工程学院学报，2007，22（5）：560 - 563.

河长制背景下北京市西城区
治水管水现状及建议

唐摇影　马东春

（北京市水科学技术研究院　北京　100048）

【摘　要】　基于全面推行河长制的背景，在分析西城区河湖条件、特点及管理现状的基础上，总结河湖管理与河长制推进存在的问题，从完善河湖管理机制，推进河长制信息化建设，提升河湖管护成效，拓宽公众参与渠道和提升河湖管理法制化、规范化水平等方面提出具体的思路建议，以期以西城区为例，为城市建成区的河长制长效推进提供参考。

【关键词】　河长制　治水管水　西城区

河湖构成了城市的重要脉络，是水资源环境的重要组成部分，在"以水定城"理念不断贯彻的当下，对区域经济社会发展具有重要的支撑作用。但经济的快速发展和人民对美好生活日益增长的需求，对河湖水环境、水生态建设以及涉水部门的协同能力提出了更高的要求。河长制是我国严峻的水污染情势下水环境行政治理模式的创新，是从河流水质改善、领导督办制和环保问责制所衍生出来的水污染治理制度[1]，其由太湖流域的治理管理衍生而来，经试点试行，在全国推开。北京市于2015年起开展河长制试点，2017年7月19日，印发《北京市进一步全面推进河长制工作方案》在全市全面推行河长制。在全市的要求下，西城区结合区情、水情，全面开展了河长制相关工作。西城区作为北京市的中心城区，河长制的推行，既对西城区河湖水生态环境提出了更高的要求，也为西城区治水管水工作提供了新的思路和手段。本文基于全面推行河长制的背景，结合西城区河湖条件和管理现状，分析当前河湖管理与河长制推进存在的问题，提出具体的思路建议，以期以西城区为例，为城市建成区的河长制长效推进提供参考。

1　西城区河湖基本情况及主要特征

1.1　河湖基本情况

西城区位于北京市中心城区西部，东与东城区相连；北与海淀区、朝阳区毗邻；西与海淀区、丰台区接壤；南与丰台区相连，全区面积50.70km²。西城区内河湖丰富，水系较为发达，全区共有河流9条，包括通惠河（含永定河引水渠下段和南护城河西城段）、北护城河、南长河、转河、筒子河、前三门护城河（暗沟）、西护城河（暗沟）、凉水河、水衙沟（暗沟），其中除西护城河（暗沟）全部在西城境内外，其余均为过境河流，总河长28.64km；共有湖泊12处，西海、后海、前海、北海、中海、南海（合称"六海"）、动物园湖、展览馆后湖、人定湖、大观园湖、陶然亭湖、青年湖（目前干涸），湖泊总面积 1.42km²。河湖均属海河流域北运河水系。

1.2 河湖主要特征

（1）西城区 90％的河湖属于北京内城河湖水系，位于经济社会发展程度较高的中心城区，在北京城市的发展沿革、经济社会发展、历史文化保护和对外交往中均具有重要的地位。

（2）西城区河流均为城市河道，经过多年的综合整治和生态景观提升工程建设，区内河流，如转河、南长河、凉水河等不仅具有良好的水质条件，更形成了环境优美、生态宜人的滨水景观带，这要求西城区的河湖管理不能仅着眼于基本的截污治污、垃圾清理等基本治理需求，而是需要向精细化、品质化、生态化、公园化发展，以满足人民群众对水环境和人文环境不断提高的要求。

（3）诸如南护城河、北护城河、凉水河等西城区河流，既是中心城区重要的行洪排水河道，又承担着重要的景观娱乐功能和任务。如何在确保防洪安全的情况下，恢复和保护河流的健康生态，是西城区河湖管理的重要目标之一。

2 西城区河湖管理及河长制推行现状

2.1 河湖管理体制

西城区河湖管理经过多年的改进发展，在河湖水环境日常管理、水利工程及设施管护、排水口与排水管道运维与治理、路面保洁、河岸绿化保洁等方面，已形成了权责较为清晰的管护体制。全面推行河长制后，河长对河湖管理负总责，河长办在河湖管理过程中履行协调和监督职责，管理体制和机制均得到了进一步完善。

2.2 河长制推行现状

（1）顶层设计方面。在中央和市委关于全面推行河长制的精神和工作要求下，为强化河湖保护管理，落实属地责任，2017 年 6 月 26 日，西城区委、区政府印发《西城区全面推行河长制工作方案》（京西发〔2017〕8 号）。为进一步贯彻《北京市进一步全面推进河长制工作方案》的要求，西城区对河长制工作方案进行了修订，对河长名单进行了调整，并细化了分年度目标；2017 年 12 月 8 日，西城区委、区政府正式印发《西城区进一步全面推进河长制工作方案》（京西发〔2017〕24 号）。全区 15 个街道均根据本辖区具体情况，因地制宜地制定了各街道推进河长制的工作方案，细化了属地的各项责任和任务，实现了全区河长制工作全覆盖。

（2）河长体系建设方面。西城区建立了区、街道两级河长体系，并落实北京市"双河长"的体系要求，由党政"一把手"共同担任总河长，并针对全区 6 条河流、12 个湖泊设立区级河长，由区委常委、副区级以上领导担任。此外，针对社区建立了"河段长"，由社区党委书记、居委会主任担任。

（3）制度和政策措施建设方面。为加强河长制制度建设，西城区已初步建立了西城河长制"7＋N"制度体系，在西城区河长制七项基本制度的基础上，结合区河湖管理情况，建立了河长跨区域协调水务工作制度、舆情跟踪分析制度、包片负责制度等 9 项河长制配套制度,作为河长制制度体系的有力补充。

(4)公众参与和河长制宣传方面。西城区部分街道已探索成立了"西城大妈护水队""爱水护水队""啄木鸟志愿队"等志愿者服务队伍,开展巡河服务,及时在前端一线发现河湖存在的问题,对乱扔垃圾等不文明行为进行劝阻,并配合河湖处的专业水务人员,有效维护了水环境安全,成为河湖"移动的摄像头"。此外,组织开展了"志愿走河"、徒步捡拾垃圾、废旧物品艺术改造、绿色出行等活动,营造了全民护水的良好氛围。

3 西城区河长制推进及河湖管理存在的问题

3.1 河湖管理体系仍待完善

3.1.1 市区两级河湖建设管理权责匹配度不高

西城区除2处区管湖泊和3条盖板河外,均为市管河湖,即由市级水管单位负责河湖水环境日常管理、设施维护和工程建设,但河湖考核的主体多为区政府或区水行政主管部门,导致管理存在责权不相匹配的情况。

3.1.2 基础水环境管理专业化水平不足

(1)区管湖泊存在水环境管理经费有限、管理队伍老龄化、水治理专业人员缺乏等问题,管理中仅能维持日常的保洁工作,不利于水体的长效管理。

(2)基层"河长制"工作人员对河长制工作的理解和认识仍有待深化,工作的专业性和系统性还有待提高。

3.1.3 部门间信息共享与协同能力有待提高

河长制推行后,作为河长制成员单位,水务、环保、国土、交通等部门的治水职能已得到了有效统筹。但各区级部门间、市区两级部门间仍缺乏有效的信息共享和高效的沟通协调机制,不利于管理效率的提升。

3.2 水环境建设管理能力仍待加强

3.2.1 基础设施建设维护仍有待加强

一是由于历史原因,西城区北部地区未预留再生水管线,且部分市政排水管线深度不够、权属不明,加上老城区地下管网情况复杂,该区域再生水管线一直未能接入,制约了区域再生水利用的推进;二是目前区内雨水管网标准偏低,且仍存在大量的雨污合流管线和雨污合流口,仍待逐步改造和强化管理;三是部分河道,由于管理定额较低、管护资金不足等问题,存在河道绿化、栏杆、步道等设施老化、破损严重的现象,具有一定的安全隐患。

3.2.2 城市面源污染问题逐步凸显

通过对西城区河湖水质的逐月对比分析可见,西城区河湖水质不达标的月份主要集中在汛期,为城市面源污染,包括:汛期雨水冲刷道路,公共设施灰土、垃圾进入河道;小区的散乱垃圾、服务业餐厨垃圾等污染源通过雨水箅子进入河道;园林绿地养护喷洒药品随降雨进入河道等,均会影响河道水质。城市面源污染已逐步成为西城区河湖的主要污染因子。

3.2.3 水环境监测体系有待完善

水环境质量监测方面,一是水质自动化监测程度较低,仅依靠每月一次的手工监测,监测频次不足，不能捕捉和表征污染物浓度的起伏变化，代表性不强，现有的手工监测体系不能满足为跨界断面考核与生态补偿提供数据的需求；二是动物园湖、大观园湖、人定湖、筒子河西城段尚未设置监测断面，不利于掌握水质变化情况；三是地表水环境质量监测仍以常规指标监测为主，缺乏对水生生物的全面调查与监测工作，不能对流域健康状况评估提供有效数据。

3.2.4 尚未建立有效的底泥、淤泥轮疏机制

河湖淤泥的堆积会导致其聚集的污染物影响河湖水质，更会抬升河床影响行洪安全。目前，西城区湖泊底泥、河道淤泥的定期监测、检测机制尚未形成，不利于掌握底泥、淤泥的性状及淤积规律，也缺乏有针对性的、周期性的清淤机制，清淤效率和资金支持都难以得到保障。

3.3 水文化遗存保护仍待推进

根据北京市水文化遗产调查成果，西城区共有工程类水文化遗产 90 处（河湖、桥、闸等），管理类水文化遗产 7 处。其中，在城市的发展过程中，有 49 处水文化遗产被拆除废弃，仅留下遗址。此外，河湖遗存中，西城区青年湖作为金中都太液池遗址，是 1984 年公布为北京市市级文物保护单位，是北京最早的皇家园林遗址，更是京城最早的"生命印记"之一，对于北京具有重要意义。目前由于历史遗留问题，青年湖区域产权归私人所有，对其的保护和回购工作步履艰难，仍待全区统筹进一步推进。

3.4 执法监管能力有待提升

一是执法主体尚不明确，市、区级河湖执法权限未合理划分；二是区域内部门联合执法机制未完全成熟；三是由于缺乏执法依据，对部分涉河湖不文明行为只能劝阻，执法效力不强；四是河流日常巡查制度落实不严，巡查手段较为单一，巡查反馈机制不健全，缺乏对巡查情况的监督；五是巡查人员力量配套不足，河道视频监控等信息化建设水平有待提升。

4 河长制背景下西城区治水管水的思考与建议

4.1 强化河湖管理机制建设

（1）建立市管河湖管理双向对接机制。明确市区两级对接部门，进一步理顺、明确市区两级在市管河湖水环境治理、水系连通和监测管理等方面的职责分工，提升协同管理效率。

（2）建立各部门之间的信息共享机制。建立区级与市水务局及各下属单位、市排水集团、市自来水集团之间的信息共享机制，有效共享河湖基础数据、水文、水质监测数据、管网数据、排水口数据等，减少因重复监测增加的管理成本。

（3）不断改进联合执法机制，充分发挥西城区城市管理的统筹协调能力，定期开展联合执法，加强对河湖水域岸线的管理，加大对河湖水事违法违规行为的打击力度。

4.2 加强河长制信息化建设

建设河长制信息平台，实现河长制日常管理工作、巡河执法、河湖日常管护、"一河一策"项目推进情况及其他相关工作的信息化管理。同时，建立河长制数据库，集成各部

门掌握的河湖基础数据、水质与水文监测数据、排水口位置和排放信息等。通过对河湖、环境资源信息的统筹共享，增强跨界信息利用效率和服务功能，打破信息孤岛，使各管理部门能够及时、准确、全面获取各部门各类信息，发挥信息资源在河道保护管理和决策中的作用，实现河道保护监管"看得见、反应快、抓得准、管得住"，保护信息"空间无缝、时间连续、要素齐全"[3]，确保河长制工作取得实效。

4.3　提升河湖管护成效

（1）水污染防控方面。一是明晰排水口底数，严格雨水口、雨污合流口监管，加强雨污合流口水质水量监测力度；二是建立并落实河湖周边环境保洁管理制度，规划好生活垃圾的存放和处理，在重点做好河道两岸地表 100m 范围内的保洁工作的基础上，强化全流域管理理念，各管理单位协同发力，减少城市面源污染，保障河湖清洁；三是引进新技术手段，科学合理地推进雨污合流管线和雨污合流口改造工作。

（2）水生态环境方面。落实"用生态的办法解决生态问题"的理念，因地制宜地推进大观园湖、人定湖等湖泊的水环境综合提升改造，同时，研究西城区部分河湖水系连通的可行性方案，通过实施清淤疏浚，新建必要的人工通道等方式，增强河湖的连通性[5]，恢复河湖生态系统及功能，实现"流水不腐"。

（3）河湖设施维护方面。建立河湖日常维护标准化管理体系，强化河湖水面保洁、水利工程日常维护、河道设施维修养护等工作过程管理，落实管护人员和管护经费，并加强基础管护人员的学习培训，形成河湖管护的长效机制。

4.4　拓宽公众参与渠道

建设河湖管理志愿者平台及与各级企事业单位的合作机制，借助"西城大妈护水队""爱水护水队""啄木鸟志愿队"等优秀群众组织力量，定期开展志愿服务活动，通过组织志愿者开展义务巡河、参与河湖水环境基础管理、参观水环境建设和水务管理工作内容等方式，引导志愿者参与到河湖管理、宣传和监督评价的实践中，提高社会公众对河长制实施成效的理解和认同，共同促进涉水公共秩序维护。

4.5　提升河湖管理法制化、规范化水平

推进河湖管理相关法律制度建设，注重运用法规、制度、标准开展河湖管理。一是加快推进建立健全河湖管理执法的法规体系，确保河湖执法管理人员有法可依；二是根据区域实际，针对河湖水面保洁、岸坡及绿地保洁、绿化养护等重点管理内容，制定完善河湖日常管理维护质量标准、作业标准和定额标准，提升基层河湖管理水平和工作质量。

5　结语

西城区河湖条件、特点及管理体制现状为河长制提供了良好的发展土壤，同时，河湖管理也需要以河长制为抓手，统筹各部门的职责，加强各部门的治水管水协同效率。由于经济和城市建设的高度成熟，加上长期以来的水环境治理和建设，西城区的河湖管理已完成了治污截污、垃圾清理等基础环境问题的整治。针对河湖管理体系建设、水环境建设管理能力、水文化遗产保护和执法监管能力等新时期水问题，如何在保障河湖水安全的情况下，实现河湖园林化、生态化、人文化建设，并实现高效的运行和管护是当前河湖管理的

主要工作。今后一个时期，西城区需重点着眼于管理机制的不断完善以及流域的面源污染治理、管理部门协调能力建设、河长制信息化建设、河湖法制化制度化建设和社会参与及监督渠道建设等方面工作，在精细化、常态化上下功夫，全面实现河湖水生态环境的恢复与保护。

参 考 文 献

[1] 刘聚涛，万怡国，许小华，等 . 江西省河长制实施现状及其建议 [J]. 中国水利，2016 (18)：51 - 53.

[2] 沈满洪 . 河长制的制度经济学分析 [J]. 中国人口·资源与环境，2018，28 (1)：134 - 139.

[3] 于桓飞，宋立松，程海洋 . 基于河长制的河道保护管理系统设计与实施 [J]. 排灌机械工程学报，2016，34 (7)：608 - 614.

[4] 刘韩英，王峰，张忠锋 . 济宁市全面落实河长制的实践与探索 [J]. 水资源开发与管理，2018 (8)：3 - 6.

[5] 朱党生，王晓红，张建永 . 水生态系统保护与修复的方向和措施 [J]. 中国水利，2015 (22)：9 - 13.

[6] 张瑞美，陈献，张献锋，等 . 我国河湖水域岸线管理现状及现行法规分析——河湖水域岸线管理的法律制度建设研究之一 [J]. 水利发展研究，2013，13 (2)：28 - 31.

北京市水与经济社会协调发展程度研究
（2005—2015 年）

马东春[1]　朱承亮[2]　王宏伟[2]　高晓龙[3]　汪元元[1]　王凤春[1]

（1. 北京市水科学技术研究院　北京　100048；2. 中国社会科学院数量经济与技术经济研究所　北京　100732；3. 中国科学院生态环境研究中心，城市与区域生态国家重点实验室　北京　100085）

【摘　要】　水与经济社会协调发展是在水资源合理开发利用的前提下，在满足水资源承载力的基础上最大限度地发展经济、开展社会建设，实现水与经济、社会的共同协调和可持续发展。本研究在阐述水与经济社会协调发展的内涵的基础上，以德尔菲法构建了北京市水与经济社会协调发展的评价指标体系，采用可用于跨期指数可比性的算术平均法确定指标权重，通过核算水与经济社会协调度系数，对北京市 2005—2015 年水与经济社会协调发展情况进行了综合分析。研究发现，2005—2015 年，北京市水与经济社会系统的耦合度处于颉颃阶段，北京市水与经济社会协调发展程度经历了一个由"轻度失调"向"微度失调"演变的 W 形过程，总体上仍处于失调状态。随着北京市经济社会发展水平的不断提高，对水资源的需求越来越大，北京市水资源短缺与经济社会快速发展的矛盾将更加尖锐，促进北京市水与经济社会系统从"失调"走向"协调"，将面临更加严峻的态势，实现北京市水与经济社会协调发展任重道远。

【关键词】　水资源　协调发展　水资源承载力　德尔菲法

1　引言

随着经济社会的不断发展，水问题呈现出新老问题相互交织的严峻形势，特别是水资源短缺、水环境污染等问题愈加突出。在经济社会发展过程中，传统用水观念与方式导致对水资源的过度开发利用并缺乏保护，严重影响了水资源的可持续利用。经济社会的快速发展导致水资源的过度使用，给水资源供需平衡增加了难度，水资源的不可持续性限制了经济社会的发展。因此，必须协调水与经济社会发展之间的关系，实现水与经济社会的协调发展。

水与经济社会系统是一个由水资源系统和经济社会系统构成的庞大、复杂的系统，两大系统之间不是彼此独立的，而是互相作用、互相影响、互相制约的。水资源系统自身具有维持和支撑一定规模的人口、经济和环境的能力，即水资源承载能力，影响因素包括水

资助项目：

国家重点研发计划：京津冀非常规水安全利用技术研发示范（2016YFC0401405）。

资源的数量与质量及开发利用程度、生态环境状态、社会生产力及经济技术水平、社会消费结构等方面。水资源系统支撑着经济社会系统的平稳运行，而经济社会系统通过投入、制约、参与等途径反作用于水资源系统。水资源系统与经济社会系统之间的关系集中体现在经济社会活动和行为对水资源系统的干扰，以及大自然赋予水资源系统的自我组织和调节的抗干扰能力，这是水资源得以持续承载的内在机制。[1]经济社会的快速发展促进了水资源的开发利用，也带来了水污染、生态破坏等诸多水资源问题，进而破坏了水资源得以持续承载的内在机制。为实现区域水资源与经济社会的可持续发展，需建立水资源与经济社会协调发展系统，在保证水资源支撑经济社会发展的同时严格控制经济社会活动对水资源、生态环境的破坏。本研究中，水与经济社会的协调度是度量水与经济社会系统和系统内部要素之间在发展过程中彼此和谐一致的程度，体现了水与经济社会两大系统之间由无序走向有序的趋势，是衡量水与经济社会协调状况好坏程度的定量指标。

研究区域的水与经济社会协调发展问题，对于制定与水资源承载力相协调的区域经济社会发展战略，促进区域人口、经济、社会与环境的协调发展具有重要意义。近年来，不少文献对特定区域内的水资源与经济社会协调发展状况进行了定量评价。张凤太和苏维词[2]从水资源、经济、生态环境和社会4个方面共26个指标构建了评价指标体系，采用熵权法和层次分析法相结合的赋权方法，对2000—2011年贵州省水资源—经济—生态环境—社会系统进行了定量评价并分析了其耦合协调特征；结果表明，水资源—经济—生态环境—社会系统的耦合协调性较小，波动幅度也较小，但是耦合度普遍高于协调度。孙志南[3]从水资源和社会经济2个维度7个指标构建了水资源承载力评价指标体系，采用主成分分析法，对2000—2009年北京市水资源承载力进行了测算；结果发现在研究期内北京市的水资源承载能力呈现逐年下降趋势，认为北京市经济社会发展迅速、人口膨胀、环境恶化，造成了北京市水资源极度短缺，水资源问题已经成为北京市经济社会发展的瓶颈。李德一和张树文[4]从水资源、区域社会经济和生态环境3个维度共6个指标构建了评价指标体系，对黑龙江省水资源与社会经济发展协调度进行了评价；结果表明黑龙江省水资源分布与人类生产活动在空间上很不匹配是导致不协调的主要原因之一。

通过对相关文献的梳理发现，当前关于水与经济社会协调发展程度的定量研究具有以下方面的突出特征：

（1）指标体系构建的主观性。不同研究文献所构建的水资源与经济社会协调发展的指标体系是不同的，这是指标体系构建的主观性。

（2）赋权方法选择的随意性。这些研究在确定指标权重时，没有结合研究对象、研究时间以及数据特征等信息对涉及的多种赋权方法进行适当的比较分析。

本文以北京为例，从水与经济社会协调发展的整体角度出发，在对水与经济社会协调发展的概念内涵研究基础上，运用德尔菲法构建了北京市水与经济社会协调发展评价指标体系，在考虑适用性、研究时间、数据特征等时采用可用于跨期指数可比性的算术平均法确定指标权重，通过核算水与经济社会协调度系数，对北京市2005—2015年水与经济社会协调发展情况进行综合评价。

274

2 方法与数据

2.1 研究区域特点

北京作为中国首都，地理坐标为东经 $115°25'\sim117°30'$，北纬 $39°26'\sim41°05'$，西、北、东北三面环山，东南部是被称为北京湾的向东南部倾斜的平缓平原。全市总面积为 $16410.5km^2$。气候为典型的暖温带半湿润大陆性季风气候。多年平均降水量为 $585mm$，北京降雨具有时空分布不均和连旱连涝、旱涝交替发生的特点。北京境内 5 大水系：北运河、永定河、潮白河、蓟运河和大清河。北运河发源于北京市境内，其他 4 河均来自于境外的河北、山西和内蒙古。北京市多年平均地表水入境水量 21.1 亿 m^3，出境水量 19.5 亿 m^3。2015 年北京市人均水资源占有量只有 $123.8m^3$，不足全国人均值的 1/10 和世界人均值的 1/50。北京市水资源现状不容乐观，水资源十分匮乏，地下水长期超采，水环境和生态平衡受到严重威胁。

2.2 研究方法

2.2.1 评价指标体系的构建

采用德尔菲法（Delphi Method），又称专家规定程序调查法，由项目组根据水与经济社会协调发展的内涵，在遵循科学性、系统性、层次性、独立性、相对性、可操作性等原则的基础上，构建了北京市水与经济社会协调发展评价指标体系初步框架，以函件的方式分别向 30 名专家进行征询；专家匿名提交意见。根据专家征询意见调整框架后，再次征询。经过 3 次反复征询和反馈，专家意见趋于集中，最后依据集体判断结果调整并完成指标体系构建（表1）。

表 1　　　　　　　北京市水与经济社会协调发展评价指标体系

一级指标	二级指标	三 级 指 标	单位	指标性质
经济社会系统 A1	经济水平 B1	人均 GDP C1	元	正
		城镇人均可支配收入 C2	元	正
		农村人均纯收入 C3	元	正
	经济结构 B2	第二产业占比 C4	%	正
		第三产业占比 C5	%	正
		高耗水产业占比 C6	%	逆
		固定资产投资占比 C7	%	正
	生活质量 B3	城镇居民人均住房建筑面积 C8	m^2	正
		人均公园绿地面积 C9	m^2	正
		每万人拥有公共交通运营车辆数 C10	辆	正
	社会保障 B4	每千人拥有医院床位数 C11	张	正
	社会发展 B5	城镇化率 C12	%	正
		每万人拥有普通高等学校在校学生数 C13	人	正
	人口状况 B6	常住人口 C14	万人	逆
		常住外来人口占比 C15	%	正

一级指标	二级指标	三 级 指 标	单位	指标性质
水资源系统 A2	资源禀赋 B7	人均水资源量 C16	m³	正
		降水量 C17	mm	正
		地下水埋深 C18	m	逆
	供水状况 B8	供水总量 C19	亿 m³	正
		南水北调调水量 C20	亿 m³	正
		再生水供水占比 C21	%	正
	用水状况 B9	农业用新水量 C22	亿 m³	正
		人均年生活用水量 C23	m³	正
		工业用水重复利用率 C24	%	正
		万元 GDP 水耗 C25	m³	逆
	生态环境 B10	重要水库河道湖泊水功能区水质达标率 C26	%	正
		生态清洁小流域水质达标率 C27	%	正
		环境用水量 C28	亿 m³	正
	水利投入 B11	水利投资强度 C29	%	正
	防洪状况 B12	洪涝灾害直接经济总损失 C30	亿元	逆

2.2.2 权重与评价指数的计算

对北京市水与经济社会协调发展程度进行评价的另一个关键点在于确定各个指标的权重。在类似文献中大都采用主成分分析法生成各指标权重，其优点是根据数据本身特征决定不同变量在指数中的权重，具有客观性。但是，随着时间的推移，各变量权重必然会发生变化，从而影响指数跨期可比性。根据某些国际研究经验，在组成一个指数的变量较多而且覆盖比较全面时，采用主成分分析法计算加权平均和采用简单算术平均所得到的结果没有显著差别[5]。本文采用算术平均法主要是因为这样可以保证跨期（2005—2015 年）指数的可比性。

（1）根据指标属性的不同，对数据进行无量纲化处理，方法如下：

对于正指标，其计算公式为

$$\overline{x}_i = \frac{x_i - \min(x_i)}{\max(x_i) - \min(x_i)} \tag{1}$$

对于逆指标，其计算公式为

$$\overline{x}_i = \frac{\max(x_i) - x_i}{\max(x_i) - \min(x_i)} \tag{2}$$

式中　$\max(x_i)$——指标 x_i 的最大值；

　　　$\min(x_i)$——指标 x_i 的最小值。

经过处理后的各指标数值取值范围为 $[0, 1]$，指标数值越接近于 1，则说明该指标得分越高；指标数值越接近于 0，则说明该指标得分越低。

（2）计算各指标权重，各指标权重系数 W_i 的计算公式为

$$W_i = \frac{\overline{x}_i}{\sum\limits_{i=1}^{n} \overline{x}_i} \tag{3}$$

（3）根据各指标权重，结合无量纲化数据，计算相关指数。指标 x_i 对应的指数值 Q_i 的计算公式为

$$Q_i = x_i W_i \tag{4}$$

则经济社会系统的评价指数 $E(e)$ 的计算公式为

$$E(e) = \sum\limits_{i=1}^{m} (x_i W_i) \tag{5}$$

式中　m——经济社会系统包含的指标个数。

水资源系统的评价指数 $W(w)$ 的计算公式为

$$W(w) = \sum\limits_{i=1}^{k} (x_i W_i) \tag{6}$$

式中　k——水资源子系统包含的指标个数。

2.2.3　协调度系数的计算

水与经济社会系统的协调度系数[6]计算公式为

$$D = \sqrt{CT} \tag{7}$$

式中　D——协调度系数；

　　　C——耦合度；

　　　T——经济社会系统和水资源系统的综合协调指数。

耦合是指 2 个或者 2 个以上的系统通过各种相互作用而彼此影响的现象，耦合度则反映了系统之间相互作用彼此影响程度的大小[7]。水与经济社会系统的耦合度计算公式为

$$C = \left\{ \frac{E(e)W(w)}{[E(e)+W(w)]^2} \right\}^{1/2} \tag{8}$$

式中　C——耦合度，处于［0，1］区间，当 $C=0$ 时，表明 2 个系统之间处于无关状态且发展方向和结构呈无序性；当 $C=1$ 时，表明 2 个系统之间达到了良性共振耦合且向有序方向发展。

T 为经济社会系统和水资源系统的综合协调指数，反映了两个系统之间的整体协同效应，其计算公式为

$$T = aE(e) + bW(w) \tag{9}$$

式中　a，b——待定系数，本研究将经济社会系统和水资源系统看作 2 个平等的系统，不存在孰轻孰重的问题，故本研究取 $a=b=0.5$。

2.3　数据来源及获取

所有原始数据均来源于 2006—2015 年《北京统计年鉴》《北京市水务统计年鉴》《北京市环境状况公报》[8-10]。相关研究表明，农林牧副渔业、食品制造业、纺织业、造纸和纸制品业、化学原料和化学制品制造业、黑色金属冶炼和压延加工业、电力热力生产和供应业这七大行业属于高耗水行业，本文采用该七大行业增加值与 GDP 的比值核算高耗水

产业占比指标。

在核算之前，为了剔除价格因素的影响，首先对指标中的价值指标进行了指数平减，统一折算成以 2005 年为基期的可比价。

3 结果与分析

3.1 研究结果

3.1.1 北京市水与经济社会协调发展评价指标体系构建

北京市水与经济社会协调发展评价指标体系分为三级指标，一级指标分别为经济社会系统指标和水资源系统指标，一级指标细化为 12 个二级指标，整套指标体系一共包括 30 个三级指标（表 1）。其中，经济社会系统指标体系主要反映北京市经济发展水平、经济结构转型升级、人民生活质量、社会保障、社会发展水平和人口状况等情况；水资源系统指标体系主要反映北京市的水资源禀赋条件、供水状况、用水结构和效率、生态环境保护、水利投入和防洪效果等情况。

根据指标性质，可以将指标分为正指标和逆指标。在 30 个三级指标中，仅高耗水产业占比、常住人口、地下水埋深、万元 GDP 水耗和洪涝灾害直接经济总损失等 5 个指标是逆指标。需要说明的是，本研究将常住人口作为逆指标主要考虑北京大城市病问题，截至 2015 年年底，北京市常住人口达 2170.5 万人，常住人口密度达 1323 人/km^2，越来越多的人口聚集和人口快速增长给北京市长远发展带来了巨大的压力和挑战。此外，本研究将常住外来人口占比指标作为正指标，考虑的是北京发展的开放包容性问题。

3.1.2 耦合度和协调度标准划分及计算结果

为更直观地展示北京市水与经济社会的耦合度和协调发展程度，根据已有文献研究基础并结合相关专家经验，将耦合度按照低水平到高水平的演进路径划分为 4 个等级（表 2），将协调发展程度按照失调到协调的演进路径划分成了 10 个等级（表 3）。

表 2   水与经济社会耦合度等级划分标准

序 号	耦 合 度	耦 合 等 级
1	0.0～0.3	系统处于低水平耦合阶段
2	0.3～0.5	系统处于颉颃阶段(不相上下,相互抗衡)
3	0.5～0.8	系统处于磨合阶段
4	0.8～1.0	系统处于高水平耦合阶段

表 3   水与经济社会协调发展程度等级划分标准

序 号	协调度系数	协调等级	序 号	协调度系数	协调等级
1	0.0～0.1	极度失调	6	0.5～0.6	微度协调
2	0.1～0.2	重度失调	7	0.6～0.7	初级协调
3	0.2～0.3	中度失调	8	0.7～0.8	中级协调
4	0.3～0.4	轻度失调	9	0.8～0.9	良好协调
5	0.4～0.5	微度失调	10	0.9～1.0	优质协调

本文计算出了水与经济社会协调度系数，并根据协调发展程度等级划分标准，对2005—2015年北京市水与经济社会协调发展程度进行了判断，结果见表4。

表4　　　　　　　　　2005—2015年北京市水与经济社会协调发展程度

年　份	耦合度 C	综合协调指数 T	协调度系数 D	协调程度
2005	0.495	0.426	0.459	微度失调
2006	0.499	0.366	0.428	微度失调
2007	0.499	0.314	0.396	轻度失调
2008	0.499	0.344	0.414	微度失调
2009	0.487	0.342	0.408	微度失调
2010	0.491	0.286	0.375	轻度失调
2011	0.494	0.311	0.392	轻度失调
2012	0.493	0.337	0.408	微度失调
2013	0.492	0.370	0.427	微度失调
2014	0.500	0.440	0.469	微度失调
2015	0.499	0.491	0.495	微度失调

3.2　结果分析及讨论

总体来看，2005—2015年北京市水与经济社会系统的耦合度处于颉颃阶段，北京市水与经济社会协调发展程度经历了一个由"轻度失调"向"微度失调"演变的W形过程，总体上仍处于失调状态，实现北京市水与经济社会协调发展任重道远。

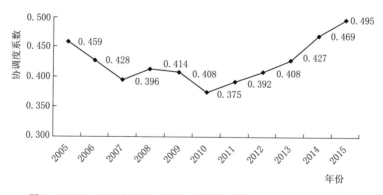

图1　2005—2015年北京市水与经济社会协调发展程度演变过程

3.2.1　2005—2007年，北京市水与经济社会协调度呈现下降趋势，趋向恶化

计算结果表明，2005—2007年，北京市水与经济社会协调发展状况明显恶化，协调度系数逐年下降，从0.459逐年下降至0.396，协调发展程度从"微度失调"恶化为"轻度失调"。

此期间，北京市经济社会发展较快，加大了对水资源的需求，与此同时，受降水偏少、水环境问题凸显、产业结构不尽合理、用水效率依然不高等因素影响，北京市水资源供需矛盾尖锐，水资源支撑经济社会快速发展的能力有所减弱。

（1）降水偏少。1999—2007 年北京连续多年干旱，2005—2007 年处于这一连续枯水期内，此期间北京年降水量约为 472mm。连续多年干旱使北京水资源战略储备严重不足，同时水资源供需缺口加大，不得不采取持续超采地下水，牺牲环境用水等非常规水管理措施。

（2）水环境问题凸显。城乡结合部仍有污水入河现象，个别地区污水处理设施建设滞后，水环境较差。城乡污水处理率相差 30％以上。

（3）产业结构待优化。第二产业比重高达 25％以上，且高耗水产业占比接近 10％，产业结构对水资源的需求和消耗与水资源状况不匹配。

（4）用水效率不高。2005 年万元 GDP 水耗由 49.5m³/万元降至 2007 年的 35.34m³/万元，依然有很大提高空间。

3.2.2 2007—2008 年，北京市水与经济社会协调度呈现上升趋势，趋向改善

计算结果表明，2007—2008 年，北京市水与经济社会协调发展状况明显好转，协调度系数明显提高，从 0.396 提升至 0.414，协调发展程度从"轻度失调"改善为"微度失调"。

此期间，尽管北京市人口增长、经济发展、社会进步需要大量水资源，但由于受降水增加、奥运政策成效显著、节水工作不断深入、水环境质量明显改善等因素影响，一定程度上有效缓解了水资源的供需矛盾，减轻了水资源系统面临的压力。

（1）降水增加。2008 年是继 1999 年后的第一个丰水年，年降水量达到了 638mm。

（2）奥运政策成效显著。集各方力量将水管理放在首位，加大设施建设、推动各项管理措施的实施，满足了奥运会对水量、水质和水压要求，保障了奥运期间水源安全、供水安全、度汛安全、水环境安全等。

（3）节水工作不断深入。万元 GDP 水耗降至 31.58m³/万元。

（4）水环境质量明显改善。市区污水处理率达 93％。郊区污水处理率达到 48％。

3.2.3 2008—2010 年，北京市水与经济社会协调度呈现下降趋势，趋向恶化

计算结果表明，2008—2010 年，北京市水与经济社会协调发展状况明显恶化，协调度系数逐年下降，从 0.414 逐年下降至 0.375，协调发展程度从"微度失调"恶化为"轻度失调"。

此期间，外来人口持续增长，居民生活水平不断提高，这些因素都大大增加了北京用水需求，加之降水量下降，水资源安全保障能力依然薄弱，使得水资源供需矛盾尖锐。随着北京市水资源形势日益严峻，水资源供需矛盾成为制约北京市经济社会发展的重要瓶颈，导致水资源支撑经济社会快速发展的能力有所减弱。

（1）降水量下降。与 2008 年相比，北京市 2009—2010 年降水量明显减少，且低于多年平均降水量。

（2）人口持续膨胀。奥运会后北京市外来人口持续快速增长，保持较高的人口增长率，导致生活用水量增长显著。

（3）生活用水增长迅猛。随着北京市居民生活质量不断提高，生活需水量保持较快增长。

（4）水务保障能力薄弱。特别是要按照世界城市的建设要求，城乡结合部和郊区水务

设施能力需要大幅提高，供水、排水、防洪和水环境体系需要进一步完善。

3.2.4 2010—2015年，北京市水与经济社会协调度呈现好转趋势，趋向改善

计算结果表明，2010—2015年，北京市水与经济社会协调发展状况明显好转，协调度系数逐年提高，从0.375逐年上升至0.495，协调发展程度从"轻度失调"改善为"微度失调"。

此期间正是跨越北京市水务建设的"十二五"时期，随着水务投资力度明显加大，供水能力显著提高，水环境显著改善，防洪能力明显增强，节水效应凸显，北京市水资源供需矛盾有所缓解，促使该期间北京市水与经济社会协调度呈现好转趋势。

（1）水务投资力度明显加大。北京市水务固定资产投资完成额呈现逐年稳步增长态势，从121.38亿元增长到284.46亿元，年均增长速度为23.73%，"十二五"时期累计投资完成额超过1000亿元，比"十一五"翻一番。

（2）供水能力显著提高。中心城区日供水能力达到372万m^3，为供水迎峰提供了可靠保障。

（3）水环境显著改善。实施"三年治污"行动方案；建成永定河绿色发展带"五湖一线"；综合治理清河、凉水河、萧太后河、通惠河等流域水系，水环境恶化趋势总体上得到控制。

（4）防洪能力明显增强。完成国家山洪灾害防治三年建设任务，完善城区"西蓄东排、南北分洪"格局。

（5）节水效应凸显。坚持"农业用新水负增长、工业用新水零增长、生活用水控制性增长、生态用水适度增长"原则，年均节水超过1亿m^3；2015年全市利用再生水达到9.5亿m^3，万元GDP水耗降至16.63m^3/万元，农业灌溉水有效利用系数达到0.71。

3.2.5 实现北京市水与经济社会协调发展任重道远

北京市经济社会发展是以对水资源的大量需求为基础的，实现北京市经济社会发展，必须妥善处理好水资源与经济社会发展之间的矛盾，不断强化水资源对经济社会发展的支撑作用，不断提高水资源与经济社会的协调发展水平。在经济新常态背景下，北京市水资源短缺与经济社会快速发展的矛盾将更加尖锐，促进北京市水与经济社会系统从"失调"走向"协调"，进一步实现更高程度的协调发展将面临更加严峻的挑战。主要原因如下：

（1）北京市水资源紧缺、供需矛盾突出。从资源禀赋来看，北京市水资源严重短缺，且水污染问题突出，为维持经济社会发展的基本用水需求，北京市不得不增加再生水和外调水的使用。从供需状况来看，供需矛盾越来越大。

（2）水资源与经济发展之间矛盾突出。从经济增速来看，保持一定的经济增长速度必须要有相应的水资源供给作为保障，在经济新常态下，北京经济保持中高速增长，即使采取节水措施，对水资源的需求仍然巨大。从经济结构来看，虽然农业、工业的用水量已经出现明显下降，但北京市已经确立了以服务业为主的产业结构和以消费为主的需求结构，这将大大增加对水资源的需求量。

（3）水资源与社会发展之间矛盾突出。从人口增长来看，即使是在实现京津冀协同发展，有效疏解非首都核心功能的背景下，北京市水资源紧缺与人口快速增长的矛盾仍将十

分尖锐。从城镇化发展来看，随着北京市城镇化进程的不断加快和城市规模的不断扩张，对水资源的需求也会不断增加。从生活质量来看，随着居民生活质量的不断提高，加之居民节水意识依然较为薄弱，节水行动较为滞后，生活用水量显著增加与水资源浪费并存现象将会持续一段时间。

需要指出的是，2015年北京市水与经济社会协调度系数达到了0.495，非常接近失调与协调的平衡点0.5，且从协调度系数的年均增长率来看，受南水北调工程、三年治污行动计划等水务工作影响，"十二五"期间北京市水与经济社会协调度系数年均增长率呈现加速提高趋势，2014—2015年增速接近7%。随着北京市南水北调工程、城市副中心建设、新机场建设等工作推进，以及北京市水务工作的不断改革发展，预计2016—2017年北京市水与经济社会协调度将达到"微度协调"。

4 结论与讨论

4.1 结论

本研究在阐述水与经济社会协调发展的理论基础和概念内涵的基础上，构建了北京市水与经济社会协调发展评价指标体系，采用可用于跨期指数可比性的算术平均法确定指标权重，通过核算水与经济社会协调度系数，对北京市2005—2015年水与经济社会协调发展情况进行了综合分析。研究发现，2005—2015年，北京市水与经济社会系统的耦合度处于颉颃阶段，北京市水与经济社会协调发展程度经历了一个由"轻度失调"向"微度失调"演变的W形过程，总体上仍处于失调状态。随着北京市经济社会发展水平的不断提高，北京市水资源短缺与经济社会快速发展的矛盾将更加尖锐，促进北京市水与经济社会系统从"失调"走向"协调"，进一步实现更高程度的协调发展将面临更加严峻的挑战，实现北京市水与经济社会协调发展任重道远。

4.2 讨论

本研究构建了北京市水与经济社会协调发展评价指标体系，通过核算水与经济社会协调度系数，对北京市2005—2015年水与经济社会协调发展情况进行了综合分析。北京作为华北地区缺水型特大城市，水资源与经济社会协调发展是在水资源合理开发利用的前提下，在满足水资源承载力的基础上最大限度地开展经济社会的建设和发展，而实现水资源—经济—社会的共同可持续发展。通过核算北京2005—2015年北京水与经济社会协调度系数，进一步揭示了北京在城市发展过程中水与经济社会发展的关系，为水资源可持续管理和城市可持续发展提供了有益的参考。

本研究以北京市为例，结合北京市实际情况构建了北京市水与经济社会协调发展评价指标体系，采用可用于跨期指数可比性的算术平均法确定指标权重，通过核算水与经济社会的协调度，计算出水与经济社会协调度系数。本研究避免了以往指标体系构建主观性和赋权方法选择随意性的不足，一方面以所研究的特定区域的水资源和社会经济发展环境为基础，但更重要的是，在构建评价指标体系之前界定其理论基础，尤其是水与经济社会协调发展的概念内涵。研究只有在对水与经济社会协调发展的理论基础及其概念内涵进行准确界定的基础上，所构建的评价指标体系才是有理可循的。另一方面，在选择赋权方法时，需要考虑包括方法适用性、研究时间、数据特征等在内的多种影响因素，尤其是对于跨期研究而言，所选择的赋权方法还应当保证跨期指数的可比性。水资源紧缺造成的水危机已经成为全球态势背景下，水问题与其他相关的社会、经济、技术、政策等相关因素的影响及互动关系更为活跃和复杂，这些内在机理和相互关系也有待深入讨论。

参 考 文 献

［1］ 彭静，廖文根．水环境可持续承载评价方法研究［R］．北京：中国水利水电科学研究院，2005．
［2］ 张凤太，苏维词．贵州省水资源—经济—生态环境—社会系统耦合协调演化特征研究［J］．灌溉排水学报，2015，34（6）：44-49．
［3］ 孙志南．北京市水资源与经济社会协调发展研究［D］．北京：首都经济贸易大学，2012．
［4］ 李德一，张树文．黑龙江省水资源与社会经济发展协调度评价［J］．干旱区资源与环境，2010，24（4）：8-11．
［5］ 樊纲，王小鲁，朱恒鹏．中国市场化指数——各地区市场化相对进程2009年报告［M］．北京：经济科学出版社，2010．
［6］ 熊建新，陈端吕，彭保发．洞庭湖区生态承载力系统耦合协调度时空分异［J］．地理科学，2014，34（9）：1108-1116．
［7］ 高翔，鱼腾飞，程慧波．西陇海兰新经济带甘肃段水资源环境与城市化交互耦合时空变化［J］．兰州大学学报（自然科学版），2010，46（5）：11-18．
［8］ 北京市统计局，国家统计局北京调查总队．北京统计年鉴（2005—2015）［M］．北京：中国统计出版社，2006—2016．
［9］ 北京市水务局．北京市水务统计年鉴（2005—2015）［R］．2006—2016．
［10］ 北京市环境保护局．北京市环境状况公报（2005—2015）［R］．2006—2016．

管水员改革效益后评价及管理体制研究
——以北京市门头沟区为例

王紫一

（北京市水科学技术研究院　北京　100048）

【摘　要】　本文以北京市管水员改革为背景，通过深入调研和问卷调查综合分析，以门头沟管水改革成效为例，从政策匹配、人员数量、人员素质、经费落实、管理效果等方面系统分析了门头沟区管水员改革后的效益情况，指出了门头沟管水员在工作职责、岗位性质、待遇保障及考核管理等方面存在的问题。针对当前水务形势不断变化的情势下，基层管水员的面临的问题与挑战，结合门头沟现实情况，研究提出了门头沟管水员的对策与建议，为门头沟区管水员队伍的建设发展提供参考。

【关键词】　管水员　改革效益　门头沟区　问卷调查

为解决水务"最后一公里"管理缺位问题，2006 年 6 月北京市政府办公厅发布了《关于建立本市农村水务建设与管理新机制的意见》（京政办发〔2006〕41 号），同时发布了《北京市农民用水协会及农村管水员队伍建设实施方案》。2006 年年底，北京市成立了 125 个农民用水协会，组建了 10800 名管水员队伍，建立了"市水务局—区水务局—基层水务站—农村用水协会和农村管水员"四级水务管理体系[1]。通过这几年管水员管理与机制的不断健全和完善，管水员的工作全面渗透到"水资源保护、供水、节水、用水"等水务工作的各个环节之中，成为四级水务管理体系的中坚力量[2-3]。在基层水务管理体制改革过程中，农民管水员起到了重要作用[4]。在当前新形势、新环境下，需要系统、客观地总结经验，为下一步科学开展工作并建立一支稳定、高效、高质量、高标准的管水员队伍提供决策依据。

1　门头沟区管水员改革现状

2006 年，门头沟区成立了 585 人的管水员队伍，初步形成了由水务部门统筹，一镇一协会、一村一分会、一村一名或多名管水员的区、镇、村三级水务管理体系，有效解决了农村水务管理缺位问题，促进了农村地区水资源和经济社会可持续发展[5-6]。2015 年，门头沟区率先完成管水员改革，制定了《门头沟区管水员改革方案》。自开展管水员改革以来，通过明确水务局、农民用水协会、管水员的职责定位；优化人员配置，对管水员进行选拔上岗制度，管水员数量从原来的 585 人降低至 196 人；完善配套制度等措施，形成了较为完善的基层水务管理队伍。2017 年 1 月，门头沟区以《中共北京市委北京市人民政府关于进一步加强水务改革发展的意见》（京发〔2011〕9号）为主要依据，以区协调发展和水务管理要求出发，通过实施管水员改革，减少人员数量，提高个人收入，明确岗位职责，以强化和完善管水员管理机制为目的，力求改革后充分发挥管水员能动性，提高基层水务管理服务水平，稳定管水员队伍，逐步建立起保障农村基层水务建设管理健康发展的长效机制，制定了《门头沟区管水员改革实施方案》。对管水员的职责定位、管理考核制度、激励制度、惩戒制度、培训制度等作出了明确的要求。然而，在实际工作中，管水员也存在不少问题，收入低、人员流动大、管水员素质和工作要求不匹配是最为突出的问题。改革一年多来，改革措施是否落实，改革效果是否理想，改革制度是否完善，需要进一步评价研究分析。因此，开展对门头沟区管水员改革效益后评价及配套制度研究显得尤为必要。

2　管水员职责及考核机制

2.1　管水员的主要任务

定期巡视水源地，及时消除安全隐患；定期巡查和安全管护供水和饮用水各类设施及配套管线；管护汛期雨量监测设施；做好监测和防汛预警预报信息上传下达，配合开展协助群众转移、应急抢险处置工作；负责用水计量管理，准确记录农业灌溉等各类用水，保证记录本保存完好，月统月报工作落实到位、台账齐全、数据准确、上报及时；对水安全隐患和水突发事件做到初步处置得当，并及时上报；配合节水、污水处理、再生水回用、雨水利用等各类水务设施及相关配套管线的定期巡查、安全管护、维修保养及核查等工作；配合完成入户等工作；配合做好本村的水务及节约用水管理、水务信息、宣传及其他工作。

2.2　管水员考核机制

（1）考核制度。镇政府、村委会是镇村水务设施及管水员使用的管理单位主体，水务设施运行、维护及管水员使用情况列入政府年终绩效考核。因管水员辞职、辞退等问题造成工作断档，各镇政府及村委会统筹协调。镇协会及村委会负责管水员的聘用及日常工作的管理考核，量化指标采用年聘用制模式。考核实行季度百分制打分和年终综合评定，根据个人考核成绩分四档发放季度绩效奖并评定年终是否续聘。

（2）激励制度。管水员考核实行百分制，按季度考核成绩发放补贴和四档绩效奖。每人每月补贴1000元，绩效奖500元。90分以上（不含90分）为优秀，领取满额绩效奖；80分（不含80分）以上至90分为良好，领取90％的绩效奖；70分（不含70分）以上至80分为合格，领取50％的绩效奖；60分（含60分）以上至70分以下的无绩效奖；60分以下为不合格。

（3）惩戒制度。管水员考核连续两次60分以下，立即解除管护责任关系；一年中累计两次考核60分以下或三次在60分以上至70分以下，年终考核结束解除关系。受上一级水务部门抽检通报一次（以纸质材料为准），取消满额绩效奖资格，累计达到三次扣50％绩效奖，累计达到五次的取消绩效奖；通报超过五次或出现属一票否决范围的，立即解除管护关系。此外，具备相应优秀情形的可酌情加分。

（4）培训制度。水务局负责督查、指导镇村开展管水员培训工作。对入职的管水员进行集中岗前专业技能等相关知识培训，合格后上岗。镇村负责开展管水员业务学习培训，自觉加强组织和人员自身建设，保证基层水务组织、制度健全，并公开上墙。做到人员素质有序提高，能够按时完成上级业务部门安排的各项工作。

3 门头沟区管水员改革后效益调研及评价分析

调研组对北京市门头沟区涉及农业的 9 个镇龙泉镇、永定镇、潭柘寺镇、军庄镇、王平镇、雁翅镇、斋堂镇、清水镇、妙峰山镇进行了深入调研。调研对象为 2017 年改革上岗后的管水员，发放样本量 184 份，回收有效样本量 151 份。根据管水员的特征，为确保调查时效性和便捷性，采取问卷调查方式，应用统计综合评价法进行评价结果统计分析。

3.1 政策匹配

以《中共北京市委北京市人民政府关于进一步加强水务改革发展的意见》（京发〔2011〕9 号）、《关于印发〈北京市社会公益性就业组织管理试行办法〉的通知》（京人社就发〔2014〕170 号）文件为主要依据，制定实施《门头沟区管水员改革实施方案》及《门头沟区管水员管理办法》。管水员是公益性岗位，31% 的人员在成为管水员之前，无工作收入来源（图 1）根据调查统计结果，有 61 人月均收入小于 900 元，占总统计人数（151 人）的 40%（图 2）。安排岗位给这些人员，切实解决了部分"低保"待遇人员、"零就业家庭"人员、"纯农就业家庭"人员、登记失业一年以上人员等就业困难人员的工作问题，有显著的社会效益，对建设和谐门头沟有着积极的促进作用。

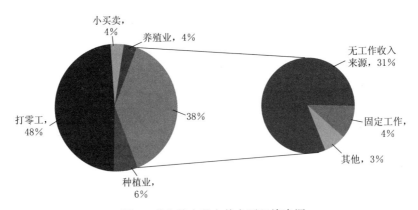

图 1　成为管水员之前主要经济来源

3.2 人员数量

门头沟区管水员数量从 2006 年的 585 人，减少到 2017 年的 199 人，精简了管水员队伍的数量，同时保留了之前有能力有经验的管水员，占总人数的 36%，提高了个人收入，明确了岗位职责，达到强化和完善管水员管理机制的目的。

3.3 人员素质

改革前对管水员年龄、学历、职业技能、上岗条件没有明确要求。改革后新上任的管水员必须是本村常驻村民，女士年龄在 18 岁和 50 岁之间，男士年龄在 18 岁和 55 岁之间，高中及相当学历、具备查表和日常维修技能，通过考试选拔上岗，提高了管水员队伍的素质。

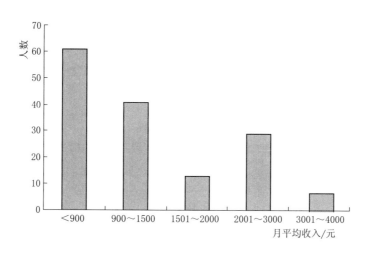

图 2　成为管水员前月平均收入情况图

3.4　经费落实

改革前的管水员经费情况紧张，每人每月平均收入仅有 500 元。改革后的管水员岗位纳入社会公益性岗位，符合政策的管水员享受北京市社会公益性组织人员薪酬。落实前每人每月 1500 元，199 名管水员补贴每月需资金 29.85 万元，一年需 358.2 万元。改革完善了管水员的经费落实情况，提高了管水员的薪资待遇。

3.5　管理效果

改革后，门头沟区强化了区、镇、村各级组织职责，明确了管水员的主要任务。自改革后的管水员队伍成立以来，门头沟区管水员在实践中积累了丰富的管水经验，对全区各村的水务管理起到了借鉴、带动作用，逐步实现了农村水务工程"有人建、有人管"，农民用水"定额管理、以量计征"。供水工程设施得到有效保护，跑、冒、滴、漏现象有所减少。农村环境改善效果明显，农村生活更加宜居。有相当一部分农村家庭在其家人成为农村管水员后，告别了"零就业家庭"。管水员的上岗就业，解决了一部分农民的就业问题。建立管水员队伍，带来的不仅仅是经济效益，还有显著的社会效益，对建设和谐门头沟有着积极的促进作用。

4　门头沟区管水员改革后存在的问题

经过对改革后的管水员进行问卷调研，发现仍存在未能严格执行选聘条件及程序、部分管水员对岗位职责不明确、部分管水员对薪酬待遇及考核情况模糊、管水员岗前岗后培训执行情况有待提高、管水员工作满意度仍需提高等问题。

4.1　未能严格执行选聘条件及程序

参照《门头沟区农村管水员办理办法》规定，通过问卷调查发现，龙泉镇 1 人无本村农业户口，全区 3 人不长期在本村居住；全区 7％的管水员无健康证件（图 3）；高中、中专或相当学历文化以上水平为 74％（图 4）；掌握计算机知识、查表和日常维修技能人数分别为 75 人、92 人和 87 人，均不具备上述技能的 9 人（图 5）。兼职农技员的 6 人、护林员的 3 人；1 人未通过管水员考试上岗；16 人未与所在镇政府签订年度聘用协议（图 6）。

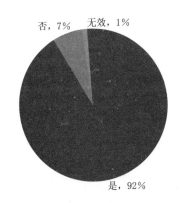

图 3　管水员持有健康证比例

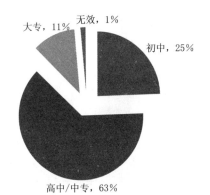

图 4　管水员学历比例

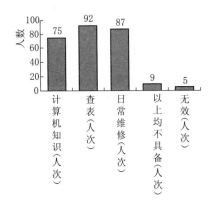

图 5　管水员基础技能

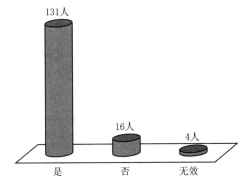

图 6　管水员与镇政府签订年度聘用协议情况

4.2　部分管水员对岗位职责认识不明确

根据《门头沟区农村管水员管理办法》规定，其中 3 条是每个管水员必须执行的，包括：做好防汛预警预报及信息上传下达，配合开展协助群众转移、应急抢险处置工作；对水安全隐患和水突发事件做到初步处置得当，并及时上报；配合做好本村水务及节约用水管理、水务信息、宣传等其他工作。通过问卷调查发现，分别有 7％、3％、11％的管水员认为自己不负责上述工作，没有履行岗位职责（图 7～图 9）。

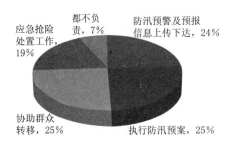

图 7　管水员执行防汛预警预报及信息工作

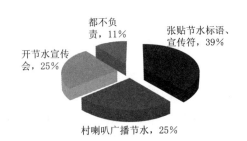

图 8　管水员执行水安全保障工作

4.3 部分管水员对权利义务、薪酬待遇、考核情况认识模糊

改革后门头沟区明确规定管水员工作的各项权利义务、薪酬待遇、绩效考核等。管水员每人每月补贴1000元，绩效奖500元，绩效考核实行百分制，按季度考核成绩发放补贴和四档绩效奖，分别为500元、450元、250元、0元；如有抽检不合格情况的，按规定扣减、取消绩效奖，通报超过五次或出现属一票否决范围的，立即解除管护关系。通过问卷调查发现，4%的管水员不确定或不了解自己的权利义务（图10）。大部分管水员对自己的月补贴收入与绩效奖励情况模糊，认为每月1500元为补贴收入，几乎没有什么绩效奖励；而知道有绩效奖

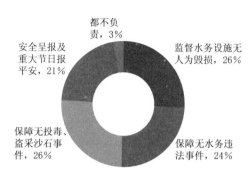

图9 管水员执行本村水务宣传工作

励的管水员中，对考核绩效金额不清，出现了300元/月、400元/月、1500元/月的情况（图11、图12）。此外，19%的管水员对除考核评分标准外的酌情加分和辞退政策表示不确定或不了解（图13）。

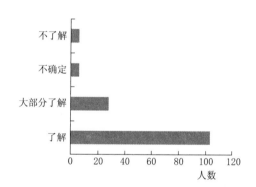

图10 管水员权利义务了解情况

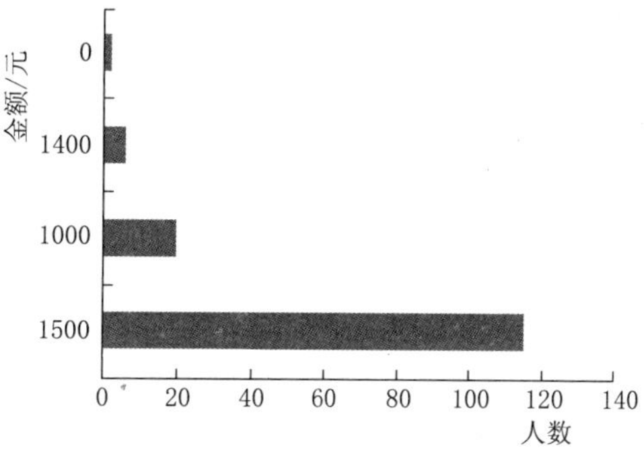

图11 管水员月补贴收入情况

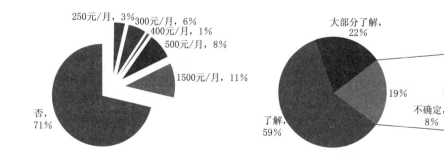

图12 管水员月绩效奖励情况

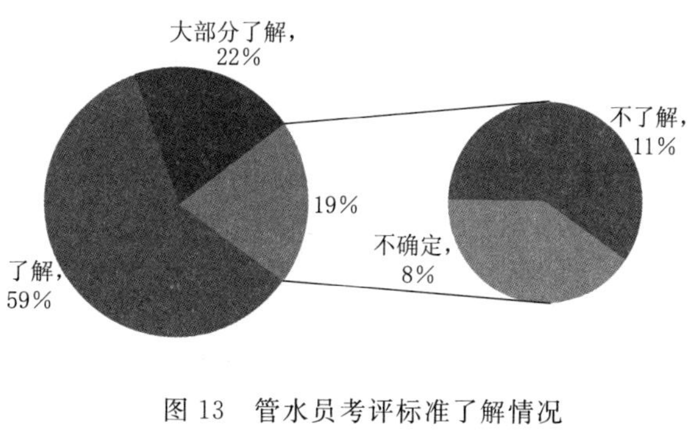

图13 管水员考评标准了解情况

4.4 管水员岗前岗后培训执行情况有待提高

依据规定，管水员需参加岗前培训后上岗；区水务局定期为管水员开展培训工作。通过

问卷调查发现，1％的管水员未参加岗前培训（图14）；2％的管水员未参加日常水务管理事务技能培训（图15）；25％的管水员未参加过专项统计、调查培训（图16）；20％的管水员未参加有针对性的技能操作培训（图17）；44％的管水员未参加过到镇水务站轮岗培训（图18）。

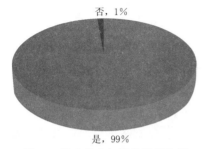

图 14　管水员参加岗前培训比例

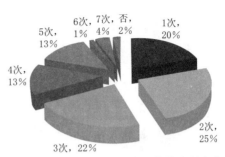

图 15　管水员日常水务管理事务技能培训次数比例

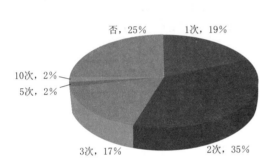

图 16　管水员参加专项统计、调查培训比例

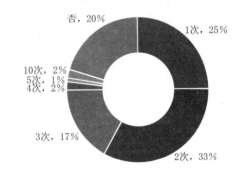

图 17　管水员参加有针对性的技能操作培训比例

4.5　管水员工作满意度仍需提高

通过问卷调查发现，4％的管水员对现在的这份工作不太满意（图19）；8％和2％的管水员对薪资待遇表示不太满意和不满意（图20），主要体现在薪资与工作量不成正比方面；11％的管水员觉得人手不够（图21）。此外，管水员还提出了"希望上五险""多培训提高业务能力"等建议。

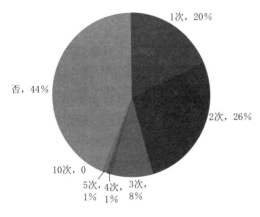

图 18　管水员参加镇水务岗位轮岗培训比例

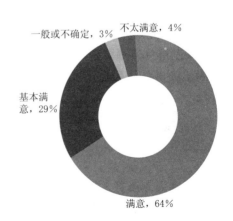

图 19　管水员工作满意情况

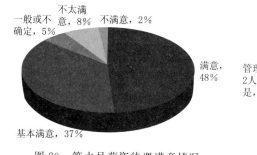

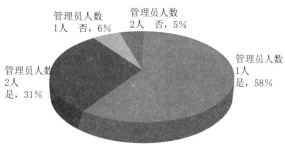

图 20　管水员薪资待遇满意情况　　　　　图 21　管水员数量匹配工作需要情况

5　门头沟区管水员改革效益后评价结果

门头沟区管水员改革效益后评价结果见表 1。

表 1　　　　　　　　　门头沟区管水员改革效益后评价结果表

管水员改革前职责	管水员改革后职责	管水员改革后效益是否提高
负责农村水务突发事件的应急处置和上报	负责定期巡视水源地，及时消除安全隐患	有待提高
负责农村公共水务设施的日常维护和管理，主要包括：机井管理、饮水安全、水源保护、污水排放、节水措施、灌溉定额、用水计划、河沟管护、水保监督、工程管理等	负责供水和饮用水各类设施及配套管线的定期巡查和安全管护	是
	汛期雨量监测设施的管护	有待提高
	做好监测和防汛预警预报信息上传下达配合开展协助群众转移、应急抢险处置工作	有待提高
负责用水计量、月统月报、征收水费和农业用水水资源费	负责用水计量管理，农业灌溉等各类用水准确记录，保证记录本保存完好，月统月报工作落实到位、台账齐全、数据准确、上报及时	是
	对水安全隐患和水突发事件做到初步处置得当，并及时上报水务突发事件	是
	配合节水、污水处理、再生水回用、雨水利用等各类水务设施及相关配套管线的定期巡查、安全管护、维修保养及核查等工作	是
	配合完成入户等工作	是
负责其他临时交办的工作	配合做好本村的水务及节约用水管理、水务信息、宣传及其他工作	有待提高

6　对策与建议

本文通过对北京市门头沟区管水员改革后效益管理体制研究进行分析，结合门头沟区现实情况，现提出如下建议：

（1）加强管水员选聘、录用、考核管理。加强门头沟区管水员选聘政策的宣传力度，让农民意识到管水员工作的重要性。对负责管水员招聘的工作人员进行监督，确保管水员高效履职。严格把控管水员的户口、健康、学历、技能、兼职关，提升管水员队伍的能力和水平。加强对管水员工作的绩效考核管理，确保各项管理制度落实到位，保障管水员面向广大村民提供优质、周到的服务。对现行管水员的绩效考核管理制度进行补充完善，让管水员了解考核的过程，避免出现绩效考核不清的情况。

（2）明确管水员岗位职责。为使管水员能够发挥高效的水务服务，保障郊区水务工作健康可持续发展，各村可以根据管水员的数量，制定岗位职责分工一览表，规定出每人具体的岗位职责，并进行公示，请村民监督。

（3）改善管水员薪资待遇。提高管水员队伍的待遇水平，是稳定基层管水队伍、落实最严格水资源管理制度、保障郊区水安全的必然需求。参照《房山区管水员管理办法》，提高门头沟区管水员的月均补助不低于2000元（扣除保险后），绩效每月最多1200元。

（4）加大对管水员岗前岗后培训。对管水员的培训关系到其日常工作的效果。需重视强化岗前培训，全区统一定期开展日常水务管理事务技能培训、专项统计调查培训、职业技能操作培训、到镇水务岗位轮岗培训等。对优秀的管水员可由培训向培养转变，邀请专业人员传授水务常识、管护技能、法律法规、电脑、写作、摄影等知识；鼓励管水员参加水土保持工、灌溉工程工、管道工、计算机操作等考试，取得相应证书。

参 考 文 献

[1] 张书远. 北京怀柔区农村管水员队伍建设管理思考 [J]. 中国水利，2014（9）：36-37.
[2] 唐丽，秦丽娜，马乐. 北京市农村管水员管理机制分析 [J]. 北京水务，2016（1）：42-44.
[3] 王昕然，孙昊苏，李琴. 北京市朝阳区基层水务工作风险分析及应对策略 [J]. 中国水利，2016（18）：30-32.
[4] 王红瑞. 发挥基层管水员作用 [N]. 中国水利报，2014-05-01（006）.
[5] 孙丹丹，张国飞，张涛. 北京市门头沟区水务发展体系研究 [J]. 水利建设与管理，2013，33（12）：69-72.
[6] 徐邦敬，郑翠玲. 实践科学发展观加快推进门头沟区水务可持续发展 [J]. 北京水务，2010（1）：12-14.

北京市农业水价综合改革历程
与问题浅析

韩中华

（北京市水科学技术研究院　北京　100048）

【摘　要】　农业水价综合改革是全面落实节水优先的重要措施，政策性强、敏感性高、涉及面广。本文旨在通过总结北京市农业用水基本情况，借鉴其他省市开展农业水价综合改革的先进经验，分析北京市农业水价综合改革的历程和存在的问题难点，有针对性地提出相关政策建议，作为进一步深化农业水价综合改革的参考。

【关键词】　北京市　农业水价　灌溉　综合改革　生活用水

1　研究背景

1.1　北京市农业用水现状

2014 年，北京市出台了《关于调结构转方式发展高效节水农业的意见》（京发〔2014〕16 号），综合实施工程节水、农艺节水、管理节水和科技节水。2017 年，北京市出台了《北京市推进"两田一园"农业高效节水工作方案》（京政办发〔2017〕32 号）等文件，提出"细定地、严管井、上设施、增农艺、统收费和节有奖"的推进农业节水灌溉工作方针。

1.1.1　农业灌溉现状

根据《北京市水务统计年鉴（2017）》，截至 2017 年年底，全市共有灌溉面积 209.41 $\times 10^3 hm^2$。按照土地种植种类区分，有耕地灌溉面积 115.48 $\times 10^3 hm^2$，林地灌溉面积 50.72 $\times 10^3 hm^2$，园地灌溉面积 42.2 $\times 10^3 hm^2$，牧草地灌溉面积 1.01 $\times 10^3 hm^2$；按照节约用水效率区分，有节水灌溉面积 200.69 $\times 10^3 hm^2$，其他灌溉面积 8.72 $\times 10^3 hm^2$。

节水设施方面，全市共有灌溉机井 32447 眼，其中已配套机电井 30028 眼，配套机电井的装机容量为 499.39MW。有固定机电排灌站 326 处。部分农田已经建设了农业用水计量设施，其中朝阳区、丰台区、海淀区、房山区、平谷区、密云区农业用水计量设施覆盖率均实现 100%，门头沟区、顺义区农业用水计量设施覆盖率达到 90% 以上，怀柔区、延庆区农业用水计量设施覆盖率达到 80% 以上，大兴区农业用水计量设施覆盖率为 60%，通州区、昌平区农业用水计量设施覆盖率均超过 50%。

2017 年，全市农业用水 5.07 亿 m^3，占全市总用水量的 12.8%，通过各种措施进一步提升土地产出率、农业生产率和资源利用率，比 2016 年农业用水总量下降了 16.2%，为推动农业水价综合改革工作奠定了基础。

1.1.2 农业水价改革历程

2007年北京市印发了《北京市农业用水水资源费管理暂行办法》（京发改〔2007〕536号），在农业用水限额之内不征收水资源费，超出限额部分，按照粮食作物0.08元/m³、其他0.16元/m³的标准征收水资源费。

用水计量是开展农业水价综合改革的基础。合理征收农业水资源费可以促进农业节水，引导农业产业结构优化升级。目前，北京地区农业水费征收方式主要有按水量计量收费、按面积计量收费、按电量计量收费、免收费四种模式。

1.2 各地农业水价综合改革试点经验

1.2.1 甘肃张掖"水票制"农业水价模式

张掖市根据全市总用水量、各县区多年平均可利用水量以及现状用水量等因素来确定各县区的用水总量指标，对水资源使用权进行分配。依据分配的水资源量、人口和经济社会发展及用水定额来确定农业水权。农业水权的确定包括核定用水户灌水面积、确定分配水量、发放"水票"（水权证）、培育水市场、加强协会建设等程序。其中"水票"是向用水户核发的水权证书，水管单位凭票供水，水票可交易流通[3]。

1.2.2 湖南省长沙县"基础水权"模式

改革试点涉及的桐仁桥水库灌区按照"定额供水、计量收费、阶梯计价、节约有奖、超用加价、水权可流转"的原则积极推进水权改革。对水权总额进行控制：核定可支配水权为1354万m³。可支配水权中优先保障饮用水供应，饮水供应量438万m³；其次是保障农业供水需要，年基础水权核定为668.4万m³；最后留出机动水量200万m³，用于对下游河段进行生态补水。

1.2.3 河北省尚义县PPP模式

项目区共安装计量装置1820套，实现了计量到井、到户。面对计量设施投资金额大、筹资难问题，尚义县采取PPP模式，以招投标方式吸引社会出资364万元。具体做法为：计量设施费用由政府、企业各付一半，企业按照实施方案设计的功能、精度、可靠性要求对每口机井配套计量设施，财政对每套计量设施补贴2000元。20年内，计量设施归企业和农民用水合作组织共同所有，企业每年收取200元维修养护费用并承担维修养护责任；20年后，计量设施归农民用水合作组织所有，并负责维修管护。

1.2.4 天津市武清区"两证、一书、四统一"工程管理模式

武清区基本上形成了"三级产权三级行政管理"的农田水利工程管理模式。区政府、镇政府、村委会三级所属工程分别委托给区水务局、镇水务站、村管水员进行管理。在试点区的白古屯镇等3个行政村，将灌溉工程直接委托给镇水务站，由镇水务站进行统一的专业管理。具体作法概括为"两证、一书、四统一"：第一，通过颁发"产权证"的方式，明确了工程产权归村委会所有；第二，通过颁发"水权证"的方式，明确了村委会所应有的灌溉水量和各户所应有的灌溉水量；第三，由村委会以"委托书"形式将工程的管理权委托给镇水务站进行管理；第四，由镇水务站将各村的用水者协会及管水员统一组织到镇总会下，实行统一售水、统一建账、统一公示、统一维护，并由专职专业人员负责，使水利工程管理纳入水务"一体化"管理体系。

1.2.5 山东省沂源县水利工程公司模式

项目区涉及的西里镇、石桥镇分别在工商局注册成立了水利工程公司，建设的工程产权分别归公司所有。每个公司选派3名管理人员对承包范围内的水利工程进行日常管理和维护。公司对工程实行承包管理，与承包人（一般为所涉各村的水管员）签订合同。承包人接受公司的管理，执行公司对工程管理的决策，接受业务部门的管理和培训，执行公司的有关制度，按照公司确定的管理标准进行用水管理和工程维护。由公司进行水价核算，按照成本水价和农民承受能力建立合理的水价，承包费纳入水费积累统一管理，水费做到专款专用。

1.2.6 湖北省当阳市"协会自主协商定价"模式

试点地区由农民用水户协会组织受益农户按照保障工程良性运行和农民可承受的原则，自主协商定价，价格公示并经用水户认可后，报市物价局核准备案。为合理制定终端水价，坳口农民用水户协会对试点项目区内的6个行政村进行了入户调查和宣传发动，经协商，试点项目区实行全成本水价：自流灌溉水价为 0.130 元/m³，提水灌溉水价为 0.148 元/m³。

1.2.7 辽宁省盘山县"区分种植养殖，实行分类水价"模式

盘山县以种植水稻为主，部分农户稻田养蟹，区分种植养殖，实行分类水价。稻田养蟹对水量、供水保证率等要求较高，收益能力也高于单纯的水稻种植。综合考虑灌排服务要求、农户承受能力等因素，盘山县对种植水稻和稻田养蟹分别核定用水定额和用水价格，实行分类水价。项目区水稻执行运行成本水价 0.18 元/m³。稻田养蟹用水定额比水稻用水定额每亩增加 100m³，这部分用水执行全成本水价 0.35 元/m³。

1.2.8 陕西省大荔县"多样化补贴"模式

大荔县政府颁发了《大荔县农业用水精准补贴资金管理办法》（荔政办发〔2015〕68号），明确补助对象包括对种粮的农民用水合作组织、新型农业经营主体和用水户进行补贴以及对工程运行维护费给予补贴。种粮用水户补贴标准为：小麦补贴 0.72 元/m³，玉米补贴 0.70 元/m³。按定额用水，小麦每亩补贴 86.4 元，玉米每亩补贴 84 元。综合各类作物实际灌水情况，实行综合补贴标准 85 元/亩。用水者协会补贴标准为：对灌区末级渠系维修养护费用进行补贴，斗渠补贴 3.3 元/m，农渠补贴 2.7 元/m。种粮用水户补贴方式为：由协会建立农业灌溉用水台账，每年统计农户种粮情况，报大荔县农业节水综合改革领导小组办公室审核备案，在当年灌溉结束后按补贴标准发放补贴。用水者协会补贴方式为：在灌季结束后对所有工程进行维修养护，由大荔县农业水价综合改革领导小组办公室制定养护验收标准、考核制度，根据考核结果，以奖代补，落实维修养护经费。

1.2.9 "直接发放现金"和"水权回购"奖励模式

甘肃省白银区将节水奖励以现金方式直接发放给农户或作为下年度水费的预付款留存。山东省沂源县农户可在每年灌溉周期结束（12月至次年1月）后提出节水奖励申请，经核对无误后，由用水合作组织上报镇政府，镇政府依据奖励标准向符合条件的农户发放节水奖励资金[3]。云南陆良县、泸西县、元谋县通过水权回购方式，对定额内用水按执行水价每立方米加价5分进行回购，落实节水奖励。

2 北京市农业水价综合改革进展情况

2.1 第一阶段：试点推进

2014 年，房山区作为全国小型水利工程管理体制改革和农业水价综合改革试点区，按照中央不增加农民负担的原则，建立节水有奖、浪费惩罚的管理机制，选取琉璃河农民用水协会辖区田间设施比较完善的 11 个村、灌溉机井 181 眼、2.1 万亩的灌溉面积为试点区域推进改革。

房山区主要通过"明晰农业初始水权、核发取水许可证、建立合理的农业水价形成机制、完善精准补贴和节水奖励机制、推进节水工程建设、推进小型水利工程管理体制改革、成立领导机构推动"等工作推动改革。

通过村民座谈、实地调研等方式测算供水成本，发布政府指导价，政府指导限价试点核心区确定为 $0.56 \sim 1.0$ 元$/\text{m}^3$。落实好超定额累进加价制度，超过用水限额部分按照 1.5 元$/\text{m}^3$ 加收水资源费。各村通过召开村民代表大会确定最终价格。加强精准补贴和节水奖励机制，政府对管水员、运行维护、节水工程建设和智能计量设施安装等进行资金贴补：一是片级管水员解决五险，每月补贴 3000 元，村级管水员每月补贴 1200 元；二是按照每年 719 万元的标准安排全区小农田水利设施运行维护资金；三是由市发改委、市财政、区财政联合解决高效节水工程建设资金；四是市财政对每眼机井安装智能计量设施补助资金 1.2 万元。年底按照每节水 1m^3 奖励 1 元的标准直接对用水户进行奖励。

2.2 第二阶段：全面实施

2014 年北京市出台了《关于调结构转方式发展高效节水农业的意见》（京发〔2014〕16 号），提出了综合实施工程节水、农艺节水、管理节水和科技节水等措施[1]。2017 年，北京市先后出台了《北京市推进"两田一园"农业高效节水工作方案》（京政办发〔2017〕32 号）和《北京市农业水价综合改革实施方案》（京水务郊〔2017〕76 号）等文件，要求严格农业用水的计量管理，健全水价形成机制[3]。

按照"先建机制后建工程"的原则，北京市涉及农业各区已全部出台农业水价综合改革文件，推动改革工作。其中海淀区确定了定额内的政府指导价为 0.55 元$/\text{m}^3$，各村由村民代表大会确定，可上下浮动 10%；超定额用水 30%，超出部分按照 0.61 元$/\text{m}^3$ 收取；超定额 30%～60%，超出部分按照 0.82 元$/\text{m}^3$ 收取；超定额 60% 以上，超出部分按照 1.23 元$/\text{m}^3$ 收取。通州区确定定额内最低水价为 0.36 元$/\text{m}^3$，村民代表大会确定，可上下浮动 10%～50%；超定额用水最低水价 0.43 元$/\text{m}^3$。大兴区定额内政府指导价为 0.25 元$/\text{m}^3$；定额外按照 0.50 元$/\text{m}^3$ 收取基本水费。顺义区定额内政府指导价为 $0.65 \sim 1.00$ 元$/\text{m}^3$。房山区定额内政府指导价不超过 1.00 元$/\text{m}^3$；定额外为 1.50 元$/\text{m}^3$。门头沟区定额内政府指导价为 0.25～0.50 元$/\text{m}^3$；定额外为 1.00 元$/\text{m}^3$。昌平区明确由乡镇政府（街道办公室确定）确定水价，定额内政府指导价 0.50～1.00 元$/\text{m}^3$；定额外为 1.00～1.50 元$/\text{m}^3$。延庆区定额内政府指导价为 0.50～1.0 元$/\text{m}^3$。怀柔区定额内政府指导价为 $0.40 \sim 0.60$ 元$/\text{m}^3$；养殖业无污水处理设施的加收污水处理费，定额外为 1.50 元$/\text{m}^3$。密云区外 1.50 元$/\text{m}^3$。平谷区限额内成本水价为 0.25～1.00 元$/\text{m}^3$，限额外超出的水量水价加价 0.20 元/m³。各区超定额均加征水资源费，标准按照粮食 0.08 元/m³，其他 0.16 元/m³ 实施[4]。

2.3 存在的问题和难点

2.3.1 灌溉和计量等基础设施不完善

农田灌溉设施以政府投资为主，工程建成后移交给村里管理，存在维护专业性不足或资金短缺等问题，维护效果不好。同时，种植结构调整或土地用途的变更，也会带来灌溉方式不匹配、设施使用不规范、有人用没人管等问题。调查中发现，由公司运行管理的种植园区及个体承包种植大户，其农田水利设施维护较好，使用效果好于一些村集体或农户自行管理的农田水利设施。另外，全市陆续投入资金在各区建设了一批用水计量设施，但是用水计量设施覆盖率仍然不高，部分早期已建计量设施存在丢失、损坏等情况，也有一些计量设施因为水质含沙量大、缺乏后期维修养护等原因，计量准确率不高，不利于后期农业水价综合改革的开展。

2.3.2 终端用水成本测算不规范

各区对于农业用水终端水价的测算缺少系统科学的指导，现阶段大部分地区仅收取电费，或者简单地加一些维护费用，很少以用水量计征，主要特点是：一是动力费是水费的主要组成部分，未增收超定额的水资源费，不利于节约水资源；二是水费中不含固定资产折旧费，不利于工程运行维护。目前各区限额水价一般为 0.50~1.00 元/m³，低的也有 0.25 元/m³，超出限额水价为 1.00~1.50 元/m³，区与区之间差别比较大[4]。

2.3.3 农民用水缴费意识不强

在农村，饮水和灌溉是生活生产的基本需求，水资源一直以来也被认为是取之不尽、用之不竭的，历史上农民自建设施取水，一直以来不用缴费，无偿用水的观念已经深入到农民心中。尤其是当前部分村干部在竞选中承诺免除村民水费，村民生活饮用水长期不用缴费，给开展农业水价综合改革带来阻碍。

3 政策建议

3.1 水价政策不搞一刀切

农业水价应坚持既有利于节约用水、又不增加农民负担为基本原则。地下水供水成本由动力费、人工费、折旧费、维修费（含日常维修费和大修费）、管理费、水资源费构成。建议暂不收取人工费、折旧费、大修费、管理费，由市区两级通过基本建设投资、精准补贴、节水奖励等统筹解决。取用地下水用于农业生产的，限额内用水收取动力费、日常维修费，超限额用水加价收费，并加征水资源费。本市农业水价原则上实行政府指导价，区价格主管部门制定限额内指导价标准（区间）和超限额水价强制标准，各村依据用水指导价标准（区间）通过"一事一议"确定限额内执行水价。取用河湖沟渠中的地表水不收取水费。

3.2 创新基础设施建设补贴模式

建立多元化、可持续的支持政策体系，统筹利用中央财政、市级财政、发改、国土、农业领域配套资金，按照"缺什么补什么"的原则，生态涵养发展区由市政府固定资产投资全额支持，城市发展新区由市政府固定资产投资按照 70％ 比例予以支持，区政府按照 30％ 比例予以支持，开展农业高效节水灌溉设施建设。市财政支持灌溉试验站网设施、科学试验、农业用水效率监测体系等的建设与运行。田间灌排设施（包括微灌带、喷灌带）投资政策由区政府制定。创新建设补贴模式，推广昌平区"先建后补"经验，引导用水户先开展田间灌排设施建设，再由区水务、农委、园林、财政等部门联合验收后，根据灌溉方式发放田间灌排设施建设精准补贴。

3.3 探索基础设施专业化运维模式

鼓励各区探索将机井设施交由水务站运行管理，确保设施安全、可持续运行，从源头控制用水总量。主干管道设施交由村委会进行运行管理。田间微喷带、滴灌管等设施由用水户负责运行维护，确保田间设施使用寿命不低于 3～5 年。各区统筹考虑经济发展水平、农业生产用水需求、水费收缴情况等因素，制定运行维护投入政策，筹集资金用于运行维护，确保设施正常运行。加强计量设施管护，区水务局与乡镇签订镇级计量设施管护协议，水务站、农民用水协会、计量公司、用水户四方签订村级计量设施管护协议，确保计量设施使用寿命达到 6 年以上。

3.4 完善服务队伍建设

农民用水协会是连接水务站、村委会、用水户的桥梁，是实现用水社会化的纽带。通过加强农民用水协会在节水技术推广、宣传培训、管水员能力建设等方面的工作，确保用水总量控制、限额管理落实到位。推动管水员队伍建设改革，按照精干、高效、专业的原则，完善管水员工作职责、工作标准、工作任务，全市管水员数量应从 10800 人进一步精简，加强管水员队伍技术、业务能力建设，给管水员配备工作服、量测维修工具、巡查电动车等工作装备。市级加大对农民用水协会能力建设的支持，每年补贴。各区制定管水员补贴标准，建立补贴定期增长机制，补贴资金纳入区财政预算。管水员实行考核付费制，不搞平均主义，在农民用水协会平台上，由农民用水协会、村委会、水务站联合进行考核，根据任务多少和完成情况发放工作补贴。

3.5 加强节水奖励和精准补贴

对各区农业节水总量进行奖励，可参考房山经验，奖励标准为 1.00 元/m³。区级对节水户进行奖励，制定奖励标准，镇村两级对奖励情况进行公示，发放节水奖励资金。奖励标准随经济社会发展和水资源供需状况进行调整。水费结余的资金，作为村级节水奖励资金，以节水量为主要因素，由村委会公示后发放给节水户，进一步降低农民用水成本，确保既节约了水资源，又不增加农民负担。

参 考 文 献

［1］ 北京市委，北京市政府．关于调结构转方式发展高效节水农业的意见（京发〔2014〕16 号）［Z］.2014.

［2］ 北京市政府办公厅．北京市推进"两田一园"农业高效节水工作方案（京政办发〔2017〕32 号）［Z］.2017.

［3］ 北京市水务局，北京市发展改革委，北京市财政局，北京市农委，北京市规土委．北京市农业水

价综合改革实施方案（京水务郊〔2017〕76 号）[Z].2017.

［4］ 裴永刚，田海涛.北京市农业水价综合改革分析 [J].北京水务，2018（4）：29-32.

［5］ 胡艳超，刘小勇，刘定湘，等.甘肃省农业水价综合改革进展与经验启示 [J].水利发展研究，2016（2）：21-24.

［6］ 刘小勇.农业水价改革理论分析与路径选择 [J].水利经济，2016（7）：31-34.

［7］ 戴向前，郎劢贤，王志强，等.农业用水精准补贴落实情况分析 [J].水利发展研究，2017（6）：1-4.

［8］ 周晓花，王志强.典型小型农田水利工程建设管理模式的适用条件和运作方式探讨 [J].水利发展研究，2011（1）：8-11.

［9］ 徐成波.关于农业水价综合改革的一些认识 [J].水利发展研究，2018（7）：4-7.

［10］ 姜文来.深入推进农业水价综合改革 [N].经济日报，2018-6-4（007）.

［11］ 黄乾，王薇，吕宁江.山东省实施农业水价综合改革现状与建议 [J].农村水利，2018（6）：1-2.

［12］ 崔延松，崔鹤.农业水价综合改革协调推进模式分析 [J].水利财务与经济，2018（2）：54-57.

北京市水资源资产管理制度体系
构建探索研究

汪元元[1]　唐摇影[1]　高晓龙[2]

(1. 北京市水科学技术研究院　北京　100048；2. 中国科学院生态环境研究中心，
城市与区域生态国家重点实验室　北京　100085)

【摘　要】　北京市地处海河流域，是人口密集、水资源短缺的特大城市，水资源资产优化
配置关系北京市经济社会可持续发展的质量和效率。长期以来，受传统经济体制的制约和对
水资源的资产属性认识不深，疏于对水资源资产的价值管理，水资源价值被严重低估。本文
以水资源资产核算制度、资产产权交易制度、领导干部自然资源资产离任审计制度及用途管
制制度四项制度为核心，探索构建北京市水资源资产管理制度体系框架，对四项制度的具体
要求及工作内容进行探讨，结合北京市实际情况分析水资源资产管理制度实施存在的主要困
难，并根据制度之间的相互关系提出实施建议，以期通过市场调控与政府管理相结合的方
式，实现水资源的优化配置，最大限度地发挥水资源的利用效率和效益。
【关键词】　水资源资产　资产管理　资产核算

党的十八届三中全会审议通过的《中共中央关于全面深化改革若干重大问题的决定》
中提出"健全自然资源资产产权制度和用途管制制度"；2014 年水利部《关于深化水利改
革的指导意见》中强调，科学高效配置水资源，必须发挥市场在资源配置中的决定性作用
和更好发挥政府作用，建立健全水资源资产产权制度；2015 年 9 月中共中央、国务院印
发的《生态文明体制改革总体方案》中提出探索编制自然资源资产负债表。一系列重大改
革政策文件的出台，给北京市水资源从传统管理向资产化管理转变提出了新的要求。

1　北京市水资源资产管理主要制度框架

根据 2015 年《生态文明体制改革总体方案》相关要求，立足北京市水资源基本情况，
以水资源资产核算制度、资产产权交易制度、领导干部自然资源资产离任审计制度及用途管
制制度这四项制度为核心，探索建立北京市水资源资产管理制度体系并开展框架性研究。

1.1　建立资产核算制度

水资源资产核算制度是水资源资产管理一系列制度建设的基础。北京市建立水资产核
算制度的主要工作包括：一是明确核算主体；二是分析确定核算对象；三是明确北京市水
资源资产的核算内容；四是对核算方法及应用进行探讨。主要制度框架如图 1 所示。

1.1.1　核算主体

目前实施核算的主体主要包括三种类型。第一种是由统计部门牵头，水利部门和科研

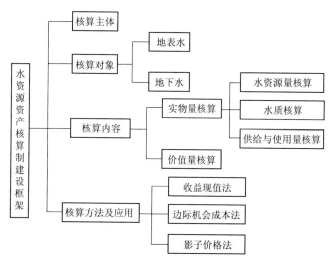

图 1　水资源资产核算制度框架图

机构参与；第二种是由水利部门牵头，统计部门和科研机构参与；第三种是科研机构牵头，水利部门和统计部门参与。

结合北京市实际工作情况，综合考虑具体实施阶段，在水资源资产核算初期，适宜由北京市水行政主管部门作为核算主体牵头组织，同时统计部门协调、有关科研机构参与的方式实施；在具备一定核算基础之后，适宜由统计部门统一组织、水利部门和科研机构配合的方式，以保证核算的全面性和完整性。

1.1.2　核算对象

水资源资产核算的对象必须是可利用水资源量，指的是可以被控制并加以利用的水资源，包括北京市辖区内可以开发利用的地下水和地表水资源。

1.1.3　核算内容

北京市水资源资产核算包括两方面的内容：一是水资源的实物量核算，用于计量水资源的存量、流量以及质量；二是水资源的价值量核算，即在对水资源实物量进行评估的基础上核算水资源的价值及其变动情况，确定水资源的经济价值。

1.1.4　核算方法

对当前主流的核算方法及应用进行探讨，包括收益现值法、边际机会成本法、影子价格法等。

1.2　建立资产产权交易制度

建立水资源资产产权交易制度体系，就是要把产权交易纳入制度框架，借助制度的威慑力和强制力来维持市场秩序。水资源资产产权交易制度建设，要从四个方面着手：一是制定交易规则，包括交易前提、可交易水权、交易主体、交易原则、交易方式等内容，保证市场交易有序进行；二是从准备阶段、审批阶段、交易实施阶段和后续阶段进行交易流程的规范；三是建立交易价格机制；四是建立完善的市场监督管理制度。主要制度框架如图 2 所示。

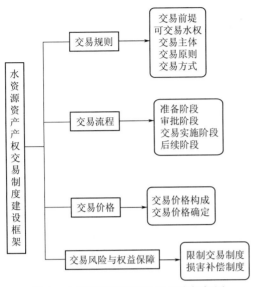

图 2　水资源资产产权交易制度框架图

2016 年 4 月，水利部印发了《水权交易管理暂行办法》（水政法〔2016〕156 号），提出了水权交易的三种形式：区域水权交易、取水权交易及灌溉用水户水权交易。综合分析北京市情水情，就北京市实施水权交易的可行性进行分析，提出以下四点建议。

1.2.1　区域水权交易方面

北京市境内区域水权交易尚不具备条件。北京市实行计划用水管理制度，各区年度计划用水指标每年更新调整时，已经考虑了本区域的水资源禀赋和总量控制要求，理论上不存在可供交易的富余水量。北京用水需求量大的区域存在不同程度的地下水超采，而地下水超采情形下不鼓励地下水的水权交易，且各区富余水资源调配上存在地理障碍，不满足统一调配条件。

省、直辖市间的水权交易符合北京市发展需求。以南水北调工程为例，北京可与沿线其他省、直辖市就其分水指标的富余水量探讨交易的可行性，并通过中国水权交易所进行交易。

1.2.2　取水权交易方面

北京市实行水价改革后，6 类水价合并简化为居民用水、非居民用水和特殊行业用水 3 类，价格之间差异明显，所以取水用途间的水权交易不具备条件。

北京市优先保障居民生活用水，通过阶梯水价制度调节用水需求，生活用水用途不得擅自改变，目前不具备水权交易的条件；农业水价在试点取水定额及水费征收阶段，目前只收电费且费用水平较低，不具备水权交易的条件；对特殊行业用水实行单独定价，不允许擅自改变水资源用途，也不具备水权交易的条件。

在非居民非农业（工业和公共服务业）用水户内部，获得计划用水指标的单位通过优化工艺、采用节水措施等方式节约的水资源，在取水许可额度内可以试点向符合条件的其他单位转让相应取水权（计划用水指标），但受制于水价的划分及属地管理体制，取水权（计划用水指标）只适合在本区行政区域内试点开展。

1.2.3　灌溉用水户水权交易方面

农业灌溉用水更多依赖超采地下水，缺乏准确地计量，灌溉用水户水权交易前提条件尚不成熟。

综上所述，在政府调控体系下，北京市目前只适合开展省、直辖市间及区级非农业非居民产业内的水权交易试点工作，以充分发挥市场机制在水资源配置中的作用，提升北京市水安全保障水平。

1.3　建立领导干部自然资源资产离任审计制度

领导干部水资源资产离任审计可界定为国家审计部门根据法律或授权，对地方党政主要领导干部任职期间对本地水资源的开发利用、水环境污染防治和水生态环境保护活动及其效果所进行的监督、评价和鉴定工作，并对其在资源环境活动中所应承担的相应管理责任的履行情况进行评价和鉴定。制度的主要内容包括审计主体、审计目标、审计对象、审计内容。主要制度框架如图3所示。

1.3.1 审计主体

就北京而言，针对水资源资产审计，市、区级审计局应专门设立针对水资源资产的审计部门。水务部门掌握现有水资源量年度变化等信息，这些信息可以帮助审计人员明确把握离任的领导干部任职期间的工作成果，因此，水资源资产离任审计的主体应当选择政府审计机关和水务部门相结合的方式，由审计机关进行组织协调。

1.3.2 审计目标

通过开展审计，强化领导干部对生态文明建设的责任意识并树立正确的政绩观，促进建立生态环境损害责任终身追究制，推动实现科学发展、可持续发展。

1.3.3 审计对象

水资源资产离任审计的对象可以从政府和企业这两个角度来考虑。

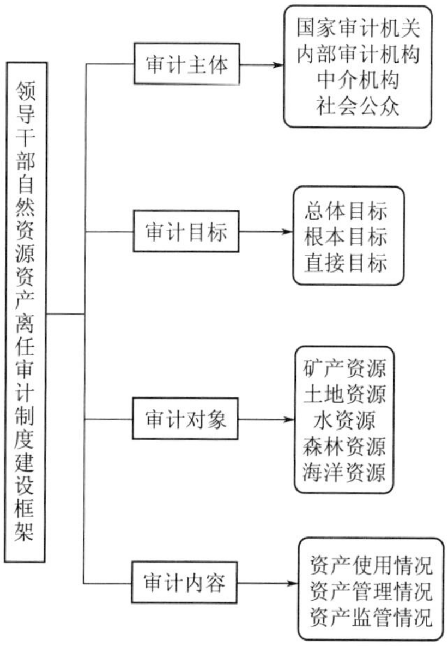

图 3　领导干部自然资源资产离任审计制度框架图

从政府的角度来看，水资源资产离任审计的审计对象为党委、政府部门任职的领导干部。从具体的企业角度来看，审计对象为能够利用水资源资产进行生产、流通、研发、服务等经济活动的企业领导干部。

1.3.4 审计内容

（1）区域水资源资产价值。

（2）取用水总量控制情况。

（3）用水效率情况。

（4）水功能区水质达标情况。

（5）水资源费、水污染防治专项资金、排污费、污水处理费等专项资金的使用。

1.4 建立用途管制制度

针对水资源的特殊性，结合北京市基本水情和水资源管理现状，具体通过三项制度建设来构建水资源用途管制制度框架：一是水资源用途确定制度；二是从生活、生态、农业、工业四个方面严格水资源分类管制；三是建立水资源用途变更管制制度，重点对水资源的农业用途向非农业用途转变和生态环境用水用途变更进行管制。主要制度框架如图4所示。

1.4.1 水资源用途确定制度

一是根据北京市的水资源承载力和水环境承载力，构建完善的水资源规划体系，作为用途管制的基础。二是编制水量分配方案，作为确定各区生活、生产可消耗的水量份额或

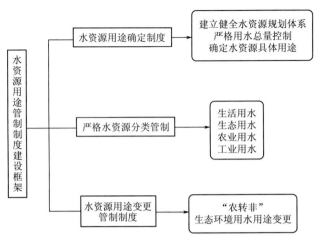

图 4　水资源用途管制制度框架图

者取用水量份额的依据，强化总量控制。三是严格实行北京市取水许可管理，推进水资源使用权确权登记工作，按照生活、生产、生态等用水类型，明确水资源的用途，并在取水许可证等有关权属证明中予以明确。

1.4.2　严格水资源分类管制

（1）城乡居民生活用水管制。要统筹配置北京市范围内的各种水源，做到优水优用，确保优质水资源优先用于居民生活用水。一是严格北京市饮用水水源地保护；二是实施北京市农村饮水安全工程提质升级，降低管网供水漏损率；三是引导和促进北京市城乡居民节约用水。

（2）农业用水管制。一是结合农业用水定额标准和农业灌溉工程运行情况，确定农业灌溉基本水量，保障基本农田灌溉用水需要；二是积极研究和推广节水技术，包括完善主要特色作物的需水量与灌溉指标研究，建立北京市主要作物的灌溉指标体系等；三是研发合理的农业用水计量硬件系统，制定农业用水计量系统的标准规范。

（3）工业用水管制。一是改造工业设备和生产工艺，通过法律法规、税收、罚款等途径，推动北京市范围内的相关部门改造工业设备和优化生产工艺，提高水资源利用率；二是继续推广利用再生水；三是积极推进产业节水。

（4）生态环境用水管制。一是在重要水功能区及人口密集区域，保障生态环境用水，改善人居环境；二是在地下水超采的生态敏感区或者生态脆弱区，优先考虑保障生态用水需求，在满足基本生态用水需求的前提下，合理开发利用水资源；三是对地下水严重超采区、地面沉降区等严禁开采地下水，并实施生态补水。

1.4.3　水资源用途变更管制制度

水资源用途变更管制方面，要综合考虑北京市水资源供需平衡、居民用水安全、人居环境需求、经济社会发展等多方利益，要强化对水资源用途变更的审查。

结合北京市实际情况，水资源用途变更应遵循以下原则：禁止严重影响城乡居民生活用水安全的水资源转变为其他类型用水；禁止基本生态用水转变为生产用途；禁止农业灌溉基本用水转变为非农业用途；禁止可能对第三方或者社会公共利益产生重大损害的水资源用途变更。防止居民生活、农业或生态用水被挤占。

2 北京市水资源资产管理制度实施存在的主要困难

面对进一步加强水资源资产产权制度、用途管制制度等新形势和新要求，北京市在构建水资源资产管理制度方面，还存在着一些困难。

2.1 相关制度有待完善

2.1.1 水资源资产核算体系尚未建立

水资源资产管理的一个重要方面是要构建一套合理的水资源资产核算体系，建立核算制度，为合理开发、利用、保护水资源提供有价值的信息，从实物量、价值量的变化衡量水资源资产的开发、使用状况。但是目前从全国来看，这种核算系统还没有建立起来，北京市的水资源资产核算制度建设缺乏可借鉴的经验，水资源资产管理缺乏相应的核算制度支撑。

2.1.2 水资源资产管理制度尚待完善

在对水资源资产实行有偿使用的同时，水资源资产主管部门应构建相关的产权管理制度，结合北京实际情况促进水资源资产的产权交易与管理。其主要内容应包括对水资源资产产权的界定、水资源资产价值核算制度、水资源资产用途管制制度等。而北京市目前还没有建立这些相关制度。

2.2 资产价值核算困难

目前，对于水资源资产价值的核算，国内外尚处于探索阶段，目前在进行水资源资产价值核算方面尚面临着以下困难。

2.2.1 水资源定价存在困难

水资源定价相当复杂，涉及水量、水质与使用对象，及产生的经济、环境和社会效益。目前关于水资源的价值理论尚没有统一，价值确定方法尚未明确，这些问题对水资源资产价值核算，纳入国民经济核算体系的方式都提出巨大挑战。

2.2.2 核算数据获取存在困难

一是涉及水量水质的统计数据主要来源于水务、国土、环保等各部门，各部门统计口径未完全统一，造成部分数据无法衔接；二是目前的监测系统还未全行业、全流程覆盖，仍有遗漏和缺失；三是数据隶属于不同的部门，尚未全面公开，获取需要沟通协调。

2.2.3 技术方法确定存在困难

水资源核算包括核算方法制定、核算指标确定、数据收集筛选等多个环节，各环节均涉及不同的技术方法，如账户分类、账户编制方法、水资源价格、水生态服务价值研究等。北京市的水资源资产核算在技术方法上缺乏可借鉴的经验，应进一步加强这方面的研究。

3 政策建议

北京市水资源资产管理制度体系由水资源资产核算制度、资产产权交易制度、领导干部自然资源离任审计制度、用途管制制度等一系列制度构成，这些制度之间具有内在的联系，在体系的构建中，需要按照一定的先后顺序进行具体制度的设计，建立"分步走"的方案，分步实施，逐步推进。

3.1 第一步：完善水源资产管理法律体系，明晰使用权

3.1.1 完善水资源管理相关法规体系

需整合现有法律法规，研究制定综合性的水资源管理法规。新的法规要涵盖资源定价、资源有偿使用、水资源保护、污染控制、排污权交易、领导生态责任追究、环境损害赔偿等具体内容。

3.1.2 明晰水资源使用权

北京市需进一步完善政府调控，将用水指标下达到企业用水户、村、农户，进一步明晰水资源使用权，加强计量统计及水费征收工作，并通过加大监督检查力度实现水资源的高效合理利用。

3.2 第二步：建立自然资源的核算体系，推动领导干部自然资源离任审计

3.2.1 探索编制水资源资产核算账户

北京市水资源资产核算制度可以实物计量为基础和起点，借助现有市场价格机制，通过水资源实物核算，将经济活动和水文状况相结合，站在经济的角度，形成一套水资源的提取、使用、排放、质量变化等与经济活动有关的指标，建立实物账户，为水资源管理部门和宏观决策部门提供系统的数据信息。同时整合实物账户与价值账户，反映从期初到期末各类主体（包括政府、公司、非盈利性组织、居民等全部利益攸关方）对水资源的占有、使用、消耗和恢复活动，全面描述包括具有隐性经济价值在内的水资源资产的实物账户或价值账户变动情况。

3.2.2 研究水资源资产价值核算方法

水资源既是一种循环性资源，又是一种随机变化的流动性资源。北京市水资源的紧缺形势导致对该自然资源的核算更加复杂。因此在核算方面，要进一步探索适合北京市水资源资产的具体核算方法。

3.2.3 编制自然资源资产负债表

编制水资源资产负债表，就是要核算水资源资产的存量及其变动情况，以全面记录当期（期末——期初）自然和各经济主体对水资源资产的所有、使用、消耗、恢复活动，评估水资源资产实物量和价值量的变化。先期可依据《编制自然资源资产负债表试点方案》（国办发〔2015〕82 号）和《自然资源资产负债表试编制度（编制指南）》，结合北京市水资源实际情况开展水资源资产负债表编制工作。

3.3 第三步：探索建立水资源资产用途管制制度

建立水资源用途管制制度，需要从规划布局、取用水行为、监测预警、考核指标体系建设等方面加强水资源用途的监管。

（1）区域规划的编制、重大建设项目的布局，应当根据本市水资源承载能力和水环境承载能力合理确定，并进行科学论证，确保水资源用途管制目标的实现。

（2）加强对用水户，特别是用水大户、超采区地下水用户的监督管理力度，定期对用

水户进行检查，重点检查用水户的年度用水计划执行情况，用水定额执行情况，计量设施的安装和运行情况，水资源费征收情况，取水台账以及节水、水资源保护措施等；对严重超计划取水的、不安装计量设施或计量设施运行不正常的、不按规定缴纳水资源费的，要依法查处，并提出限期整改意见。

（3）尽快明确水资源用途变更制度，包括可变更的范围、变更的流程、审批及监督管理单位。严格核查水资源用途变更是否符合规定并经过审批；经审批允许变更水资源用途的，要定期检查水资源用途变更的实施情况，保障水资源按照规定的用途使用。

（4）建立水资源用途管制监测预警机制，通过水量水质监控系统，掌握水资源、水生态系统变化情况，确保水资源、水生态、水环境安全。

（5）实行最严格水资源管理制度，严格按照用水总量、用水效率、水功能区限制纳污三条红线要求对水资源管理情况进行全面评价。

参 考 文 献

［1］ 蔡春，毕铭悦. 关于自然资源资产离任审计的理论思考［J］. 审计研究，2014（5）：3－9.
［2］ 陈金木，汪贻飞，王晓娟. 论我国水资源用途管制制度体系构建［J］. 中国水利，2017（1）：23－27.
［3］ 邓俊，甘泓，等. 对水资源核算的总体认识［J］. 南水北调与水利科技，2009（2）：29－32.
［4］ 甘泓，高敏雪. 创建我国水资源环境经济核算体系的基础和思路［J］. 中国水利，2008（17）：1－5.
［5］ 耿建新，吴潇影. 领导干部离任审计视角的水资源核算考评探析［J］. 中国审计评论，2013（2）：1－13.
［6］ 黄溶冰，赵谦. 自然资源核算——从账户到资产负债：演进与启示［J］. 财经理论与实践，2015，36（1）：74－77.
［7］ 黄月. 完善自然资源产权和用途管制的制度研究［J］. 环境与可持续发展，2015，40（3）：106－109.
［8］ 吴玉萍. 基于可持续利用的水资源资产化管理体制研究［D］. 长春：吉林大学，2006.
［9］ 李慧娟，张元教，唐德善. 水资源资产化管理理论及应用研究［J］. 开发研究，2005（4）：87－89.
［10］ 刘进. 水资源环境经济核算方法探讨［J］. 现代农业科技，2010（10）：43.
［11］ 钱水祥. 领导干部自然资源资产离任审计研究［J］. 审计月刊，2016（3）：151－155.
［12］ 王建立. 水资源资产化管理的研究［J］. 水利天地，2014（12）：12－14.
［13］ 郑晓曦，高霞. 我国自然资源资产管理改革探索［J］. 宏观管理，2013（1）：7－9.

北京市河湖水环境管理体制探讨

邱彦昭　李其军　王培京　杨兰琴

（北京市水科学技术研究院，流域水环境与生态技术北京市重点实验室　北京　100048）

【摘　要】　近年来北京市水环境治理工作取得了突飞猛进的成就，但仍有河道断面达标率不高的问题，其主要还是点源和溢流污染引起的。故在参考美国和日本等发达国家治水理念后，针对北京市现状提出了忽略长期规划、忽略流域控制等方面的管理问题，提出坚持统筹治理、量水发展、制定水质反退化政策、重视恢复河流自净能力和加强公众参与等五方面的建议意见，捋顺管理体制，确保北京市河湖水环境持续好转。

【关键词】　北京市　水环境治理　管理机制

在习近平总书记视察北京时的讲话中，将北京市定义为中国的政治、文化、国际交往和科技创新中心，同时也是全国首善之区。近年来，北京市政府坚持"以水定城、以水定产、以水定人、以水定地"的四定原则，连续实施两个污水治理和再生水利用三年行动计划，突出"水污染防治、水环境改善、水安全保障"三大基本任务，成效显著。随着水环境质量不断提升，新的河湖水环境问题又逐步显现，应尽快处理好这些新问题，确保北京市河湖水环境持续好转。

1　北京市水环境现状

1.1　北京市河流水系概述

北京市河流均属于海河水系，根据北京市第一次水务普查的普查结果，北京市有河流425条，分属于蓟运河、潮白河、北运河、永定河、大清河五大流域。北京市共有湖泊41个，分布于东城区、西城区、朝阳区、丰台区、海淀区、房山区和大兴区7个区，湖泊水面面积共计6.88km²。最大的湖泊是位于海淀区的昆明湖，水面面积为1.31km²。

1.2　北京市水环境概述

北京市水环境情况并不理想。通过与《北京市地面水环境质量功能区划》的相关目标值进行比对，2017年北京市夏季水质达标率为47%，冬季水质达标率为46%。夏季由于河道内有再生水补给，水生植物吸收污染物等作用，所以水质达标情况略好于冬季。

综合来看，北京市Ⅱ类、Ⅲ类水体达标率分别为85%和40%，Ⅳ类水体达标率为35%，Ⅴ类水体达标率为39%，现状水质有42条河段处于劣Ⅴ类水平，占监测河段总数的40%。只从劣Ⅴ类河道占比分析，北运河劣Ⅴ类水体占比最高，高达69%，潮白河水系劣Ⅴ类水体占比最少，仅为12%。

1.3　北京市河湖污染源来源

北京市河湖污染源来源有以下方面：

（1）入河排污口污水直排入河。目前，北京市有一些地区存在市政管网还未覆盖到位且自建污水处理设施运行不正常的情况，这种情况在一些城乡结合部地区尤为突出。由于没有将污水收入污水管线且配套的自建污水处理设施缺乏运行资金未能正常运行，导致大量的污水未经处理直接排入河道，给周边的环境和人民生产生活带来极大的影响。

（2）污水处理厂溢流污水。由于规划、建设等多方面原因，北京市个别污水处理厂仍存在一些地方缺水，一些地方污水溢流的现象。当进水量超过污水处理厂处理能力时，污水将会从溢流口直接溢流进河道，增加了河道内的污染物浓度。

（3）河道周边垃圾污染。堆弃在河道边的大量垃圾或直接散落如河中，或在降雨时受到雨水冲刷，将垃圾中的大量污染物带入河道，给河道生态系统造成严重破坏。

1.4　北京市水环境治理措施

北京市的环境治理措施包括以下方面：

（1）以水源保护为中心，开展清洁小流域建设。从 2003 年开始，北京市在水源地周边开展清洁小流域建设，实施污水、垃圾、厕所、河道、环境"五同步"治理，构筑"生态修复、生态治理、生态保护"三道防线。全市已建成生态清洁小流域 285 条，对保护饮用水源、维护湖库健康生命和促进生态文明建设等方面起到了至关重要的作用。

（2）以消除黑臭水体为中心，开展黑臭水体专项整治工作。本着"标本兼治、一河一策"的原则，采用"控源截污、内源治理、活水补给、生态修复"等措施手段全面启动了黑臭水体治理工作。全市现有的 141 条段、约 665km 黑臭水体，已有 88 条段黑臭水体治理项目实现开工建设。

（3）以改善河湖水环境质量为中心，开展流域综合治理工程。北京市近年来实施的永定河绿色生态发展带建设、北运河流域综合治理工程、潮白河流域综合治理工程等多个流域工程，通过河道截污治污，恢复新建湿地，建设绿色廊道等形式大幅改善北京市水环境，城区主要河湖水环境得到明显改善。

（4）以增加河湖水环境容量为核心，开展再生水补给及水系连通工程。再生水补给作为改善河道水环境最为有效的手段之一，随着北京市中心城和新城的污水处理厂升级改造而逐渐开展。2016 年，北京再生水利用量突破 10 亿 m³，河湖再生水补给，对河流污染物浓度的稀释和促进缓流水体增加流速起到了重要的作用。同时在"十二五"时期，北京市完成了六海水系连通，使得原来只能靠定期换水、投加药剂而改善水质的湖泊变成流动水体，增强了水体自净能力，降低了污染物浓度，改善了湖泊水环境。

1.5　北京市水环境政策管理现状

北京市相继出台了《北京市实行最严格水资源管理制度考核办法》《北京市水污染防治条例》《北京市河湖保护管理条例》《北京市湿地保护条例》和《北京市区域补偿管理办法（试行）》等系列管理办法。在保护和改善北京市水环境、保障饮用水安全、加强河湖湿地管理、完善本市水环境管理手段、落实各区政府水环境治理责任、维护河湖健康等方面起到了积极的推动作用。

2017 年，北京市根据中央的要求，建立了河长制工作机制。在河长制工作机制的基本工作文件《北京市进一步全面推进河长制工作方案》中，提出了全面落实"三清、三查、三治"要求，即清河岸、清河面、清河底；查污水直排、查垃圾乱堆乱倒、查违法建设。

2　国外水环境管理经验

2.1　美国

美国水环境保护措施主要依靠立法，1972 年颁布实施的《清洁水法》是美国最成功的环境保护立法。该法律成功之处是首先对于各种点源污染的污染源排放做出规定，同时还对于雨水产生的面源污染以及雨水排放管理做出规定。美国水环境保护的成功经验对北京市有以下启示：

（1）加大环境违法成本，引导与鼓励单位和个人自觉守法。美国法律通过"虚假申报承担刑事责任、违反排污规定按日处罚、违法单位和个人上黑名单"等系列手段，通过加大处罚力度，降低企业和个人的违法概率。这一措施将解决目前北京市执法人员数量不够，巡查能力不足的问题。

（2）提出水质反退化政策，划定水污染防治的红线。反退化政策是《清洁水法》水质标准中的重要组成部分之一，主要强调当前良好的水体水质不再恶化。该政策规定，如果水体好于水功能区划，则要求其水体必须保持不恶化。这一政策的实施可以提高当地政府保持水体水质的积极性，而不是因为水质高于水功能区划标准而允许更多污染物排入水体。

2.2　日本

从 20 世纪 70 年代末开始，日本在国家环境管理上实施了以污染物总量控制为核心的综合防治，对污染严重地区的经济与环境的协调发展甚至环境改善起到良好的效果。日本在水环境治理和管理工作中有以下方面值得借鉴：

（1）完善总控制标准，科学制定减排计划。日本的污染物减排总量计划是根据各地的具体情况和项目计算减排量，提前进行科学、详细的可行性分析，并在此基础上报减排计划。计划是根据大量调查数据得来，且地方削减量一般多于日本环保厅计划量，所以目前尚未发生未完成年度计划的现象。

（2）加大环境治理资金投入，出台优惠政策。日本琵琶湖是日本第一大淡水湖，是周边 1400 万人的供水水源地。由于当地经济受到琵琶湖这一重要地表水源地的影响，无法负担起高额的污水处理建设和运营费用，所以日本政府对琵琶湖的污水治理工作进行了政府补贴。其中，建设费用的 70% 由日本政府投入，剩余的 30% 由当地政府投资，且管理费用全部由国家承担并专款专用。除此以外，对周边地区的环境治理、公共环境设施等方面都给予不同程度的补助。

（3）加强教育宣传，鼓励公众参与。为普及环保知识，日本各地方政府建立了与水环境保护有关的如展览馆、博物馆等各类有助于宣传的公共设施并且全年对市民免费开放，因此在日本，要对水环境进行保护这样的环保理念家喻户晓，妇孺皆知。

3　差距和不足

近年来北京市通过加快工程建设和完善运行管理，水环境有了明显改善。但是，与国外发达国家相比目前北京市的水环境管理仍然存在一些差距。

3.1　注重短期效应，忽略长期规划

目前，北京市部分河道，尤其是黑臭水体治理，为达到2017年消除黑臭水体的目标，大部分河道的治理措施以截污治污和底泥清淤为主，部分辅以再生水回补手段等短期见效快的手段。但黑臭水体方案中，对于今后河道如何运行维护，水质如何保持在治理后的水平，没有一个长远的规划，其根本原因就是水环境改善是一个短期项目而非长期工程。殊不知河道治理后若不辅以生态修复措施并加以维护，河道水体可能存在由于水体富营养化而面临水体水质再度恶化的风险，且没有任何法律对于水质再度恶化需要承担的责任予以明确表述。

3.2　注重断面考核，忽视流域控制

近年来，北京市虽然出台了《北京市水环境区域补偿办法（试行）》和《北京市实行最严格水资源管理制度考核办法》等与河湖水环境相关的监管考核办法，但这些办法的考核方式均是采用断面考核方式，一些区为保障断面达标，在考核断面处进行再生水补给、投加药剂，勉强达标。由于未实行流域污染物总量控制，存在污染物超标排放、富营养化严重等现象，像城乡结合部、乡镇、民俗旅游村等局部问题依然会转变为全流域问题。此外，城市道路和农业化肥带来的面源污染也日益加重，最终导致河道考核断面水质状况常常出现反复。

3.3　注重河道防洪，忽略水体自净

随着城市化进程的加快，河流在城市污水排放总量不断增加情况下河流的污染负荷也越来越大，使其逐步超过自净能力，导致水体发黑发臭，对城市人民生活带来较大影响。目前为快速解决黑臭水体，各区在控源截污、内源治理和再生水补给等方面均加大了工作力度，但在恢复河道生态功能和改善河道自净能力方面尚未给予足够重视。目前本市一些河道为确保防洪安全，采用硬化河床的方式治理河流，河道几乎无法生长水生植物，河道水体自净能力基本丧失，河道水体易富营养化，造成水体水质再度恶化，且法律没有对于水质再度恶化需要承担的责任予以明确表述，这使得地方政府的河道水质维护标准只停留在水质满足考核断面达标的水平。

3.4　注重建设投入，忽略运行支持

"十二五"时期，北京市将大量资金用于污水处理、再生水利用以及河湖水环境治理等工程建设，呈现工程数量多、投资大的特点。建设资金有市级政府投资、区级政府筹集或社会参与等形式，可以保证工程建设资金到位。但是对于设施后期的运行管护经费，大部分由区级财政自筹。工程建成后的运行费用数额很大，但部分区政府却未将这笔资金纳入财政预算，进而导致工程建成后缺乏有效维护而失去其功能。

3.5　注重政府监管，忽略公众参与

目前北京市在河湖水环境治理、污水处理和再生水利用等方面，已经建立完善了各级

政府和各区水务局的监督管理，制定了监督管理办法和考核细则。水政监察队伍和环境检查队伍根据上述办法进行巡查执法，但是对于公众如何参与到河湖水环境保护和污染排放监督中，北京市只在相关办法中进行原则性的说明，尚未出台或明确公众参与、公众监督和社会培训教育的相关管理制度，目前公众参与只能通过志愿者协会来组织，存在公众参与无途径，积极性不高的现象。

4 设想与建议

4.1 加强顶层设计，坚持统筹治理

要充分认识水污染问题，"外观在河中，根在岸上"，坚持落实河流污染治理、综合流域管理、治理保护等工作。以污染控制规划为核心，以空间布局规划为引导，以土地利用规划为保障，以水利和环境治理为主要手段，达到保障水安全、改善水环境、营造水景观的目标。应重视水系控制性规划，实现山、水、林、田、湖、城的协调性。站在全市水脉大系统高度、从城市全局角度进行系统性规划，解决城市、道路、水系、绿廊的冲突与矛盾，落地各专业目标。

4.2 量水发展、减负发展

树立"量水发展、减负发展"的绿色发展理念，城市发展要以水资源承载能力和水环境承载能力为底线，做到"节约清水、截流污水、洁净河水"，要以用水总量、用水效率和水功能区限制纳污"三条红线"进行控制，减轻水资源压力和环境负荷。该限制的一定要限制住，无承载能力的决不能盲目发展，不能无限制地一味向自然索取。突出生态治水、科技治水、智慧治水，实现量水发展。要以生态文明建设为导引，建设资源节约型和环境友好型社会，加快转变经济发展方式。

4.3 健全河道长效管理机制，制定水质反退化政策

针对目前河道治理注重短期效应的问题，在河道进行控源截污、内源治理以及活水补给等措施外，待河道水环境得到改善后，更应注重河道生态修复以及定期维持河道水质的工作，防止河道再次污染。

进行水质反退化前期研究工作，以一条（段）高于水质标准的河道为试点，通过严控排污单位的污染物排放标准，使其污染物排放不损害到受纳水体；同时通过生态修复、加强河道水质维护管理等手段，确保水体水质不再恶化，切实维护水生态系统的稳态。为今后在相关法律法规及标准中制定水质反退化政策提供依据。

4.4 创新河道治理理念，重视恢复河流自净能力

创新河道治理理念，借鉴欧盟《水框架指令》和美国的经验，尊重自然客观规律，以恢复河道自净能力为基本原则，对河道进行人工修复的同时，考虑河道自然形态，逐步实施河道生态修复工程，减少对河道的控制。

（1）加强水系连通，优先利用现有和原始河道，通过一定手段实现河道之间连通。

（2）加强再生水补给，通过引水调水、修建再生水补给管线等多种形式，将再生水补给河道，使河道满足生态需水量，增加河道自净能力。

（3）种植水生植物，通过种植沉水植物，增加河道溶解氧浓度，增加生物多样性，通

过种植挺水植物吸收河道内过量的氮磷污染物，防治水华发生，从而实现恢复河道的基本功能，逐步提升河流的自净能力，改善流域的生态环境状况的目标。

4.5 强化公众参与机制，尽早实现北京市水环境"社会共治"的局面

加大爱水护水宣传力度，通过媒体、展览、讲座、免费发放小册子等方式普及水环境知识和法律法规，宣传河道水体功能区的划分原则、功能要求、保护要求和现状水质；参考节水宣传中的"七进"理念，提高市民、商户和企业的水环境保护意识，使爱水护水成为一种社会文化、公众行为和生活习惯；形成信息公开制度，使公众知晓身边的环境状况，便于公众参与水环境监督和检查；充分调动社会团体、志愿者和街道工作者的积极性，推动北京水务局监督执法大队与志愿者合作，设立河道卫生巡察岗位，及时举报非法排污和不达标的污水处理厂排水信息以及沿途垃圾随意倾倒等破坏水环境的行为，使水环境治理成果得到长远维护，共建绿色北京。

参 考 文 献

［1］ 李其军，马东春. 北京城市水环境问题与治理思路探讨［J］. 北京水务，2006（1）.
［2］ 徐志军. 北京城市水环境治理思路探讨［J］. 中国水利，2012（s1）：18－19.
［3］ 北京市水务局. 北京市水务统计年鉴［R］. 2015.
［4］ 倪晋仁，刘元元. 论河流生态修复［J］. 水利学报，2006，37（9）：1029－1037.
［5］ 郝晓地，戴吉，陈新华. 实践中不断完善的美国水环境管理政策［J］. 中国给水排水，2006，22（22）：1－6.
［6］ 汪志国，吴健，李宁. 美国水环境保护的机制与措施［J］. 环境科学与管理，2005，30（6）：1－6.
［7］ 陈艳卿，刘宪兵，黄翠芳. 日本水环境管理标准与法规［J］. 环境保护，2010（23）：71－72.
［8］ 赵霞. 发达国家水环境技术管理体系简介［J］. 工程建设标准化，2015（9）：67－72.
［9］ 曾维华，张庆丰. 国内外水环境管理体制对比分析［J］. 重庆环境科学，2003，25（1）：2－4.
［10］ 陈炎. 排污总量控制区内河流出境断面目标考核技术［J］. 环境科学研究，2001，14（6）：57－59.
［11］ 宋国君，高文程，韩冬梅，等. 美国水质反退化政策及其对中国的启示［J］. 环境污染与防治，2013，35（3）：95－99.
［12］ 周申蓓，杜阿敏. 基于供需管理的太湖流域水资源反退化能力研究［J］. 中国人口·资源与环境，2014，24（12）：125－131.

北京市水务应急管理建设现状

王丽晶[1]　王　岩[2]　赵　光[2]

（1. 北京市水科学技术研究院　北京　100048；2. 北京市大兴区水务局　北京　102600）

【摘　要】　近年来北京市涉水事故频发，供水和排水管线爆裂、水源地及河湖水污染、汛期暴雨积水等水务突发事件在不同程度上影响着首都的防汛安全、供水安全、水环境安全。本文就"一案三制"（预案、体制、机制、法制）四个方面论述了北京市水务应急管理现状。

【关键词】　应急管理　水务突发事件　"一案三制"

近年来北京市水务突发事件频发，2005 年八达岭高速路发生翻车事故，响潭水库上游河道受到污染；2012 年 7 月 21 日全市遭遇一场大暴雨，导致 79 人死亡，直接经济损失 161.57 亿元。2016 年 5 月 24 日，昌平区和谐家园、龙锦苑四区部分居民反映家中自来水出现异味，污染源为突发性中水污染[1]。2017 年 7 月 22 日，海淀区学知桥桥南西土城路东侧辅路地下埋深 9m、直径为 1500mm 的污水管道内部塌陷，导致小月河西岸排河口有污水进河。由于水务突发事件种类多且对社会秩序、城市功能、环境与资源均会造成不同程度的破坏。因此，加强水务突发事件预案管理，完善水务应急管理体制，建立必要的应急管理机制，提高相关法律保障是提高北京水务应急管理体系的重要举措。

1　水务应急预案

应急预案是北京市水务突发事件应急处置的主要依据，制订应急预案，明确工作职责及相应处置流程，可保证在水务突发事件发生时，及时响应迅速解决。

根据北京市应急委与北京市人民政府下发的《北京市突发事件应急预案管理办法》《北京市突发事件总体应急预案》，应急预案应由总体应急预案、专项应急预案、部门应急预案、单位和基层组织应急预案组成[2]。北京市水务应急预案现状按照水灾、旱灾、水务突发事件以及其他突发事件进行分类，如图 1 所示。其中由北京市水务局牵头编制的市级专项应急预案共计 3 项（自然灾害类 2 项、事故灾害类 1 项），详见表 1。由北京市水务局牵头编制的部门应急预案共计 10 项（涉及自然灾害类 9 项、事故灾难类 1 项），详见表 2。

单位和基层组织应急预案按照水灾突发事件、旱灾突发事件、供排水突发事件分类，其中水灾突发事件的预案较为完善，又分防御洪水类、洪水调度类、避险转移类、应急抢险类四大类共计 100 余项。单位和基层组织应急预案如图 2 所示。

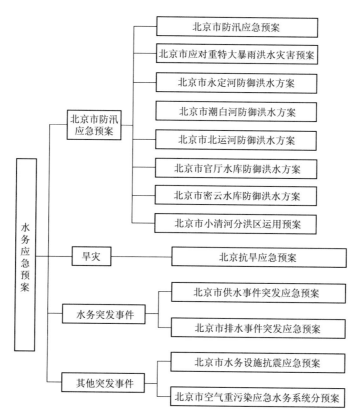

图 1　北京市水务应急预案图

表 1　　　　　　　　　　北京市水务局编制的市级专项应急预案详表

序号	名　称	牵头编制部门	最新版发布时间
自　然　灾　害　类			
1	北京市防汛应急预案	市防汛办	2018 年
2	北京市抗旱应急预案	市防汛办	2016 年
事　故　灾　害　类			
3	北京市城市公共供水突发事件应急预案	市水务局供水处	正在修订

表 2　　　　　　　　　　北京市水务局牵头编制的部门应急预案详表

序号	预　案　名　称	牵头编制部门	最新版发布时间
自　然　灾　害　类			
1	北京市永定河防御洪水方案	市水务局防汛办	2018 年（每年修订）
2	北京市潮白河防御洪水方案	市水务局防汛办	
3	北京市北运河防御洪水方案	市水务局防汛办	
4	北京市密云水库防御洪水方案	市水务局防汛办	
5	北京市官厅水库防御洪水方案	市水务局防汛办	
6	北京市小清河分洪区运用预案	市水务局防汛办	

序号	预 案 名 称	牵头编制部门	最新版发布时间
7	北京市应对重特大暴雨洪水灾害工作预案	市水务局应急办	2017 年
8	北京市市属水务设施抗震应急预案	市水务局应急办	2017 年
9	北京市空气重污染应急水务系统分预案	市水务局建管处	2017 年
事 故 灾 难 类			
10	北京市城市排水突发事件应急预案	市水务局排水处	2011 年

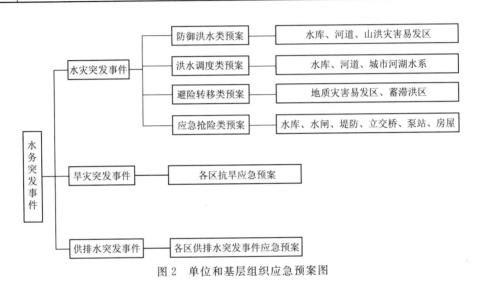

图 2　单位和基层组织应急预案图

2　水务应急管理体制

2016 年以前，北京市水务局应急管理工作主要由局安监处与局办公室统筹协调管理，但是由于水务突发事件种类不断增多，产生的影响不断增大，为加强北京市水务系统突发事件应急管理工作，根据《北京市实施〈中华人民共和国突发事件应对法〉办法》和相关规定，按照"统一领导、统一机构、统一管理、综合协调"的原则，2016 年北京市水务局成立了北京市水务局应急委员会（以下简称"市水务应急委员会"），设置了主任、常务副主任、副主任以及成员，市水务应急委员会下设办公室，设在北京市防汛抗旱（应急）指挥部办公室，承担北京市水务局防汛抗旱应急管理及水务突发事件管理职能。成员单位由市防汛办、局办公室、局供水处、局排水处、局水资源处、局建管处、局宣传处、局郊区处、局安监处组成。

2017 年根据北京市水务局领导分工调整及人事变动情况，调整了市水务应急委员会组成人员与工作职责，成员单位增加了局法制处、局节水办与局计划处，各成员单位根据职责分工负责相关突发事件的应对处置工作[3]，组织机构如图 3 所示。

相比 2016 年市水务应急委员会机构设置，机构较为完善，但是目前成员单位均为局属处室且部分应急管理保障机制如水务应急管理培训、专家队伍建设等方面相对比较薄弱，还需根据水务应急管理现状，完善市水务应急委员会组成。

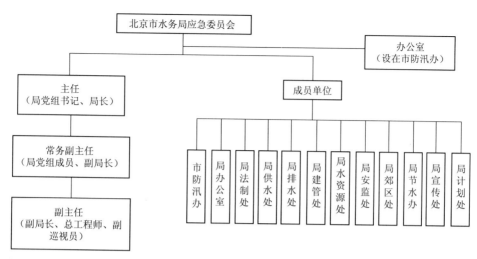

图 3　北京市水务应急委员会组成

目前，北京市水务应急事件处理的行政体系是树状的垂直架构，即在北京市应急委的领导下，北京市水务局负责指导全市的水务应急管理工作，二级机构包括市水务局局属单位、各区水务局、其他涉水单位，负责管理权属范围内的水务应急工作。

3　水务应急管理工作机制

3.1　应急值守制度

水务应急值守实行局级、处级、值班员三级24h值班制度。按照市水务局应急委职责分工，水务应急值守由市防汛办承担。汛期，水务应急值守工作与防汛值班合并。非汛期，水务应急值守工作与行政值班合并（图4）。

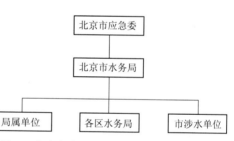

图 4　北京市水务应急事件处理的行政体系

水务应急值守设置了值班室，值守人员通过电台、水务应急电话、传真开展应急值守工作[4]。

3.2　应急值守工作流程

一般流程：局应急办（市防汛办）负责水务应急信息的上传下达，相关处室负责应急信息的具体处置和总结分析。值班人员接收到的文件或信息，属于调研、检查、会议等一般性事务工作的，送办公室，进行公文流转。

突发事件处置流程：值班人员接到突发事件信息后，报带班处领导，带班处领导视情况报带班局领导。需要相关处室处置时，一般情况下，根据处室应急职能任务分工，填写水务应急事件处置单，由应急值班员与主责处室交接；紧急情况下，由带班处领导与主责处室负责人电话交接。突发事件处置过程中，应急值班员要与主责处室处置人员及时沟通，按报送要求在带班处领导指导下进行首报、续报和终报程序。

3.3　信息报送制度

目前，水务应急值守时的信息报送工作主要通过值班电话、传真与电台三种方式。接收上级派发的文件以及信息的分派跟踪主要通过电话和传真方式，值守信息的整理、上报与事件的归档通常由应急值守人员通过手动方式开展工作，没有相应的信息化应用系统作为支撑。

4 应急管理法制

国家与北京市出台了一系列的水务法律法规，为保障城市应对水灾、旱灾、水务突发事件等提供了法律依据。

5 对策与建议

5.1 继续加强水务应急管理体制建设

加快推进水务应急管理一体化进程，需要明确各类水务突发事件的处置部门、配合部门的工作职责与权限。目前，市水务应急委员会成员单位均为市水务局内部处室，为确保水务应急管理协调联动畅通，建议成员单位中横向加入局科教处等处室、纵向增加局属各单位、各区水务局、市自来水集团、排水集团以及社会上专业的应急抢险救援队伍等单位，形成由局、局属单位和相关部门组成的水务系统应急管理机构体系。同时，各局属单位需成立负责应急工作的科室，明确职责，进一步完善水务应急管理体制。

5.2 持续强化水务应急预案建设

5.2.1 及时修订现有预案

根据《北京市突发事件应急预案管理办法》《北京市突发事件总体应急预案》等办法、规定、上位预案以及北京市水务应急管理现状，梳理水务应急管理的关键任务及现有应急资源，及时修订《北京市防汛应急预案》《北京市抗旱应急预案》《北京市供水突发事件应急预案》等各类现有水务突发事件应急预案，为应对北京市水务突发事件提供精细化保障方案。

5.2.2 落实需市水务局协调配合的突发事件分预案与处置措施

根据北京市应急委下发的《北京市突发事件总体应急预案》中的职责划分，市水务局负主责的水务突发事件有水灾、旱灾、暴雨灾害、供水突发事件和排水突发事件，需配合的涉水突发事件有水污染、重污染天气、突发环境事故、森林防火、地震、动植物防疫等突发事件，亟须根据职责划分，确定突发事件分预案与处置措施。

5.2.3 开展水务应急预案的可视化建设

应用预案可视化表达技术以及基于情景分析模型的推演与演播技术，可实现水务突发事件的重现和应急救助资源合理化配置与调度，可视化模拟技术可为水务应急决策提供可视化环境，提高水务突发事件应急响应的可行性、准确性与快速反应能力。

5.3 提高水务应急管理机制与应急保障建设

5.3.1 完善水务应急管理机制

完善各水务部门应急演练制度、信息报送制度、应急值守制度、信息共享制度、抢险队伍与物资管理制度等相关的管理办法，建立水务应急管理联席会制度，提高水务应急管理的规范性；加强水务应急专业岗位人员常态化技术培训和演练工作，增强其实战能力和技术水平。

5.3.2 加强水务应急保障建设

通过聘用或购买社会服务等方式，增加城市各级水务应急组织管理人员、技术人员以及专业抢险队伍，建立水务应急管理专家系统，保障城市应急体制高效运行，建立城市水务应急物资的专属仓库，增储水务应急专项抢险物资、设备，保障应急物资充足有效，以便于及时有效地应对水务突发事件。

5.4 不断提升水务应急管理信息化水平

结合防汛通信系统与防汛综合指挥平台，融入大数据、物联网、云计算等现代信息技术，增加北京市水务应急值守信息的报送、查询、管理模块，提高水务应急管理信息化水平。

参 考 文 献

[1] 万烁. 基于风险管理的涉水事件管理系统研究与实现 [D]. 北京：北京邮电大学，2012.
[2] 北京市人民政府. 关于印发北京市突发事件总体应急预案（2016 年修订）的通知 [R]. 2016.
[3] 北京市水务局. 北京市水务局关于调整市水务局应急委员会及办公室组织人员、工作职责的通知 [R]. 2017.
[4] 北京市应急委. 关于印发北京市值守应急工作管理制度的通知 [R]. 2016.

工程规划与安全监测

供水管网水击模拟综述

王远航　张春义　周　星　殷瑞雪

（北京市水科学技术研究院　北京　100048）

【摘　要】　在回顾供水管网瞬变流理论的发展和主要的水击模拟数值解法的基础上，对目前国际上主要供水管网水击商业软件从基本情况、输入便利性、结果显示以及数值计算方法等方面进行了介绍，并对我国水击模拟的主要研究成果及应用进行了总结。结果表明，供水管网瞬变流模型以一维模型为主，此种商业水击软件采用的数值解法中，7 种是利用特征线法，3 种是波特性法。

【关键词】　供水管网　水击　商业软件

在供水管网系统的运行操作中，阀门启闭、流量调节、事故停泵等因素都会导致流体的瞬变流动，由此产生的水击压力波将引起管道振动和噪声，严重时有可能造成阀盖破裂、仪表破坏甚至炸管等恶性事故，对企业生产和人民生活造成严重影响。为防止复杂供水管网出现有害水击，建立供水管网瞬变流模型，预测水泵的启停、某些阀门的启闭所引起的压力波动，正确进行管网水击及其影响分析，并求得可能出现的最高（最低）压力，可以为管网规划布局、供水设施改造、管网运行调度、突发事件处理等提供技术支撑，对保障供水管网安全运行具有重要意义。

1　供水管网瞬变流理论的发展

最早对水击现象进行研究的是意大利工程师 Menabrea，他于 1858 年发表了有关水击记录的论文，用能量的理论最早解释了水击的基本原理[1]。1897 年俄国的空气动力学家 Joukovsky 首先得出了直接水击压强的基本方程式，即儒可夫斯基公式[2]。1902 年意大利工程师 Allievi 建立了瞬变流基本微分方程，并于 1913 年创立了图解分析法，奠定了水击分析的理论基础[3]。

1954 年 Gray 首次将特征线计算方法引入瞬态水击方程计算中[4]。Streeter 和 Wylie 对水击特征线计算方法进行了系统深入的研究，1967 年出版了《水力瞬变》一书，使复杂管网的水击分析成为可能[5]。在计算机高速发展的今天，特征线法仍是水力瞬变计算分析最普遍的方法之一。

自 20 世纪 70 年代以来，随着计算机技术的发展，有关水击研究方法、模型和计算结

资助项目：

北京市科学技术委员会项目：南水北调智能调度管理支持系统关键技术研究及示范（Z131100005613002）。

果分析的论文越来越多，形成了专门的研究领域，有关水击的数值计算方法也在不断完善和发展。目前，水力瞬变理论发展已比较成熟，在工程设计中获得了广泛的应用。

2 水击模型的数值解法

现有水击模型的数值解法主要可以分为特征线法、有限差分法、波特性法。

（1）特征线法由于概念明确、计算精度高、复杂边界好处理、可以处理复杂的输水系统、编制程序较为方便等特点，是目前管流非恒定数值模拟最常用的方法之一，该方法能够较好地模拟管路中的最大瞬变压力。特征线法的基本原理是将偏微分方程沿特征线变为常微分方程，然后再转变为有限差分方程求解。由于特征线法要满足库朗稳定条件须采用较小的时间步长，要使得所有的时间步长满足库朗稳定条件，是很困难的，因此在水击计算中，常采用调整波速法、当量管段法、带插值的特征线法等。

（2）有限差分法又分为显式差分法和隐式差分法，显式差分法由于受计算稳定条件限制，时间步长不能过大，较适于计算急速变化的水流现象；隐式差分法在适当选定加权参数后可以达到无条件的稳定，还能够采用较大时间步长，适用于水流变化缓慢的情况，在流体数值模拟领域，Preissma 加四点隐格式是应用最为广泛的隐式差分格式。但隐式有限差分法要联立求解大量的非线性方程。

（3）波特性法以瞬态管流源于管道系统水力扰动中的压力波的发生和传播这一物理概念为理论基础，通过追踪水锤波的发生、传播、反射和干涉，计算各节点不同时段的瞬态压力值[6]。在 Journal AWWA 上发表的多篇论文中，Wood 教授通过数值模拟及工程验证对该方法与特征线法做了大量对比。结果显示，"波特性法"与特征线法具有同等的准确性，两者的计算结果完全吻合，它又具有特征线法所不具备的高效计算速度。

3 水击模拟商业软件

在计算机技术、计算机语言以及互联网技术高速发展的现在，经济社会的快速发展对供水行业提出了更高的要求，已经有很多商业化的专业供水管网模型软件供研究人员使用，大多采用图形化用户界面，所生成的结果更易于直观分析，计算精度也大大提高。

目前能够应用分析供水管网水击的软件主要有 InfoWorks WS/TS、HAMMER、FLOWMASTER 等，本文对主要水击模拟商业软件的基本情况、输入便利性、结果显示情况以及数值计算方法等进行说明，相关数据主要来源于官网介绍和文献资料。主要水击模拟软件介绍见表1。

表 1 主要水击模拟软件介绍

软件名称	公 司／机 构	维数	数值解法	网　址
InfoWorks WS/TS	Innovyze(美国)／原 Wallingford 软件有限公司(英国)	一维	波特性法	http://www.innovyze.com
HAMMER	Bentley 公司(美国)	一维	特征线法	http://www.bentley.com
FLOWMASTER	FLOWMASTER Ltd. 公司(英国)	一维	特征线法	http://www.flowmaster.com

软件名称	公司／机构	维数	数值解法	网　址
Pipenet	SUNRISE SYSTEMS(英国)	一维	特征线法	http：//www. sunrise-sys. com
AFT impulse	Applied Flow Technology(美国)	一维	特征线法	http：//www. aft. com
Hytran	Hytran Solutions(新西兰)	一维	特征线法	http：//www. hytran. net
WANDA	Deltares(荷兰)	一维	特征线法	http：//www. deltares. nl
PIPE2012/Surge	KYPIPE(美国)	一维	波特性法	http：//kypipe. com
TransAM	HydraTAK(加拿大)	一维	特征线法	http：//hydratek. com
H_2OSurge	Innovyze(美国)	一维	波特性法	http：//www. innovyze. com

3.1　InfoWorks WS

InfoWorks WS 是城市供水管网分析和管理的综合性软件，用户遍布世界各地，可应用于调度方案制定和消防流量分析、污染事件的模拟、泵站的优化、水击分析等。InfoWorks WS 将快速的关系型数据库、强大的 WesNet 引擎（发展可追溯至 1989 年）以及空间分析工具相结合，提供了一个灵活的模拟环境；建模方法有效，可以方便地建立管网模型；开放式数据交换工具提供了一套易用的数据输入、输出和转换功能，实现了与 GIS 的无缝连接，可与 SCADA 系统连接进行数据比较。InfoWorks WS 在进行复杂的水力瞬变计算时使用 InfoWorks TS 模块，该模块是基于美国肯塔基大学开发的模型，采用的计算方法为波特性法，计算速度快、高效且稳定。

3.2　HAMMER

HAMMER 是水击计算的专业软件，可以准确模拟各种瞬态现象，包括一些对计算要求十分苛刻的情况（例如气穴现象和柱分离等），应用领域包括提供预防和减少水锤的方案、减少水泵和管道系统的日常磨损、减少在瞬变负压过程中水污染的风险等，Bentley 公司在全世界 50 多个国家和地区设有分支机构。HAMMER 操作界面简单易用，可以分别使用拖放式布局工具或使用 ModelBuilder 工具创建模型。报告与结果演示包括彩色制图、动画、灵活的剖面图和图形等多种形式。HAMMER 数据文件与 WaterCAD 和 WaterGEMS 数据文件完全兼容，支持 ArcGIS、AutoCAD、MicroStation 和独立平台 4 种平台。HAMMER 计算方法采用特征线法，可计算整个管道的结果，准确抓住其他计算方法关注的交汇点以外的管路可能会错过的任何关键变化。

3.3　FLOWMASTER

FLOWMASTER 是一款专业的一维工程流体动力系统仿真软件，第一个版本始于 1987 年，主要用于对流体管路系统进行各种状态分析，已被广泛地应用在各种冷却润滑系统、液压系统、水输送系统以及热管理系统的设计、优化和性能仿真中，可以进行压力波及气蚀现象捕捉、元件尺寸分析和复杂管网优化等，用户遍布世界上 40 余个国家和地区。FLOWMASTER 采用的图形化自动建模方式，建模简便快捷；作为一个开放的仿真平台，允许用户对元件进行几何参数建模、实验数据建模或直接利用 FLOWMASTER 的实验数据库进行直接建模；具有丰富的第三方专业软件接口，如 Matlablink、FluentEx-cellink、Wordlink、Access、CADlink 等；具有便捷的二次开发环境。FLOWMASTER 软件基于特征线法，在进行模拟计算时的基本原理把整个管网系统视为由一系列基于压力-流量关系的组件模型所组成，其中组件间以管网各节点逻辑连接，将供水管网系统问题简化为线性方程组问题。

3.4 Pipenet

Pipenet 系列管网流体分析软件起源于 20 世纪 70 年代的剑桥大学。1979 年，AVEVA 公司将其收购并命名为 Pipenet。1985 年 SUNRISE 公司成立，独立进行 Pipenet 软件的研发和拓展。Pipenet 系列软件具有广泛的工业用途，以及强大的工程管网系统的数值计算、模拟仿真和系统优化等功能，能够使工程管网系统的设计更科学、更合理、更经济、更安全；同时有效地提高设计效率、增加工程收益、降低事故发生率。Pipenet 软件主要有三个模块，分别是标准模块、消防模块和瞬态模块。其中瞬态模块主要是分析由于泵启停或阀门开关等动态操作引起的水击现象；分析管道振动，计算最大压力，从而进行泵阀的启停设计及水锤消除方案的模拟，进行关键设备的选型等。Pipenet 采用特征线法进行水击分析，计算节点、管道、设备的压力和流速[7]。同时，Pipenet 可以进行空蚀的计算。

3.5 AFT impulse

AFT impulse 可以模拟水、石油、化工产品、冷冻剂等液体各种管道系统的瞬变流；可以给出管道系统瞬态压力的极限，确保在设计允许范围内；可以通过计算设计缓冲设备的位置和规模；可以通过确定管网不平衡力确定支撑结果的规模；进行现有系统故障排除；评估气蚀产生的压力激增。AFT impulse 采用特征线法求解管流的瞬态方程，通过内置的恒定流求解器自动给定瞬态过程的初值，可以模拟瞬态空化引起的液柱分离。软件可以通过拖放的方式创建管网结构图，管网系统组件包括水库、泵、储液器、阀等装置。软件的优点是易用、针对性强，缺点是用户只能用软件提供的有限的元件来拼装系统，能自己设置的，只有系统图和参数[8]。

3.6 Hytran

Hytran 是用于分析计算管道水力瞬变和水锤的一款软件包，开发语言为面向对象的 C++，可以在直观的视图中快速绘制管网、输入数据、编辑和读入分析结果。Hytran 的开发目标在作为准确的分析工具的同时，还是一款方便使用的软件，有助于更好地理解水击现象。Hydran 可以在进行瞬变流计算前尝试稳态计算，作为瞬变分析的初始条件。Hydran 的数值解法为特征线法。计算的水力坡度和流量随时间变化的信息可以在管段断面中显示结果。当检测到相应结果时，可以向用户显示液柱分离警告。

3.7 WANDA

WANDA 已经被用于从小型中央热和水传输系统到大型长距离输水系统的设计中。其提供了功能强大的设计工具，包括工程概化图，以及在紧急事件中的控制回路评估。其主要目标是评估和优化包括流量、流速、水量分配、运动特性、效率、安全和控制原则在内的水力设计。WANDA 的用户界面友好，智能组件使用方便。WANDA 采用特征线法求解，模拟过程中可以中断或恢复。自由表面流，即非漫灌流采用共轭梯度法计算；同时，气蚀和控制理论模块在模型中可选。

3.8 PIPE2012

PIPE2012 是一套用于水力分析、水击和瞬态分析、可压缩气体分析的软件包，其还包括模拟管道系统的独特能力。其中 Surge 是最先进的水击软件之一，它提供了先进的图形界面，可以添加广泛的压力保护设备。建模过程以节点和管段的稳态计算结果为基础，可对水锤进行瞬态精确计算和实时跟踪，以图表形式直观明了地呈现结果。Surge 已经使用了 40 年，计算速度快、综合水击分析能力强。Surge 应用广泛，经过了无数完善的过程，并经过了详细的测试和检验。TranSurge 是 PIPE2012 的精简版，专门的水击软件，它大大减少了建立长距离输水模型所需的时间和精力。Surge 的计算方法为波特性法。

3.9 TransAM

TransAM 始于 1988 年，该软件操作方便且功能强大，可以进行几乎所有流体系统的全面瞬变流分析，包括输水和配水系统、有压或明渠的污水管网、油气管道等；进行水击保护设计；泵站断电、管网破裂建模等方面的分析；可以识别减少渗漏、避免断裂、控制策略等特殊保护措施的效果。TransAM 全面的接口可以通过高质量、图形化的三维界面快速查看泵站停电、阀门关闭、泵站速度变化等情况下配水系统的反应。目前，超过 30 家机构使用 TransAM。

3.10 H$_2$OSurge/InfoSurge/H$_2$OMAP Surge

H$_2$OSurge/InfoSurge/H$_2$OMAP Surge 可以分别和 AutoCAD 和 H$_2$ONET、ArcGIS 和 InfoWater、H$_2$OMAP Water 集成，是供水和配水系统瞬变分析和模拟的软件，都可以自动导入 EPANET 文件，并模拟完整的水力元件和水击保护、控制设施。以上软件都提供了先进的水击模拟能力，气蚀和液柱分离可以精确地建模，同时采用四象限特性法模拟水泵，这种方法在水泵逆转等异常操作方面是至关重要的。软件求解方法为波特性法，这种方法计算快、高效、严格、强大且稳定。

4 我国水击模拟技术及应用

结合水锤发生的条件和水锤的主要危害，供水管网瞬变流模型主要应用于预防系统损害；提高管网设计和运行的可靠性；提出有效的水击控制策略；模拟各种瞬变情况，提出应急预案等方面。在我国，随着计算机技术的广泛应用，瞬变流计算也有了长足进步。我国瞬变流模拟应用从技术手段上主要可以分为两类：一类是采用自主编制开发的模型进行计算，另一类是采用商业软件进行计算。

4.1 自主开发模型应用

我国很多学者和研究人员采用特征线法建立瞬变流模型解决供水管网的实际问题。其中，孟振虎等[9]以流体瞬变流理论为基础，应用特征线法，导出了供水管网水击分析数值求解方案。陈凌等[10]以建立的上海市北自来水公司城市供水管网为例，阐述了在"稳态模型"的基础上自动建立"瞬态模型"的系统方法。杨丽[11]对阿尔及利亚和辽宁大伙房水库输水工程进行了水锤防护模拟计算。郑大琼等[12]针对某一城镇供水管网进行了断电停泵、阶段性关阀、节点为零的相关控制计算。高峰[13]建立了不同型号泵并联情况下的数学模型，结合山西中部引黄栗站工程进行模拟。周冰柯[14]采用特征线法建立压力输水条件下的瞬变流数学模型，对南水北调西线输水工程提出合理的水力控制方案。

有限差分法在我国的应用也比较多。李强[15]提出了有压管道充水过程的数值仿真模型，采用 Preissmann 隐式差分法模拟管道从无水变为无压流，再过渡到有压流的水流运动过程，将该模型应用于南水北调天津干线有压输水系统充水仿真计算。穆祥鹏[16]对特征线法和隐式差分法进行对比，研究和确定了两种方法在不同输水方式和水流状态下的适用性；将虚拟流量法与隐式差分法相结合构建了有压管道充水操作的数学模型，实现了对有压管道充水过程的准确模拟。

目前，国内对有限元法及三维数学模型的研究和应用进行了探索。孙新岭等[17]对有限元法在管道水击计算中的应用进行了探索。王常红[18]建立了求解隧洞有压变无压过渡段的三维数学模型，并采用一维和三维数值模拟联合求解的方法分析某输水隧洞工程全线水利特性。

4.2 商业软件应用

在供水管网水击模拟的实际应用中，由于商业软件界面友好、操作简便等优势，国际上常见的部分商业软件在国内也得到了一定应用，其中主要包括 FLOWMASTER、PIPE/Surge、Fluent、HAMMER、AFT impulse、WANDA 等。

采用 FLOWMASTER，王福军等[19]进行了国内某泵站的过渡过程计算，针对断电工况的倒流和启动工况的负压，探讨了泵后阀门关闭规律和空气阀布置方案；向飞[20]对绩县新庄镇给水管网二次加压系统瞬态工况进行水力动态模拟。

饶雪峰等[21]基于 PIPE2010/Surge 水力分析软件平台，以四川山区某长距离输水工程，将防水锤空气阀、防水锤空气罐在输水工程中搭配使用的效果进行了水锤数值模拟。安荣云等[22]借助 Surge2008 软件，结合某实际工程，对长距离加压输水管路得出了停泵水锤综合解决措施。

此外，王玉林等[23]采用 Bentley HAMMER 软件对乌兹别克斯坦 Besharyk 泵站项目进行建模，对停泵水锤进行计算与分析，并提出了采用两阶段止回阀和空气阀的防护措施。郑宸[24]使用了管网水力分析工程软件 AFT impulse 对算例进行了模拟以进行相应的比较。姜礼斌[25]以 WANDA3.3 为仿真平台，对某水电站甩负荷实验的实测水击数据进行模拟，得到了以该模型为基础的阀门关闭规律。

5 结语

（1）水击模型的数值解法主要可以分为特征线法、波特性法、有限差分法等。

（2）供水管网瞬变流模型以一维模型为主。

（3）本文介绍的商业水击软件采用的数值解法中，7 种是利用特征线法，3 种是波特性法。

（4）国内尚没有得到广泛应用的自主开发的商业水击软件。

（5）我国瞬变流模拟应用从技术手段上来讲以自主编制开发模型为主，以采用相关的商业软件计算为辅。

参 考 文 献

[1] Alexander Abderson. Menabrea's Note on Water hammer：1858 [J]. Journal of the Hydraulics Division，1976，102 (1)：29 – 39.

[2] Joukovsky，N. E. Water Hammer [J]. Imperial Academy Sc. of St. Petersburg，1898and 1900，vol. 9 (Translated by Miss O. Simin)，Proc. Am. Water – Works Assoc. 1904：341 – 424.

[3] Allievi. L. Theory of Water Hammer (translated by E. E. Halmos) [M]. Riccardo Garoni，Rome，1925.

[4] Gray C. A. M. Analysis of Water – hammer by Characteristics [J]. Trans. ASCE，1954：56 – 62.

[5] Streeter，V. L. and Wylie，E. B. Hydraulic Transients [M]. New York：McGraw – Hill，1967.

[6] Wood. D. J. Waterhammer Analysis – Essential and Easy (and Efficient) [J]. Journal of Environmental Engineering，2005，131 (8)：1123 – 1131.

[7] Mohamed S. Ghidaoui，Ming Zhao，Duncan A. McInnis，et al. A Review of Water Hammer Theory and Practice [J]. Applied Mechanics Reviews，2005，58 (1)：49 – 76.

[8] 张蓓. 输水系统水击的数值模拟研究 [D]. 北京：华北电力大学，2009：30 – 73.

[9] 孟振虎，陈毅忠，王永忠，等. 给水管网水力瞬变分析 (1) [J]. 江苏石油化工学院学报，2000，12 (1)：49 – 52.

[10] 陈凌，刘隧庆，李树平. 城市供水管网瞬态水力模型的建立和应用 [J]. 给水排水，2007，33 (5)：109 – 114.

[11] 杨丽. 长距离大型区域压力流输水系统水锤防护计算研究 [D]. 西安：长安大学，2009：10 – 83.

[12] 郑大琼，赵晓利，张国斌，王念慎. 城镇供水管网瞬变流计算 [J]. 中国给水排水，2006，22 (6)：42 – 45.

[13] 高峰. 高扬程大流量事故停泵水锤防护研究 [D]. 银川：宁夏大学，2013：30 – 49.

[14] 周冰柯. 大直径输水洞有压调水系统的瞬变控制问题研究 [D]. 郑州：郑州大学，2011：16 – 51.

[15] 李强. 长距离输水系统明满流及水力控制研究 [D]. 天津：天津大学，2006：8 – 61.

[16] 穆祥鹏. 复杂输水系统的水力仿真与控制研究 [D]. 天津：天津大学，2008：13 – 130.

[17] 孙新岭，雍歧卫，蒋明，等. 有限元法在管道水击计算中的应用探索 [J]. 后勤工程学院学报，2006，26 (1)：67 – 69

[18] 王常红. 长距离输水隧洞水力特性数值模拟研究 [D]. 天津：天津大学，2008：42 – 67.

[19] 王福军，白绵绵，肖若富. Flowmaster 在泵站过渡过程分析中的应用 [J]. 排灌机械工程学报，2010，28 (2)：144 – 148.

[20] 向飞. 基于瞬变流的城镇供水管网二次加压模拟研究 [D]. 长沙：湖南大学，2011：21 – 68.

[21] 饶雪峰，刘海涛，苏雷，等. 长距离压力输水管道水锤防护设计 [J]. 给水排水，2013，39 (2)：123 – 126.

[22] 安荣云，陈乙飞. 高扬程长距离输水管线停泵水锤分析与防护 [C] //全国给水排水技术信息网 2009 年年会论文集. 甘肃：全国给水排水技术信息网，2009：219 – 226.

[23] 王玉林，刘元成. BentleyHammer 软件在泵站水锤防护中的应用 [J]. 中国水运，2012，12 (9)：86 – 87.

[24] 郑宸. 调压塔对长输管线水击压强消减作用的研究 [D]. 哈尔滨：哈尔滨工业大学，2013. 56 – 66.

[25] 姜礼斌. 阀致水击 PID 控制研究 [D]. 昆明：昆明理工大学，2004：43 – 55.

北京市农村供水工程规划设计要点的思考

许志兰　黄俊雄　杨胜利　李其军

（北京市水科学技术研究院，北京市非常规水资源开发利用

与节水工程技术研究中心　北京　100048）

【摘　要】　本文在分析北京市农村供水工程现状与问题的基础上，从规划设计层面，对北京市农村供水工程需优化和改进的内容进行思考，从供水形式、供水规模、水质、水压、水源、消毒、供水方式、输配水设施等方面提出了今后美丽乡村规划和农村供水改造工程设计阶段需注意的规划设计要点。保障农村饮水安全工作将是一项长期的任务。"十三五"期间，北京市各区需要在巩固农村安全饮水工程已有工作成果的基础上，实施农村饮水提质增效工程，对农村供水工程涉及的水源井及井房、泵房、水池、消毒设备、机电设备、管网、计量设施等设施设备实施改造。在美丽乡村规划和改造工程设计阶段，若能适当考虑以上规划设计要点，将能有效改善现有农村供水工程中的薄弱环节，进一步提升农村安全饮水保障水平。

【关键词】　农村供水　规划　设计

农村供水是重大的民生工程，是农村公共基础设施的重要组成部分。党的十八大报告提出了 2020 年实现全面建成小康社会的宏伟目标，习总书记指出，"不能把饮水不安全问题带入小康社会"。党的十八届五中全会再次强调要推进城乡要素平等交换、合理配置和基本公共服务均等化。因此，加快提升农村供水水平，提高供水质量，是全面建设小康社会的必然要求。

1　北京市农村供水工程的现状与问题

2005—2010 年，北京市通过采取"政策集成、资源整合、资金聚焦、部门联动"等方式实施农村安全饮水工程，保障了全市 329 万农民全部喝上安全水[1]，进一步提高了农民生活质量，提前完成了农村安全饮水工作的任务。虽然北京市的农村饮水工程走在了全国前列，但距离农村"供水城市化、城乡一体化"供水的目标仍存在一定差距，还存在一些薄弱环节，主要集中于单村供水工程。

1.1　水质、水量保障有待提升

受水文地质和环境影响，地下水水位的动态变化，以及水源保护措施不到位，净化、消毒设施运行率低等因素影响，单村供水工程仍存在一定的水质安全隐患，水量保障能力

资助项目：

北京市科技计划绿色通道项目：北京城市副中心节水型社会建设关键技术研究与示范（Z171100004417005）。

有待提升。2017 年北京市水务局组织开展村镇供水水质抽测工作，对 10 个郊区 975 个村镇供水厂（站）（包含 103 个村镇集中供水厂和 872 个村级供水站）的出厂水进行抽测，检测指标共 41 项，其中微生物指标 4 项，毒理指标 15 项，感官性状和一般化学指标 18 项，消毒剂常规指标 4 项。抽测结果表明，总体抽测合格率为 88.6％，有 104 个村级供水站存在指标超标。以泉水作为水源的村庄和少数以地下水作为水源的村庄水量保障能力不足，夏季用水高峰时段不能满足用水需求。

1.2 供水设施损坏率高

单村供水工程的工程设施包括机井、泵房、消毒设备、消毒间、水质净化设备、蓄水池、配水管道、水表等，通过近几年的工程建设，目前各单村供水站的泵房、消毒设备、消毒间、蓄水池、配水管道均建设完成。由于工程设计时对冬季低温影响的考虑不足，部分山区低温地区存在供水设施冻损的情况，设施损坏率高达 50％以上。同时，以往工程存在选材不规范、建设标准低的问题，导致已建成的设施损坏率较高。设施损坏类型包括消毒设备、配水干管、蓄水池、水表等。

1.3 运行维护资金及专业人员不足

北京市单村供水站由管水员兼职管理，很多不具备供水设施管理和维护基本技能，工程专业化管理程度不高，突出体现在消毒设备正常运行率低、三证办理落实率低、山区高位水池不能定期清洗消毒等。虽然很多管理文件中已要求农村供水工程设施损坏后应及时更换或维修，但由于缺乏资金、缺乏专业维护人员等原因，设施正常运行率不高。

1.4 水源地、供水厂站保护措施缺乏

山区的水源地、供水厂站多位于人迹罕至区域，目前北京市农村多数水源地、供水厂站未安装监视监控设备，水源地、供水厂站的安全仅靠工作人员巡逻，不能达到满意的监控效果。泵房及水池等重要设施周边也未安装防护网，不利于供水设施的保护，存在安全隐患。

1.5 区级监管能力有待提升

1.5.1 水质检测能力不足

目前，很多联村供水厂和单村供水站都不具备水质检测能力，集中供水厂虽具备水质检测能力，但检测指标未达到相关规范要求。

各区的卫生部门，每年会对集中供水厂站和单村供水站进行水源水、龙头水的水质检测。除了卫生部门的检测，水务部门安排额外的供水水质的检测不多，对供水水质的实时监管不足。

1.5.2 供水计量未实现一户一表，村民节水意识不强

虽然在前几年的安全饮水工程中，各村已实现一户一表，但目前很多水表损坏，加上农村供水多数不收水费，造成村民节水意识不强，存在浪费水资源的情况。

1.5.3 存在已有管理规定落实不到位的情况

根据《北京市农村安全饮水工程技术要求》第三十一条规定，供水工程运行时，必须具备"三证、三卡、五公开"的条件。"三证"指供水工程运行时，必须具备水行政主管

部门颁发的取水许可证、卫生主管部门颁发的卫生许可证和管水人员健康证。

目前，北京市"三证"办理的整体情况不容乐观，有的区"三证"全部办理率不足10%，取水许可证和卫生许可证的办理率偏低，健康证办理率稍高。

1.5.4 信息化监管能力有待提升

目前，北京市多数区的农村饮水安全信息化监管系统尚未全面建立，对供水厂站的水量、水质、水压、耗电量等主要数据没有全面掌握，对供水厂站的日常监管名存实亡。

对各供水厂站的基础资料、工程建设资料等管理手段仍比较传统，多为纸质资料，人员变动、地方变更等因素易造成基础资料的丢失。

1.5.5 农村供水配套政策有待完善

北京市对城市供水管理已出台了相应的管理办法，有效规范了城市供水管理，但其中未覆盖农村供水。目前，有关农村供水的水价政策、水费征收机制、工程运行维护资金的长效机制等配套政策仍有待完善。

以上为农村供水工程仍存在的问题，有的可以通过优化规划设计参数、实施改造工程进行改善，有的需要结合区域的实际条件，探索适合的工程运行管理模式，还有的则需要监管部门加大研究力度，拿出切实有效的监管措施，从而保障农民的身体健康安全。由于篇幅限制，本文仅从规划设计层面，对北京市农村供水工程需优化和改进的内容进行思考，并提出了建议。

2 北京市农村供水工程规划设计要点

2014年，国务院办公厅发布《关于改善农村人居环境的指导意见》（国办发〔2014〕25号），目标是到2020年，全国农村居民住房、饮水和出行等基本生活条件明显改善，人居环境基本实现干净、整洁、便捷，建成一批各具特色的美丽宜居村庄。2014年以来，按照绿色低碳田园美、生态宜居村庄美、健康舒适生活美、和谐淳朴人文美的标准，北京市持续推进美丽乡村建设，全面改善农村人居环境。

建设美丽乡村，首先要编制村庄建设发展规划，而作为规划重要组成部分的村庄供水工程，如何在规划层面提高供水工程的科学性，是需要思考的问题。农村供水工程相关的标准已发布不少，如《村镇供水工程设计规范》（SL 687—2014）、《村镇供水工程技术导则》（DB 11/T 547—2008）、《村镇供水工程技术规范》（SL 310—2017）、《村镇供水工程运行管理规程》（SL 689—2013）等。农村供水工程的规划设计标准和参数，在这些标准中多数都有涉及，但由于这些标准多为行业标准，未考虑北京市农村供水的实际。因此，笔者认为在编制美丽乡村村庄供水工程规划时，以下规划设计要点需要进行明确。

2.1 供水形式

村庄供水可采用新城市政管网延伸、乡镇集中供水、联村供水、单村供水四种形式。供水形式选择优先原则为：新城市政管网延伸＞乡镇集中供水＞联村供水＞单村供水。

（1）根据区域供水工程规划，近期或远期纳入新城市政管网、乡镇集中供水工程覆盖范围内的村庄可采用新城市政管网延伸、乡镇集中供水形式。远期纳入的村庄需考虑近远期衔接，近期可利用现有供水工程，不达标的可进行改造。

（2）不在新城市政管网、乡镇集中供水工程覆盖范围内，且村庄位置相对集中的平原区村庄，宜采用联村供水形式。

（3）村庄位置相对分散的山区村庄，可采用单村供水形式。

北京市农村供水工程供水形式的选择一直以来都遵循以上原则，因为优先新城市政管网延伸和乡镇集中供水，可以最大限度地发挥集中供水工程的优势，减少管理主体。但仍想说明的是，部分山区村庄距离相对分散，供水形式的选择，应进行经济技术比较后确定，不能为了集中而集中，为了联村而联村，如果仅仅为了集中供水而花费巨额的管道费用，是得不偿失的。

2.2 供水规模

（1）村庄供水工程应按远期规划、近远期结合、以近期为主的原则进行规划设计。村庄近期设计年限宜采用 5 年，规划保留村远期规划设计年限宜采用 10 年。

（2）村庄供水规模按照《村镇供水工程技术规范》（SL 310—2017）确定，包括居民生活用水、公共建筑用水、禽畜用水、企业用水、消防用水、浇洒道路和绿地用水、管网漏失和未预见水量等。应按村庄实际用水需求列项，按最高日用水量进行计算。

1）居民生活用水。最高日居民生活用水定额依据村民主要用水条件，在 30～120L/（人·d）范围内取值。人口数应采用规划基准年的现状常住人口数。

2）公共建筑用水。条件好的村庄，应按《建筑给水排水设计规范》（GB 50015—2010）确定公共建筑用水定额；缺乏资料时，公共建筑用水量可按居民生活用水量的 10％估算。

3）禽畜用水、企业用水。根据村庄实际，按照《村镇供水工程技术规范》（SL 310—2017）计算。

4）消防用水。消防用水量应按照《建筑设计防火规范》（GB 50016—2014）和《村镇建筑设计防火规范》（GB 50039—2010）的有关规定确定。允许短时间间断供水的村庄，当上述用水量之和高于消防用水量时，可不单列消防用水量。

5）浇洒道路和绿地用水。浇洒道路和绿地用水应优先利用雨洪和再生水，经济条件好的村庄可根据需要适当考虑，其余村庄可不计此项。

6）管网漏失水量和未预见水量。管网漏失水量和未预见水量之和，宜按上述用水量之和的 10％取值。

7）庭院浇灌用水。村庄有庭院浇灌需求时，应根据具体情况适当考虑庭院浇灌用水量。

8）旅游用水。民俗旅游村庄应考虑旅游旺季增加的用水量。

9）时变化系数。应根据各村的供水规模、供水方式，生活用水和企业用水的条件、方式和比例等综合分析确定。缺乏资料时，可按以下原则确定：全日供水工程的时变化系数，供水规模小于 200m³/d 时可取 2.3，大于 200m³/d 时可取 2.0；定时供水工程的时变化系数，可取 3.0。

此条的提出主要是考虑各标准规范对于供水规模计算参数的可选范围较大，本条结合北京市农村供水工程实际，对主要设计水量的计算参数进行明确，可以统一标准，避免漏项或计算参数偏大或偏小。

2.3 水质

（1）村庄供水水质应达到《生活饮用水卫生标准》（GB 5749—2006）的要求。

（2）供水厂（站）应具备水质自检能力，检测频率做到每日一检，检测指标至少为色度、浊度、嗅和味、余氯（或二氧化氯）、化学需氧量、细菌总数、总大肠菌群、耐热大肠菌群、大肠埃希氏菌9项。乡镇集中供水厂应建立正规的水质化验室实现自检，联村供水厂、单村供水站可采用速测水质检测仪器实现自检。

（3）村庄供水工程的水源水、出厂水管道上应设置取水点，便于水质监测。

目前很多村庄水源处没有设置取水点，对于水源水质的监测不利，因此在改造工程设计时可加上此条，有利于水源水质的监测。

2.4 水压

（1）供水压力应满足最不利点的最小服务水头要求。

（2）最不利点应通过技术经济比较确定，当山区村庄的最高点和平原村庄的最远点不宜作为最不利点的控制条件时，可采取局部加压的措施满足用水需求。

（3）用户端水压应不小于0.12MPa，不超过0.4MPa，超过时应采取减压措施。

水压要求在很多标准规范中都用水头表述，由于很多农村供水工程的规划设计人员不都是给水工程专业出身，对于水头与兆帕之间的转换关系不是太清楚，而压力表上的测值用兆帕表示，因此本条水压建议用兆帕表述。

2.5 水源

（1）村庄供水水源应优先选择地表水源，尽量减少地下水源。

（2）当单一水源水量不能满足要求时，可采取多水源或调蓄等措施。

（3）供水水源应符合以下基本要求：一是水质良好、便于卫生防护，地下水源水质应符合《地下水质量标准》（GB/T 14848—2017）要求，地表水源水质应符合《地表水环境质量标准》（GB 3838—2002）的要求；二是水量充沛，供水保证率不低于95%。水源水质符合上述要求时，可只进行消毒处理。水源水质不符合上述要求时，不宜作为生活饮用水水源。若限于条件需加以利用时，应采用相应的净化工艺进行处理，处理后的水质应符合《生活饮用水卫生标准》（GB 5749—2006）的要求。净化工艺的选择、工艺参数、处理规模等重要指标应咨询专业人员。

（4）地下水源井应建于井房内，井房标准应满足卫生系统相关要求。寒冷地区的水源井房应注意保温，避免设备冻坏。

（5）地表水源周边应安装隔离网。隔离网应遵循耐久、经济的原则，宜采用浸塑电焊网，规格高度1.7m，顶部0.2m向内倾斜，具体参照《饮用水水源保护区标志和隔离网设置要求》。

（6）地下水源井房和地表水源周边应安装摄像头监控设备，确保水源安全。

此条的提出主要是考虑到目前设备损坏的一个主要原因是低温，现状的水源地保护措施缺乏，以及井房不满足卫生系统相关要求，是造成卫生许可证办理率低的原因。

2.6 消毒

（1）村庄的生活饮用水应消毒。

（2）消毒剂可采用二氧化氯、次氯酸钠、漂白粉等，消毒剂的选择应根据村庄供水工程的水源水质、运行维护方式、成本等因素综合考虑。

（3）消毒剂投加系统应有控制投加量的措施和指示瞬时投加量的计量装置，有条件时宜采用自动控制投加系统。

（4）消毒间的设置应符合《村镇供水工程技术规范》（SL 310—2017）的要求。

此条的提出主要是考虑形成农村供水工程水质问题的主要原因是消毒设施正常运行率低，这一方面是由于消毒设施损坏后维修不及时，另一方面是很多农民不适应消毒后的饮用水的口感。但从饮水安全的角度来说，饮用水还是应该消毒后再饮用。

2.7 供水方式

（1）村庄供水工程的供水方式分为管网直供、低位水池供水、高位水箱供水。

1）管网直供流程为水源水—消毒设备—增压设备—配水管网—用户。水源水质较好、仅需消毒处理就能达到供水水质要求的平原村庄供水工程，应采取管网直供供水方式，不宜增加水池、水箱等供水设施。

2）低位水池供水流程为水源水—水处理设施（设备）—低位水池—增压设备—配水管网—用户。水源水质不好、需增加消毒以外的水处理措施的平原村庄供水工程，宜采用低位水池供水方式。

3）高位水箱供水流程为水源水—水处理设施（设备）—低位水池—增压设备—高位水箱—配水管网—用户，或水源水—增压设备—高位水箱—配水管网—用户。水源水质较好、仅需消毒处理就能达到供水水质要求的山区村庄供水工程，应对管网直供、高位水箱两种供水方式进行经济技术比选后确定；水源水质不好，需增加消毒以外的水处理措施的山区村庄供水工程，应对低位水池、高位水箱两种供水方式进行经济技术比选后确定。

（2）有条件的村庄应全时供水，条件不具备的村庄可定时供水。村庄供水工程应按供水到户设计。增压设备应全部采用变频器控制，以减少能源消耗。

此条在现有的农村供水工程标准中都未涉及，主要参考了城市二次供水的供水方式。考虑到村庄供水工程的节能效果，结合北京市村庄特点，提出了不同类型、不同水源特点村庄的建议供水方式。

2.8 输配水设施

（1）供水管网的管材应取得涉水产品卫生许可批件，应符合国家现行产品标准要求。

（2）管材供水压力满足公称压力，不应小于设计内水压力。管径在200mm以上时，可采用球墨铸铁管等；管径在200mm以下时，可采用UPVC管、PE管或球墨铸铁管等。

（3）输配水管道应埋于冻土深度以下。

（4）村庄应完善取水计量和用户用水计量。

此条主要是考虑在以往的农村供水工程中，管材选择存在标准低、使用年限短的问题，很多不适合农村施工条件的管材被应用，因此在今后的供水改造工程中应予以明确。

3 结语

保障农村饮水安全工作将是一项长期的任务。"十三五"期间，北京市各区需要在巩固农村安全饮水工程已有工作成果的基础上，实施农村饮水提质增效工程，对农村供水工程涉及的水源井及井房、泵房、水池、消毒设备、机电设备、管网、计量等设施设备实施改造。在美丽乡村规划和改造工程设计阶段，若能适当考虑以上规划设计要点，将能有效改善现有农村供水工程中的薄弱环节，进一步提升农村安全饮水保障水平。

参 考 文 献

[1] 孙迪．对北京农村饮水安全提质增效的建议［J］．中国水利，2015，6：45－47.

[2] SL 687—2014 村镇供水工程设计规范［S］．北京：中国水利水电出版社，2014.

[3] DB11/T 547—2008 村镇供水工程技术导则［S］.

[4] SL 310—2004 村镇供水工程技术规范［S］．北京：中国水利水电出版社，2005.

[5] SL 689－2013 村镇供水工程运行管理规程［S］．北京：中国水利水电出版社，2013.

水利工程安全监测仪器设置初始值问题的探讨

王晓慧 安 森 于小苹 张延潭 陈 新

（北京市水科学技术研究院 北京 100048）

【摘 要】 本文对变形、渗流和应力应变监测工作中常用仪器的初始值设置的易出现问题进行了总结，旨在为提高水利工程安全监测数据的可靠性提供有价值的参考，保证工程质量。

【关键词】 初始值 安全监测 设置

1 引言

监测仪器所得测值用以衡量效应量的变化及工程安全性，是以一个明确反映外界作用开始前环境条件原始状态的基础值为依据的，直接影响着监测数据的准确性和可靠性，可以说是一切监测工作的基础。在水利工程安全监测工作中的基础值主要包括基准时间和初始值，其中作为监测起点的测次所取日期称基准时间，对应测次的监测值称为初始值。量测系统中基点、工作点、测点、仪器设备等装置的埋设时间，必须妥善地做出安排，并取得准确描述原始状态的初始值，这在设计和施工阶段应予以充分考虑。

2 基本准则

在仪器安装完成后应进行首次量测并做好初始值记录，这被称为计算初始值。对永久埋设类监测仪器，在未进行掩埋前应加测一次，为今后分析判断提供参考，同时检查仪器是否损坏。初测时除记录测值外，必须在记录表格内认真填写仪器的生产厂家、型号及编号、主要系数、测点的编号、位置、埋设深度、埋设时间、观测时间、施工方法、回填料信息、入仓温度、气温条件等信息，不得无故漏填或省略。为保证初始值的可靠性，宜在基准时间进行两次连续监测，取其平均值作为初始值。在满足以下工作要求的情况下，基准时间应尽可能提前，以保证所测资料的完整、可靠。在施工中，安装完成检验合格后测量初始值作为变形量量测系统的控制网，必须在破土动工前建立好，对照设计部门所给参考值检验所测初始值的可靠性。

埋入式监测设备的基准时间应选择在仪器与周边介质开始共同工作的时刻。选择初始值时，应首先根据初期的测值描绘与时间相关的过程线，并参照温度过程线的趋势，对测值过程线进行必要的修正，消除测值明显误差。通过早期弹模等力学性质试验资料，了解混凝土、砂浆、砂料等回填材料和埋设仪器周边介质的性能指数。根据仪器的性能和周围的温度等因素，基准时间应取回填材料已固化至一定的弹性模量和强度，能够带动仪器正常工作，其弹性模数与周边介质的变形模数相近，且测点温度均匀稳定之后。以混凝土为例，达到终凝后开始具备强度，基准时间应根据混凝土水化热情况确定，多选择在混凝土入仓 8~48h。这段时间混凝土由半流态到固态，应加密测次，直到从初期各次合格的观测值中获得较准确的初始值。通常除埋前和埋后及时测量外，埋入后的测量时间可参照表 1。埋入式仪器，其上部的覆盖层已有一定强度和刚度，足以保护仪器不受外界气温急骤变化的影响和机械性的扰动。一般情况下，上部终凝混凝土厚度应达到 1.2m 以上为止。

表 1　　　　　　　　　　　埋入式仪器测量间隔

间隔时间/h	2	4	8	24	48	48 以后
监测次数	4	4	3	2	2	2

仪器观测值变化平滑有规律，没有无规律跳动。当仅对监测对象在某一特定时段（如施工期、第一次蓄水、运行初期等）内进行相对性探查时，通常选取本时段开始的时刻作为基准时间，所测得的初始值为阶段初始值（如蓄水初始值）。同一浇筑层埋设的仪器的基准时间应相同。初期蓄水前应制定详细的监测工作计划，并根据设计方案重点提出各监测项目在首次蓄水前取得的本阶段初始值的要求，在开始蓄水时做好安全监测工作，取得连续性的初始值，并对输水工程工作状态作出初步评估。施工阶段和首次蓄水阶段，宜根据理论计算或模型试验成果，并参照类似工程经验对某些重要监测项目提出设计安全的监控参照指标。

在松散土体、软基础内安装监测仪器设备时，需配合考虑建筑物或基础自身的沉降，可增设位移计，以对埋设高程进行修正。在膨胀岩（土）等结构性极强的中强风化软岩中，监测仪器埋设质量要求很高，即保证仪器量测单元与土体接触紧密，又不能扰动破坏岩体的原生结构。

3　变形监测

在上述基本准则的基础上，变形监测设备还需注意如下内容：

（1）测斜仪。测斜仪的零飘和蠕变与测头倾角呈正比，测量应在开机 5min 后进行。同时应考虑测头与孔内温度一致的要求。

（2）多点位移计。结合仪器类型和锚头的固定方式确定基准时间，一般在传感器和测点固定后开始测初始值。

4　渗流监测

渗压计、测压管安装调试后，在读取初始值时还需注意如下内容：

（1）创建零读数。每只渗压计在安装前需要得到一个精确的零读数，即读取浸泡水下 24h 后取出的测值或埋设前后处于饱水状态但未超过分辨率的水头的测值。

（2）使渗压计的温度达到平衡，一般温度平衡时间为 15~20min。使透水石及过滤器达到饱和。

（3）在读取零读数时，应记录对应的温度、气压，以便必要时进行修正。

（4）测压管在竖井或测压管监测液位的情况下，液面要达到平衡。

（5）在电缆较长和孔径较小的情况下，应考虑水柱上升对测值的影响。其变化量主要受仪器体积和电缆的影响，测压管直径越小，仪器安装时孔内水位变化越大，要留有足够的时间来使液面重新保持平衡。

5 应力应变监测

应变计是长期监测各种水工结构物内部应力应变和温度的较为可靠的技术手段，类型较多，确定初始值时主要应注意如下内容：

（1）对于单只差阻式应变计，观测电阻比和温度过程线呈相反趋势变化，表明仪器可进行正常工作；对于多向应变计，从观测资料计算出的各向测值服从第一应变不变量原理，即点应变平衡原理，标志着仪器已能够反映混凝土内的实际应变状态。采用以点应变平衡原理为基础的观测资料质量控制图来判断，当测点资料计算结果已进入控制图上下限之内时，表明应变计已进入正常工作状态。

（2）无应力计、应力应变计。薄壳类结构受外界温度变化影响明显，埋设其中的无应力计的观测值需重视温度修正。在应力应变监测中，无应力计与其相应的应变计应具有共同的基准时间。

（3）土压力计。以埋设后周围材料的温度达到均匀时（各仪器间温度相差1℃以内）的测值为初始值，一般可取埋设4h后的测值。

（4）钢筋计、锚杆应力计、锚索测力计。仪器经率定后，应记录安装埋设前荷载为零的初始值。在判断施工初始值时，应在符合基本准则规定的同时，考虑混凝土硬化过程中水化热对钢筋、锚杆和锚索应力的影响，其影响程度由现场监测数据可知。

（5）温度计。温度计采用绝对计算方法，仪器经率定并取得0℃的测值后即可进行正常工作，通常不测取单独的初始值。

6 结语

随着工程管理水平的不断提升，监测手段信息化、自动化水平也在迅速提高，而安全监测数据的准确、可靠是正确分析处理数据的前提，自动化水平越高，监测系统越易受包括初始值在内的基础数据的影响。因此，有必要不断对测值的初始工作进行分析和改进，以检验监测系统的可靠性。

参 考 文 献

［1］ 张军荣．振弦式渗压计埋设过程中容易被忽视的几个细节［C］//全国大坝安全监测技术信息网第七届全网大会暨2010年学术交流研讨会论文集，2010：1-4.

［2］ 熊国文，张启岳．测斜仪精度试验与应用研究［J］．水利水运科学研究，1990（9）：287-295.

［3］ 彭虹．大坝应力、应变监测的几个问题［J］．水电自动化与大坝监测，2010，34（4）：42-47.

［4］ 赵志仁．大坝安全监测的原理与应用［M］．天津：天津科学技术出版社，1992.

［5］ 李珍．监测仪器安装过程中一些问题的讨论［J］．人民黄河，1999，1（10）：31-42.

［6］ 张晔．混凝土坝应力应变观测资料分析及软件研制［D］．杭州：浙江大学建筑工程学院，2011：29－30.

［7］ 刘鸣，龚壁卫，刘军，等．膨胀土（岩）渠坡现场监测技术研究［J］．岩土工程学报，2011（S1）：83－91.

［8］ 魏德荣．大坝安全监控指标的制定［J］．大坝与安全，2003（6）：24－28.

［9］ 张晓廷，刘佳，赵景飞，等．大坝坝基中振弦式渗压计安装［J］．水利水电施工，2011（6）：82－83.

［10］ 国家能源局．DL/T 5178—2016　混凝土坝安全监测技术规范［S］．北京：中国电力出版社，2016.

大坝安全监测智能化示范研究

王建慧[1]　谢谟文[2]　白迎喜[3]　王成刚[4]

(1. 北京市水科学技术研究院　北京　100048；2. 北京科技大学土木与
资源工程学院　北京　100083；3. 北京市延庆区白河堡水库管理处
北京　102104；4. 北京市密云水库管理处　北京　101512)

【摘　要】 本文针对中小型水库大坝变形、坝基渗流、库水位实时监测方法，监测数据采集传输，数据处理与分析等管理需求，讨论了基于物联网技术、智能传感技术的大坝安全监测智能化的优势，设计了大坝安全监测智能化系统，并结合白河堡水库进行示范，论证了该大坝安全监测智能化系统的可行性。

【关键词】 水库大坝　安全监测　智能化

修筑大坝给人类带来了巨大的社会效益和经济效益，在加快城市化建设和促进经济发展方面也发挥了重要作用。随着大坝数量的增加、时间的推移、坝龄的增长，以及大坝的结构、基础、环境等发生变化，再加之建坝时的缺陷、管理不当、环境变化等因素，使得大坝一定程度上存在着设计标准偏低、基础渗漏、坝体结构性状衰减甚至恶化等问题，严重威胁着大坝的安全，大坝安全问题日益突出。大坝安全监测就是利用各种监测设备及仪器，监测大坝的坝体、库岸及相关设施的各种性态参数，并运用相关理论技术分析手段处理这些观测数据，从而掌握大坝运行规律及工作状态，分析大坝安全状况及发展趋势，及时发现隐患，采取相应措施，避免或降低危险发生概率，延长大坝运行时间，提高大坝综合效益；并为水利水电工程项目的设计、坝工理论技术的发展及大坝运行管理和维护提供科学依据。

根据现行标准《土石坝安全监测技术规范》(SL 551—2012)、《大坝安全监测自动化技术规范》(DL/T 5211—2005)、《土石坝安全监测资料整编规程》(DL/T 5256—2010)等相关规范的要求，水库大坝需要长期开展安全监测，并建设必要的监测系统。现有的一些渗流、渗压监测系统一般采用有线系统，与无线传输的自动化监测系统相比，有线系统的成本高、管理难度大、易损坏。基于物联网的无线传感技术，能大幅降低系统建设和维护费用，提升监测覆盖度，同时能有效融合大坝变形、渗流、渗压、水文监测以及视频监控等，利用在线分析功能，实现水库大坝安全监测集成化、自动化、智能化。

1　安全监测智能化系统研究

水利工程安全监测智能化系统以"互联网＋水利工程安全监测"为指导，充分利用物联网、大数据、云计算等现代信息技术，融合水利工程安全监测评价技术，构建水利工程安全监测、评估及智能预警系统。系统基于物联网平台搭建，主要由主动式阈值触发传感器、采集测站、云平台、客户端等构成，为工程安全提供软硬件一体化、一站式的数据自动采集、在线安全健康诊断、定时的安全监测评价报告、实时警示及精细化安全管理服务。

针对土石坝，本次研究提出的智能化监测系统可实现变形监测（包括水平位移监测、垂直位移监测、倾斜监测）、坝体浸润线监测、振动监测、水位监测、降雨量监测、监控照片等；数据信息通过采集测站无线传输至云平台，使用者通过手机或电脑客户端软件访问监测信息（任何联网的电脑或手机都可访问），同时可查看现场监控照片，数据采集、传输、分析与管理流程如图1所示。

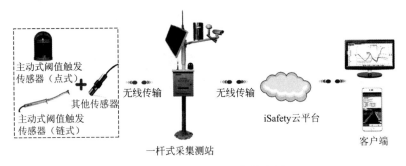

图1　大坝安全监测系统构成图

该系统相对传统自动化监测系统具有如下优点：

（1）无线传输。采集测站通过无线方式将数据信息传输至云智能平台。

（2）自我供电。采用太阳能和锂电池进行自我供电，可稳定运行10年以上。

（3）无需系统运维人员。由于该监测系统结构简单，基本可以达到无人化运维。

（4）设备更换方便。对于硬件，日常基本无需维修，必要时可采取模块或整体更新方式；对于软件，采取远程自动升级的方式，无需现场人员操作。

（5）无需配套其他设施。无需购置其他设备，无需建设中控室，软件可安装在任何一台联网的电脑或手机上。

（6）安装简单。只需对一站式测站及传感器进行固定，软件即装即用。

2　大坝安全监测系统设计

2.1　监测系统组成

大坝安全监测系统主要由以下部分组成：

（1）主动式阈值触发传感器。采用433MHz的LoRa无线传输、低功耗大坝变形传感器、水位计。

（2）一杆式采集测站。通过GPRS技术和无线物联网技术实现所有采集点数据向数据中心的传输。

（3）数据中心。数据处理中心由云智能平台、客户端APP等共同组成。其主要功能如下：①实时查看大坝所有监测信息；②自动设置数据采集频率，如遇危险情况可手动进行加密监测；③提供实时的数据分析报告；④能实时生成各种监测数据分析图；⑤随时获取现场监控图像信息。

2.2 监测数据采集方式

大坝安全监测系统提供以下不同的监测数据采集方式：

（1）数据采集单元定时测量方式（即无人值班方式）。根据所设定的测量时间，数据采集单元能自动定时地进行选测和巡测，该方式主要用于日常常规测量。

（2）人工干预测量方式：必要时，工程安全管理人员可通过监控主机任意进行测量。该测量方式的优先权高于其他任何方式，主要用于在特殊情况下（如大洪水、地震等）可任意加密测次及对重点监测部位实施任意频次的测量。

（3）网络化测量方式。系统具备网络化的管理功能，当管理中心需要时，有关负责人可在经授权的计算机终端上实施数据采集。

（4）远程控制测量方式。当工程安全管理人员远离工程现场又必须随时了解大坝的安全状态和系统的运行情况，或上级管理部门需经常了解大坝的安全状况时，系统可提供远程控制测量功能，通过远程计算机，管理人员可在后方实现数据管理。

（5）人工测量方式。作为一种备用方式，当测控装置（数据采集单元）发生故障不能测量时，在恢复自动测量之前，测量人员可采用便携式测量仪表在现场通过数据采集单元预留的专用接口实施人工数据采集。

3 变形监测智能传感器设计

大坝安全监测系统所有硬件设计均采用水利行业标准。其中，变形监测传感器采用了态势感知新技术研发，集成多种态势传感器，具有微型化、微功耗、多功能、高精度、高灵敏度、耐用性强的优点，可定时或主动采集振动、倾斜等信息，也可定时或阈值采集振动波形，可外接渗流渗压、应力应变、温度等标准接口传感器，内置智能计算芯片，可实时采集数据、分析数据和自主报警，智能传感器主要技术指标见表1。

表 1   变形监测传感器主要技术指标

指 标	参 数 范 围	指 标	参 数 范 围
监测参数	倾斜、振动、位移	防水等级	IP66
监测精度	位移 1mm；倾角 3.6″；振动 0.061mg	工作温度	$-30\sim70℃$
监测量程	倾角 $0°\sim180°$；振动 $\pm2g$	无线通信频段	433MHz

传感器主要功能包括：①通信方式为无线，可选择 RS485、NB-IoT、LoRa 等模式；②测量指标包括形变 x、形变 y、形变 z、倾斜、振动；③采集频率可手动设置，一般 1h 至 1 月采集一次，最大采集频率可达到 1 次/min；④供电方式采用太阳能和蓄电池，保证全天候 24h 不断电，可工作 5 年以上。

4 大坝安全监测系统软件设计

大坝安全监测系统软件具有以下功能：

（1）数据能够自动生成为图形或者表格的形式。

（2）设定双重预警机制，数据异常时，系统会触发相应的两级报警机制，电脑客户端和手机 APP 都能出现报警信息，同时还在现场提供声光报警。

（3）全天候 24h 不间断地采集数据，采集频率可在物联网 iSafety 云平台手动设置。

（4）能够远程操纵平台数据库，可根据需要增加或者删除部分功能。能够在线更新数据库，使系统软件功能得到增强。

5 水库大坝安全监测智能化示范

5.1 白河堡水库简介

白河堡水库位于北京西北部，与河北省赤城县相邻，距市区约 110km，1983 年建成。白河堡水库是北京市重要的地表水源地，白河水量偏丰的年份，即可向密云水库、官厅水库调水，并可为十三陵水库补水。因此，白河堡水库成为跨流域沟通官厅、密云两大水库，实现水资源再分配的重要枢纽。

白河堡水库上游实际控制面积为 2657km²，水库设计最高蓄水位为 601.60m，相应库容为 9060 万 m³。水库由大坝、溢洪道、导流排砂泄洪洞、输水洞等建筑物组成。大坝长 294m，坝顶宽 10m，最大坝宽 254m，坝高 42.1m，是北京市首次采用机械上坝的黏土斜墙坝。大坝原有安全监测项目包括水位观测、渗压观测、外观变形观测（水平和垂直位移观测），其中渗压、水位观测已实现自动采集，变形观测为人工观测，观测频率较低。白河堡水库目前是北京市常态化蓄水运行的重点水库，调度频繁，水位变化明显。因此，实现大坝安全监测自动化非常必要，本次选择白河堡水库进行大坝安全监测智能化示范。

5.2 大坝安全监测示范系统建设

白河堡水库大坝安全监测智能系统通过大坝形变、相对形变、振动、浸润线、库水位、雨量及现场照片等监测信息实时采集，利用智能分析模块对大坝安全状况实时健康诊断，判断其亚健康状态即提前进行预警。

大坝变形监测采用微芯桩智能传感器，布设 1 个纵断面和 9 个横断面，纵断面位于坝体上游汛限水位高程处，横断面分别设在 0＋030.00 断面、0＋060.00 断面、0＋090.00 断面、0＋120.00 断面、0＋150.00 断面、0＋180.00 断面、0＋210.00 断面、0＋240.00 断面和 0＋270.00 断面处，可监测坝体空间三维形变、坝体相对形变、坝体振动等指标数据。

大坝渗压观测接入原自动化监测数据，并在大坝上游增设库水位实时监测传感器。

在大坝上游 0＋200.00 断面坝顶处布设一台测站式采集仪，测站式采集仪集成安装有雨量站和摄像头，可实时对白河堡水库进行雨量和图像监测。

白河堡水库大坝变形监测传感器现场安装如图 2 所示，测站式采集仪现场安装如图 3 所示。

图 2　变形监测传感器现场安装图　　　　　　　图 3　测站式采集仪现场安装图

现场监测数据通过采集仪采集后，通过 GPRS 无线传输至 iSafety 云平台进行管理、分析、预警，管理人员可通过手机客户端 APP、联网电脑远程客户端进行各类信息查看、报表打印，预警信息自动传输至授权管理人员。移动客户端软件界面如图 4 所示。

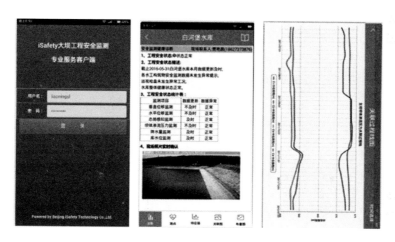

图 4　移动客户端软件界面图

5.3　大坝安全监测数据验证

白河堡水库大坝于 1999 年在坝顶安装了 10 个人工监测垂直位移点，其监测数据与本次自动化变形监测数据进行了比对。从比对结果看，坝顶两个比对点位的垂直位移变化趋势一致，两种方式监测的坝顶竖直位移变化过程符合大坝实际运行情况，各点位历时监测值相差 1~4mm，多数相差 1mm，属误差允许范围，比对验证了大坝变形智能传感器监测的有效性。

6　结语

基于现代信息技术的中小型水库大坝安全监测智能化系统，集成了大坝变形、渗流、库水位和影像实时监测功能，以及监测数据云平台在线分析、智能预警功能等，监测精度高、系统集成度高、智能化水平高，建设成本低，运行维护简单，适用于中小型水库单独和集群安全监测管理，具有较好的技术推广应用潜力。

参 考 文 献

[1] 任丰原，黄海宁，林闯．无线传感器网络［J］．软件学报，2003（7）：98 - 107.

[2] 方卫华．大坝安全监测自动化中若干概念和问题的新进展［J］．云南水力发电，2003（1）：96 - 98.

[3] 李国斌，常春波．基于无线传感网的水库大坝安全监测系统［J］．中国防汛抗旱，2014：84 - 85.

[4] 卢飞，胡明罡．密云水库大坝渗流监测数据的比对和校正［J］．北京水务，2015，185（6）：59 - 62.

[5] 赵琦峰，贾海峰．基于 GeoDatabase 与 GIS 的北京顺义区水资源管理信息系统设计开发［J］．北京水务，2007（3）：11 - 14.

[6] 黄红女，周琼，华锡生．大坝安全监控理论与技术研究现状综述［J］．大坝与安全，2005（2）：63 - 66，80.

[7] 彭虹．大坝安全监测系统及其自动化［J］．大坝观测与土工测试，1995（4）：3 - 8.